Linux 典藏大系

Linux

刘忆智 等编著

从入门到精通（第2版）

U0304030

清华大学出版社

北　京

内 容 简 介

本书是获得了很多读者好评的 Linux 经典畅销书《Linux 从入门到精通》的第 2 版。本书第 1 版出版后曾经多次印刷，并被 **51CTO 读书频道评为"最受读者喜爱的原创 IT 技术图书奖"**。本书第 2 版以最新的 Ubuntu 12.04 为版本，循序渐进地向读者介绍了 Linux 的基础应用、系统管理、网络应用、娱乐和办公、程序开发、服务器配置、系统安全等。**本书附带 1 张光盘**，内容为本书配套多媒体教学视频。另外，本书还为读者提供了大量的 **Linux 学习资料和 Ubuntu 安装镜像文件**，供读者下载。

本书共 29 章，分为 7 篇。内容包括 Linux 概述、Linux 安装、Linux 基本配置、桌面环境、Shell 基本命令、文件和目录管理、软件包管理、磁盘管理、用户与用户组管理、进程管理、网络配置、浏览网页、收发邮件、文件传输和共享、远程登录、多媒体应用、图像浏览和处理、打印机配置、办公软件的使用、Linux 编程工具、Shell 编程、服务器基础知识、Apache 服务器、vsftpd 服务器、Samba 服务器、NFS 服务器、任务计划、防火墙和网络安全、病毒和木马防范等。

本书适合广大 Linux 初中级用户、开源软件爱好者和大专院校的学生阅读，同时也非常适合准备从事 Linux 平台开发的各类人员。

图书在版编目（CIP）数据

Linux 从入门到精通 / 刘忆智等编著. — 2 版. —北京：清华大学出版社，2014（2024.1 重印）
（Linux 典藏大系）
ISBN 978-7-302-31272-7

Ⅰ. ①L… Ⅱ. ①刘… Ⅲ. ①Linux 操作系统 Ⅳ. ①TP316.89

中国版本图书馆 CIP 数据核字（2013）第 008382 号

责任编辑：夏兆彦
封面设计：欧振旭
责任校对：徐俊伟
责任印制：杨 艳

出版发行：清华大学出版社
　　　　网　　址：https://www.tup.com.cn，https://www.wqxuetang.com
　　　　地　　址：北京清华大学学研大厦 A 座　　　　邮　　编：100084
　　　　社 总 机：010-83470000　　　　　　　　　　邮　　购：010-62786544
　　　　投稿与读者服务：010-62776969，c-service@tup.tsinghua.edu.cn
　　　　质量反馈：010-62772015，zhiliang@tup.tsinghua.edu.cn

印 装 者：北京鑫海金澳胶印有限公司

经　　销：全国新华书店

开　　本：185mm×260mm　　　印　　张：29　　　字　　数：723 千字
　　　　（附光盘 1 张）

版　　次：2010 年 1 月第 1 版　2014 年 2 月第 2 版　　　印　　次：2024 年 1 月第 29 次印刷

定　　价：59.80 元

产品编号：050117-01

前　言

"Linux？它比 Windows 更好吗？我能用它打魔兽吗？"

"咳！别提了，它操作起来特别麻烦，你得不停地敲击键盘。没准它还会趁你不注意的时候在你的手指头上咬一口呢！"

或许你也有类似的想法。但无论人们对 Linux 有怎样的误解，至少我不再像前些年那样频繁地回答 "Linux 是什么？" 这样的问题了。

无论你是否相信，Linux 已经成为这个世界上增长最迅速的操作系统。在服务器领域，IBM、HP、Novell、Oracle 等厂商对 Linux 提供了全方位的支持。2011 年排名前 500 的超级计算机中，92.4%（462 台）都采用了 Linux 操作系统。在桌面领域，Ubuntu、openSUSE 等发行版本继续高歌猛进。2008 年 9 月，基于 Linux 内核的手机操作系统 Android 发布。历经 4 年多的发展，截止 2012 年 12 月，Android 已经成为最主流的手机操作系统。同时，Android 也成为最为广泛的平板电脑操作系统。

本书是获得了大量读者好评的 "Linux 典藏大系" 中的一本。本书试图向读者传递这样一个信号：无论是企业还是个人用户，Linux 都是一个足够可靠的选择。这不是一本参考大全，也不是命令手册，希望它能帮助初学者从零开始部署和使用 Linux，也能向管理员传递一些解决问题的思路和技巧。

关于 "Linux 典藏大系"

"Linux 典藏大系" 是清华大学出版社自 2010 年 1 月以来陆续推出的一个图书系列，截止 2012 年，已经出版了 10 余个品种。该系列图书涵盖了 Linux 技术的方方面面，可以满足各个层次和各个领域的读者学习 Linux 技术的需求。该系列图书自出版以来获得了广大读者的好评，已经成为了 Linux 图书市场上最耀眼的明星品牌之一。其销量在同类图书中也名列前茅，其中一些图书还获得了 "51CTO 读书频道" 颁发的 "最受读者喜爱的原创 IT 技术图书奖"。该系列图书在出版过程中也得到了国内 Linux 领域最知名的技术社区 ChinaUnix（简称 CU）的大力支持和帮助，读者在 CU 社区中就图书的内容与活跃在 CU 社区中的 Linux 技术爱好者进行广泛交流，取得了良好的学习效果。

关于本书第二版

本书是 "Linux 典藏大系" 中的经典畅销书《Linux 从入门到精通》的第 2 版。本书第 1 版出版后广受读者好评，曾经多次印刷，并被 "51CTO 读书频道" 评为 "最受读者喜爱的原创 IT 技术图书奖"。但是随着 Linux 技术的发展，本书第一版的内容与 Linux 各个新版本有一定出入，这给读者的学习造成了一些不便。应广大读者的要求，我们结合 Linux

技术的最新发展推出第 2 版。相比第 1 版，第 2 版在内容上的变化主要体现在以下几个方面：

- ❑ Ubuntu 版本从 8.04 升级为 12.04；
- ❑ 系统自带的软件操作一律更新；
- ❑ 第三方应用软件采用最新版本，并验证软件都可以在 Ubuntu 12.04 上正常运行；
- ❑ 对 Linux 的新技术和新标准进行了补充，如 Ext4；
- ❑ 修订了第 1 版中的一些疏漏，并将一些表达不准确的地方表述的更加准确。

本书有何特色

1．提供配套多媒体教学视频光盘

由于本书涉及很多具体操作，所以笔者专门录制了大量的多媒体教学视频进行讲解，读者可以按照教学视频的讲解很直观地学习，学习效果好。

2．入门门槛低，很容易上手

本书不需要读者有任何 Linux 的学习经验，读者仅仅需要懂得如何使用鼠标、键盘和电源开关即可。有一些基础的读者可以把它作为手头常备的参考书，本书为每一个重要的知识点都提供了详尽的目录索引。

3．为操作性较强的内容提供"快速上手"环节

这个特殊的环节在所有理论知识之前，用一个简单的实例帮助读者完成相关的上机操作，从全局上把握整章内容。

4．提供大量实例，实践性强

全书列举的所有示例和实例，读者都可以在自己的实验环境中完整实现。对于一些难度较大的知识点和操作，本书提供了"进阶"环节。这些内容往往对于系统管理员非常重要，普通用户可以根据实际情况决定是否阅读。

5．内容全面，涵盖 Linux 应用的各个方面

桌面用户可以从中了解到如何在 Linux 上进行日常的办公和娱乐；系统管理员可以找到服务器配置、系统管理、Shell 编程等方面的参考。对于开发人员，本书还对 Linux 中的编译器、调试器、正则表达式进行了介绍。

本书内容体系

第 1 篇　基础篇（第 1～4 章）

本篇主要内容包括 Linux 的起源和发展、Linux 安装、Linux 基本配置、Linux 桌面环境使用等。通过本篇内容的学习，读者可以掌握 Linux 的特点、搭建 Linux 环境及掌握 Linux 的基本操作。

第 2 篇　系统管理篇（第 5～10 章）

本篇主要内容包括 Shell 基本命令、文件目录管理、软件包管理、磁盘管理、用户与用户组管理、进程管理等。通过本篇内容的学习，读者可以掌握 Linux 系统设置基础内容，并能应对日常的 Linux 系统问题。

第 3 篇　网络篇（第 11～15 章）

本篇主要内容包括网络配置、浏览网页、收发邮件、传输文件、远程登录等。通过本篇内容的学习，读者可以完成 Linux 系统与网络相关的各种操作，可以像 Windows 一样灵活应用网络资源。

第 4 篇　娱乐与办公篇（第 16～19 章）

本篇主要内容包括多媒体、图像、打印机配置、办公软件的使用。通过本篇内容的学习，读者可以掌握使用 Linux 进行各种娱乐活动，并且了解在 Linux 系统中如何进行各种日常办公工作，从而使 Linux 成为自己的办公娱乐平台。

第 5 篇　程序开发篇（第 20 章和第 21 章）

本篇主要内容包括 Linux 环境 C/C++编辑器、gdb、版本控制系统 Subversion 的使用等。通过本篇内容的学习，读者可以掌握 Linux 环境中如何进行常见的开发，从而可以将 Windows 下的编程工作迁移到 Linux 环境中进行。

第 6 篇　服务器配置篇（第 22～26 章）

本篇主要内容包括服务器基础知识、HTTP 服务器——Apache、FTP 服务器——vsftpd、Samba 服务器、网络硬盘——NFS 等。通过本篇内容的学习，读者可以掌握常见的 Linux 服务器搭建技巧，可以将自己的个人 PC "升级"为功能强大的服务器。

第 7 篇　系统安全篇（第 27～29 章）

本篇主要内容包括任务计划 cron、防火墙和网络安全、病毒和木马。通过本篇内容的学习，读者可以掌握 Linux 系统基本的安全防护技巧，为自己的 Linux 搭建一个安全的环境。

附录

附录提供了 Linux 常用指令速查表，将 Linux 中最为常用的 459 个指令以功能进行分类，便于读者在使用 Linux 的过程中进行检索。

本书读者对象

- ❑　Linux 初、中级用户；
- ❑　开源软件爱好者；
- ❑　大中专院校的学生；
- ❑　社会培训学生；
- ❑　Linux 下的开发人员。

关于作者

本书由刘忆智主笔编写。其他参与编写的人员有陈虹翔、陈慧、陈金枝、陈勤、季永辉、雷双社、李加爱、李兴南、林天云、刘升华、柳刚、罗永峰、吕琨、马娟娟、潘玉亮、齐凤莲、秦光、秦广军、邵国红、孙海滨、索依娜、王敏、王欣惠、王秀明、王秀萍。

致谢

我必须要感谢我的老师沈涛先生，如果不是 7 年前遇到他，我想至今我仍然是这方面的门外汉。他把我带进了开源和 Linux 的世界，并且帮助我时刻保持对新兴技术的敏感。

本书写作过程中得到了清华大学出版社各位编辑的大力帮助和支持，他们非常支持我的想法，协助完善了整个稿件的格式和排版，并且在很多细节上提出了很有针对性的建议。

我还要感谢我曾经所在的浙江大学求是潮网站技术团队，他们在工作最繁忙的时候给予了我很大的协助。而且要特别感谢沈毅，他解决了很多本该属于我的工作。

在本书写作的过程中，我参加了几次上海 Linux 用户组（SHLUG）的交流活动，我非常喜欢他们所有人的极具创造力的思维方式，尽管大部分人我并不知道他们的真实姓名。

吕恒之向我推荐了一些 Linux 上的小游戏。他是少有几个听到我抱怨的人，我想我得为这些抱怨特别请他吃饭。

最后我要感谢我的朋友们，他们总是在我最困难的时候带给我快乐，支持我一直坚持下来，完成这部作品。当然还有我的家人和朋友们，没有你们的支持、理解和帮助，这本书都不可能面世。谢谢！

虽然我们对书中所述的内容都尽量予以核实，并多次进行文字校对，但因时间所限，可能还存在疏漏和不足之处，恳请读者批评指正。如果您在学习的过程中遇到什么困难或疑惑，请发 E-mail 到 bookservice2008@163.com 和我们取得联系，我们会尽快为您解答。

编者

目　　录

第 1 篇　基　础　篇

第 2 篇 系统管理篇

第 3 篇　网　络　编

第 5 篇 程序开发篇

第 6 篇　服务器配置篇

第 7 篇　系统安全篇

第1篇　基础篇

第 1 章　Linux 概述

什么是 Linux？在所有关于 Linux 的问题中，没有比这个更基本的了。简单地说，Linux 是一种操作系统，可以安装在包括服务器、个人电脑、乃至 PDA、手机、打印机等各类设备中。尝试一个新的操作系统难免让人心潮澎湃，如果读者之前还没有接触过 Linux 的话，在正式开始安装和使用 Linux 之前，首先让自己放松，试着做几个深呼吸，然后跟随本章的介绍来整理一下同 Linux 有关的思绪。

1.1　Linux 的起源和发展

Linux 起源和发展是一段令人着迷的历史。这里面包含着太多颠覆"常理"的事件和思想，促成 Linux 成长壮大的"神奇"力量总是被人津津乐道，Linux 所创造的传奇有时候让初次接触它的人感到不可思议。

1.1.1　Linux 的起源

1991 年，一个名不见经传的芬兰研究生购买了自己的第一台 PC，并且决定开始开发自己的操作系统。这个想法非常偶然，最初只是为了满足自己读写新闻和邮件的需求。这个芬兰人选择了 Minix 作为自己研究的对象。Minix 是由荷兰教授 Andrew S. Tanenbaum 开发的一种模型操作系统，这个开放源代码的操作系统最初只是用于研究目的。

这个研究生名叫 Linus Torvalds，他很快编写了自己的磁盘驱动程序和文件系统，并且慷慨地把源代码上传到互联网上。Linus 把这个操作系统命名为 Linux，意指"Linus 的 Minix"（Linus' Minix）。

Linus 根本不会想到，这个内核迅速引起了全世界的兴趣。在短短的几年时间里，借助社区开发的推动力，Linux 迸发出强大的生命力。1994 年，1.0 版本的 Linux 内核正式发布。本书写作时，最新的稳定内核版本为 2.6.27。

Linux 目前得到了大部分 IT 巨头的支持，并且进入了重要战略规划的核心领域。一个非盈利性的操作系统计划能够延续那么多年，并且最终成长为在各行各业发挥巨大影响力的产品，本身就让人惊叹。在探究这些现象背后的原因前，首先来看一下 Linux 和 UNIX 之间的关系，这两个名词常常让人感到有些困惑。

1.1.2　追溯到 UNIX

UNIX 的历史需要追溯到遥远的 1969 年，最初只是 AT&T 贝尔实验室的一个研究项目。

10 年后，UNIX 被无偿提供给各大学，由此 UNIX 成为众多大学和实验室研究项目的基础。

尽管 UNIX 被免费提供，但获取源代码仍然需要向 AT&T 交纳一定的许可证费用。1977 年，加州大学伯克利分校的计算机系统研究小组（CSRG）从 AT&T 获取了 UNIX 的源代码，经过改动和包装后发布了自己的 UNIX 版本——伯克利 UNIX（Berkeley UNIX），这个发行版通常被称为 BSD，代表 Berkeley Software Distribution（伯克利软件发行版）。

随着 UNIX 在商业上的蓬勃发展，AT&T 的许可证费用也水涨船高。伯克利于是决定从 BSD 中彻底除去 AT&T 的代码。这项工程持续了一年多。到 1989 年 6 月，一个完全没有 AT&T Unix 代码的 BSD 版本诞生了。这是第一套由 Berkeley 发布的自由可再发行（freely-redistributable）的代码，所谓的"自由"颇有些"你知道这是我的东西就可以了"的味道。只要承认这是 Berkeley 的劳动成果，那么任何人就可以以任何方式使用这些源代码。

1995 年 6 月，4.4BSD-Lite 发行，但这也是 CSRG 的绝唱。此后，CSRG 因为失去资金支持而被迫解散。但 BSD 的生命并没有到此终结。目前大多数的 BSD UNIX 的版本，例如 FreeBSD、OpenBSD 等都是从 4.4BSD-Lite 发展过来的，并且延续了它的许可证协议。

与此同时，另一些 UNIX 版本则沿用了 AT&T 的代码，这些 UNIX 系的操作系统包括 HP-UX、Solaris 等。

简单地说，Linux 是对 UNIX 的重新实现。世界各地的 Linux 开发人员借鉴了 UNIX 的技术和用户界面，并且融入了很多独创的技术改进。Linux 的确可以被称作 UNIX 的一个变体，但从开发形式和最终产生的源代码来看，Linux 不属于 BSD 和 AT&T 风格的 UNIX 中的任何一种。因此严格说来，Linux 是有别于 UNIX 的另一种操作系统。

1.1.3　影响世界的开源潮流

Linux 的发展历程看起来是一个充满传奇色彩的故事。特别是，为什么有如此多的人向社区贡献源代码，而不索取任何酬劳并任由其他人免费使用？"因为他们乐于成为一个全球协作努力活动的一部分"，Linus 这样回答说。开源成为了一种全球性的文化现象，无数的程序员投身到各种开源项目中，并且乐此不疲。

事实上，社区合作已经成为了被广泛采用的开发模式。Linux、Apache、PHP、Firefox 等业界领先的各类软件产品均使用了社区开发模式并采用某种开源许可协议。包括 Sun、IBM、Novell、Google 甚至 Microsoft 在内的很多商业公司都拥有自己的开放源代码社区。

有意思的是，开放源代码的思想不仅仅根植于程序员的头脑中，更重要的是，社区合作演变成为了一种互联网文化。见证了维基百科等产品的巨大成功，人们发现，用户创造内容这种所谓的 Web 2.0 模式从本质上是同开源思想一脉相承的。

已经有了多种不同的开放源代码许可证协议，包括 BSD、Apache、GPL、MIT、LGPL 等。其中的一些比较宽松，如 BSD、Apache 和 MIT，用户可以修改源代码，并保留修改部分的版权。Linux 所遵循的 GPL 协议相对比较严格，它要求用户将所作的一切修改回馈社区。关于开源协议的讨论常常是一个法律问题，一些法律系的学生会选择这方面的主题作为自己的毕业论文。在百度中输入关键字"开源协议"可以得到非常详尽的解答。

1.1.4　GNU 公共许可证：GPL

GNU 来源于 20 世纪 80 年代初期，Richard Stallman 在软件业引发了一场革命。这个人坚持认为软件应该是"自由"的，软件业应该发扬开放、团结、互助的精神。这种在当时看来离经叛道的想法催生了 GNU 计划。截至 1990 年，在 GNU 计划下诞生的软件包括文字编辑器 Emacs、C 语言编译器 gcc 以及一系列 UNIX 程序库和工具。1991 年，Linux 的加入让 GNU 实现了自己最初的目标——创造一套完全自由的操作系统。

GNU 是 GNU's Not UNIX（GNU 不是 UNIX）的缩写。这种古怪的命名方式是计算机专家们玩的小幽默（如果觉得这一点都不好笑，那么就不要勉强自己）。GNU 公共许可证（GNU Public License，GPL）是包括 Linux 在内的一批开源软件遵循的许可证协议。下面来关心一下 GPL 中到底说了些什么（这对于考虑部署 Linux 或者其他遵循 GPL 的产品的企业可能非常重要）。概括说来，GPL 包括下面这些内容：

- ❑ 软件最初的作者保留版权。
- ❑ 其他人可以修改、销售该软件，也可以在此基础上开发新的软件，但必须保证这份源代码向公众开放。
- ❑ 经过修改的软件仍然要受到 GPL 的约束——除非能够确定经过修改的部分是独立于原来作品的。
- ❑ 如果软件在使用中引起了损失，开发人员不承担相关责任。

完整的 GPL 协议可以在互联网上通过各种途径（如 GNU 的官方网站 www.gnu.org）获得，GPL 协议已经被翻译成中文，读者可以在百度中搜索"GPL"获得相关信息。

1.2　为什么选择 Linux

Windows 已经占据了这个世界大部分电脑的屏幕——从 PC 到服务器。如果已经习惯了在 Windows 下工作，有什么必要选择 Linux 呢？Linux 的开发模式从某个角度回答了这个问题。Linux 是免费的，用户并不需要为使用这个系统交付任何费用。当然，这并不是唯一的，也不是最重要的理由。相对于 Windows 和其他操作系统，Linux 拥有其独特的优势。这些优势使 Linux 长期以来得到了大量的应用和支持，并在最近几年收获了爆炸性的发展。

1.2.1　作为服务器

Linux 已经在服务器市场展现了非比寻常的能力，在世界各地有数百万志愿者为 Linux 提供技术支持和软件更新，其中包括有 IBM、Google、Red Hat、Novell 等 IT 跨国企业的资深学者和工程师。这要归功于 Linux 的社区开发模式，公开的源代码不是招来更多的黑客攻击，相反，Linux 对于安全漏洞可以提供更快速的反应。在企业级应用领域，更少被病毒和安全问题困扰的 Linux 是众多系统管理员的首选。

Linux 在系统性能方面同样表现出优势。已经不必担心 Linux 是否能发挥服务器的全部性能。相反在实现同样的功能时，Linux 所消耗的系统资源比 Windows 更少，同时也更为稳定。虚拟化技术、分布式计算、互联网应用等在 Linux 上可以得到很好的支持，Linux 在服务器市场的份额一直在快速增长。

2004 年，IBM 宣布其全线服务器均支持 Linux。这无疑向世界传递了这样一个信号：Linux 已经成长为一种最高档次的操作系统，具备了同其他操作系统一较高下的实力。在这之后的 4 年中，步 IBM 后尘的企业越来越多。如今，选择 Linux 作为自己的服务器操作系统已经不存在任何风险，因为主流的服务器制造商都能够提供对 Linux 的支持。

值得一提的是，在 2011 年排名前 500 的超级计算机中，92.4%（462 台）都采用了 Linux 操作系统。尽管微软很自豪地表示，Windows HPC Server 2008 进入榜单前 10 位，但需要知道的是，前 9 名的超级计算机都采用了 Linux。

总体上来说，Linux 非常健壮和灵活，很适合用于大型企业生产环境——在把 Linux 投入实际使用之后，用户将会更多地体会到这一点。

1.2.2　作为桌面

没有必要夸大 Linux 作为桌面操作系统的优势。在这个领域，Windows 仍然占据绝对的主导地位。用户体验方面，Windows 的确做得更好一些。然而随着 Linux 在桌面领域投入更多的精力，其桌面市场份额正在缓步提升。在 2008 年的世界开源大会上，Ubuntu Linux 创始人 Mark Shuttleworth 甚至大胆预测，Linux 的市场份额将在未来超越苹果。

那么究竟有什么理由在 PC 上使用 Linux 呢？"免费"是一个非常重要的理由。Linux 上的开源软件非常丰富，能够完成日常办公中的所有任务，并且不需要为此缴纳任何费用。用户不再需要为各种专业软件和操作系统支付大笔的许可证费用，省下的这笔资金可以用到更有用处的地方。

另一个重要理由在于 Linux 的开放性。这意味着用户可以订制属于自己需要的功能，在 Linux 中，没有什么是不能被修改的。对于希望学习操作系统原理的用户，Linux 是一个很好的平台，它可以让研究人员清楚地看到其中的每一个细节。

相比较 Windows 而言，Linux 确实更少受到病毒的侵扰。随着学习的深入，读者会逐渐了解到其中的原因。

1.3　Linux 的发行版本

严格说来，Linux 这个词并不能指代本书所要介绍的这个（或者说几个）操作系统。Linux 实际上只定义了一个操作系统内核，这个内核由 kernel.org 负责维护。不同的企业和组织在此基础上开发了一系列辅助软件，打包发布自己的"发行版本"。各种发行版本可以"非常不同"，却是建立在同一个基础之上的。

1.3.1　不同的发行版本

Linux 的发行版本确实太多了，表 1.1 只列出了其中比较著名的一些（即便如此，这张表格仍然有点长）。这些发行版本是按照字母顺序，而不是推荐或者流行程度排列的。

表 1.1　著名的 Linux 发行版本

发行版本	官方网站	说　　明
CentOS	www.centos.org	模仿 Red Hat Enterprise Linux 的非商业发行版本
Debian	www.debian.org	免费的非商业发行版本
Fedora	fedoraproject.org	Red Hat 公司赞助的社区项目免费发行版本
Gentoo	www.gentoo.org	基于源代码编译的发行版本
Mandriva	www.mandriva.com	前身 Mandrakelinux，第一个为非技术类用户设计的 Linux 发行版本
openSUSE	www.opensuse.org	SUSE Linux 的免费发行版本
Red Flag	www.redflag-linux.com	国内发展最好的 Linux 发行版本
Red Hat Enterprise	www.redhat.com	Red Hat 公司的企业级商业化发行版本
SUSE Linux Enterprise	www.suse.com/linux	Novell 公司的企业级商业化 Linux 发行版本
TurboLinux	www.turbolinux.com	在中国和日本取得较大成功的发行版本
Ubuntu	www.ubuntu.com	类似于 Debian 的免费发行版本

　　在过去的 10 年中，Red Hat 公司一直是 Linux 乃至开源世界的领导者。2003 年，公司高层决定将其产品分成两个不同的发行版本。商业版本被称为 Red Hat Enterprise Linux，这个发行版本专注于企业级应用，并向使用它的企业提供全套技术支持，Red Hat 公司从中收取相关许可证费。另一个发行版本被称为 Fedora，其开发依托于 Linux 社区。尽管 Fedora 从名字上已经不再打着 Red Hat 的旗号，但是这两个发行版本依然保持着很大程度上的相似性。

　　另一个走上几乎相同路线的 Linux 发行版本是 SUSE Linux。这个目前由 Novell 公司运作的 Linux 发行版本分为 SUSE Linux Enterprise 和 openSUSE 两种，前者由 Novell 提供技术和服务支持，后者则由 Linux 社区维护并免费提供。相对于 Fedora 而言，openSUSE 似乎能够得到更多的来自其商业公司的支持。

　　一个很有意思的发行版本是 CentOS，这个发行版本收集了 Red Hat 为了遵守各种开源许可证协议而必须开放的源代码，并且打包整理成一个同 Red Hat Enterprise 非常相似的 Linux 发行版本。CentOS 完全免费，这对于那些希望搭建企业级应用平台，而又不需要 Red Hat 公司服务支持的团队而言是一个好消息。毕竟，钱是很多时候必须首要考虑的问题。

　　Debian 和 Ubuntu 依旧保持着原始的 Linux 精神。这两个发行版本由社区开发，并且完全向用户免费提供。其中 Ubuntu 至今享受着南非企业家 Mark Shuttleworth 的资助，用户可以登录其官方网站预定安装光盘。Canonical（Ubuntu 社区的授权公司）会为此支付一切费用，甚至包括邮费。

　　Red Flag Linux（红旗 Linux）是来自北京中科红旗软件技术有限公司的产品，这几年，国内 Linux 市场环境有了长足的进步，这也促使红旗软件逐渐成长为亚洲最大、也是发展最迅速的 Linux 产品发行商，并于 2004 年同亚洲其他 Linux 发行商合作发布了企业级 Linux 系统 Asianux。红旗 Linux 最大的优势在于其本地化服务，同时在中文支持上，红旗 Linux

比其同行做得更好。

1.3.2　哪种发行版本最好

既然已经介绍了那么多发行版本，那么哪一种最好？每一种发行版本都宣称自己能够提供更好的用户体验、更丰富的软件库……从这种意义上讲，发行商的建议常常只是广告性质的宣传。

使用哪一种发行版本主要取决于用户的具体需求。如果用户需要在企业环境中部署 Linux 系统，那么应该侧重考虑 Red Hat Enterprise Linux 这样的发行版本，这些专为企业用户设计的 Linux 可以更有效地应用在生产环境中，并且在出现问题的时候能够找到一个为此负责的人。对于大型企业而言，千万不要尝试那些小的发行版本，因为稳定性永远是最重要的，没有人会愿意看到自己购买的产品几年后就不存在了。如果某些发行版的某些功能的确很吸引人，那么至少也要等它"长大了"再说。

Debian 和 Ubuntu 尽管是两个非盈利性的发行版本，但是在很长的时间内，这两个发行版本将会继续存在。对于企业用户而言，这是同样值得考虑的对象。

对于个人用户而言，需要考虑的东西就要少很多。桌面用户可能更关心漂亮的图形界面，以及简易的操作性。很难确定哪个发行版本更"漂亮"，或者用起来更顺手——这取决于不同的口味。通常来说，标榜自己是 Desktop（桌面）的 Linux 发行版在很大程度上都考虑到了这两方面的内容。

Linux 玩家可能会来回尝试多个发行版本，这是一件充满乐趣的事情。每当一个新的 Linux 发行版出现，或者已有发行版本完成一次升级后，都会有无数的 Linux 爱好者参与到测评和比较中。因此在决定使用哪个发行版之前，关注一下相关的 Linux 论坛是一个好主意。

1.3.3　本书选择的发行版本

众多的 Linux 发行版本的确丰富了 Linux 世界，但是也给所有介绍 Linux 的书籍出了一个大难题，即究竟选择哪个发行版本作为讲解对象？本书非常谨慎地选择了其中的两个：Ubuntu Linux 和 openSUSE Linux。不仅因为这是目前 Linux 桌面市场占有率最高的两个发行版本，更重要的是，这两个发行版都是桌面 Linux 的代表，本书讨论的所有内容都可以几乎不加修改地应用于其他 Linux 发行版本中。

在具体的讲解过程中，Ubuntu Linux 占据了更多的篇幅，只有在两个体系不同的地方，才会让 openSUSE 出场。另外，考虑 Ubuntu 桌面环境是基于 Gnome 的，本书为 openSUSE 选择了 KDE，并且使用了稳定的 KDE 3.5 版本而不是更华丽的 KDE 4 版本。

另外，在涉及服务器配置的地方，本书会兼顾到使用 Red Hat Enterprise Linux 和 Fedora 的用户，毕竟在服务器领域，这两个版本的 Linux 系统占据了更大比例的市场份额。

关于 Gnome 和 KDE 的详细介绍，可以参考第 4 章，但是这里也不妨首先感受一下这两个发行版的用户界面，如图 1.1 和图 1.2 所示。

图 1.1　Ubuntu Linux 的 Gnome 桌面

图 1.2　openSUSE 的 KDE 桌面

1.4 Internet 上的 Linux 资源

Internet 上永远都不缺少 Linux 资源，除了 1.3.1 节列出的各发行版的官方网站外，还有很多组织和个人建立了各种 Linux 网站和论坛，这些资源为 Linux 用户提供了大量支持。经常光顾这些地方并及时实践是学习 Linux 的最好途径。表 1.2 和表 1.3 分别列出了国外和国内的常用 Linux 站点。

表 1.2 常用的国外Linux资源

国 外 网 站	说 明
lwn.net	来自 Linux 和开放源代码界的新闻
http://freecode.com/	最齐全的 Linux/UNIX 软件库
www.justlinux.com	信息齐全的 Linux 学习网站
www.kernel.org	Linux 内核的官方网站
www.linux.com	提供全方位的 Linux 信息（尽管不是官方网站）
www.linuxhq.com	提供内核信息和补丁的汇总
www.linuxtoday.com	非常完整的 Linux 新闻站点

表 1.3 常用的国内Linux资源

国 内 网 站	说 明
www.chinaunix.net	国内最大的 Linux/UNIX 技术社区网站
www.linuxeden.com	Linux 伊甸园，最大的中文开源资讯门户网站
www.linuxfans.org	中国 Linux 公社，拥有自己的 Linux 发行版本 Magic Linux
www.linuxsir.org	提供 Linux 各种资源、包括资讯、软件、手册等

这些 Linux 站点显然不能涵盖所有的 Linux 资源，Linux 爱好者遍布全球，遇到问题的时候随便找个地方发张帖就会得到热情的解答，但是通常并不推荐这种做法。很多问题已经被回答了无数次，并且因为人们的懒惰而不得不继续被回答。首先尝试自己去寻找问题的答案是一个好习惯，任何流行的搜索引擎都能帮上忙。对于技术类的问题，百度是相对"更好"的选择。

不要有意回避 UNIX 的相关信息，这些信息通常都可以直接用于 Linux（回忆一下本章开头所描述的 Linux 和 UNIX 之间的渊源）。对于某些特定于发行版本的配置则应该小心，因为读者使用的发行版本很可能使用了不同的配置方式。本书在所有可能产生这些问题的地方都会给出说明。

1.5 小 结

❑ Linux 起源于芬兰研究生 Linus Torvalds 1991 年的个人计划，最初只是一个简单的操作系统内核。Linus 将其在互联网上公布后，这个内核吸引了全世界大量志愿者共同参与开发。

❑ UNIX 来源于 AT&T 贝尔实验室的一个研究项目，CSRG 对其重新实现后发布了不含 AT&T 代码的伯克利 UNIX。这两种版本（AT&T 和 BSD）是很多 UNIX 类操作系统，如 Solaris、FreeBSD 等的共同祖先。

❑ Linux 社区的开发人员借鉴了 UNIX 技术和使用方式，并将其融入 Linux 中。Linux 不属于以上两种 UNIX 中的任何一种。

❑ 基于社区合作的开源文化已经深刻地影响了这个世界。

❑ Linux 内核遵循 GPL 协议发布，这个许可证协议是 GNU 计划的一部分。

❑ Linux 在服务器领域占据绝对的优势，可以非常有效地应用于各类生产环境。作为一个先进的操作系统，Linux 得到了几乎所有 IT 巨头们的支持。

❑ Linux 在桌面市场的份额也在不断上升，并在全世界聚集了一大批爱好者。

❑ 不同的企业和组织在 Linux 内核的基础上开发了一系列辅助软件，打包发布自己的"发行版本"。选择发行版本完全取决于用户的需求和口味。

❑ Internet 上存在大量的 Linux 资源，在遇到问题时合理利用这些资源是学习 Linux（也是其他计算机技术）的重要途径。

第 2 章 Linux 安装

了解了 Linux 的历史和发展过程，读者大概已经急切地想要把 Linux 安装到自己的计算机上。无所畏惧的读者可能已经在阅读本章之前就做过这样的尝试。无论这些尝试最终是成功还是失败，就从这里开始 Linux 之旅吧！

2.1　安装前的准备工作

在安装这个全新的操作系统之前，需要做一些准备工作。从哪里得到 Linux？对电脑配置有什么要求？安装会删除机器上原有的 Windows 吗？……对这些在论坛上经常出现的问题，本节将逐一给予回答。

2.1.1　我能从哪里获得 Linux

使用 Linux 本身不需要支付任何费用。读者可以在各 Linux 发行版的官方网站上（详见 1.3.1 节）找到安装镜像。安装镜像通常分为 CD 镜像和 DVD 镜像，视具体情况下载相应的镜像文件并刻录成光盘。在 Windows 下，较常用的刻录软件有 Nero 等。当然，用户应该自己准备好 CD 或 DVD 刻录机。

如果限于网速而无法下载，可以考虑在软件经销商处购买或直接向开发商订购拥有支持的商业版本。Red Hat、SUSE 等发行版都发售企业版 Linux 套件，使用这些套件本身是免费的，商业公司只对其软件支持和服务收费。

最"诱人"的 Linux 发行版本是 Ubuntu。用户可以登录其官方网站预订安装光盘，Canonical（Ubuntu 社区的授权公司）会为此支付包括邮费在内的一切费用。对于国内用户而言，唯一可能产生不便的是在申请光盘时，所有的个人信息包括家庭住址都需要用英语填写。另外，从提交申请到收到光盘可能需要花费 2～3 周的时间。

在任何时候，用户都有权力免费复制和发放 Linux。这意味着同一份 Linux 拷贝可以在无数台计算机上安装而不需要考虑许可证问题。如此看来，获得一份 Linux 安装文件并不是什么难事。

2.1.2　硬件要求

对于这个问题最简单也是最标准的回答是取决于所使用的发行版。一般来说，这并不是一件需要特别考虑的事情。以 Ubuntu 12.04 为例，默认安装需要 800MB 内存和 8GB 硬盘空间。对于现在的绝大多数计算机而言，这样的要求甚至不能被称作"要求"。当然，如果读者的计算机确实不能够胜任这样的工作，首先需要对此表示同情。读者有必要认真阅读相关配置要求，并选择一个合适的版本，也可以从各发行版的官方网站上找到某个特定版本所需要的最低配置。

2.1.3　与 Windows "同处一室"

第一次安装 Linux 的 PC 用户都会问这样的问题："Linux 会不会覆盖我机器上原有的 Windows？"答案是"不会"——如果选择将 Linux 安装在另一个分区上的话。Linux 默认使用的操作系统引导加载器 Grub（早期的 Linux 使用另一种名为 LILO 的引导工具）可以引导包括 Linux、Windows、FreeBSD 等多种操作系统。

Linux 安装程序会在一切准备稳妥之后安装 Grub，并加入对硬盘中原有操作系统的支持。这一切都是自动完成的。但反过来却有可能产生问题，例如 Windows 的引导加载程序至今无法支持 Linux。因此，如果选择在安装 Linux 之后再安装 Windows，那么 Windows 的引导程序将把 Grub 覆盖，从而导致 Linux 无法启动。这个时候可以使用 Linux 的安装光盘对 Grub 实施恢复，详见本章的"进阶"部分。

2.1.4　虚拟机的使用

如果不希望在自己的计算机上看到两个系统，那么还有一种方法可供选择——使用虚拟机。虚拟机是这样一种软件：它本身安装在一个操作系统中，却可以虚拟出整个硬件环境。在这个虚拟出来的硬件环境中，可以安装另一个操作系统。对于这两个操作系统，前者被称为宿主操作系统（Host OS），后者被称作客户操作系统（Guest OS），如图 2.1 所示。使用虚拟机最显而易见的优点在于，对客户操作系统的任何操作都不会对实际的硬件系统产生不良影响，因为其所依赖的硬件环境都是"虚拟"出来的。最终反映在硬盘上的，只是一系列文件。

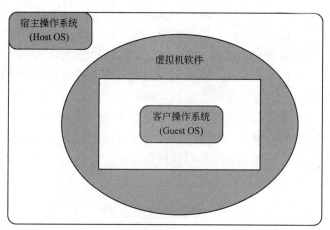

图 2.1　虚拟机示意图

事实上，虚拟机在服务器端拥有更广泛的应用。由于在控制成本、利用资源等方面展现出的巨大作用，虚拟机技术在最近几年获得了长足的进步。VMware、Sun、Microsoft

等公司纷纷推出了自己的虚拟机产品。Intel 等芯片厂商也在 CPU 级别上提供了对虚拟技术的支持。

2.1.5　免费的虚拟机软件：VMware Server

对于 PC 用户而言，最常用到的虚拟机软件是 VMware。这款虚拟机产品可以在包括 Windows 和 Linux 在内的多个平台上运行。VMware 面向企业和个人开发了多个版本，其中一些需要用户购买许可证，如 VMware Workstation 等。另一些，例如 VMware Server，则可以免费使用。VMware 公司通过向企业用户销售服务获取收入。

推荐读者使用 VMware Server。免费是一个重要理由。另外，如果有意把 Linux 作为一款真正的服务器操作系统的话，那么这款 Server 级的产品将会给读者带来更深刻的体会。考虑希望学习 Linux 而又不愿冒任何安装风险的 Windows 用户，这里简单介绍一下 VMware Server 在 Windows 下的安装和使用方法。

VMware Server 可以从 www.vmware.com/download 上下载。为此，用户需要先注册，因为 VMware 公司需要得到来自用户方面的反馈——这个要求无可厚非。注册完成后，用户可以申请免费的产品序列号。在本书写作时，VMware Server 的最新版本是 2.0，读者下载到的安装程序应该类似于 VMware-server-2.0.2-203138.exe。

双击这个安装程序，VMware Server 就开始执行安装了，如图 2.2 所示。经过一些例行公事询问/回答后，安装程序会把用户带到服务器配置界面，如图 2.3 所示。在这里可以设置虚拟机文件默认存放的位置、服务器名称和监听端口（使用默认值即可）。

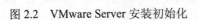
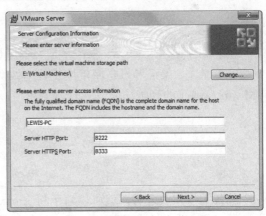

图 2.2　VMware Server 安装初始化　　　　图 2.3　设置 VMware Server

安装完成后，VMware Server 会要求用户重启计算机。VMware Server 将自己作为一个 Web 服务器运行，用户通过浏览器访问这个服务器对其进行管理。通过桌面上或者"开始"菜单中的 VMware Server Home Page 命令打开登录界面，如图 2.4 所示。

用户可以通过安装 VMware Server 时使用的 Windows 用户名和密码登录，登录后的界面如图 2.5 所示。通过选择右上方的 Create Virtual Machine 命令即可新建虚拟机。

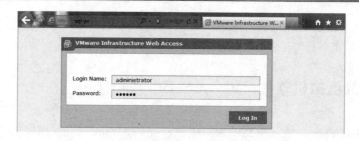

图 2.4　VMware Server 登录界面

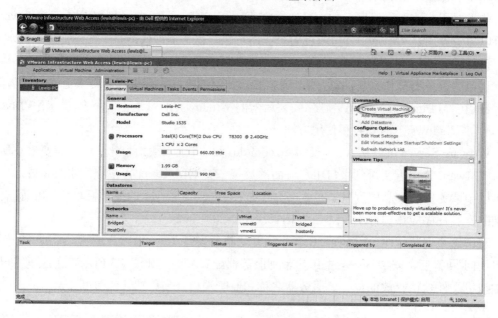

图 2.5　VMware Server 的管理界面

　　讲解如何使用 VMware Server 是一个漫长的过程，这对于一本介绍 Linux 的书而言未免喧宾夺主。如果读者只是简单地将其用做"实验室"，那么不妨自己摸索。如果需要用到 VMware Server 的高级功能，其官方手册是最值得推荐的资料。

2.2　安装 Linux 至硬盘

　　准备工作完成之后，就可以着手将 Linux 安装到硬盘中了。如今 Linux 的安装过程已经非常"傻瓜"化，只需要轻点几下鼠标，就能够完成整个系统的安装。尽管如此，这里仍然详细地给出安装过程的每一步。同时，对于和 Windows 存在显著区别的地方，如硬盘分区的组织方式，本节将做详细的讨论。

2.2.1　第一步：从光驱启动

　　这几乎是安装所有操作系统的第一步——如果选择以 CD 或 DVD 方式安装的话。首先确保手中已经有了 Linux 的安装光盘（如果不知道如何获得安装光盘，参见 2.1.1 节）。

打开计算机，调整 BIOS 设置使计算机从光驱启动。插入安装光盘，重新启动计算机。如果能看到 Ubuntu 徽标，那么恭喜，安装程序已经启动了。

提示：读者经常问的一个问题是，如何改变 BIOS 中的启动顺序？这取决于不同的主板和 PC 制造商的设置。通常来说，可以在开机时按 Del 键或 F2 键进入 BIOS 设置界面，找到 Boot Sequence 或类似的标签，调整 CD-ROM 或类似选项至第一个位置。按下 Esc 键保存并退出即可。不同的主板在 BIOS 设置上会有出入，因此首先参考主板说明书是一个明智的选择。

（1）Ubuntu 默认安装初始界面是英文的。从左侧下拉列表中选择"中文（简体）"语言，则安装界面改变为中文，如图 2.6 所示。

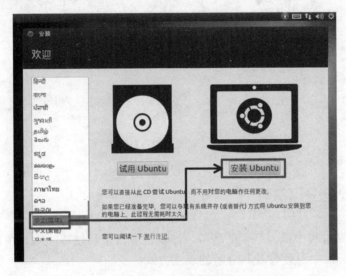

图 2.6　"欢迎"界面

（2）单击"安装 Ubuntu"按钮，进入"准备安装 Ubuntu"界面，如图 2.7 所示。

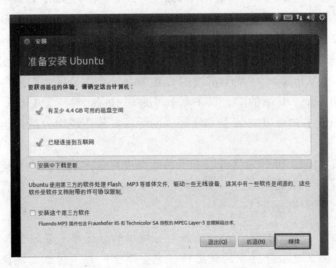

图 2.7　"准备安装 Ubuntu"界面

（3）Ubuntu 提示安装系统所要具备的条件。确认无误后，单击"继续"按钮，进入"安装类型"界面，如图 2.8 所示。

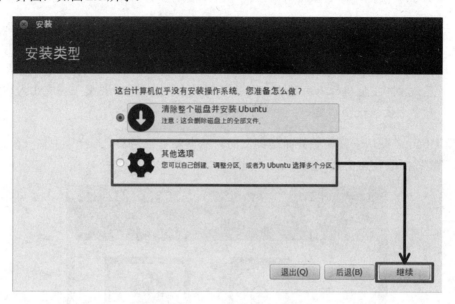

图 2.8　"安装类型"对话框

2.2.2　关于硬盘分区

这是整个安装过程中最为棘手的环节，涉及很多概念和技巧。因此在正式分区之前，首先来看一下 Linux 中对硬盘及其分区的表述方式。

硬盘一般分为 IDE 硬盘、SCSI 硬盘和 SATA 硬盘。在 Linux 中，IDE 接口的设备被称为 hd，SCSI 和 SATA 接口的设备则被称为 sd（本书中如果不作特殊说明，默认将使用 SCSI 或 SATA 接口的硬盘）。第 1 块硬盘被称作 sda，第 2 块被称作 sdb，以此类推。Linux 规定，一块硬盘上只能存在 4 个主分区，分别被命名为 sda1、sda2、sda3 和 sda4。逻辑分区则从 5 开始标识，每多一个逻辑分区，就在末尾的分区号上加 1。逻辑分区没有数量限制。

一般来说，每个系统都需要一个主分区来引导。这个分区中存放着引导整个系统所必需的程序和参数。在 Windows 环境中常说的 C 盘就是一个主分区，它是硬盘的第一个分区，在 Linux 下被称为 sda1。其后的 D、E、F 等属于逻辑分区，对应于 Linux 下的 sda5、sda6、sda7……。操作系统主体可以安装在主分区，也可以安装在逻辑分区，但引导程序必须安装在主分区内。

有了这些准备知识，接下来就可以着手对硬盘进行分区了。首先要确保硬盘上有足够的剩余空间。如果打算安装双系统，那么需要为 Linux 预留至少一个分区空间。下面开始讲解如何在安装过程中进行分区。

⚠注意：如果选择将 Linux 安装在一个已经写有数据的分区中（例如原来 Windows 所在的分区），那么这个分区中的数据将被完全删除！为了防止因误操作导致灾难性的后果，建议在安装前对重要数据进行备份。

（1）Ubuntu 提供给用户两种硬盘设定方式。"清除整个硬盘并安装 Ubuntu"方式是会将整个硬盘作为一个主分区。"其他选项"方式则允许用户进行分区。第一种方式为默认选项。这里，我们选择第二种方式。单击"继续"按钮，进入"安装类型"界面，如图 2.9 所示。

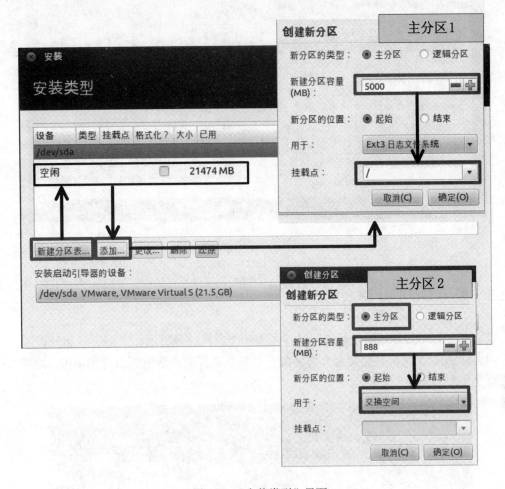

图 2.9　"安装类型"界面

（2）"安装类型"界面允许用户进行分区。单击"新建分区表"按钮，为磁盘建立分区表。这时，会显示硬盘空闲空间。单击"空闲"项目后再单击"添加"按钮，出现创建新分区对话框。在这里我们创建两个主分区，分区设置如表 2.1。设置完，分区配置如图 2.10 所示。

表 2.1　"分区设置表"

分区	新分区的类型	新建分区容量	用于	挂在点	说　　明
分区1	主分区	5000	Ext4日志文件系统	/	该分区是装系统必有的主分区
分区2	主分区	888	交换空间		该分区相当于虚拟内存，用于缓冲数据

完成所有分区的划分后，就可以单击"现在安装"按钮进行下一步设置。

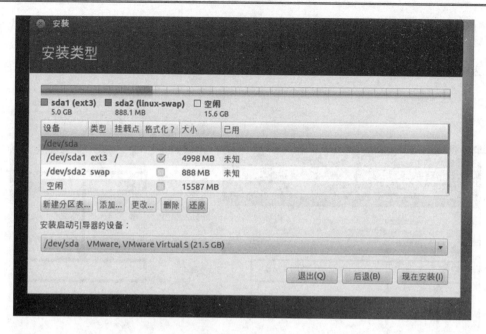

图 2.10　完成分区

2.2.3　配置 Ubuntu 基本信息

Ubuntu.Linux 安装程序开始安装时将进入一个时区选择界面，下面讲解如何设置。

（1）如图 2.11 所示界面是选择时区的一个默认界面。在这里可以直接单击"继续"按钮进行下一步设置。

图 2.11　选择时区图

（2）选择时区界面默认是 Chongqing。如果想更改时区，可以进行时区选择，如选择 Shanghai，单击"继续"按钮进行安装，如图 2.12 所示。最下面显示安装进度，安装完后进入"键盘布局"界面。

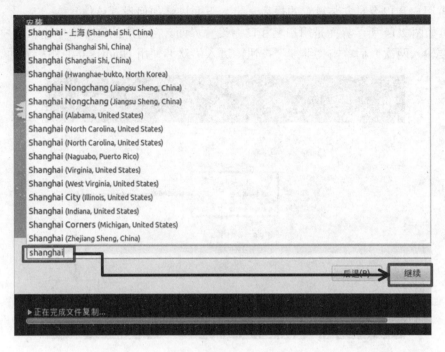

图 2.12　"安装"界面

（3）在如图 2.13 所示的键盘界面可以对键盘进行选择，这里保持默认选项就可以了。直接单击"继续"按钮进入下一步设置。

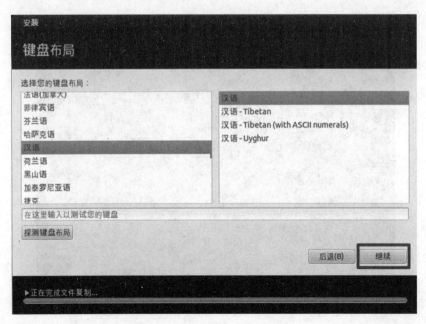

图 2.13　"键盘布局"界面

2.2.4　设置用户和口令

设置用户和口令是安装设置的最后一步，下面讲解如何设置该信息。

（1）如图 2.14 所示界面是用户名和口令设置界面。在对应的文本框中输入用户名和密码（需要输入两次）后单击"继续"按钮，进入"欢迎使用 Ubun12.04LTS"界面。

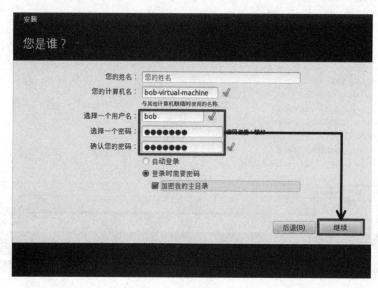

图 2.14　"你是谁？"界面

（2）欢迎界面显示安装进程，如图 2.15 所示。安装的时间取决于机器性能，通常需要几十分钟的时间。

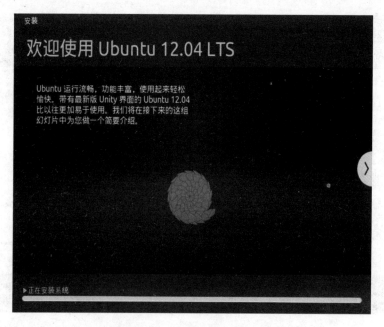

图 2.15　"欢迎使用 Ubuntu12.04LTS"界面

（3）安装完成后要求重新启动。注意，这里必须重新启动计算机。

注意：在 Ubuntu Linux 中，现在设置的用户拥有管理员权限。而在 Red Hat、SUSE 等
发行版中，则需要另外设置一个叫做 root 的用户，这个用户具有管理员权限。关
于管理员和超级用户，可以参见 3.1 节的内容。

2.2.5　第一次启动

至此，Linux 已经安装在硬盘中了。弹出光盘并重新启动，Linux 会显示启动进度条。
启动速度取决于机器性能，启动时间会有差异。随后 Linux 将自动进入登录界面，如图 2.16
所示。输入安装设定的用户名和密码，按 Enter 键即可登录到桌面环境。

图 2.16　"登录"界面

（1）在登录界面的文本框中输入"密码"（该密码就是在安装过程中设定的用户名及
密码）后，按 Enter 键即可登录系统。登录后系统的初始界面如图 2.17 所示。

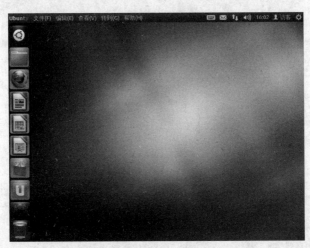

图 2.17　"初始"界面

（2）如图 2.17 所示的界面就是登录系统的一个桌面，在此可以进行许多操作。

（3）单击"初始"界面右上角的设置按钮，单击"关机"命令，弹出"关机"对话框，如图 2.18 所示。对于个人用户而言，最常用的可能就是关机选项了。

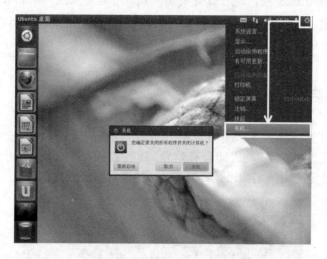

图 2.18 重新启动和关机

2.3 获取帮助信息和搜索应用程序

在 Vbuntu 初始界面单击左上方的第一个按钮会弹出 Dash 页。通过 Dash 页选项可以找到大部分帮助信息。用户也可以使用搜索框查找感兴趣的主题。例如，在搜索框中输入"计算器"，并按 Enter 键，就会显示"计算器"图标。双击该图标，就可以运行计算器程序，如图 2.19 所示。

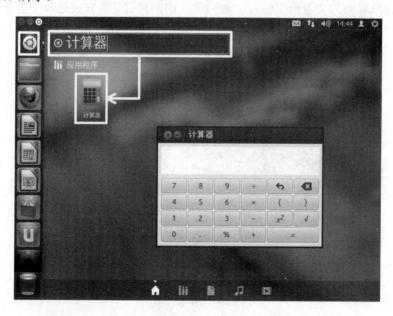

图 2.19 Dash 页

2.4　进阶：修复受损的 Grub

把这部分内容放在这里的确有一点超前，但实在没有比这样的安排更合适的了（下一章的"进阶"部分会进一步讨论这个引导程序）。如果读者觉得理解下面这些文字有困难的话，那不妨先跳过这一节，待阅读完第 8 章后再回过来学习这部分的内容。

2.4.1　Windows 惹的祸

Linux 老手们告诫新用户一定要先装 Windows，然后再安装 Linux。但遗憾的是，新手们总有一天会打破这个规则（想一想处理中毒后的 Windows 最简单有效的办法是什么？），于是他们会在论坛上抱怨：

"我的机器是 Windows 和 Linux 双系统，昨天我重新安装了 Windows，但重启后 Linux 跑哪儿去了？"

这的确不是 Linux 的错，Windows 自作聪明地把多重引导程序 Grub 覆盖了，而自己的引导程序并没有（或者也不愿意有）引导启动 Linux 的能力。这个问题十分常见，在最近的一个星期里，已经有 3 位 Linux 用户前来寻求这方面的帮助，这也是促使笔者最后决定在本书中加入这一节的原因。

解决的方法很简单：重新安装 Grub。当然前提是用户有一张相同版本的 Linux 安装光盘，这通常不难做到。

2.4.2　使用救援光盘

一些 Linux 发行版本（例如 openSUSE）在安装光盘中包含了"救援模式"，用于紧急情况下执行对系统的修复。要进入救援模式，首先用 2.2.1 节的方法用安装光盘启动计算机，选择 Rescue System（救援系统）命令，如图 2.20 所示。在这个模式下，用户可以在不提供口令的情况下以 root 身份登录到系统。

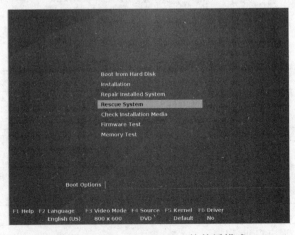

图 2.20　进入 SUSE Linux 的救援模式

另一些发行版本（例如 Ubuntu）在安装光盘中集成了 LiveCD 的功能，即用户可以从 CD 完整地运行这个操作系统。这些发行版本也就不再需要"救援模式"了，因为其本身就是一张恢复光盘。同样地，首先用 2.2.1 节的方法用安装光盘启动计算机，选择 Try Ubuntu without any change to your computer（试用 Ubuntu 而不改变计算机中的任何内容）命令，如图 2.21 所示。

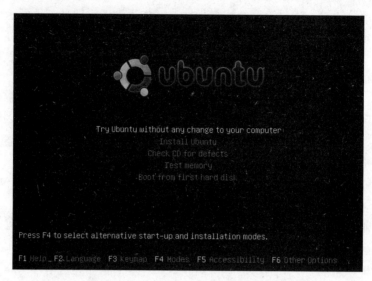

图 2.21　使用 Ubuntu Linux 的 LiveCD

2.4.3　重新安装 Grub

成功地从光盘启动后，就已经做好了修复 Grub 的准备。现在就开始着手重装这个引导程序，在 Linux 命令行下依次输入下面这些命令。

```
grub
find /boot/grub/stage1
root (hdx,y)
setup (hd0)
quit
```

表 2.2 逐条解释了这些命令代表的含义。

表 2.2　用于重装Grub的命令详解

命　　令	含　　义
grub	启动光盘上的 Grub 程序。如果读者正在使用 Ubuntu 的话，那么应该使用 sudo grub 以 root 身份运行
find /boot/grub/stage1	查找硬盘上的 Linux 系统将/boot 目录存放在哪个硬盘分区中。Grub 在安装的时候需要读取这个目录中的相关配置文件
root (hdx,y)	指示 Linux 内核文件所在的硬盘分区（也就是/boot 目录所在的分区），将这里的（hdx,y）替换为上一行中查找到的那个分区。注意这个括号中不能存在空格
setup (hd0)	在第一块硬盘上安装引导程序 Grub
quit	退出 Grub 程序

至此，重新启动计算机就可以找回久违的双系统了。为了给读者一个更为直观的感受，图 2.22 显示了笔者在虚拟机上重装 Grub 的全过程。

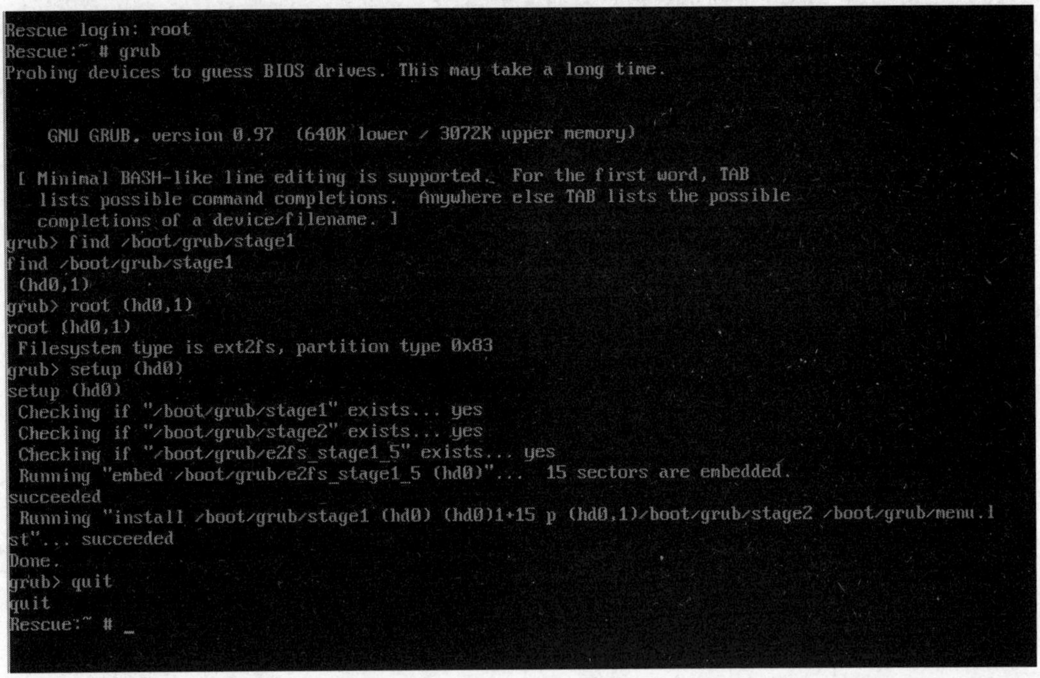

图 2.22　重装 Grub

提示：Grub 对磁盘分区的表示方式和 Linux 有所不同。Grub 并不区分 IDE、SCSI 抑或是 SATA 硬盘，所有的硬盘都被表示为"（hd#）"的形式，其中"#"是从 0 开始编号的。例如，（hd0）表示第 1 块硬盘，（hd1）表示第 2 块硬盘……依此类推。对于任意一块硬盘（hd#），（hd#,0）、（hd#,1）、（hd#,2）、（hd#,3）依次表示它的 4 个主分区，而随后的（hd#,4）……则是逻辑分区。例如图 2.24 中的（hd0,1）表示第 1 块硬盘的第 2 个主分区。

2.5　小　　结

❑　Linux 的安装镜像可以从各发行商的网站上免费下载。Ubuntu Linux 甚至会为申请者免费邮寄安装光盘。

❑　在安装前需要关心一下 Linux 所需的硬件配置，但这通常并不是大问题。

❑　可以选择保留机器上原有的 Windows 并把 Linux 安装在另一个硬盘分区上。

❑　虚拟机软件可以虚拟出一个完整的硬件环境，使同时运行多个独立的操作系统成为可能。

❑　VMware Server 是一款免费的、服务器级别的虚拟机软件。

❑　Linux 下对硬盘分区的表述方式和 Windows 有很大不同。

❑　大部分 Linux 发行版本都可以在安装过程中让用户选择需要安装哪些软件包。

❑　在安装结束后需要建立登录所需的用户。

❑　可以通过"帮助支持中心"工具寻求帮助。

❑　安装 Linux 后再安装 Windows 会覆盖原有的 Grub 引导程序。

❑　通过 Linux 引导光盘的"救援模式"（或者直接使用 LiveCD）可以重新安装 Grub。

第 3 章　Linux 基本配置

安装完操作系统后，常常需要做一些基本配置，以满足自己的需求。随着 Linux 桌面的日趋成熟和人性化，这种所谓的"基本配置"已经越来越少了。本章选择了入门用户最常问到的一些问题，以便读者能够尽快上手。

3.1　关于超级用户 root

之所以首先介绍 root 用户，是因为这个用户实在太重要了。所有的系统设置都需要使用 root 用户来完成。root 从字面上解释是"根"的意思，所以超级用户也被称作根用户。从某种意义上它相当于 Windows 下的 Administrator 用户。

☐ 提示：本节使用的一些命令只是为了能更好地说明问题，读者如果不能马上理解，可以暂且不去理会。在后续章节中将逐步讲解 Linux 命令行的使用。

3.1.1　root 可以做什么

这个问题的答案是 anything。没错，作为整个系统中拥有最高权限的用户，root 可以对系统做任何事情。root 可以访问、修改、删除系统中的任何文件和目录。另外，对于如下这些受限的操作，一般只有 root 用户能够执行。

- ☐ 添加删除用户；
- ☐ 安装软件；
- ☐ 添加删除设备；
- ☐ 启动和停止网络服务；
- ☐ 某些系统调用（例如对内核的请求）；
- ☐ 关闭系统。

☐ 提示：像"关闭系统"这样的操作都需要 root 用户来执行，看起来是一件特别古怪的事情。事实上，作为 Linux 的祖先，UNIX 是一种典型的服务器操作系统。而服务器的关闭和启动都必须得到管理员的授权（试想一个普通用户登录服务器，然后随意执行关机命令会怎样）。出于操作简易性的考虑，桌面版的 Linux 允许普通用户在图形界面下关闭系统。但在命令行下执行关机命令仍然需要 root 口令。

Linux 系统上的每个文件和目录都属于某个特定的用户，没有得到许可，其他用户就不能访问这些对象。但 root 用户却可以访问所有用户的文件，就像使用自己的东西一样。

因此，拥有 root 口令意味着更多的责任，特别是在一台多人协作的服务器上。

3.1.2　避免灾难

正如 3.1.1 节所提到的，root 用户可以在系统上做任何事情。那么保证安全性就显得尤为重要。系统不会因为用户输入的命令足够"愚蠢"而拒绝执行。相反，系统会乐滋滋地执行这样一条命令，然后把自己完完整整地删除了。

```
$ rm -fr /*                                    ##删除根目录下所有的文件和目录
```

另外，妥善保管 root 口令也至关重要。因为任何得到 root 口令的人都能够完全控制系统。root 口令应该至少为 8 个字符，7 个字符的密码其实很容易被破解。从理论上讲，最安全的口令应该是由字母、标点符号和数字组成的足够长的随机序列。但这样的密码往往难以记忆，如果为了使用这样所谓"最安全"的密码而不得不把它写在纸上，那么这是得不偿失的。一个比较好的建议是，使用拼音组成的一句话并穿插标点和数字。像 jintian,qinglang（今天，晴朗），woshiyongUbuntu8.04（我使用 Ubuntu8.04）等都是不错的口令。

和普通用户一样，root 账号可以直接用来登录系统。但这显然是一个非常糟糕的选择。既然任何一项误操作都有可能造成灾难性的后果，那么就应该仅在必要的时候才使用 root 账号。幸运的是，Linux 提供了这样的特性。用户可以执行不带参数的 su 命令将自己提升为 root 权限（当然需要提供 root 口令）。另一个命令行工具是 sudo，它可以临时使用 root 身份运行一个程序，并在程序执行完毕后返回至普通用户状态。这两个工具将在第 9 章详细讨论。

3.1.3　Debian 和 Ubuntu 的 root 用户

对于绝大多数的 Linux 发行版而言，安装的最后一步会设置两个用户口令：一个是 root 用户；另一个是用于登录系统的普通用户。而对于 Debian 和 Ubuntu 而言，事情显得有些古怪——只有一个普通用户，而没有 root！实际上，这个在安装过程中设置的普通用户账号，在某种程度上充当了 root。平时，这个账号安分守己地做自己份内的事，没有任何特殊权限。在需要 root 的时候，则可以使用 sudo 命令来运行相关程序。sudo 命令运行时会要求输入口令，这个口令就是该普通账号的口令。

那么读者就会有这样的疑问：如果再建立一个用户，那么这个用户是不是也能够使用 sudo "为所欲为"呢？答案是否定的。sudo 通过读取/etc/sudoers 来确定用户是否可以执行相关命令。这个文件默认需要有 root 权限才能够修改。关于/etc/sudoers 的修改和配置，将在 9.8 节讨论。

也可以使用 sudo 的-s 选项将自己提升为 root 用户，使用了-s 选项的 sudo 命令相当于 su。例如在终端下输入：

```
lewis@lewis-laptop:/station/document$ sudo -s
[sudo] password for lewis:
root@lewis-laptop:/station/document#
```

🔔**注意**：出于安全性考虑，在输入密码时屏幕上并不会有任何显示（包括星号）。

最后，可以使用 exit 命令回到先前的用户状态。

```
root@lewis-laptop:/station/document# exit
exit
lewis@lewis-laptop:/station/document$
```

3.2　依赖于发行版本的系统管理工具

很多 Linux 发行版本都提供了可视化的系统管理工具。例如，Red Hat 的 Network Administration Tool 及 SUSE 的 YAST2，如图 3.1 所示。这些可视化工具给 Linux 用户带来了莫大的方便，从而让系统管理工作变得只是单击鼠标这样简单。

图 3.1　SUSE 的可视化系统管理工具 YAST

然而在另一方面，这些工具向用户隐藏了实施配置的底层机制。尽管这对于初学者而言并不是什么坏事，但图形界面简易性仅仅在系统正常时能够发挥优势。当故障发生时，可视化工具对于解决问题常常无能为力。管理员不得不在命令行下手动解决这些问题。相对于可视化工具而言，命令行往往更灵活、更可靠。

出于以上这些原因，本书将着重讨论如何在命令行下管理系统，这对于所有 Linux 发行版本而言基本都是相同的。同时考虑到读者基础，本书将尽可能多地穿插讲解可视化配置工具。鉴于 Ubuntu 和 openSUSE 在桌面端的普及程度，大部分的可视化工具都将以 Ubuntu Linux 和 openSUSE 为例进行讨论。其他发行版本的配置工具可以基于相似的思想和方法来使用。

3.3　中文支持

如果读者正在使用 openSUSE 的话，那么只要记得在安装的时候选上中文支持就可以了。受制于安装光盘的容量，Ubuntu 则显得不是那么"聪明"。为此，用户需要在安装结束后手动安装中文包。下面简单介绍在 Ubuntu 下安装中文支持的全过程，其中一些步骤可能已经涉及了本书后面的内容，这里暂且"不求甚解"就可以了。

首先应该确保计算机已经连接到了 Internet（读者可能会在这里遭遇一些麻烦，或许为此不得不参考第 11 章的相关内容）。单击左上方的"dash 页"按钮打开终端模拟器，输入下面这条命令：

```
$ sudo apt-get update
```

这条命令用于从 Internet 更新当前系统软件包的信息，为此需要提供 root 口令。系统会给出一系列下载信息作为回应。这些信息如下（用户可以设置速度更快的安装源，参见 7.5 节）：

```
获取: 2 http://security.ubuntu.com precise-security Release [49.6 kB]
命中 http://extras.ubuntu.com precise/main Sources
命中 http://extras.ubuntu.com precise/main i386 Packages
忽略 http://extras.ubuntu.com precise/main TranslationIndex
获取: 3 http://security.ubuntu.com precise-security/main Sources [41.0 kB]
⋮
```

完成更新工作后，依次执行下面的操作步骤。

（1）单击桌面右上角的 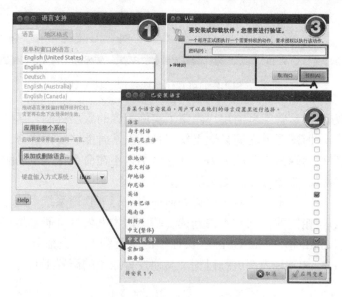 按钮，选择"系统设置"命令，弹出"系统设置"对话框。在对话框中选择"语言支持（LanguageSupport）"选项，弹出"语言支持"对话框，进行每一步设置，如图 3.2 所示。最后单击"应用更改"按钮将会显示正在应用更改。

图 3.2　语言支持界面

（2）应用完成后就可以让 Ubuntu 全方位地支持中文了。

3.4　关于硬件驱动程序

对于早期的 Linux 而言，寻找特定的硬件驱动程序往往是安装配置中最花费时间的一步。系统管理员甚至不得不自己编写。现在 Linux 已经得到了绝大部分主流硬件厂商的支持。在 Linux 安装完成后，往往已经不需要再安装什么驱动程序了。Linux 安装程序会自动监测系统硬件，并安装相应的驱动程序。在这一点上，Linux 做的甚至比 Windows 更好（读者应该会有安装完 Windows 后疯狂安装硬件驱动的特殊经历）。

对于 Linux 安装程序没有集成的驱动程序，就需要手动安装。主流硬件厂商一般都会在其官方网站上提供驱动程序的 Linux 版本（专有驱动就是非 Ubuntu 自带的驱动）。安装方法视不同的驱动提供商和用户的 Linux 版本而定。读者应该仔细阅读安装说明。需要注意的是，驱动程序的安装往往存在风险。所以必须选择与自己的硬件完全匹配的驱动，否则会让硬件无法使用，甚至损坏硬件。

如果硬件厂商并没有提供 Linux 版本的驱动程序，那么只能寄希望于第三方开发了。很多 Linux 爱好者会开发一些硬件的驱动程序，如果读者碰巧找到了，那就可以安装使用。但这些驱动程序往往没有得到硬件厂商的支持，使用上存在一定的风险，应该谨慎对待。

Ubuntu Linux 的更新程序会自动从互联网上探测适合当前系统的驱动程序，并在适当的时候提示用户安装。在左侧栏中单击"系统设置"按钮后在硬件栏中选择"附加驱动"选项，弹出"附加驱动"对话框，其中列出了当前可用的硬件驱动程序，如图 3.3 所示。选择相应的设备驱动，单击"激活"按钮（这里我所安装的驱动已经激活，所以右下角的按钮为"禁用"）。

图 3.3　安装硬件驱动程序

3.5　获　得　更　新

　　无论是 Ubuntu、openSUSE，还是其他一些主流 Linux 发行版本，都会不定期地提供相关软件包的更新。这些更新通常是出于升级版本或是修补安全漏洞的目的。"不定期"是显然的，安全漏洞不会"定期"出现。世界上所有的软件发行商也不会同时发布升级版本。系统不会盲目地更新"不存在"的东西，因此更新列表的长度总是同当前系统上安装的软件数量成正比。

　　以 Ubuntu Linux 为例，单击左上角的"设置"按钮出现一个菜单栏，在这选择"软件更新"选项，弹出"更新管理器"对话框，其中列出了所有可用更新，包括安全更新（一定要安装）和推荐软件更新。每当有可用更新，在对话框最上面提示"当前计算机有软件更新"，如图 3.6 所示。Ubuntu 的更新非常迅速，笔者在半个多月的时间里积累了接近 200MB 的更新内容。

　　在更新列表中选择需要更新的软件包（通常使用推荐更新即可），单击"安装更新"按钮即可从互联网上下载并安装更新。这时弹出一个"正在应用更改"对话框，如图 3.4 所示。

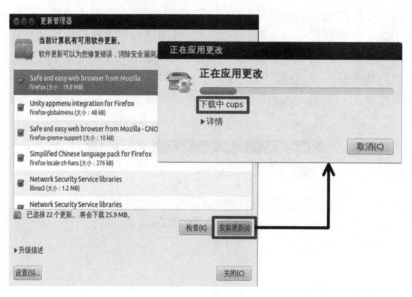

图 3.4　更新管理器

3.6　进阶：配置 Grub

　　本节继续讨论引导加载程序 Grub。在第 2 章的"进阶"部分已经介绍了如何修复被损坏的 Grub，这里将更深入地讲解 Grub 的使用。当然所谓的"深入"是相对的，这个引导程序本身可以被拿出来写一本书，本节所涉及的只是一些皮毛而已。

3.6.1　Grub 的配置文件

Grub 启动时通常从/boot/grub/grub.cfg 读取引导配置，并且严格地依此行事。下面是引导一个 Linux 系统所做的配置，这段内容取自 Grub 配置文件给出的示例。

```
1 #
2 # DO NOT EDIT THIS FILE
3 #
4 # It is automatically generated by grub-mkconfig using templates
```

其大意为：请不要编辑此文件，该文件通过/etc/grub.d 作为模版，通过/etc/default/grub 作为配置，被 grub-mkconfig 命令自动生成。因此，我们打开此处指定的配置文件/etc/default/grub，查看并修改我们需要的功能参数。在终端执行下列命令，结果如图 3.5 所示。

```
sudo gedit /etc/default/grub
```

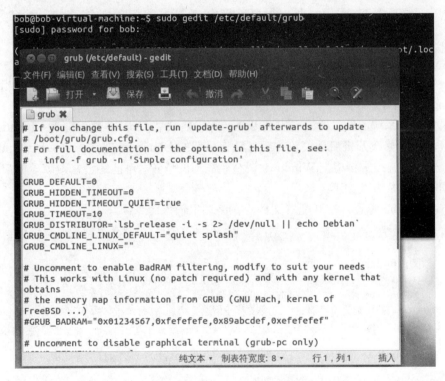

图 3.5　修改 Grub 配置文件

编辑其中需要修改的参数：GRUB_DEFAULT 为引导项列表的默认选择项序号（从 0 数起）；GRUB_TIMEOUT 为引导项列表自动选择超时时间（如图 3.5 所示）。同时我们也看到文件开头提到，修改 grub 配置文件后须执行命令 update-grub 以更新 grub.cfg 文件。

编辑完成并保存后回到终端，执行命令 sudo update-grub，其将自动依照刚才编辑的配置文件（/etc/default/grub）生成为引导程序准备的配置文件（/boot/grub/grub.cfg）。

```
sudo update-grub
```

连续输出了各个引导项之后，输出 done 即已完成生成过程，如图 3.6 所示。

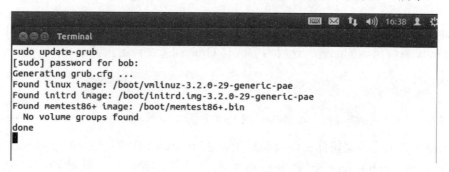

图 3.6　更新后配置文件的显示

同时，引导项列表文件 /boot/grub/grub.cfg 文件也已经被更新。

引导 Windows 的配置则有些不同，下面这段内容同样是取自 Grub 配置文件的示例。

```
title          Windows 95/98/NT/2000
root           (hd0,0)
makeactive
chainloader    +1
```

关键字 makeactive 将 root 指定的分区设置为活动分区；关键字 chainloader 从指定位置加载 Windows 引导程序。

如果安装双系统的话，建议先安装 Windows，后安装 Linux。然而随着 Ubuntu 内核的不断升级，grub 修改开机启动菜单，会自动把最新的 Ubuntu 放在第一位，把 Windows 放在最后一个。我们经常希望把 Windows 调整到靠前的位置，可能还会修改默认的启动项和等待时间等。解决方案如下：

（1）找到 grub 配置，打开配置文档，在终端里输入命令：

sudo gedit /boot/grub/grub.cfg

（2）修改 grub 配置。

set default="0"：表示默认的启动项，"0"表示第一个，依次类推。
set timeout=10：表示默认等待时间，单位是秒。
如果 timeout 被设置为 0，那么用户就没有任何选择余地，Grub 自动依照第 1 个 title 的指示引导系统。

（3）找到 windows 的启动项，复制到所有 Ubuntu 启动项之前，例如：

```
### BEGIN /etc/grub.d/30_os-prober ###
menuentry "Windows 7 (loader) (on /dev/sda1)" --class windows --class os {
insmod part_msdos
insmod ntfs
set root='(/dev/sda,msdos1)'
search --no-floppy --fs-uuid --set=root A046A21446A1EAEC
chainloader +1
}
### END /etc/grub.d/30_os-prober ###
```

（4）保存并退出。

3.6.2　使用 Grub 命令行

用户可以在 Grub 引导时手动输入命令来指导 Grub 的行为。在 Grub 启动画面出现时按下 C 键可以进入 Grub 的命令行模式，如图 3.7 和图 3.8 所示。

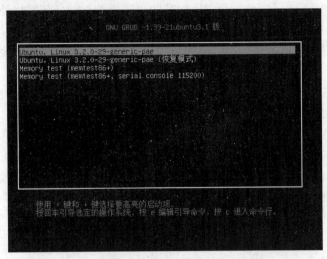

图 3.7　Grub 引导界面

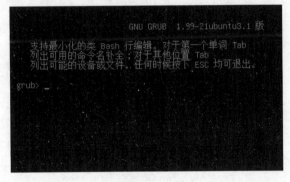

图 3.8　Grub 命令行

使用 Grub 命令行是一门艺术，也是足够复杂的一件事情。如表 3.1 列出了一些最基本和最常用的命令，读者如果对此感兴趣，可以到 www.gnu.org/software/grub/manual/上下载其官方手册。

表 3.1　引导程序Grub的常用命令

命　　令	说　　明
help	显示帮助信息
reboot	重新引导系统
root	指定根分区
kernel	指定内核所在的位置
find	在所有可以安装的分区上寻找一个文件
boot	依照配置引导系统

3.7　小　　结

- ❑ 超级用户 root 是 Linux 中最重要的用户，拥有执行系统管理任务的完整权限。
- ❑ 注意妥善保管 root 口令，并在执行某些"破坏性"的任务时格外小心。
- ❑ Debian 和 Ubuntu 强制用户通过 sudo 命令提升权限。
- ❑ Linux 发行版本通常包含有自己的可视化管理工具，但命令行始终是管理员最可靠的伙伴。
- ❑ openSUSE 用户可以直接从安装光盘中获取中文支持；Ubuntu 用户则需要从互联网上下载中文安装包。
- ❑ Linux 能够自动检测并安装绝大部分硬件的驱动程序。
- ❑ Ubuntu 和 openSUSE 都能自动获取软件更新信息，并提示用户下载安装。
- ❑ 引导程序 Grub 的配置文件是/boot/grub/grub.cfg。这是一个文本文件，可以用任何文本编辑器修改。
- ❑ 在 Grub 启动画面出现时按下 C 键可以进入 Grub 的命令行模式。

第 4 章　桌 面 环 境

本章将带领读者熟悉一下 Linux 的桌面环境，这里仍然以 Ubuntu 12.04 为例。使用其他发行版本的用户可能会发现具体操作完全不同，但是没有关系，读者需要做的无非是在"另一个地方"找到这些工具，或者是这些工具的等效替代品。Linux 桌面环境如今变得越来越华丽，越来越人性化，即便是第一次使用 Linux 的用户也可以像模像样地做些事情了。

4.1　快速熟悉你的工作环境

本节介绍第一次使用 Linux 必须要知道的事情。如何运行应用程序？如何浏览硬盘？如何建立一个文本文件？读者可能早就知道了这些事情，那么尽管跳过这一节。这些原本是 Windows 教程比较关心的内容。

4.1.1　运行应用程序

在 Ubuntu 中运行应用程序和读者想象得一样简单（或许更简单），所有的应用程序都被安放在桌面左上角的"应用程序"下拉菜单中。在这个下拉菜单中划分了多个类别，图形化应用程序在安装时一般都会遵循这个分类把自己放在相应的目录中。例如读者可以依次选择 LibreOfficeWriter 文字处理命令打开这个文字处理软件，如图 4.1 所示。这一套办公软件将在 19.1 节详细讨论。

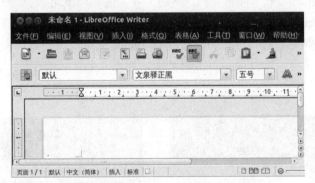

图 4.1　LibreOffice 的用户界面

4.1.2　浏览文件系统

可以使用一个类似于 Windows 中"资源管理器"的工具浏览整个硬盘。单击最上面工具栏中的"转到"弹出快捷菜单栏，在菜单栏中选择"计算机"命令能够看到当前计算机中所有的存储设备及分区，如图 4.2 所示。

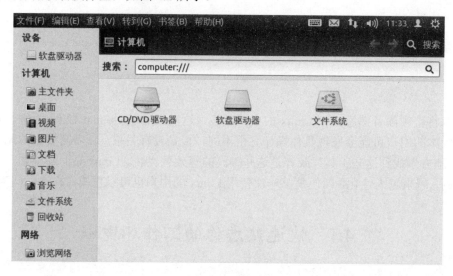

图 4.2　文件浏览器

双击相应的图标可以进入该目录。也可以在窗口上部的"搜索"栏中输入具体的路径名来访问。注意，在 Linux 中路径的分隔符是正斜杠"/"而不是反斜杠"\"。用户自己的主目录存放在/home 下以用户名命名的目录中。

Linux 中的文件系统结构和 Windows 非常不同，读者暂时可以不必理会，在 6.1 节会详细介绍。

4.1.3　创建一个文本文件

有多种方法可以创建一个文本文件。右击桌面，在弹出的快捷菜单中选择"创建新文档"命令，就创建好了一个无标题文档。然后，双击该文档就可以打开一个文本编辑工具，如图 4.3 所示。Ubuntu 附带的这个编辑器叫做 gedit，看上去这个工具和 Windows 下的记事本非常相似，但事实上它的功能要强大得多。gedit 支持拼写检查、文本加密及编程需要的语法加亮、自动缩进、行号显示等常用功能。如图 4.4 所示是打开一个 C 语言程序显示的效果。

图 4.3　gedit 的用户界面

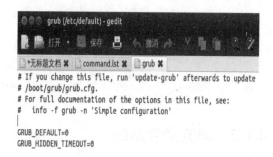

图 4.4　使用 gedit 打开一个 C 程序文件

完成一个文件的编辑后，可以直接选择该文件工具栏中的"保存"命令或者单击"关闭窗口"按钮可以弹出"另存为"对话框，如图 4.5 所示。用户可在这里定位到相应的位置（这里也可以单击"创建文件夹"按钮将文件保存），然后单击"保存"按钮。

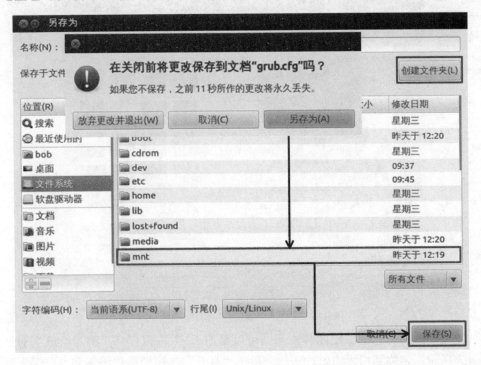

图 4.5 gedit 的"另存为"对话框

用户还可以在下方的"字符编码"下拉列表框中选择合适的编码，gedit 默认使用 UTF-8 编码。编码选择在数据库（例如 MySQL）录入数据时显得尤为重要，并且已经成为了在 Web 开发中必须考虑的一个问题。对这方面内容的讨论已经超出了本书的范围，有兴趣的读者可以参考其他资料。

4.2 个性化设置

本节介绍 Ubuntu 桌面环境的个性化设置。大部分的设置均针对当前用户，因此不需要提供 root 口令。而涉及系统设置的部分，则要求拥有管理员权限。可以用一个简单的方法判断是否需要 root 权限，即位于"首选项"菜单中的所有设置均不需要 root 口令，与之相反的是"系统管理"菜单中的大部分命令。

4.2.1 桌面背景和字体

右击桌面，在弹出的快捷菜单中选择"更改桌面背景"命令，可以打开"外观首选项"对话框。选择"背景"标签，进入"背景"选项卡。在其中可以看到当前能够使用的桌面背景图片，如图 4.6 所示。单击相应的图片可以更改桌面背景。注意，这个对话框并没有提供"确定"按钮，所做的选择会即时反映在桌面上。

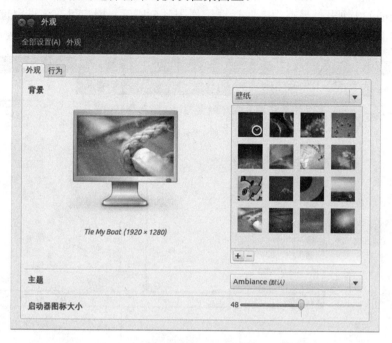

图 4.6　修改桌面背景

如果希望选择自己的壁纸图片，那么可以单击"+"按钮打开"添加壁纸"对话框，如图 4.7 所示。定位到相应的图片文件，单击"打开"按钮把图片添加到"壁纸"列表框中。在选择图片的时候，效果图会即时显示在"添加壁纸"对话框的右侧。

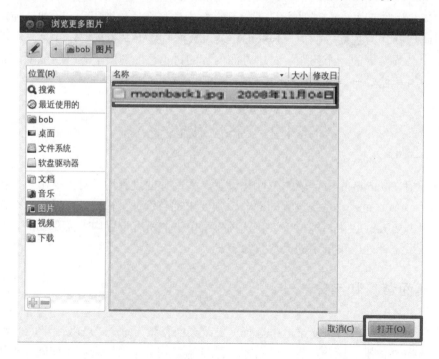

图 4.7　添加壁纸

要对字体进行设置，必须先在 Ubuntu 软件中心安装好高级设置才可以。安装完后，单击"高级设置"按钮，弹出一个 Advanced Settings 对话框。在该对话框中选中"字体"选项卡，可以对各种屏幕元素的字体进行更改，如图 4.8 所示。单击相应元素后的按钮分别设置。注意，这个对话框并没有提供"确定"按钮，所做的选择会即时使改动生效。

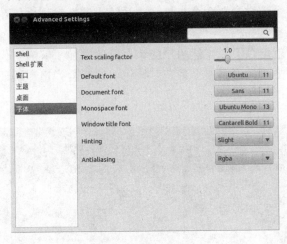

图 4.8　修改外观字体

通过调整滑块位置，可以设定在多少时间后启动屏幕保护。如果读者希望在屏幕保护启动后自动锁定屏幕（通过输入用户口令解锁），那么还应该选中"屏幕保护程序激活时锁定屏幕"复选框。

4.2.2　显示器分辨率

单击右上角中的"设置"按钮，在菜单栏中选择"显示"命令，弹出"显示"对话框，如图 4.9 所示。系统会根据显示器的实际情况列出可供选择的分辨率和刷新频率数值。建议读者不要随便更改分辨率设置，Ubuntu 的这个小工具有时候运行得不太稳定，并且在大部分情况下，修改屏幕分辨率并没有什么必要。

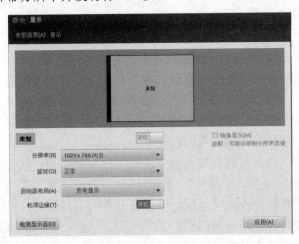

图 4.9　设置显示器分辨率

4.2.3　代理服务器

如果读者的计算机需要通过内网的代理服务器连接到互联网，那么就应该让系统知道这台服务器。单击"系统设置"命令，打开"系统设置"对话框。在对话框中，选择"网络"命令，弹出"网络"对话框，然后在对话框中选择"网络代理"命令，如图 4.10 所示。依次填写各个文本框就可以了，当然用户应该在设置之前了解清楚代理服务器的地址和开放端口。填写完后单击"应用到整个系统"按钮，这时会弹出"认证"对话框，输入正在登录系统用户的密码。

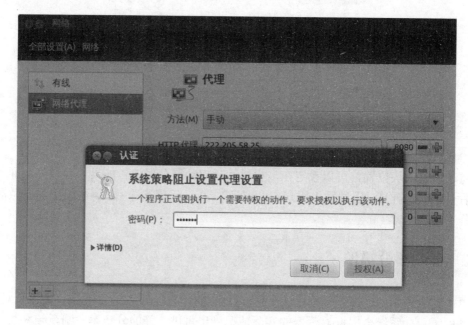

图 4.10　设置网络代理

4.2.4　鼠标和键盘

Ubuntu 可以对鼠标和键盘的按键进行设置。单击桌面左侧栏中的"系统设置"按钮，弹出系统设置对话框。在对话框中选择"键盘"命令可以打开"键盘首选项"对话框，如图 4.11 所示。读者可以通过尝试设置各个选项卡，把自己的键盘调整到最舒服的状态。如果需要使用"鼠标键"功能，那么用户的键盘应该要包含数字小键盘。用户可以在下方的文本框中随时测试调整效果。

相应地，同上在"系统设置"对话框中选择"鼠标"命令可以打开"鼠标首选项"对话框，如图 4.12 所示。对于"左撇子"而言，将鼠标方向设置为左手是必要的。同键盘设置一样，这里也使用滑块来改变灵敏度。通过右下方的电灯泡图片可以测试鼠标设置。

如果读者正在使用笔记本电脑的话，在"触摸板"选项卡中可以选择是否开启触摸板。有些时候，这块板会因为太过灵敏而影响到敲击键盘。

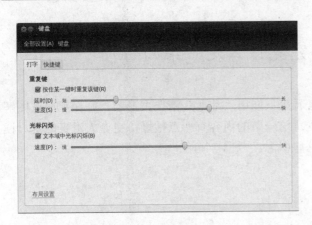

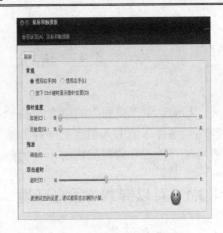

图 4.11　设置键盘首选项　　　　　　　　图 4.12　设置鼠标首选项

4.2.5　键盘快捷键

使用键盘快捷键往往可以提高工作效率。单击"系统设置"按钮，弹出"系统设置"对话框。在对话框中选中"键盘"选项，弹出"键盘"对话框，如图 4.13 所示。在这里可以看到所有能够被设置快捷键的命令，其中的一些（例如注销）已经做过设置了。

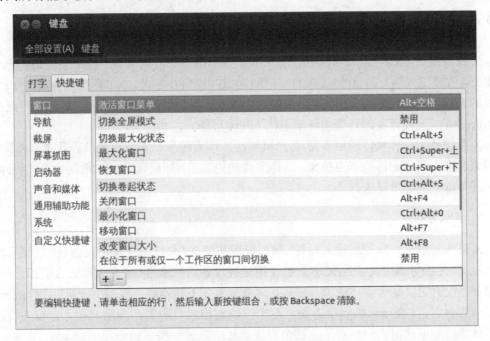

图 4.13　设置键盘快捷键

用户也可以自己添加、更改和删除某个快捷键。在相应的行上单击，系统会提示用户输入快捷键，此时直接使用键盘上相应的按键即可完成修改（例如要设置快捷键 Ctrl+Alt+R，那么应该依次按住 Ctrl 键、Alt 键和 R 键，然后同时松手）。要删除某个快捷键，那么只要在提示的时候按下 Backspace 键就可以了。

4.3　进阶：究竟什么是"桌面"

Linux 中"桌面"的概念在初学者看来只能用"乱七八糟"来形容，好在那些试图解释清楚这件事情的人们也有同样的感受。这一节的内容有一点枯燥，更令人沮丧的是，读者可能在很长一段时间内都不会用到这些概念。

4.3.1　可以卸载的图形环境

这句话在 Windows 专家们看来简直是不可思议的。"那我们还怎么工作？"，他们会这样问。Linux 不是一种基于图形环境的操作系统，40 年前的 UNIX 用户可以在命令行下完成所有的工作，现在仍然可以。在内核眼里，图形环境只是一个普通的应用程序，和其他服务器程序（如 Apache、NFS 等）没有什么不同。

如果 Linux 发行版本的安装程序允许用户自己定制安装软件的话，那么从一开始就可以选择不要图形环境（参见 2.2.3 节），这样 Linux 启动后会把用户带至命令行。Linux 的命令将在后面的章节陆续介绍。

4.3.2　X 窗口系统的基本组成

X 窗口系统（X Window System）是 Linux 图形用户环境的基础。这个系统最初诞生于 MIT（麻省理工大学）的 Athena 项目，时间是 20 世纪 80 年代。X 的发展经历了一段复杂曲折的过程，如今绝大多数 Linux 使用的是由 X.org 基金会维护的 X.Org（曾经被广泛使用的 XFree86 因为许可证的转变正逐渐退出 Linux 市场）。

X 系统基于一种独特的服务器/客户机架构。作为起步，本节首先解释几个基本概念。这些概念现在看起来可能有点抽象，这样安排的用意是，如果读者被后面的内容弄糊涂了，那么还可以回到这里寻求帮助。

1．X服务器

X 服务器用于实际控制输入设备（例如鼠标和键盘）和位图式输出设备（例如显示器）。准确地说，X 服务器定义了给 X 客户机使用这些设备的抽象接口。和大部分人的想法不同，X 服务器没有定义高级实体的编程接口，这意味着它不能理解"画一个按钮"这样的语句，而必须告诉它："嗯……画一个方块，这个方块周围要有阴影，当用户按下鼠标左键的时候，这些阴影应该消失……对了，这个方块上还应该写一些字……"

这种设计的意义在于，X 服务器能够做到最大程度上的与平台无关。用户可以自由选择窗口管理器和 widget 库来定制自己的桌面，而不需要改变窗口系统的底层配置。

2．X客户端程序

需要向 X 服务器请求服务的程序就是 X 客户端程序。具体来说，OpenOffice、gedit 这些应用程序都是 X 客户端程序，它们运行时需要把自己的"长相"描述给 X 服务器，然后由 X 服务器负责在显示器上绘制这些应用程序的界面。

3．窗口管理器（Window Manager）

窗口管理器负责控制应用程序窗口的各种行为，例如移动、缩放、最大化和最小化窗口，在多个窗口间切换等。从本质上来说，窗口管理器是一种特殊的 X 客户端程序，因为这些功能也都是通过向 X 服务器发送指令实现的。Window Maker、FVWM、IceWM、Sawfish 等是目前比较常见的窗口管理器。

4．显示管理器（Display Manager）

显示管理器提供了一个登录界面，其任务就是验证用户的身份，让用户登录到系统。可以说，图形界面的一切（除了它自己）都是由这个显示管理器启动的，包括 X 服务器。用户也可以选择关闭显示管理器，这样就必须通过命令行运行 startx 命令（或者使用.login 脚本）来启动 X 服务器。

> 💡提示：这里所说的"脚本"是指 Shell 脚本，它是一段能够被 Linux 理解的程序。这部分内容将在第 21 章详细讨论。

5．widget库

widget 库定义了一套图形用户界面的编程接口。应用程序开发人员通过调用 widget 库来实现具体的用户界面，如按钮、菜单、滚动条、文本框等。程序员不需要理解 X 服务器的语言，widget 库会把"画一个按钮"这句话翻译成 X 服务器能够理解的表述方式。

6．桌面环境

现在终于到了问题的关键，究竟什么是桌面环境？以 KDE 和 Gnome 为代表的 Linux 桌面环境是把各种与 X 有关的东西（除了 X 服务器）整合在一起的"大杂烩"。这些程序包括像 gedit 这样的普通应用软件、窗口管理器、显示管理器和 widget 库。但无论桌面环境如何复杂，最后处理图形输出的仍然是 X 服务器。这一点在后面的讨论中还会用到，千万不要搞反了。

4.3.3　X 系统的启动过程

X 系统的启动过程基本是由显示管理器（Display Manager）完成的。显示管理器启动后依次完成下面这些工作。

（1）启动 X 服务器。

（2）提供一个界面友好的屏幕，等待验证用户的身份。

（3）执行用户的引导脚本，这个脚本用于建立用户的桌面环境。

简单提一下"引导脚本"——尽管到现在为止还没有正式接触"脚本"这个概念。桌面环境的引导脚本是一段用 Linux 命令组成的脚本程序，叫做 Xsession。Xsession 通过启动窗口管理器、任务栏，设定应用的默认值、安装标准键绑定等来启动整个桌面环境。KDE 和 Gnome 都有自己的启动脚本，这些通常不需要用户操心。

Xsession 会一直运行，直到用户退出（或者说，当 Xsession 运行结束后，用户就退出了）。窗口管理器（Window Manager）是 Xsession 启动的唯一的前台程序（其他程序都在后台执行），如果没有这个前台程序，那么用户会在登录后又立即退出系统。关于前、后台执行程序的区别，可参考 5.8 节的内容。

4.3.4　启动 X 应用程序

X 窗口的服务器/客户机架构意味着一台主机上的 X 应用程序可以在另一台主机的屏幕上显示出来。X 服务器接受来自多个应用程序的请求，然后在本地显示。而这些应用程序可能正运行在网络中的另几台主机上。

也就是说，为了运行一个 X 应用程序，必须指定在什么地方显示。环境变量 DISPLAY 定义了这些内容（环境变量用于在系统运行时保存一些同系统和用户相关的信息，详见 21.3.1 节）。下面给出了一个 DISPLAY 变量的典型设置：

```
DISPLAY=servername:3.2
```

当 X 应用程序启动时，它会查看这个环境变量。在上面这个例子中，X 应用程序把自己的图形输出到主机 servername 上的显示 3 和屏幕 2 上。

"显示 3 和屏幕 2"这个短语有点难懂。如果一台主机只运行一个 X 服务器，那么这个 X 服务器就工作在端口 6000，对应的显示号是 0；如果再安装一个 X 服务器程序，那么这个新的 X 服务器会工作在端口 6001，对应的显示号是 1，依次类推。至于"屏幕 2"，说的是在一台主机上连接有多台显示器的情况下，显示器也从 0 开始编号。第 1 台显示器标识为"屏幕 0"，因此"屏幕 2"就是这台主机所连接的第 3 台显示器。

由于大部分主机只运行一个 X 服务器，连接一台显示器，因此大部分情况下，环境变量 DISPLAY 的值会像下面这样：

```
servername:0.0
```

现在再回过来考虑最常见的情况——X 客户机（X 应用程序）向本地的 X 服务器传递图形输出，X 服务器在本地的显示器上显示图形。此时就不再需要指定服务器名了，环境变量 DISPLAY 的值相应地退化为下面这样：

```
:0.0
```

由于屏幕号也可以省略（默认屏幕号为 0），因此在最简单的情况下，DISPLAY 变量的值只是一个":0"。

4.3.5　桌面环境：KDE 和 Gnome 谁更好

在开源世界，凡是涉及"什么和什么谁更好？"这一类的问题，总能引起一片硝烟弥漫，并且每一方的论据都很有说服力。这样一来，提问者最后总能学会如何"辩证"地看待问题。下面这些文字就是站在中立的立场上给出的建议。

KDE（K 桌面环境）是用 C++编写的，基于 Qt 库。这是刚从 Windows 或者 Mac 转过来的用户比较偏爱的桌面环境。因为它确实比较漂亮，在使用习惯上也同 Windows 比较接近。对于热衷于定制桌面的用户而言，KDE 可能是最好的选择。

为 KDE 编写的应用程序总是带着一个字母 K，如 Konqueror（文件浏览器）、Konsole（命令行终端）等。KDE 为程序员提供了一套功能完备的开发工具，包括一个集成开发环境（IDE），这使得程序员很容易在 KDE 上开发风格统一的应用程序

Gnome 是用 C 语言写成的，基于 GTK+widget 库。这个桌面环境最初就是为了对抗 KDE 而诞生的——这是另一个"自由"对抗"非自由"的故事。相对于 KDE 而言，Gnome 看上去不那么讨人喜欢，它有点严肃，好像总是板着一张脸。但 Gnome 的确更快速和简洁，因为在有些人看来，KDE 有点太啰嗦了。

同 KDE 类似，Gnome 应用程序大多带着一个字母 G，如 GIMP（图形处理软件）、gftp（FTP 工具）等。同样地，Gnome 也为开发人员提供了一套易于使用的开发工具。

究竟是使用 Gnome 还是 KDE，取决于在性能和外观之间的权衡。或者有些时候，这仅仅是个人口味的差异。人们用舌头而不是用逻辑来评判美食，或者家人、朋友、老板等，对食物和桌面环境都有不同的偏好，这很正常。

4.4 小 结

❑ Ubuntu 的图形化应用软件都存放在"应用程序"下拉菜单中。

❑ 依次选择"位置" | "计算机"命令可以打开文件系统浏览器。

❑ gedit 是 Gnome 桌面环境附带的文本编辑器，支持语法加亮等高级功能。

❑ 个性化设置针对当前用户，因此一般不需要提供 root 口令。

❑ 通常情况下应该避免设置显示器分辨率。

❑ 本地主机和同一网络的主机应该避免通过代理服务器访问。

❑ 恰当地设置键盘快捷键可以提高工作效率。

❑ Linux 的图形环境是可以卸载的。

❑ X 窗口系统（X Window System）是 Linux 图形用户环境的基础。

❑ 显示管理器负责启动 X 系统的绝大多数组件。

❑ X 窗口系统基于服务器/客户机架构，图形化应用程序可以"异地"显示自己。

❑ X 应用程序通过查看环境变量 DISPLAY 决定在哪里显示自己。

❑ 选择 Gnome 还是 KDE 是性能和外观之间的权衡，或者仅仅是个人口味的差异。

❑ Linux 中所有软件的配置都是通过文本文件实现的。

❑ X 服务器的配置文件是/etc/X11/xorg.conf，可以使用任何文本编辑器打开和编辑，但修改该文件需要 root 权限。

❑ 配置文件中所有以"#"开头的行是注释行。

❑ 如果显示出现问题，可以通过修改 xorg.conf 禁用已有的显卡驱动程序。

第 2 篇　系统管理篇

第 5 章　Shell 基本命令

一直以来 Shell 以其稳定、高效和灵活成为系统管理员的首选。本章主要介绍 Shell 的基本命令，包括切换目录、查找并查看文件、查看用户信息等。本章过后，读者还能够向用户手册寻求帮助。在开始这些内容之前，首先简要介绍一下究竟什么是 Shell。

5.1　Shell 简介

命令行和 Shell 这两个概念常常是令人困惑的。在很多并不正式的场合，这两个名词代表着相同的概念，即命令解释器。然而从严格意义上讲，命令行指的是供用户输入命令的界面，其本身只是接受输入，然后把命令传递给命令解释器。后者就是 Shell。从本质上讲，Shell 是一个程序，它在用户和操作系统之间提供了一个面向行的可交互接口。用户在命令行中输入命令，运行在后台的 Shell 把命令转换成指令代码发送给操作系统。Shell 提供了很多高级特性，使得用户和操作系统间的交互变得简便和高效。

目前，在 Linux 环境下有几种不同类型的 Shell，常用的有 Bourne Again Shell（BASH）、TCSH Shell、Z-Shell 等。不同的 Shell 提供不尽相同的语法和特性，用户可以使用任何一种 Shell。在 Linux 上，BASH shell 是默认安装和使用的 Shell。本书中所有的命令都在 BASH 下测试通过。当然，读者如果有兴趣，也可以尝试使用其他类型的 Shell。

💬提示：怎样打开命令行？一般来说，Ubuntu 用户可以单击桌面左上方的按钮弹出 Dash 页。在 Dash 页的搜索栏中输入"终端"，并按下 Enter 键，就会显示"终端"图标。双击该图标，就可以打开终端模拟器。也可以使用命令行控制台。Linux 默认有 7 个控制台，可以通过按快捷键 Ctrl+Alt+F1~F7 进入。默认情况下前 6 个控制台是命令行控制台，第 7 个则留给 X 服务器。

5.2　印刷约定

Linux 命令行界面有一个输入行，用于输入命令。在 BASH 中，命令行以一个美元符号"$"作为提示符，表示用户可以输入命令了。下面就是一个 Shell 提示符，表示命令行的开始。

```
$
```

如果正在以 root 身份执行命令，那么 Shell 提示符将成为"#"，如下所示。

```
#
```

本书中的命令将以"提示符+命令+注释"的形式给出。以下面这个命令为例：

```
$ sudo dpkg -i linuxqq_1.0-Preview1_i386.deb              ##安装 QQ for Linux
```

其中，"$"符号为命令行提示符，"sudo dpkg -i linuxqq_1.0-Preview1_i386.deb"是命令，而"##"后面的文字则是注释。注释是本书为了更清楚地解释命令用途而添加的，在实际使用过程中并不会出现。读者在使用时只需要输入命令部分。需要提醒的是，Linux的命令和文件名都是区分大小写的。也就是说，SUDO 和 sudo 是不一样的。

📖注意：在 BASH 的美元提示符前，一般还会有一段信息，包括用户名、主机名和当前目录。一个完整的提示符如下：

```
lewis@lewis-laptop:/home$
```

为了印刷的紧凑和突出重点，本书一般省略"$"前的那段信息。

本书在命令后会同时给出系统的输出。对于比较长的输出，限于篇幅并不会全部列出。本书会挑选其中比较重要的部分，并对其他部分用"…"代替。例如：

```
$ dpkg -S openssh
ssh-askpass-gnome, openssh-client: /usr/lib/openssh
openssh-client: /usr/share/doc/openssh-client/faq.html
openssh-client: /usr/share/doc/openssh-client
openssh-client: /usr/share/doc/openssh-client/README.compromised-keys.gz
ssh-askpass-gnome: /usr/lib/openssh/gnome-ssh-askpass
...
```

在需要给出命令的一般语法的地方，本书所使用的格式和通用标准保持一致，即可选部分使用方括号"[ ]"表示，参数部分则用斜体字表示，例如：

```
find [OPTION] [path...] [expression]
```

最后，在所有需要用到 root 权限的地方，本书一律使用 sudo 工具。使用 sudo 工具临时提升用户权限是一个好的习惯，在某些不适合使用 sudo 的地方，本书会给出说明。

5.3　快速上手：浏览你的硬盘

本节将带领读者浏览自己计算机上的文件系统。这里的命令都非常简单，以期给读者带来一个整体的印象。稍后将详细讲解各类基本命令。

首先，打开终端进入根目录看看里面都有些什么。

```
$ cd /                                                    ##进入根目录
$ ls                                                      ##列出文件和目录
bin    cdrom    etc    home    initrd.img    lib32    lost+found    mnt
proc   sbin     tmp    var vmlinuz    boot    dev    initrd    initrd.img.old
lib    lib64    media    opt    root    srv    sys    usr    virtualM
vmlinuz.old
```

可以看到，Linux 安装完毕后自动在根目录下生成了大量目录和文件。在后续章节中，将逐一讨论这些目录的用途。

下面选择 home 进入。这个目录中存放着系统中所有用户的主目录。主目录的名字就是用户名。在笔者的计算机上，共有两个用户，分别是 lewis 和 guest。

```
$ cd home/                                              ##进入/home 目录
$ ls
guest  lewis  lost+found
```

可以使用不带任何参数的 cd 命令进入用户主目录。主目录下存放着一些配置文件和用户的私人文件。用户主目录默认对其他用户关闭访问权限，这意味着 guest 不能看到 lewis 主目录下的任何东西。

```
$ cd                                                    ##进入用户主目录
$ ls
bin  Desktop  Examples  Huawei  programming  share  vmware  公共的  模板  视
频  图片  文档  音乐  桌面
$ cd 桌面/                                              ##进入"桌面"目录
$ ls
ie6.desktop  virtualbox-ose.desktop  vmware-server.desktop
```

下面到/etc 目录下看一看。这个目录存放着系统以及绝大部分应用软件的配置文件（这里只列出了其中的一部分）。和 Windows 不同，Linux 使用纯文本文件来配置软件。修改配置文件可以很方便地对软件进行订制。

```
$ cd /etc/                                              ##进入/etc/目录
$ ls
acpi            console-tools        gconf            issue.net
...
```

查看一下 fstab 这个文件，其中定义了各硬盘分区所挂载到的目录路径。

```
$ cat fstab                                             ##查看 fstab 文件
# /etc/fstab: static file system information.
#
# <file system> <mount point>  <type>  <options>      <dump>  <pass>
proc            /proc          proc    defaults        0       0
# /dev/sda5
UUID=23656c06-e5a7-4349-9a6a-176a8389b2e3  /    ext3    relatime,errors=
remount-ro 0 1
...
```

读者还可以选择其他目录进入并察看相应的文件，看看 Linux 都安装了一些什么。接下来，在正式介绍命令之前，首先来看一些 BASH 的特性，这些特性可以帮助用户提高工作效率。

5.4　提高效率：使用命令行补全和通配符

文件名是命令中最为常见的参数，然而每次完整输入文件名是一件很麻烦的事情，特别是当文件名还特别长的时候。幸运的是，BASH 提供了这样一种特性——命令行补全。在输入文件名的时候，只需要输入前面几个字符，然后按下 Tab 键，Shell 会自动把文件名补全。例如在/etc 目录下：

```
$ cat fs<TAB>                                          ##<TAB>表示按下 Tab 键
```

Shell 会自动将其补全为：

```
$ cat fstab
```

如果以已键入的字符开头的文件不止一个，那么可以连续按下 Tab 键两次，Shell 会以
列表的形式给出所有以键入字符开头的文件，例如在/etc/目录下：

```
$ cat b<TAB><TAB>                                      ##这里连续按 Tab 键两次
bash.bashrc              blkid.tab              brlapi.key
bash_completion          blkid.tab.old          brltty/
bash_completion.d/       bluetooth/             brltty.conf
belocs/                  bogofilter.cf
bindresvport.blacklist   bonobo-activation/
```

事实上，命令行补全也适用于所有 Linux 命令。例如输入 ca 并按下 Tab 键两次时，
如下：

```
$ ca<TAB><TAB>
cabextract     calibrate_ppa   captoinfo      catchsegv
cal            caller          case           catman
calendar/      cancel          cat
```

提示：系统命令本质上就是一些可执行文件，可以在/usr/bin/目录下找到。从这种意义
　　　上讲，命令补全和文件名补全其实是一回事。

另外，Shell 有一套被称作通配符的专用符号，它们是 "*"、"?" 和 "[ ]"。这些通
配符可以搜索并匹配文件名的一部分。从而大大简化命令的输入，这使得批量操作成为
可能。

"*" 用于匹配文件名中任意长度的字符串。例如需要列出目录中所有的 C++文件（通
常以.cpp 结尾），命令如下：

```
$ ls
main.cpp makefile quicksort quicksort.cpp quicksort.h
$ ls *.cpp
main.cpp quicksort.cpp
```

和 "*" 相类似的通配符是 "?"。但和 "*" 匹配任意长度的字符串不同，"?" 只匹
配一个字符。下面的例子中，"?" 用以匹配文件名中以 text 开头而后跟一个字符的文件。

```
$ ls
text1 text2 text3 text4 textA textB textC textD text_one text_two
$ ls text?
text1 text2 text3 text4 textA textB textC textD
```

"[ ]" 用于匹配所有出现在方括号内的字符。例如，需要列出以 text 开头而仅以 1 或 A
结束的文件名。

```
$ ls
text1 text2 text3 text4 textA textB textC textD text_one text_two
$ ls text[1A]
text1  textA
```

也可以使用短线 "-" 来指定一个字符集范围。所有包含在上下界之间的字符都会被匹

配。例如，需要列出所有以 text 开头并以 1~3 中某个字符（包括 1 和 3）结束的文件。

```
$ ls text[1-3]
text1  text2  text3
```

也可以使用字母范围。在 ASCII 字符集中，A-Z 匹配所有大写字母。例如：

```
$ ls text[A-C]
textA  textB  textC
```

5.5　查看目录和文件

本节将介绍目录和文件的操作命令，这些可能是用户最常用到的命令了。其中的一些在"快速上手"环节已经尝试过了，这里将作进一步讲解，详细讨论命令各个常用选项。读者应该始终牢记的一点是，应该用肌肉，而不是头脑去记忆这些命令和选项。

5.5.1　显示当前目录：pwd

pwd 命令会显示当前所在的位置，即工作目录。例如，执行如下命令：

```
$ cd /usr/local/bin/              ##进入/usr/local/bin/目录
$ pwd                             ##显示当前所在位置
/usr/local/bin
```

💭提示：读者可能会问一个问题，既然在 BASH 的命令提示符前，会显示当前工作路径名，那么为什么还需要pwd这个命令呢？答案是这个特性并不是所有Shell都采用的。在 Freebsd 等操作系统中，BASH 并不自动显示当前目录。因此即便在某个版本的 Linux 中，pwd 显得完全没有必要，这并不意味着在其他版本的 UNIX/Linux 系统中，pwd 也是无用的。

5.5.2　改变目录：cd

cd 命令是在 Linux 文件系统的不同部分之间移动的基本工具。当登录系统之后，总是处在用户主目录中。这个目录有一个名字，也就是"路径名"，它是由/home/开头，后面跟着登录的用户名。

输入 cd 命令，后面跟着一个路径名作为参数，就可以直接进入另外一个子目录中去。举例来说，使用下面的命令进入/usr/bin 子目录。

```
$ cd /usr/bin
```

在/usr/bin 子目录中时，可以用以下命令进入/usr 子目录。

```
$ cd ..
```

在/usr/bin 子目录中还可以使用下面的命令直接进入根目录，即"/"目录。

```
$ cd .. / ..
```

最后，总能够用下面的命令回到自己的用户主目录。

```
$ cd
```

或者

```
$ cd ~
```

提示：在 Shell 中，".." 代表当前目录的上一级目录。而 "." 则代表当前目录。另外，"~" 代表用户主目录，这个符号通常位于 Esc 键下方。

5.5.3 列出目录内容：ls

ls 命令是 list 的简化形式， ls 的命令选项非常之多，这里只讨论一些最常用的选项。ls 的基本语法如下：

```
ls [OPTION]... [FILE]...
```

不带任何参数的 ls 命令，用于列出当前目录下的所有文件和子目录。例如：

```
$ cd                                              ##进入用户主目录
$ ls
bin       Examples  programming  text      公共的  视频  文档  桌面
Desktop   Huawei    share        vmware    模板    图片  音乐
```

在这个列表中，可以方便地区分目录和文件。默认情况下，目录显示为蓝色；普通文件显示为黑色；可执行文件显示为草绿色；淡蓝色则表示这个文件是一个链接文件（相当于 Windows 下的快捷方式）。用户也可以使用带-F 选项的 ls 命令。

```
$ ls -F
bin/      Examples@ programming/ text*      公共的/ 视频/ 文档/ 桌面/
Desktop/  Huawei/   share/       vmware/    模板/   图片/ 音乐/
```

可以看到，-F 选项会在每个目录后加上/，在可执行文件后加*，在链接文件后加上@。这个选项在某些无法显示颜色的终端上会比较有用。

但是这些文件就是主目录下所有的文件了吗？尝试一下-a 选项。如下：

```
$ ls -a
.                .gstreamer-0.10      .sudo_as_admin_successful
..               .gtk-bookmarks       .sudoku
.adobe           .gvfs                .Tencent
.anjuta          Huawei               text
.aptitude        .ICEauthority        .themes
.bash_history    .icons               .thumbnails
.bash_logout     .ies4linux           .tomboy
.bashrc          .kde                 .tomboy.log
bin              .local               .update-manager-core
.cache           .macromedia          .update-notifier
.chewing         .metacity            .viminfo
:
```

这次看到了很多头部带 "." 的文件名。在 Linux 上，这些文件被称作隐含文件，在默认情况下并不会显示。除非指定了-a 选项，用于显示所有文件。命令的选项可以组合使用，指定多个选项只需要使用一个短线。例如：

```
$ ls -aF
./                      .gstreamer-0.10/        .sudo_as_admin_successful
../                     .gtk-bookmarks          .sudoku/
.adobe/                 .gvfs/                  .Tencent/
.anjuta/                Huawei/                 text*
.aptitude/              .ICEauthority           .themes/
.bash_history           .icons/                 .thumbnails/
.bash_logout            .ies4linux/             .tomboy/
.bashrc                 .kde/                   .tomboy.log
bin/                    .local/                 .update-manager-core/
.cache/                 .macromedia/            .update-notifier/
.chewing/               .metacity/              .viminfo
⋮
```

另一个常用选项是-l 选项。这个选项可以用来查看文件的各种属性。例如：

```
$ cd /etc/fonts/
$ ls -l
总用量 24
drwxr-xr-x 2 root root 4096 2008-08-01 21:25 conf.avail
drwxr-xr-x 2 root root 4096 2008-08-01 21:25 conf.d
-rw-r--r-- 1 root root 5283 2008-02-29 01:22 fonts.conf
-rw-r--r-- 1 root root 6961 2008-02-29 01:22 fonts.dtd
```

总共有 8 个不同的信息栏。从左至右依次表示：
- 文件的权限标志，将在 6.5 节详细讨论；
- 文件的链接个数，将在 6.6 节详细介绍；
- 文件所有者的用户名；
- 该用户所在的用户组组名（所有者和用户组的概念将在第 9 章讨论）；
- 文件的大小；
- 最后一次被修改时的日期；
- 最后一次被修改时的时间；
- 文件名。

在 ls 命令后跟上路径名可以查看该子目录中的内容。例如：

```
$ ls /etc/init.d/
acpid               hwclock.sh                          reboot
acpi-support        keyboard-setup                      rmnologin
alsa-utils          killprocs                           rsync
anacron             klogd                               samba
apparmor            laptop-mode                         screen-cleanup
apport              linux-restricted-modules-common     sendsigs
⋮
```

5.5.4　列出目录内容：dir 和 vdir

Windows 用户可能更熟悉 dir 这个命令。在 Linux 中，dir 除了比 ls 的功能更少，其他都是一样的。

```
$ dir /etc/init.d/
acpid              killprocs                          reboot
acpi-support       klogd                              rmnologin
alsa-utils         laptop-mode                        rsync
anacron            linux-restricted-modules-common    samba
apache2            loopback                           screen-cleanup
apparmor           module-init-tools                  sendsigs
apport             mountall-bootclean.sh              single
atd                mountall.sh                        skeleton
⋮
```

vdir 相当于为 ls 命令加上-l 选项，默认情况下列出目录和文件的完整信息。

```
$ vdir /etc/init.d/
总用量 508
-rwxr-xr-x 1 root root  2710 2008-04-19 01:05 acpid
-rwxr-xr-x 1 root root   762 2007-08-31 10:48 acpi-support
-rwxr-xr-x 1 root root  9708 2008-02-27 21:21 alsa-utils
-rwxr-xr-x 1 root root  1084 2007-03-05 22:32 anacron
-rwxr-xr-x 1 root root  5736 2008-06-25 21:50 apache2
-rwxr-xr-x 1 root root  2653 2008-04-08 04:50 apparmor
⋮
```

5.5.5　查看文本文件：cat 和 more

cat 命令用于查看文件内容（通常这是一个文本文件），后跟文件名作为参数。例如：

```
$ cat day
Monday
Tuesday
Wednesday
Thursday
Friday
Saturday
Sunday
```

cat 可以跟多个文件名作为参数。当然也可以使用通配符：

```
$ cat day weather
Monday
Tuesday
Wednesday
Thursday
Friday
Saturday
Sunday
sunny
rainy
cloudy
windy
```

对于程序员而言，为了调试方便，常常需要显示行号。为此，cat 命令提供了-n 选项，在每一行前显示行号。

```
$ cat -n stack.h
    1   /*Header file of stack */
    2   /* 2008-9-3 */
    3
```

```
 4   #ifndef STACK_H
 5   #define STACK_H
 6
 7   struct list {
 8       int data;
 9       struct list *next;
10   };
11
12   struct stack {
13       int size;    /* the size of the stack */
14       struct list *top;
15   };
16
17   typedef struct list list;
18   typedef struct stack stack;
19
20   void push( int d, stack *s );
21   int pop( stack *s );
22
23   int is_empty( stack *s );
24
25   #endif
```

　　cat 命令会一次将所有内容全部显示在屏幕上，这看起来是一个致命的缺陷。因为对于一个长达几页甚至几十页的文件而言，cat 显得毫无用处。为此，Linux 提供 more 命令来一页一页地显示文件内容。如下：

```
$ more fstab
# /etc/fstab: static file system information.
#
# <file system> <mount point>   <type>  <options>      <dump>  <pass>
 proc            /proc          proc    defaults        0       0
# /dev/sda5
……
# /dev/sda6
UUID=da9367d2-dabb-4817-8e6a-21c782911ee1 /home      ext3    relatime
 0    2
# /dev/sda9
UUID=3973793e-2390-4c47-b3d6-499db983d463 /labs      ext3    relatime
 0    2
# /dev/sda10
UUID=3ac7978d-6fb4-4dcf-baa9-bdec0cb51222 /station   ext3    relatime
 0    2
# /dev/sda7
UUID=fc5440b8-5558-4e9f-99c0-e85062083895 /usr       ext3    relatime
 0    2
# /dev/sda8
--More--(75%)
```

　　可以看到，more 命令会在最后显示一个百分比，表示已显示内容占整个文件的比例。按下空格键向下翻动一页，按 Enter 键向下滚动一行。按 Q 键退出。

5.5.6　阅读文件的开头和结尾：head 和 tail

　　另两个常用的查看文件的命令是 head 和 tail。分别用于显示文件的开头和结尾。可以使用-n 参数来指定显示的行数。

```
$ head -n 2 day weather
==> day <==
Monday
Tuesday

==> weather <==
sunny
rainy
```

注意，head 命令的默认输出是包括了文件名的（放在==>和<==之间）。tail 的用法和 head 相同。

```
$ tail -n 2 day weather
==> day <==
Saturday
Sunday

==> weather <==
cloudy
windy
```

5.5.7　更好的文本阅读工具：less

less 和 more 非常相似，但其功能更为强大。less 改进了 more 命令的很多细节，并添加了许多的特性。这些特性让 less 看起来更像是一个文本编辑器——只是去掉了文本编辑功能。总体来说，less 命令提供了下面这些增强功能。

- ❑ 使用光标键在文本文件中前后（甚至左右）滚屏；
- ❑ 用行号或百分比作为书签浏览文件；
- ❑ 实现复杂的检索、高亮显示等操作；
- ❑ 兼容常用的字处理程序（如 Emacs、Vim）的键盘操作；
- ❑ 阅读到文件结束时 less 命令不会退出；
- ❑ 屏幕底部的信息提示更容易控制使用，而且提供了更多的信息。

下面简单地介绍 less 命令的使用方法。以/boot/grub/grub.cfg 文件为例，输入下面这条命令。

```
$ less /boot/grub/grub.cfg
```

下面是 less 命令的输出。

```
#
# DO NOT EDIT THIS FILE
#
# It is automatically generated by grub-mkconfig using templates
# from /etc/grub.d and settings from /etc/default/grub
#

### BEGIN /etc/grub.d/00_header ###
if [ -s $prefix/grubenv ]; then
  set have_grubenv=true
  load_env
fi
set default="0"
```

```
if [ "${prev_saved_entry}" ]; then
  set saved_entry="${prev_saved_entry}"
  save_env saved_entry
  set prev_saved_entry=
  save_env prev_saved_entry
  set boot_once=true
fi

function savedefault {
  if [ -z "${boot_once}" ]; then
:
```

可以看到，less 在屏幕底部显示一个冒号 ":" 等待用户输入命令。如果想向下翻一页，可以按下空格键。如果想向上翻一页，按下 B 键。也可以用光标键向前、后、甚至左右移动。

如果要在文件中搜索某一个字符串，可以使用正斜杠 "/" 跟上想要查找的内容，less 会把找到的第一个搜索目标高亮显示。要继续查找相同的内容，只要再次输入正斜杠 "/"，并按下回车键就可以了。

使用带参数-M 的 less 命令可以显示更多的文件信息，如下：

```
:
default         0

## timeout sec
# Set a timeout, in SEC seconds, before automatically booting the default
entry
# (normally the first entry defined).
timeout         10

## hiddenmenu
# Hides the menu by default (press ESC to see the menu)
#hiddenmenu
/boot/grub/menu.lst lines 1-23/172 16%
```

可以看到，less 在输出的底部显示了这个文件的名字、当前页码、总的页码，以及表示当前位置在整个文件中的位置百分比数值。最后按下 Q 键可以退出 less 程序并返回 Shell 提示符。

5.5.8　查找文件内容：grep

在很多时候，并不需要列出文件的全部内容，用户要做的只是找到包含某些信息的一行。这个时候，如果使用 more 命令一行一行去找的话，无疑是费时费力的。当文件特别大的时候，这样的做法则完全不可行了。为了在文件中寻找某些信息，可以使用 grep 命令。

```
grep [OPTIONS] PATTERN [FILE...]
```

例如，为了在文件 day 中查找包含 un 的行，可以使用如下命令：

```
$ grep un day
Sunday
```

可以看到，grep 有两个类型不同的参数。第一个是被搜索的模式（关键词），第二个是所搜索的文件。grep 会将文件中出现关键词的行输出。可以指定多个文件来搜索，例如：

```
$ grep un day weather
day:Sunday
weather:sunny
```

如果要查找如 Red Hat 这样的关键词，那么必须加单引号以把空格包含进去。

```
$ grep 'struct list' stack.h
struct list {
    struct list *next;
    struct list *top;
typedef struct list list;
```

严格地说，grep 通过"基础正则表达式（basic regular expression）"进行搜索。和 grep 相关的一个工具是 egrep，除了使用"扩展的正则表达式（extended regular expression）"，egrep 和 grep 完全一样。"扩展正则表达式"能够提供比"基础正则表达式"更完整地表达规范。正则表达式将在 21.1 节中详细讨论。

5.6　我的东西在哪——find 命令

随着文件增多，使用搜索工具成了顺理成章的事情。find 就是这样一个强大的命令，它能够迅速在指定范围内查找到文件。find 命令的基本语法如下：

```
find [OPTION] [path...] [expression]
```

例如，希望在/usr/bin/目录中查找 zip 命令：

```
$ find /usr/bin/ -name zip -print
/usr/bin/zip
```

从这个例子中可以看到，find 命令需要一个路径名作为查找范围，在这里是/usr/bin/。find 会深入到这个路径的每一个子目录中去寻找，因此如果指定"/"，那么就查找整个文件系统。-name 选项指定了文件名，在这里是 zip。可以使用通配符来指定文件名，如"find ~/ -name *.c-print"将列出用户主目录下所有的 c 程序文件。-print 表示将结果输出到标准输出（在这里也就是屏幕）。注意 find 命令会打印出文件的绝对路径。

find 命令还能够指定文件的类型。在 Linux 中，包括目录和设备都以文件的形式表现，可以使用-type 选项来定位特殊文件类型。例如，在/etc/目录中查找名叫 init.d 的目录：

```
$ find /etc/ -name init.d -type d -print
find: /etc/ssl/private: Permission denied
find: /etc/cups/ssl: Permission denied
/etc/init.d
```

注意：在输出结果中出现了两行 Permission denied。这是由于普通用户并没有进入这两个目录的权限，这样 find 在扫描时将跳过这两个目录。

-type 选项可以使用的参数如表 5.1 所示。

表 5.1　find命令的-type选项可供使用的参数

参　　数	含　　义	参　　数	含　　义
b	块设备文件	f	普通文件
c	字符设备文件	p	命名管道
d	目录文件	l	符号链接

还可以通过指定时间来指导 find 命令查找文件。-atime n 用来查找最后一次使用在 n 天前的文件，-mtime n 则用来查找最后一次修改在 n 天前的文件。但是在实际使用过程中，很少能准确确定 n 的大小。在这种情况下，可以用+n 表示大于 n，用-n 表示小于 n。例如，在/usr/bin/中查找最近 100 天内没有使用过的命令（也就是最后一次使用在 100 天或 100 天以前的命令）。

```
$ find /usr/bin/ -type f -atime +100 -print
/usr/bin/pilconvert.py
/usr/bin/espeak-synthesis-driver.bin
/usr/bin/pildriver.py
/usr/bin/pilfont.py
/usr/bin/gnome-power-bugreport.sh
/usr/bin/gnome-power-cmd.sh
/usr/bin/pilprint.py
/usr/bin/pilfile.py
```

类似地，下面这个命令查找当前目录中，在最近一天内修改过的文件。

```
$ find . -type f -mtime -1 -print
./text1
./day
./weather
```

5.7　更快速地定位文件——locate 命令

尽管 find 命令已经展现了其强大的搜索能力，但对于大批量的搜索而言，还是显得慢了一些，特别是当用户完全不记得自己的文件放在哪里的时候。这时，locate 命令会是一个不错的选择。如下：

```
$ locate *.doc
/fishbox/share/book/Linux 从入门到精通.doc
/fishbox/share/book/linux_mulu.doc
/fishbox/share/book/作者介绍.doc
⋮
```

这些搜索结果几乎是一瞬间就出现了。这不禁让人疑惑，locate 究竟是如何做到这一点的？事实上，locate 并没有进入子目录搜索，它有一点类似于 Google 的桌面搜索，通过检索文件名数据库来确定文件的位置。locate 命令自动建立整个文件名数据库，不需要用户插手。如果希望立刻生成该数据库文件的最新版本，那么可以使用 updatedb 命令。运行这个命令需要有 root 权限，更新整个数据库大概耗时 1 分钟。

5.8　从终端运行程序

从终端运行程序只需要简单地键入程序名称即可。在之前的章节中，读者一直在实践着运行程序的过程。像 ls、find、locate 等这些所谓的 Linux 命令都只是一些程序而已。类似地，可以这样启动网页浏览器 firefox。

```
$ firefox
```

按 Enter 键之后，当前终端会被挂起，直到 firefox 运行完毕（即单击关闭按钮）。如果希望在启动应用程序后继续在终端模拟器中工作，需要在命令后加上"&"，指导程序在后台运行。

```
$ firefox &
[1] 8449
```

此时，firefox 将运行在后台，终端继续等待接受用户输入。其中，8449 表示这个程序的进程号。关于程序进程，将在第 10 章详细讨论。

5.9　查找特定程序：whereis

whereis 命令主要用于查找程序文件，并提供这个文件的二进制可执行文件、源代码文件和使用手册页存放的位置。例如，查找 find 命令：

```
$ whereis find
find: /usr/bin/find /usr/share/man/man1/find.1.gz
```

可以使用-b 选项让 whereis 命令只查找这个程序的二进制可执行文件。

```
$ whereis -b find
find: /usr/bin/find
```

如果 whereis 无法找到文件，那么将返回一个空字符串。

```
$ whereis xxx
xxx:
```

whereis 无法找到某个文件的可能原因是，这个文件没有存在于任何 whereis 命令搜索的子目录中。whereis 命令检索的子目录是固定编写在它的程序中的。这看起来多少有点像是个缺陷，但把搜索限制在固定的子目录如/usr/bin、/usr/sbin 和/usr/share/man 中可以显著加快文件查找的进度。

5.10　用户及版本信息查看

在一台服务器上，同一时间往往会有很多人同时登录。who 命令可以查看当前系统中有哪些人登录，以及他们都工作在哪个控制台上。

```
$ who
lewis    tty7         2008-09-30 21:12 (:0)
lewis    pts/0        2008-09-30 21:13 (:1.0)
```

有些时候，可能会忘记自己是以什么身份登录到系统，特别当需要以特定身份启动某个服务器程序时。这个时候，whoami 这个命令会很有用。正如这个命令的名字那样，whoami 会回答"我是谁"这个问题。

```
$ whoami
lewis
```

另一个常用的命令是 uname，用于显示当前系统的版本信息。带-a 选项的 uname 命令会给出当前操作系统的所有有用信息。

```
$ uname -a
Linux lewis-laptop 2.6.24-19-generic #1 SMP Fri Jul 11 21:01:46 UTC 2008
x86_64 GNU/Linux
```

在大部分时候，需要的只是其中的内核版本信息。此时可以使用-r 选项。

```
$ uname -r
2.6.24-19-generic
```

5.11　寻求帮助——man 命令

在 Linux 中获取帮助是一件非常容易的事情。Linux 为几乎每一个命令和系统调用编写了帮助手册。使用 man 命令可以方便地获取某个命令的帮助信息。

```
$ man find
FIND(1)                                                          FIND(1)

NAME
       find - search for files in a directory hierarchy

SYNOPSIS
       find [-H] [-L] [-P] [path...] [expression]

DESCRIPTION
       This  manual page documents the GNU version of find.  GNU find searches
       the directory tree rooted at each given file  name  by  evaluating  the
:
Manual page find(1) line 1
```

man 命令在显示手册页时实际调用的是 less 程序。可以通过方向键或 J 键（表示向下）、K（表示向上）键上下翻动。空格键用于向下翻动一页。按下 Q 键则退出手册页面。man 手册一般被分成 9 节，各部分内容如表 5.2 所示。

表 5.2　man手册的组织

目　录	内　容
/usr/share/man/man1	普通命令和应用程序
/usr/share/man/man2	系统调用
/usr/share/man/man3	库调用，主要是 libc()函数的使用文档
/usr/share/man/man4	设备驱动和网络协议
/usr/share/man/man5	文件的详细格式信息
/usr/share/man/man6	游戏
/usr/share/man/man7	文档使用说明
/usr/share/man/man8	系统管理命令
/usr/share/man/man9	内核源代码或模块的技术指标

5.12　获取命令简介：whatis 和 apropos

man 手册中的长篇大论有时候显得太啰嗦了——很多情况下，人们只是想要知道一个命令大概可以做些什么。于是，whatis 满足了大家的好奇心。

```
$ whatis uname
uname (1)              - print system information
```

whatis 从某个程序的使用手册页中抽出一行简单的介绍性文字，帮助用户了解这个程序的大致用途。whatis 的原理同 locate 命令基本一致。

与之相反的一个命令是 apropos，这个命令可以通过使用手册中反查到某个命令。举例来说，如果用户想要搜索一个文件，而又想不起来应该使用哪个命令的时候，可以这样求助于 apropos。

```
$ apropos search
apropos (1)            - search the manual page names and descriptions
badblocks (8)          - search a device for bad blocks
bzegrep (1)            - search possibly bzip2 compressed files for a
regular expression
bzfgrep (1)            - search possibly bzip2 compressed files for a
regular expression
bzgrep (1)             - search possibly bzip2 compressed files for a
regular expression
find (1)               - search for files in a directory hierarchy
gnome-search-tool (1)  - the GNOME Search Tool
manpath (1)            - determine search path for manual pages
tracker-applet (1)     - The tracker tray-icon and on-click-search-entry
tracker-search-tool (1) - Gnome Tracker Search Tool
tracker.cfg (5)        - configuration file for the trackerd search daemon
trackerd (1)           - indexer daemon for tracker search tool
zegrep (1)             - search possibly compressed files for a regular
expression
zfgrep (1)             - search possibly compressed files for a regular
expression
zgrep (1)              - search possibly compressed files for a regular
expression
zipgrep (1)            - search files in a ZIP archive for lines matching
a pattern
```

可以看到，apropos 将命令简介（其实就是 whatis 的输出）中包含 "search" 的条目一并列出，用户总能够从中找到自己想要的。

5.13　小　　结

- ❏ 命令行是 Linux 的精华部分，所有的系统管理操作都可以在 Shell 下完成。
- ❏ 有多种不同的 Shell 可供使用。目前 Linux 上使用最广泛的是 BASH。
- ❏ 可以使用命令行补全和通配符提高使用 Shell 的效率。
- ❏ pwd 命令用于显示当前目录信息。
- ❏ cd 命令用于在目录间切换，这是 Linux 中使用最频繁的命令之一。
- ❏ ls 命令提供了大量选项供用户查看目录内容。
- ❏ dir 和 vdir 是 ls 命令的袖珍版本。
- ❏ 使用 cat 命令查看文本文件。more 命令可以分页显示一个较长的文本文件。
- ❏ 使用 head 和 tail 命令显示一个文件的开头和结尾。
- ❏ less 命令提供了查看文件的更高级功能。man 命令就是通过调用 less 显示帮助手册信息的。
- ❏ grep 程序是查找文件内容的利器，更高级的使用方法参见第 21 章。
- ❏ find 命令可以按需查找某个特定的文件（包括目录）。
- ❏ locate 命令通过事先建立数据库提高搜索文件的速度。
- ❏ 直接输入程序名称可以从终端运行程序。可以选择在后台执行的程序，从而使当前 Shell 可以继续接受命令输入。
- ❏ whereis 命令可以查找某个特定程序所在的位置。
- ❏ 通过 who 命令可以查看当前有哪些人登录到系统。
- ❏ uname 命令用于显示当前系统的版本信息。
- ❏ Linux 提供了齐全的帮助手册，可以通过 man 命令查看。这些手册通常被分成 9 节，包含特定的主题。
- ❏ whatis 命令和 apropos 命令能够从 man 手册中提取简要信息。

第 6 章　文件目录管理

使用文件和目录是工作中不可回避的环节。通过前面的章节，读者已经积累了一些文件和目录的操作经验。本章将进一步介绍如何使用 Shell 管理文件和目录。在正式讲解相关命令之前，有必要介绍一下 Linux 目录结构的组织形式。读者应该已经在第 5 章的"快速上手"环节浏览了整个文件系统，但仍对此心存疑惑。

6.1　Linux 文件系统的架构

正如读者已经看到的，Linux 目录结构的组织形式和 Windows 有很大的不同。首先 Linux 没有"盘符"的概念，也就是说 Linux 系统不存在所谓的 C 盘、D 盘等。已建立文件系统的硬盘分区被挂载到某一个目录下，用户通过操作目录来实现磁盘读写——正如读者在安装 Linux 时所注意到的那样。其次，Linux 似乎不存在像 Windows\这样的系统目录。在安装完成后，就有一堆目录出现在根目录下，并且看起来每一个目录中都存放着系统文件。最后一个小小的区别是，Linux 使用正斜杠"/"而不是反斜杠"\"来标识目录。

既然 Linux 将文件系统挂载到目录下，那么究竟是先有文件系统还是先有目录？和"先有鸡还是先有蛋"一样，这个问题初看起来有点让人犯晕。正确的说法是，Linux 需要首先建立一个根"/"文件系统，并在这个文件系统中建立一系列空目录，然后将其他硬盘分区（如果有的话）中的文件系统挂载到这些目录中。例如，第 2 章在介绍硬盘分区的时候划分了一个单独的分区，然后把它挂载到/home 目录下。

理论上说，可以为根目录下的每一个目录都单独划分一个硬盘分区，这样根分区的容量就可以设置得很小（因为几乎所有的东西都存放在其他分区中，根分区中的目录只是起到了"映射"的作用），不过这对于普通用户而言没有太大必要。

如果某些目录没有特定的硬盘分区与其挂钩的话，该目录中的所有内容将存放在根分区中。在第 2 章的例子中，除了/home 中的文件和目录，其他所有的文件和目录都被存放在根分区"/"中。

提示：说了那么多，有一个概念始终没有作解释，究竟什么是文件系统？这个问题将在第 8 章详细讨论。这里，读者只要简单地把它理解为"磁盘"或者"分区"的同义词就可以了。

要理解 Linux 的文件系统架构，看来的确需要耗费一定的脑力。如果经过努力仍然不明白上面这些文字在说些什么，一个好的建议是：不要管那么多，先使用。没有人会为了上网而首先去学习路由器原理，但一个接触了几年网络的人总能对路由器是什么这个问题说上几句。所以无论如何，首先去实践。

表 6.1 列出了文件系统中主要目录的内容。

表 6.1　Linux系统主要目录及其内容

目　　录	内　　容
/bin	构建最小系统所需要的命令（最常用的命令）
/boot	内核与启动文件
/dev	各种设备文件
/etc	系统软件的启动和配置文件
/home	用户的主目录
/lib	C 编译器的库
/media	可移动介质的安装点
/opt	可选的应用软件包（很少使用）
/proc	进程的映像
/root	超级用户 root 的主目录
/sbin	和系统操作有关的命令
/tmp	临时文件存放点
/usr	非系统的程序和命令
/var	系统专用的数据和配置文件

6.2　快速上手：和你的团队共享文件

共享文件对一个团队而言非常重要。团队的成员常常需要在一台服务器上共同完成一项任务（如开发一套应用软件）。下面介绍如何实现用户间文件的共享。假设这个团队的成员在服务器上的用户名分别是 lucy、lewis、mike 和 peter，它们都属于 workgroup 这个用户组（关于用户和用户组，参见第 9 章），可以用以下的命令模拟这个场景。

```
##新建一个名为 workgroup 的用户组
$ sudo groupadd workgroup
##新建用户，并归入 workgroup 组
$ sudo useradd -G workgroup lucy
$ sudo passwd lucy                        ##为用户 lucy 设置登录密码
$ sudo useradd -G workgroup lewis
$ sudo passwd lewis                       ##为用户 lewis 设置登录密码
$ sudo useradd -G workgroup mike
$ sudo passwd mike                        ##为用户 mike 设置登录密码
$ sudo useradd -G workgroup peter
$ sudo passwd peter                       ##为用户 peter 设置登录密码
```

提示：如果读者对如何协作开发大型程序感兴趣的话，可以参考 20.4 节——使用版本控制系统。

首先在/home 目录下建立一个名为 work 的目录，作为这个小组的工作目录，注意需要root 权限。

```
$ cd /home                                ##切换到/home 目录
```

```
$ sudo mkdir work                                    ##建立一个名为 work 的目录
```

现在，任何人都可以访问这个新建的目录，而只有 root 用户才拥有该目录的写权限。现在希望让 workgroup 组的成员拥有这个目录的读写权限，并禁止其他无关的用户查看这个目录。

```
$ sudo chgrp workgroup work/     ##将 work 目录的所有权交给 workgroup 组
$ sudo chmod g+rwx work/         ##增加 workgroup 组对 work 目录的读、写、执行权限
$ sudo chmod o-rwx work/         ##撤销其他用户对 work 目录的读、写、执行权限
```

接下来需要将这个目录交给一个组长 lewis（现在 work 目录的所有者还是 root 用户）。

```
$ sudo chown lewis work/         ##将 work 目录的所有者更改为 lewis 用户
```

现在，所有属于这个组的成员都可以访问并修改这个目录中的内容了，而其他未经授权的用户（除了 root）则无法看到其中的内容。举例来说，lewis 在/home/work 目录下新建了一个名为 test 的空文件，那么同属一个组的用户 peter 如果认为这个文件没有必要，可以有权限删除它。

```
$ su lewis                                           ##切换到用户 lewis
$ cd /home/work/
$ touch test                                         ##/建立一个空文件 test
$ su peter                                           ##切换到用户 peter
$ cd /home/work/
$ rm test                                            ##删除 test 文件
```

6.3 建立文件和目录

本节将介绍如何在 Linux 中建立文件和目录，这是文件和目录管理的第一步。在刚才的"快速上手"环节已经对此进行了实践，下面将作进一步的讲解和讨论。

6.3.1 建立目录：mkdir

mkdir 命令可以一次建立一个或几个目录。下面的命令在用户主目录下建立 document、picture 两个目录。

```
$ cd ~                                               ##进入用户主目录
$ mkdir document picture                             ##新建两个目录
```

用户也可以使用绝对路径来新建目录。

```
$ mkdir ~/picture/temp                               ##在主目录下新建名为 temp 的目录
```

由于主目录下 picture 已经存在，因此这条命令是合法的。但是当用户试图运行下面这条命令时，mkdir 将提示错误。

```
$ mkdir ~/tempx/job
mkdir: 无法创建目录 "/home/lewis/tempx/job"：没有该文件或目录
```

这是因为当前在用户主目录下并没有 tempx 这个目录，自然也无法在 tempx 下创建 job 目录了。为此 mkdir 提供了-p 选项，用于完整地创建一个子目录结构。

```
$ mkdir -p ~/tempx/job
```

在这个例子中，mkdir 会首先创建 tempx 目录，然后创建 job。在需要创建一个完整目录结构的时候，这个选项是非常有用的。

6.3.2　建立一个空文件：touch

touch 命令的使用非常简单，只需要在后面跟上一个文件名作为参数。下面这个命令在当前目录下新建一个名为 hello 的文件。

```
$ touch hello
```

用 touch 命令建立的文件是空文件（也就是不包含任何内容的文件）。空文件对建立某些特定的实验环境是有用。另外，当某些应用程序因为缺少文件而无法启动，而这个文件实际上并不那么重要时，可以建立一个空文件暂时“骗过”这个程序。

touch 命令的另一个用途是更新一个文件的建立日期和时间。例如，对于 test.php 这个文件，使用 ls-l 命令显示这个文件的建立时间为 2012 年 9 月 17 日的 10 点 09 分。

```
$ ls -l test.php
-rw-r--r-- 1 lewis lewis 238 2012-09-17 10:09 test.php
```

使用 touch 命令更新后，建立时间变成了 2012 年 9 月 18 日的 17 点 21 分。

```
$ touch test.php
$ ls -l test.php
-rw-r--r-- 1 lewis lewis 238 2012-9-18 17:21 test.php
```

touch 命令的这个功能在自动备份和整理文件时非常有用，这使得程序可以决定哪些文件已经被备份或整理过了。关于文件备份，可参见 8.12 节。

6.4　移动、复制和删除

通过 6.3 节的学习，读者已经能够创建文件和目录。本节将继续讨论如何移动、复制和删除文件及目录，这是在文件和目录管理中另一个基本操作。下面首先从移动文件开始讨论。

6.4.1　移动和重命名：mv

正如读者猜想的那样，mv 取了 move 的缩写形式。这个命令可以用来移动文件。下面这条命令将 hello 文件移动到 bin 目录下。

```
$ mv hello bin/
```

当然也可以移动目录。下面这条命令把 Photos 目录移动到桌面。

```
$ mv Photos/ 桌面/
```

mv 命令在执行过程中不会有任何信息显示。那么如果目标目录有一个同名文件会怎样呢？下面不妨来做一个小实验。

（1）在主目录下新建一个名为 test 的目录。

```
$ cd ~                                    ##进入用户主目录
$ mkdir test
$ cd test/
```

（2）建立一个名为 hello 的文件。这里使用了重定向新建了一个文件，然后将字符串 Hello 输入这个文件中。关于重定向，将在 6.7 节详细介绍。

```
$ echo "Hello" > hello
$ cat hello
Hello
```

（3）回到主目录中，创建一个名为 hello 的空文件。

```
$ cd ..                                   ##回到上一级目录
$ touch hello
```

（4）把这个空的 hello 文件移动到 test 目录下。记住，这个目录下原本已经有了一个内容为 Hello 的同名文件了。最后查看 test 目录下的 hello 文件，发现这是一个空文件。也就是说，mv 命令把 test 目录下的同名文件替换了，但却没有给出任何警告！

```
$ mv hello test/
$ cd test/
$ cat hello
```

问题看上去很严重，用户可能不经意间就把一个重要文件给删除了。为此 mv 命令提供了-i 选项用于发现这样的情况。

```
$ mv -i hello test/
mv: 是否覆盖"test/hello"？
```

回答 y 表示覆盖，回答 n 表示跳过这个文件。

另一个比较有用的选项是-b。这个选项用一种不同的方式来处理刚才这个问题。在移动文件前，首先在目标目录的同名文件的文件名后加一个"~"，从而避免这个文件被覆盖。例如：

```
$ mv -b hello test/
$ cd test/
$ ls
hello      hello~
```

Linux 没有"重命名"这个命令，原因很简单，即没有这个必要。重命名无非就是将一个文件在同一个目录里移动，这是 mv 最擅长的工作。

```
$ mv hello~ hello_bak
$ ls
hello      hello_bak
```

因此对 mv 比较准确的描述是，mv 可以在移动文件和目录的同时对其重命名。

6.4.2 复制文件和目录：cp

cp 命令用来复制文件和目录。下面这条命令将文件 test.php 复制到 test 目录下。

```
$ cp test.php test/
```

和 mv 命令一样，cp 默认情况下会覆盖目标目录中的同名文件。可以使用-i 选项对这种情况进行提示，也可以使用-b 选项对同名文件改名后再复制。这两个选项的使用和 mv 命令中一样。

```
$ cp -i test.php test/
cp: 是否覆盖"test/test.php"?
```

回答 y 表示覆盖，回答 n 表示跳过这个文件。

```
$ cp -b test.php test/
$ cd test/
$ ls
test.php        test.php~
```

cp 命令在执行复制任务的时候会自动跳过目录。例如：

```
$ cp test/ 桌面/
cp: 略过目录"test/"
```

为此，可以使用-r 选项。这个选项将子目录连同其中的文件一起复制到另一个子目录下。

```
$ cp -r test/ 桌面/
```

6.4.3 删除目录和文件：rmdir 和 rm

rmdir 命令用于删除目录。这个命令的使用非常简单，只需要在后面跟上要删除的目录名作为参数即可。

```
$ mkdir remove                                    ##新建一个名为 remove 的子目录
$ rmdir remove                                    ##删除这个目录
```

但是 rmdir 命令只能删除空目录，使用下面这个命令时会提示错误。

```
$ cd test
$ ls
hello       hello_bak        test.php        test.php~
$ rmdir test/
rmdir: 删除 "test/" 失败：目录不为空
```

因此，在使用 rmdir 删除一个目录之前，首先要将这个目录下的文件和子目录删除。删除文件需要用到 rm 命令。稍后将会看到，rm 同样可以用来删除目录，而且比 rmdir 更为"高效"。由于这个原因，在实际使用中 rmdir 很少被用到。

rm 命令可以一次删除一个或几个文件。下面这条命令删除 test 目录下所有的 php 文件。

```
$ rm test/*.php
```

和 mv 等命令一样，rm 不会对此作任何提示。通过 rm 命令删除的文件将永远地从系统中消失了，而不会被放入一个称作"回收站"的临时目录下（尽管某些恢复软件可能找回一些文件，但只是"可能"而已）。一个比较安全的使用 rm 命令的方式是使用-i 选项，这个选项会在删除文件前给出提示，并等待用户确认。

```
$ rm -i test/hello
rm：是否删除 普通空文件 "test/hello" ？
```

回答 y 表示确认删除，回答 n 表示跳过这个文件。对于只读文件，即便不加上-i 选项，rm 命令也会对此进行提示。

```
$ rm hello_bak
rm：是否删除有写保护的 普通空文件 "hello_bak" ？
```

可以使用-f 选项来避免这样的交互式操作。rm 会自动对这些问题回答 y。

```
$ rm -f hello_bak
```

带有-r 参数的 rm 命令会递归地删除目录下所有的文件和子目录。例如，下面这个命令会删除 Photos 目录下所有的目录、子目录及子目录下的文件和子目录……最后删除 Photos 目录。也就是说，把 Photos 目录完整地从磁盘上移除了（当然前提是拥有这样操作的权限）。

```
$ rm -r Photos/
```

使用 rm 命令的时候应该格外小心，特别是以 root 身份执行该命令时。在这方面，已经有过无数惨痛的教训，并且这样的教训每时每刻还在发生。所以在删除一个文件前，请认真评估后果。如果要使用-f 和-r 选项，请确定这是必须的。在本书的 21.2.12 节中将会为读者编写一个更加安全的 delete 命令。

6.5　文件和目录的权限

很难想像没有权限的世界会变成什么样子。随便哪个用户都可以大摇大摆地"溜"进别人的目录，然后对里面的文件乱改一气。当然，他自己的文件也可能正经历着同样的命运。Linux 是一个多用户的操作系统，正确地设置文件权限非常重要，就像读者在"快速上手"环节中做的那样。

6.5.1　权限设置针对的用户

Linux 为 3 种人准备了权限——文件所有者（属主）、文件属组用户和其他人。因为有了"其他人"，这样的分类将世界上所有的人都包含进来了。但读者应该已经敏感地意识到，root 用户其实是不应该被算在"其他人"里面的。root 用户可以查看、修改、删除所有人的文件——不要忘了 root 拥有控制一台计算机的完整权限。

文件所有者通常是文件的创建者，但这也不是一定的。可以中途改变一个文件的属主用户，这必须直接由 root 用户来实施。这句话换一种说法或许更贴切：文件的创建者自动成为文件所有者（属主），文件的所有权可以转让，转让"手续"必须由 root 用户办理。

　　可以（也必须）把文件交给一个组，这个组就是文件的属组。组是一群用户组成的一个集合，类似于学校里的一个班、公司里的一个部门……文件属组中的用户按照设置对该文件享有特定的权限。通常来说，当某个用户（如 lewis）建立一个文件时，这个文件的属主就是 lewis，文件的属组是只包含一个用户 lewis 的 lewis 组。当然，也可以设置文件的属组是一个不包括文件所有者的组，在文件所有者执行文件操作时，系统只关心属主权限，而组权限对属主是没有影响的。

提示：关于用户和用户组的概念，在第 9 章中将会详细讨论。

　　最后，"其他人"就是不包括前两类人和 root 用户在内的"其他"用户。通常来说，"其他人"总是享有最低的权限（或者干脆没有权限）。

6.5.2　需要设置哪些权限

　　可以赋予某类用户对文件和目录享有 3 种权限：读取（r）、写入（w）和执行（x）。对于文件而言，拥有读取权限意味着可以打开并查看文件的内容，写入位控制着对文件的修改权限。而是否能够删除和重命名一个文件则是由其父目录的权限设置所控制的。

　　要让一个文件可执行，必须设置其执行权限。可执行文件有两类，一类是可以直接由 CPU 执行的二进制代码；另一类是 Shell 脚本程序。这两部分内容将分别在第 20 章和 21 章详细讨论。

　　对目录而言，所谓的执行权限实际控制了用户能否进入该目录；而读取权限则负责确定能否列出该目录中的内容；写入权限控制着在目录中创建、删除和重命名文件。因此目录的执行权限是其最基本的权限。

6.5.3　查看文件和目录的属性

　　使用带选项-l 的 ls 命令可以查看一个文件的属性，包括权限。首先来看一个例子：

```
$ ls -l /bin/login
-rwxr-xr-x 1 root root 38096 2008-11-13 14:54 /bin/login
```

这条命令列出了/bin/login 文件的主要属性信息。下面逐段分析这一行字符串所代表的含义。

- ❑ 第 1 个字段的第 1 个字符表示文件类型，在上例中是"-"，表示这是一个普通文件。文件类型将在 6.6 节详细介绍。
- ❑ 接下来的 rwxr-xr-x 就是 3 组权限位。这 9 个字符应该被这样断句：rwx、r-x、r-x，分别表示属主、属组和其他人所拥有的权限。r 表示可读取，w 表示可写，x 表示可执行。如果某个权限被禁用，那么就用一个短划线"-"代替。在这个例子中，属主拥有读、写和执行权限，属组和其他人拥有读和执行权限。
- ❑ 第 3 个和第 4 个字段分别表示文件的属主和属组。在这个例子中，login 文件的属主是 root 用户，而属组是 root 组。
- ❑ 紧跟着 3 组权限位的数字表示该文件的链接数目。这里是 1，表示该文件只有一个硬连接。关于链接文件，可以参考 6.6 节的内容。

❏ 最后的 4 个字段分别表示文件大小（38096 字节）、最后修改的日期（2008 年 11 月 13 日）和时间（14:54），以及这个文件的完整路径（/bin/login）。

要查看一个目录的属性，应该使用-ld 选项。

```
$ ls -ld /etc/
drwxr-xr-x 135 root root 12288 2008-12-09 12:06 /etc/
```

最后，不带文件名作为参数的 ls -l 命令列出当前目录下所有文件（不包括隐藏文件）的属性。

```
$ ls -l
总用量 27004
drwxr-xr-x 2 lewis lewis 4096      2008-12-03 16:43 account
-rw-r--r-- 1 lewis lewis 15994     2008-11-13 20:14 ask.tar.gz
-rw-r--r-- 1 lewis lewis 57        2008-11-24 17:00 days
drwx------ 2 root  root  4096      2008-11-04 21:39 Desktop
lrwxrwxrwx 1 lewis lewis 26        2008-11-01 23:19 Examples -> /usr/share/
example-content
-rw-r--r-- 1 lewis lewis 27504640  2008-11-07 15:50 linux_book_bak.tar
drwx------ 4 lewis lewis 4096      2008-11-08 18:31 programming
-rw-r--r-- 1 lewis lewis 27374     2008-11-12 17:02 question.rar
drwxr-xr-x 2 lewis lewis 4096      2008-11-01 23:22 公共的
drwxr-xr-x 2 lewis lewis 4096      2008-11-01 23:22 模板
...
```

6.5.4　改变文件所有权：chown 和 chgrp

chown 命令用于改变文件的所有权。chown 命令的基本语法如下：

```
chown [OPTION]... [OWNER][:[GROUP]] FILE...
```

这条命令将文件 FILE 的属主更改为 OWNER，属组更改为 GROUP。下面这条命令将文件 days 的属主更改为 lewis，而把其属组更改为 root 组。

```
$ ls -l days                                    ##查看当前 days 的所有权
-rw-r--r-- 1 guest guest 57 2008-11-24 17:00 days
$ sudo chown lewis:root days                    ##修改 days 的所有权
$ ls -l days                                    ##查看修改后的 days 的所有权
-rw-r--r-- 1 lewis root 57 2008-11-24 17:00 days
```

如果只需要更改文件的属主，那么可以省略参数 “:GROUP”。下面这条命令把 days 文件的属主更改为 guest 用户，而保留其属组设置。

```
$ sudo chown guest days
```

相应地，可以省略参数 OWNER，而只改变文件的属组。注意，不能省略组名 GROUP 前的那个冒号 “:”。下面这条命令把 days 文件的属组更改为 nogroup 组，而保留其属主设置。

```
$ sudo chown :nogroup days
```

chown 命令提供了-R 选项，用于改变一个目录及其下所有文件（和子目录）的所有权设置。下面这条命令将 iso/ 和其下所有的文件交给用户 lewis。

```
$ sudo chown -R lewis iso/
```

查看这个目录的属性可以看到，所有文件和子目录的属主已经变成 lewis 用户了。

```
$ ls -l iso/                                ##查看iso目录下的文件属性
总用量 9867304
drwxr-xr-x 2 lewis root  4096       2008-11-03 23:51 FreeBSD7_Release/
-rw-r--r-- 1 lewis lewis 16510976   2008-11-01 14:03 http.iso
-rw-r--r-- 1 lewis lewis 687855616  2008-09-15 23:23 office2003.iso
-rw------- 1 lewis root  4602126336 2008-10-07 16:32 openSUSE-11.0-DVD-
i386.iso
-rw-r--r-- 1 lewis lewis 728221696  2008-09-09   00:18   ubuntu-8.04.1-
desktop-i386.iso
-rw-r--r-- 1 lewis lewis 732989440  2008-11-03 23:51 ubuntu-8.10-desktop-
amd64_us.iso
-rw-r--r-- 1 lewis lewis 5292032    2008-10-14 21:15 VBoxGuestAdditions_
1.5.6.iso
-rw-r--r-- 1 lewis root  730095616  2008-08-16 22:41 winxp.iso

$ ls -ld iso/                               ##查看iso目录的属性
drwxr-xr-x 2 lewis root 4096 2008-11-03 23:51 iso/
```

Linux 单独提供了另一个命令 chgrp 用于设置文件的属组。下面这条命令将文件 days 的属组设置为 nogroup 组。

```
$ sudo chgrp nogroup days
```

和 chown 一样，chgrp 也可以使用-R 选项递归地对一个目录实施设置。下面这条命令将 iso/ 和其下所有文件（和子目录）的属组设置为 root 组。

```
$ sudo chgrp root iso/
```

chgrp 命令实际上只是实现了 chown 的一部分功能，但这个命令至少在名字上更直观地告诉人们它要干什么。在实际工作中，是否使用 chgrp 仅仅是个人习惯的问题。

6.5.5　改变文件权限：chmod

chmod 用于改变一个文件的权限。这个命令使用"用户组+/-权限"的表述方式来增加/删除相应的权限。具体来说，用户组包括了文件属主（u）、文件属组（g）、其他人（o）和所有人（a），而权限则包括了读取（r）、写入（w）和执行（x）。例如，下面这条命令增加了属主对文件 days 的执行权限。

```
$ chmod u+x days
```

chmod 可以用 a 同时指定所有的 3 种人。下面这条命令删除所有人（属主、属组和其他人）对 days 的执行权限。

```
$ chmod a-x days
```

还可以通过"用户组=权限"的规则直接设置文件权限。同样应用于文件 days，下面这条命令赋予属主和属组的读取/写入权限，而仅赋予其他用户读取权限。

```
$ chmod ug=rw,o=r days
```

最后一条常用规则是"用户组 1=用户组 2"，用于将用户组 1 的权限和用户组 2 的权限设为完全相同。应用于文件 days 中，下面这条命令将其他人的权限设置为和属主的权限一样。

```
$ chmod o=u days
```

💡提示：牢记只有文件的属主和 root 用户才有权修改文件的权限。

6.5.6　文件权限的八进制表示

chmod 的助记符尽管意义明确，但有些时候显得太啰嗦了。系统管理员更喜欢用 chmod 的八进制语法来修改文件权限——这样就可以不用麻烦左右手的小指了。为此，管理员至少应该熟练掌握 8 以内的加法运算——能口算是最好的。

首先简单介绍一下八进制记法的来历。每一组权限 rwx 在计算机中实际上占用了 3 位，每一位都有两种情况。例如对于写入位，只有"设置（r）"和没有设置（-）两种情况。这样计算机就可以使用二进制 0 和 1 来表示每一个权限位，其中 0 表示没有设置，而 1 表示设置。例如 rwx 就被表示为 111，"-w-"表示为 010 等。

由于 3 位二进制数对应于 1 位八进制数，因此可以进一步用一个八进制数字来表示一组权限。表 6.2 显示了八进制、二进制、文件权限之间的对应关系。

表 6.2　八进制、二进制、文件权限的对应关系

八　进　制	二　进　制	权　限	八　进　制	二　进　制	权　限
0	000	---	5	101	r-x
1	001	--x	6	110	rw-
2	010	-w-	7	111	rwx
3	011	-wx			
4	100	r--			

不必记住上面所有这些数字的排列组合。在实际使用中，只要记住 1 代表 x，2 代表 w，4 代表 r，然后简单地做加法就可以了。举例来说，rwx = 4+2+1 = 7，r-x = 4+0+1 = 5。

这样一来，完整的 9 位权限位就可以用 3 个八进制数表示了，例如"rwxr-x--x"就对应于"751"。下面这条命令将文件 prog 的所有权限赋予属主，而属组用户和其他人仅有执行权限：

```
$ chmod 711 prog                        ##用八进制语法设置文件权限
$ ls -l prog                            ##查看设置后的文件权限
-rwx--x--x 1 lewis nogroup 57 2008-11-24 17:00 prog
```

6.6　文 件 类 型

读者很快会意识到，Linux 中的一切都被表示成文件的形式。这包括程序进程、硬件设备、通信通道甚至是内核数据结构等。这种设置给很多人带来了理解上的困难——除了

Linux 程序员，因为这给他们带来了一致的编程接口。Linux 中一共有 7 种文件类型，下面简要介绍阅读文件类型的方法，并着重介绍一下符号链接。

6.6.1　查看文件类型

使用带-l 选项的 ls 命令可以查看文件类型。

```
$ ls -l
总用量 21460
drwxr-xr-x 2 lewis lewis      4096   2008-12-03 16:43  account
-rw-r--r-- 1 lewis lewis     15994   2008-11-13 20:14  ask.tar.gz
-rw-r--r-- 1 lewis lewis       178   2008-12-13 15:19  ati3d
...
```

命令显示的第 1 个字符就是文件类型。在上面这个例子中，account 是目录（用"d"表示），而 ask.tar.gz 和 ati3d 都是普通文件（以"-"表示）。表 6.3 显示了所有的 7 种文件类型及其表示符号。

表 6.3　Linux中的文件类型

文 件 类 型	符　号	文 件 类 型	符　号
普通文件	-	本地域套接口	s
目录	d	有名管道	p
字符设备文件	c	符号链接	l
块设备文件	b		

正如读者已经知道的那样，Linux 用设备文件来标识一个特定的硬件设备。Linux 中有两类设备文件：字符设备文件和块设备文件。字符设备指的是能够从它那里读取成字符序列的设备，如磁带和串行线路；块设备指的是用来存储数据并对其各部分内容提供同等访问权的设备，如磁盘。和字符设备有时又被称为顺序访问设备一样，块设备有时也被称为随机访问设备。顾名思义，使用块设备，可以从硬盘的任何随机位置获取数据；而使用字符设备则必须按照数据发送的顺序从串行线路上获取。

拥有某个设备文件并不意味着一定有一个相对应的硬件设备存在，这只是表明 Linux 有处理这种设备的"潜能"。设备文件可以用 mknod 命令来创建，对这个命令的讨论已经超出了本书的范围。

本地域套接口和有名管道都是有关进程间通信的。Linux 程序员需要了解这些内容，普通用户可能永远也不会接触这两个东西。

符号链接有点像 Windows 里的快捷方式，用户可以通过别名去访问另一个文件。在6.6.2 节中将对它具体介绍。

6.6.2　建立链接：ln

符号链接（也被称作"软连接"）需要使用带-s 参数的 ln 命令来创建。下面是这个命令最简单的形式，这条命令给目标文件 TARGET 取了一个别名 LINK_NAME。如下：

```
ln -s TARGET LINK_NAME
```

下面的例子具体说明了符号链接的作用。

```
$ ln -s days my_days           ##建立一个名为 my_days 的符号链接指向文本文件 days
$ ls -l my_days                ##查看 my_days 的属性
lrwxrwxrwx 1 lewis lewis 4 2008-12-13 22:15 my_days -> days
```

从 my_days 的属性中可以看到，这个文件被指向 days。从此访问 my_days 就相当于访问 days。例如：

```
$ cat days                                        ##查看文件 days 的内容
Monday
Tuesday
Wednesday
Thursday
Friday
Saturday
Sunday
$ cat my_days                                     ##查看符号链接 my_days 的内容
Monday
Tuesday
Wednesday
Thursday
Friday
Saturday
Sunday
```

my_days 只是文件 days 的一个"别名"，因此删除 my_days 并不会影响到 days。但如果把 days 删除了，那么 my_days 虽然还保留在那里，但已经没有任何意义了。

符号链接还可用于目录，下面这条命令建立了一个指向/usr/local/share 的符号链接 local_share。

```
$ ln -s /usr/local/share/ local_share
```

查看 local_share 的属性的确可以看到这一点。

```
$ ls -l local_share
lrwxrwxrwx 1 lewis lewis 17 2008-12-13 22:25 local_share -> /usr/local/share/
```

Linux 中还有一种链接被称为"硬链接"。这种链接用于将两个独立的文件联系在一起。硬链接和符号链接本质的不同在于：硬链接是直接引用，而符号链接是通过名称进行引用。使用不带选项的 ln 命令建立硬链接。

```
$ ln days hard_days
```

上面这条命令建立了一个链接到 days 的新文件 hard_days。查看两者的属性可以看到，这是两个完全独立的文件，只是被联系在一起了而已。

```
$ ls -l days
-rwx--x--x 2 lewis nogroup 57 2008-11-24 17:00 days
$ ls -l hard_days
-rwx--x--x 2 lewis nogroup 57 2008-11-24 17:00 hard_days
```

这两个文件拥有相同的内容，对其中一个文件的改动会反映在另一个文件中。用熟悉的文本编辑器打开 days，删除最后两行，可以看到 hard_days 中的内容也改变了。

```
$ cat days                                        ##查看 days 文件的内容
```

```
Monday
Tuesday
Wednesday
Thursday
Friday
$ cat hard_days                                    ##查看 hard_days 文件的内容
Monday
Tuesday
Wednesday
Thursday
Friday
```

在实际工作中，人们更多地选择使用符号连接（软连接），硬链接已经很少使用。

6.7　输入输出重定向和管道

重定向和管道是 Shell 的一种高级特性，这种特性允许用户人为地改变程序获取输入和产生输出的位置。这个有趣的功能并不是 Linux 的专利，几乎所有的操作系统（包括 Windows）都能支持这样的操作。

6.7.1　输出重定向

程序在默认情况下输出结果的地方被称为标准输出（stdout）。通常来说，标准输出总是指向显示器。例如，下面的 ls 命令获取当前目录下的文件列表，并将其输出到标准输出，于是用户在屏幕上看到了这些文件名。

```
$ ls
bin cdrom etc  initrd      initrd.img.old lib32  lost+found mnt     proc
sbin sys  usr
boot dev  home initrd.img  lib            lib64  media      opt     root
srv tmp  var
```

输出重定向用于把程序的输出转移到另一个地方去。下面这条命令将 ls 的输出重定向到 lsout 文件中。

```
$ ls > ~/ls_out
```

这样，ls 的输出就不会在显示器上显示出来，而是出现在用户主目录的 ls_out 文件中，每一行显示一个文件名。

```
$ cat ~/ls_out
bin
boot
cdrom
dev
etc
home
lib
lib32
...
```

如果 ls_out 文件不存在，那么输出重定向符号 ">" 会试图建立这个文件。如果 ls_out

文件已经存在了，那么 ">" 会删除文件中原有的内容，然后用新内容替代。

```
$ uname -r > ls_out
$ cat ls_out
2.6.24-21-generic
```

可以看到，">" 并不会礼貌地在原来那堆文件名的后面添上版本信息，而是直接覆盖了。如果要保留原来文件中的内容，应该使用输出重定向符号 ">>"。

```
$ date > date_out                        ##将 date 命令的输出重定向到 date_out 文件
$ cat date_out                           ##查看 date_out 文件的内容
2008 年 12 月 10 日 星期三 20:43:43 CST
$ uname -r >> date_out                   ##将 uname 命令产生的版本信息追加到 date_
                                           out 文件的末尾
$ cat date_out                           ##再次查看 date_out 文件的内容
2008 年 12 月 10 日 星期三 20:43:43 CST
2.6.24-21-generic
```

6.7.2　输入重定向

和标准输出类似，程序默认情况下接收输入的地方被称为标准输入（stdin）。通常来说，标准输入总是指向键盘。例如，如果使用不带任何参数的 cat 命令，那么 cat 会停在那里，等待从标准输入（也就是键盘）获取数据。

```
$ cat
```

用户的每一行输入会立即显示在屏幕上，直到使用 Ctrl+D 快捷键提供给 cat 命令一个文件结束符。

```
Hello
Hello
Bye
Bye
<Ctrl+D>                                                    ##这里按下 Ctrl+D 键
```

通过使用输入重定向符号 "<" 可以让程序从一个文件中获取输入。

```
$ cat < days
Monday
Tuesday
Wednesday
Thursday
Friday
Saturday
Sunday
```

上面这条命令将文件 days 作为输入传递给 cat 命令，cat 读取 days 中的每一行，然后输出读到的内容。最后当 cat 遇到文件结束符时，就停止读取操作。整个过程同先前完全一致。

正如读者已经想到的，cat 命令可以通过接受一个参数来显示文件内容，因此 "cat < days" 完全可以用 cat days 来替代。事实上，大部分命令都能够以参数的形式在命令行上指定输入档的文件名，因此输入重定向并不经常使用。

另一种输入重定向的例子被称为立即文档（here document）。这种重定向方式使用操作符"<<"。立即文档明确告诉 Shell 从键盘接受输入，并传递给程序。现在看下面这个例子：

```
$ cat << EOF
> Hello
> Bye
> EOF
Hello
Bye
```

cat 命令从键盘接受两行输入，并将其送往标准输出。和本节开头的例子不同的是，立即文档指定了一个代表输入结束的分隔符（在这里是单词 EOF），当 Shell 遇到这个单词的时候，即认为输入结束，并把刚才的键盘输入一起传递给命令。所以这次 cat 命令会将用户的输入一块显示，而不是每收到一行就迫不及待地把它打印出来。

用户可以选择任意一个单词作为立即文档的分隔符，像 EOF、END、eof 等都是不错的选择，只要可以确保它不是正文的一部分。

那么，是否可以让输入重定向和输出重定向结合在一起使用？这听起来是一个不错的主意。

```
$ cat << END > hello
> Hello World!
> Bye
> END
```

这条命令首先让 cat 命令以立即文档的方式获取输入，然后再把 cat 的输出重定向到 hello 文件。查看 hello 文件，应该可以看到下面这些内容：

```
Hello World!
Bye
```

6.7.3　管道：|

管道将"重定向"再向前推进了一步。通过一根竖线"|"，将一条命令的输出连接到另一条命令输入。下面这条命令显示了如何在文件列表中查找文件名中包含某个特定字符串的文件。

```
$ ls | grep ay
days
hard_days
mplayer
mplayer~
my_days
```

ls 首先列出当前目录下的所有文件名，管道"|"接收到这些输出，并把它们发送给 grep 命令作为其输入。最后 grep 在这堆文件列表中查找包含字符串 ay 的文件名，并在标准输出（也就是显示器）显示。

可以在一行命令中使用多个管道，从而构造出复杂的 Shell 命令。最初这些命令可能看起来晦涩难懂，但它们的确很高效。合理使用管道是提高工作效率的有效手段，随着使用的深入，读者会逐渐意识到这一点。

6.8 小　结

- ❏ Linux 目录组织结构和 Windows 有很大不同。
- ❏ Linux 将文件系统挂载到特定的目录下。根文件系统 "/" 是最初建立的文件系统。
- ❏ Linux 的每个系统目录都有其特定的功能。
- ❏ mkdir 命令创建一个空目录。
- ❏ touch 命令创建一个空文件，这个命令的另一个用途是更新文件的建立时间。
- ❏ mv 命令移动并重命名文件和目录。
- ❏ cp 命令复制文件和目录。
- ❏ rmdir 命令删除一个空目录。rm 命令可以删除文件和目录（不必为空），但使用时应该小心，删除后的文件无法恢复。
- ❏ Linux 为属主（文件所有者）、属组用户和其他人定义了文件（目录）权限。
- ❏ 文件（目录）权限有读取（r）、写入（w）、执行（x）。
- ❏ ls -l 命令可以列出文件的完整属性。查看目录的属性应该使用 ls -ld 命令。
- ❏ chown 命令改变文件的属主和属组。chgrp 命令仅改变文件的属组。
- ❏ chmod 命令改变文件的权限，有多种表述形式。八进制表示法是系统管理员最常使用的表述形式。
- ❏ 对 Linux 各种资源的操作都是通过操作文件实现的。Linux 中总共有 7 种文件类型：普通文件、目录、字符设备文件、块设备文件、本地域套接字、有名管道、符号链接。
- ❏ ln 命令建立链接。软链接（符号链接，用 ln -s 命令建立）的使用比硬链接（用 ln 命令建立）更为广泛。
- ❏ 程序在默认情况下输出其结果的地方被称为标准输出。通常标准输出总是指向显示器。
- ❏ 程序在默认情况下接受输入的地方被称为标准输入。通常标准输入总是指向键盘。
- ❏ 输出重定向将程序的输出转移到另一个地方；输入重定向改变程序获取输入的地方。
- ❏ 管道将一条命令的输出连接到另一条命令的输入。

第 7 章 软件包管理

顾名思义，软件包是将应用程序、配置文件和管理数据打包的产物。特定的软件包管理系统可以方便地安装和卸载软件包。如今，所有的 Linux 发行版都采用了某种形式的软件包系统，这使得在 Linux 上安装软件变得同在 Windows 下一样方便。常用的软件包格式有两种，这取决于所使用的发行版。SUSE、Red Hat、Fedora 等发行版本使用 RPM，而 Debian 和 Ubuntu 则使用.deb 格式的软件包。

7.1 快速上手：安装和卸载 Chrome for Linux

Google Chrome，又称 Google 浏览器，是一个由 Google（谷歌）公司开发的开放原代码的网页浏览器。该浏览器是基于其他开放原代码软件所撰写，包括 Webkit 和 Mozilla，目标是提升稳定性、速度和安全性，并创造出简单且有效率的使用者界面。软件的名称是来自于称作 Chrome 的网络浏览器图形使用者界面（GUI）。

7.1.1 安装 Chrome for Linux

目前 Linux 下的 Google Chrome 浏览器有两个版本，Beta（测试版）和 Unstable（不稳定版，也就是 Dev 版）。其中 Beta 相对较稳定，而最新的功能将会首先出现在 Unstable 版中，经过一段时间的测试后才会在 Beta 版中出现。缺点是 Unstable 版本更新较为频繁，稳定性也不如 Beta 版。Linux 下的 Google Chrome 浏览器目前还没有 Stable 版本，源中显示的 Stable 只是源的名称，Beta 和 Unstable 使用的都是这个源。该浏览器可从 www.google.com 上下载，下载页面同时提供了 RPM 包和 DEB 包的下载（注意，不要选错版本，如果你安装的是 64 位的 Debian/Ubuntu，一定要选择 64 位.Deb。与 Windows 系统不同，32 位的安装包无法在 64 位的 Linux 下使用）。

下载的文件类似于 google-chrome-stable_current_i386.deb 或 google-chrome-stable_current_i386.rpm，这里假设读者将其放在自己的主目录下。打开终端，输入如下命令：

```
$ cd ~                                              ##进入自己的主目录
```

对于 Debian 和 Ubuntu 用户，可以输入如下命令：

```
$ sudo dpkg -i google-chrome-stable_current_i386.deb        ## 安装 Chrome
for Linux
```

对于 openSUSE 和其他使用 RPM 软件包的用户，则可输入如下命令：

```
$ su                                                ##切换到 root 用户
# rpm -ivh google-chrome-stable_current_i386.rpm            ## 安装 Chrome for
```

```
linux
```

不管是使用哪种软件包，系统都将打印一系列提示信息。在笔者的 Ubuntu 系统上，提示信息如下：

```
(正在读取数据库 ... 系统当前共安装有 143530 个文件和目录。)
正在解压缩将用于更替的包文件 google-chrome-stable ...
正在设置 google-chrome-stable (21.0.1180.89-r154005) ...
```

根据所使用的软件包系统和 Chrome 的版本差异，显示的信息可能会有所不同。如果系统没有报错的话，那么 Chrome 已经安装完毕了。

7.1.2　运行 Chrome for Linux

至此，已经成功地安装了 Chrome for Linux。单击"应用程序"|"互联网"|GoogleChrome 按钮，Chromel 浏览器就运行了。运行 Chrome 启动后的界面如图 7.1 所示。

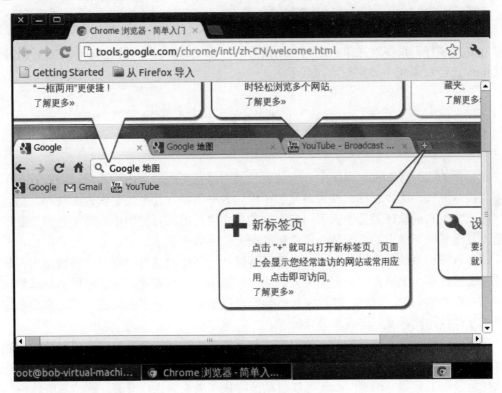

图 7.1　Chrome.for.Linux 界面

Chrome for Linux 的使用和其在 Windows 下的使用基本一致。

7.1.3　卸载 Chrome for Linux

当前版本的 Chrome for Linux 仍然存在很多功能上的不足。另外，安全性方面也有进一步完善的空间。如果希望在 Linux 下也能使用完整的支持，可能还需要等到下一个版本的发布。下面介绍如何卸载已安装的 Chrome for Linux。

　　一般来说，卸载软件包需要提供完整的软件包名称或版本。如果无法完整给出这些信息（事实上，很少有人会记住它们），软件包管理工具可以帮助用户找到这些信息。

　　Debian 和 Ubuntu 用户使用下面的命令：

```
$ dpkg -l | grep chrome
```

　　Red Hat 和其他使用 RPM 软件包的用户可使用下面的命令：

```
$ rpm --query chrome
```

　　这样就可以找到 Chrome for Linux 完整的软件包名字了。在笔者的 Ubuntu 上，该软件包叫做 google-chrome-stable。知道了软件包名称后，就可以着手卸载该软件包了。

　　Debian 和 Ubuntu 用户可使用下面的命令：

```
$ sudo dpkg -r google-chrome-stable
```

　　Red Hat 和其他使用 RPM 软件包的用户，可使用下面的命令：

```
$ su
# rpm -e google-chrome-stable
```

　　和安装一样，系统将打印一系列提示信息——如果系统没有报错的话。至此，Chrome for Linux 已经从系统中被完整地卸载了。

7.2　软件包管理系统简述

　　在早期的 UNIX/Linux 系统中，安装软件是一件相当费时费力的事情。系统管理员不得不直接从源代码编译软件，并为自己的系统做各种调整，甚至还要修改源代码。尽管以源代码形式发布的软件显著增强了用户定制的自由度，但在各种细小环节上耗费如此巨大的精力显然是缺乏效率的。于是，软件包的概念便应运而生了。

　　软件包管理系统的应用使 Linux 管理员得以从无休止的兼容性问题中解脱出来。软件包使安装软件事实上成为一系列不可分割的原子操作。一旦发生错误，可以卸载软件包，也可以重新安装它们。同时，软件发行商甚至可以不用考虑补丁的问题，因为客户在安装新版本软件包的同时就把老版本替换掉了。

　　当然，软件包并不是万能的。使用软件包系统安装软件同样需要考虑依赖性的问题。只有应用软件所依赖的所有库和支持都已经正确安装好了，软件才能被正确安装。一些高级软件包管理工具如 APT 和 yum 可以自动搜寻依赖关系并执行安装。这些高级软件包管理工具将在后文详细介绍。

　　常用的软件包格式有两种：RPM 即 Red Hat Package Manager（Red Hat 软件包管理器），最初由 Red Hat 公司开发并部署在其发行版中，如今已被大多数 Linux 发行版使用；另一种则是 Debian 和 Ubuntu 上使用的.deb 格式。这两种格式提供基本类似的功能。

　　如今，绝大多数 Linux 发行版都会使用高级软件包管理工具来进一步简化软件包安装的过程。常见的通用版本有 APT 和 yum（其中 yum 只能用于 RPM），它们都是免费的。一些主要的 Linux 发行商也会开发用于自己发行版的高级包管理工具，如 Red Hat 的 Red Hat Network 和 SUSE 的 ZENworks。这些工具常常伴随着付费支持。

高级软件包管理系统基于这样几个理念和目标：

- ❏ 简化定位和下载软件包的过程；
- ❏ 自动进行系统更新和升级；
- ❏ 方便管理软件包件的依赖关系。

接下来将首先介绍两个基本的软件包管理工具 rpm 和 dpkg，随后将介绍 APT 的使用。最后在本章的"进阶"部分，将简要讨论从源代码安装软件的基本步骤——对于初学者而言，这个要求会比较高。

7.3 管理.deb 软件包：dpkg

本节将简要介绍 dpkg 的常用选项和注意事项，这个软件包工具主要用于 Debian 和 Ubuntu 这两个发行版本。限于篇幅，这里没有办法、也没有必要一一列出 dpkg 的所有选项和功能。读者可以通过 dpkg --help 获得该命令的完整帮助信息。

7.3.1 安装软件包

和 openSUSE、Red Hat 等发行版本不同，Debian 和 Ubuntu 使用 dpkg 管理软件包。这些软件包通常以.deb 结尾。

dpkg 使用--install 选项安装软件，这个选项也可以简写为-i（回忆一下在本章开头安装 Chrome for Linux 时，使用的是-i 而不是--install 选项）。事实上，Linux 中存在很多这类"缩写版"的命令，有兴趣的读者不妨在使用的时候注意整理一下。

🔔注意：--install 或-i 选项会在安装软件包之前把系统上原有的旧版本删除。一般来说，这也正是用户需要的。

所有的软件包在安装前都必须保证其所依赖的库和支持构造已经安装在系统中。不过，可以使用--force-选项强制安装软件包。此时，系统将忽略一切依赖和兼容问题直到软件包"安装完毕"。看起来这是一个不错的想法，但如果真的可以这样，为什么它还要作为一个"选项"出现呢？在大部分情况下，--force-的最大贡献是让事情变得更糟。没有什么比让一个系统管理员花费一个下午的时间检查软件运行问题，结果却发现只是当初不负责任地无视依赖关系更能让他恼火的了。

所以，在安装的时候，--force-参数的使用一定要谨慎。使用该方式安装，往往只会对软件功能造成很小影响。但系统管理员应该始终记住，如果一件事情会朝坏的方面发展，那么它一定会朝更坏的方面发展。在系统出现问题后，没有"撤销"按钮可供选择。因此除非迫不得已，请永远不要使用--force-选项。

7.3.2 查看已安装的软件包

现在来看一个例子，假设需要查找当前系统中的 OpenSSH 版本信息时，可以使用如下的命令。

```
$ dpkg -l | grep openssh
ii  openssh-client                    1:5.9p1-5ubuntu1             secure
shell (SSH) client, for secure access to remote machines
```

可以看到，当前 OpenSSH 的版本为 5.9p1-5ubuntu1，在最后有该软件的简要介绍。

对于系统管理员而言，常常需要知道所安装的软件究竟向系统中复制了哪些文件。因此，dpkg 提供了--search 选项（简写为-S）。仍以上文的 OpenSSH 为例，现在来看一下系统中有哪些文件是它带来的。

```
$ dpkg -S openssh
ssh-askpass-gnome, openssh-client: /usr/lib/openssh
openssh-client: /usr/share/doc/openssh-client/faq.html
openssh-client: /usr/share/doc/openssh-client
openssh-client: /usr/share/doc/openssh-client/README.compromised-keys.gz
ssh-askpass-gnome: /usr/lib/openssh/gnome-ssh-askpass
:
```

取决于系统和 OpenSSH 版本的不同，显示的信息会有所出入。

7.3.3　卸载软件包

使用 dpkg 的--remove（简写为-r）选项可以方便地卸载已经安装的软件包。在本章开头的"快速上手"一节中，读者已经实践了卸载软件包的基本步骤。下面的命令删除安装在系统中的 Opera 浏览器。

```
$ dpkg -l | grep opera                      ##查看 Opera 浏览器的软件包信息
ii  opera 9.62.2466.gcc4.qt3 The Opera Web Browser
$ sudo dpkg --remove opera                  ##删除 Opera 浏览器
 (正在读取数据库 ... 系统当前总共安装有 184216 个文件和目录。)
正在删除 opera ...
```

注意：所卸载的软件包可能包含有其他软件所依赖的库和数据文件。在这种情况下，卸载将可能导致不可预计的后果。因此，在卸载前请确认已经解决了所有的依赖关系，或者使用后文将要介绍的高级软件包工具 APT。

7.4　管理 RPM 软件包：rpm

类似地，rpm 工具用于管理.rpm 格式的软件包。这个软件包管理工具用于绝大多数的 Linux 发行版本，如 Red Hat、openSUSE 等。下面简要介绍其使用方法及相关注意事项。rpm 的更多高级功能可以参考其用户手册。

7.4.1　安装软件包

使用 rpm -i 命令安装一个软件包。尽管安装工作只需要一个-i 就够了，但人们通常还习惯加上-v 和-h 这两个选项。-v 选项用于显示 rpm 当前正在执行的工作，-h 选项通过打印一系列的"#"提醒用户当前的安装进度。

```
$ sudo rpm -i -v -h dump-0.4b41-1.src.rpm
  1:dump                      warning: user tiniou does not exist - using root
warning: group tiniou does not exist - using root
warning: user tiniou does not exist - using root%)
warning: group tiniou does not exist - using root
############################################### [100%]
```

可以把多个选项合并在一起，而省略前面的短划线"-"。因此，下面这两条命令是等价的。

```
$ sudo rpm -i -v -h dump-0.4b41-1.src.rpm
```

和

```
$ sudo rpm -ivh dump-0.4b41-1.src.rpm
```

rpm -i 同样提供了--force 选项，用于忽略一切依赖和兼容问题，强行安装软件包。和 dpkg 一样，除非万不得已，不要随便使用这个看似"方便"的选项。

另外，当正在安装的软件包在其他一些软件包的支持下才能正常工作时，就会发生软件包相关性冲突。利用--nodeps 选项可以使 RPM 忽略这些错误继续安装软件包，但这种忽略软件包相关性问题的方法同样不值得提倡。

7.4.2　升级软件包

rpm -U 命令用于升级一个软件包。这个命令的使用方法和 rpm -i 基本相同，用户也可以为其指定通用的安装选项-v 和-h。如果系统上已经安装了 dump 较早的版本，那么下面这条命令将其升级为版本 0.4b41-1。

```
$ sudo rpm -Uvh dump-0.4b41-1.src.rpm
```

升级操作实际是卸载和安装的组合。在升级软件时，RPM 首先卸装老版本的软件包，然后再安装新版本的软件包。如果旧版本的软件包不存在，那么 RPM 只需对所请求的软件包进行安装。RPM 的升级操作可以保留软件的配置文件，这样用户就不必担心会被升级后的软件带到一个完全陌生的环境中了。

7.4.3　查看已安装的软件包

使用 rpm -q 命令可查询当前系统中已经安装的软件包。用户应该指定软件包的名字（而不是安装文件的名字），则 RPM 会列出其具体的版本信息。

```
$ rpm -q check
check-0.9.5-72.1
```

然而在更多的情况下，用户可能不记得软件包的完整名称，而只是知道其中几个关键字。给"rpm -q"命令加上-a 选项则可以列出当前系统上已经安装的所有的软件包。

```
$ rpm -qa                                    ##列出系统中安装的所有软件包
mozilla-nspr-4.7.1-18.1
xorg-x11-libXdmcp-7.3-41.1
pmtools-20071116-21.1
libjpeg-6.2.0-852.1
db-utils-4.5.20-67.1
...
```

结合管道和 grep 命令可以找到自己想要的软件包。

```
$ rpm -qa | grep xorg                        ##查找名字中包含 xorg 的软件包
xorg-x11-libXdmcp-7.3-41.1
xorg-x11-libxcb-7.3-48.1
xorg-x11-libXrender-7.3-48.1
xorg-x11-libXp-7.3-49.1
xorg-x11-libfontenc-devel-7.3-41.1
xorg-x11-libXp-devel-7.3-49.1
:
```

7.4.4　卸载软件包

使用 "rpm -e" 命令可卸载软件包。这个命令接收软件包的名字作为参数。可以用 7.4.3 节的方法确定想要卸载的软件包的名称，但是名称中不应该带有版本信息。下面这条命令从系统中删除了软件包 tcpdump。

```
$ sudo rpm -e tcpdump
```

有些时候卸载可能产生问题，由于软件包之间存在相互依赖的关系，所以很有可能出现某个软件包卸载后导致其他软件无法运行的情况。例如：

```
$ sudo rpm -e xorg-x11-devel                  ##卸载软件包 xorg-x11-devel
error: Failed dependencies:
    xorg-x11-devel is needed by (installed) Mesa-devel-7.0.3-35.1.i586
    xorg-x11-devel is needed by (installed) glitz-devel-0.5.6-144.1.i586
    xorg-x11-devel is needed by (installed) cairo-devel-1.4.14-32.1.i586
    xorg-x11-devel is needed by (installed) pango-devel-1.20.1-20.1.i586
    xorg-x11-devel is needed by (installed) gtk2-devel-2.12.9-37.1.i586
```

可见，由于软件包 xorg-x11-devel 被多个软件包所依赖，所以 RPM 谨慎地拒绝了这一卸载请求。用户可以明确指定 --nodeps 选项继续这一卸载操作。不过在按下 Enter 键之前，请务必犹豫一下，问问自己是否真的知道将要做什么。

一个十分有用的卸装选项是 --test 选项，它要求 RPM 模拟删除软件包的全过程，但并不真的执行删除操作。针对软件包 xorg-x11-devel 执行带 --test 选项的卸载命令，选项 -vv（注意是两个 v，而不是一个 w）要求 RPM 输出完整的调试信息。

```
$ sudo rpm -e -vv --test xorg-x11-devel

D: opening  db environment /var/lib/rpm/Packages create:cdb:mpool:private
D: opening  db index       /var/lib/rpm/Packages rdonly mode=0x0
D: locked   db index       /var/lib/rpm/Packages
D: opening  db index       /var/lib/rpm/Name rdonly:nofsync mode=0x0
D: opening  db index       /var/lib/rpm/Pubkeys rdonly:nofsync mode=0x0
D:  read h#     503 Header sanity check: OK
```

```
D: =========== DSA pubkey id a84edae8 9c800aca (h#503)
D:  read h#    1035 Header V3 DSA signature: OK, key ID 9c800aca
D: ========== --- xorg-x11-devel-7.3-64.1 i586/linux 0x0
D: opening  db index        /var/lib/rpm/Requirename rdonly:nofsync mode=0x0
D:  read h#    1051 Header V3 DSA signature: OK, key ID 9c800aca
D: opening  db index        /var/lib/rpm/Depends create:nofsync mode=0x0
D: opening  db index        /var/lib/rpm/Providename rdonly:nofsync mode=0x0
D:  Requires: xorg-x11-devel                        NO
D:   package  Mesa-devel-7.0.3-35.1.i586  has  unsatisfied  Requires:
xorg-x11-devel
D:  read h#    1053 Header V3 DSA signature: OK, key ID 9c800aca
D:  Requires: xorg-x11-devel                        NO (cached)
D:   package  glitz-devel-0.5.6-144.1.i586  has  unsatisfied  Requires:
xorg-x11-devel
D:  read h#    1060 Header V3 DSA signature: OK, key ID 9c800aca
D:  Requires: xorg-x11-devel                        NO (cached)
D:   package  cairo-devel-1.4.14-32.1.i586  has  unsatisfied  Requires:
xorg-x11-devel
D:  read h#    1061 Header V3 DSA signature: OK, key ID 9c800aca
D:  Requires: xorg-x11-devel                        NO (cached)
D:   package  pango-devel-1.20.1-20.1.i586  has  unsatisfied  Requires:
xorg-x11-devel
D:  read h#    1067 Header V3 DSA signature: OK, key ID 9c800aca
D:  Requires: xorg-x11-devel                        NO (cached)
D:   package  gtk2-devel-2.12.9-37.1.i586  has  unsatisfied  Requires:
xorg-x11-devel
D: closed   db index        /var/lib/rpm/Depends
error: Failed dependencies:
      xorg-x11-devel is needed by (installed) Mesa-devel-7.0.3-35.1.i586
      xorg-x11-devel is needed by (installed) glitz-devel-0.5.6-144.1.i586
      xorg-x11-devel is needed by (installed) cairo-devel-1.4.14-32.1.i586
      xorg-x11-devel is needed by (installed) pango-devel-1.20.1-20.1.i586
      xorg-x11-devel is needed by (installed) gtk2-devel-2.12.9-37.1.i586
D: closed   db index        /var/lib/rpm/Pubkeys
D: closed   db index        /var/lib/rpm/Providename
D: closed   db index        /var/lib/rpm/Requirename
D: closed   db index        /var/lib/rpm/Name
D: closed   db index        /var/lib/rpm/Packages
D: closed   db environment /var/lib/rpm/Packages
D: May free Score board((nil))
```

7.5　高级软件包工具：APT

rpm 和 dpkg 这些软件包管理器的出现，大大减少了安装软件的工作量。但系统管理员遗憾地发现，这些工具仍然不能有效地解决依赖性问题。为了安装某个软件，管理员不得不常常陷入"A 依赖 B，B 依赖 C，C 依赖 D……"这类无休止的纠缠中。正是着眼于解决这类问题，以 APT、yum 等为代表的高级软件包管理工具应运而生了。

7.5.1　APT 简介

APT，全称为 Advanced Package Tool，即高级软件包工具。这是现今最成熟的软件包管理系统。它可以自动检测软件依赖问题，下载和安装所有文件；甚至只需要一条命令，就可以更新整个系统上所有的软件包。

APT 最初被设计运行于 Debian 系统上，只能支持.deb 格式的软件包文件。如今，APT 已经被移植到使用 RPM 软件包机制的发行版上。可以从 apt-rpm.org 获得 APT 的 RPM 版本。

APT 工具最常用的有两个命令：apt-get 和 apt-cache。前者用于执行和软件包安装有关的所有操作；后者主要用于查找软件包的相关信息。在大部分情况下，用户也可以使用图形化的 ATP 工具。本节以 Ubuntu 上的"新立得软件包管理器"工具为例，介绍图形化 APT 的基本使用，其他的图形化 APT 工具提供基本类似的用户界面和使用方法。

7.5.2　下载和安装软件包

系统第一次启动时，需要运行 apt-get update 更新当前 apt-get 缓存中的软件包信息。此后，就可以使用 apt-get install 命令安装软件包了。事实上，笔者推荐在每次安装和更新软件包之前都运行 apt-get update，以保证获得的软件包是最新的。现在来尝试安装一款在 Linux 下很流行的战棋类游戏 Wesnoth。

```
$ sudo apt-get update                              ##更新软件包信息
获取: 1 http://ubuntu.cn99.com feisty Release.gpg [191B]
忽略 http://ubuntu.cn99.com feisty/main Translation-zh_CN
忽略 http://ubuntu.cn99.com feisty/restricted Translation-zh_CN
命中 http://ubuntu.cn99.com feisty/universe Translation-zh_CN
...
$ sudo apt-get wesnoth                              ##安装 Wesnoth
正在读取软件包列表... 完成
正在分析软件包的依赖关系树
读取状态信息... 完成
已经不需要下列自动安装的软件包：
  debhelper kbuild po-debconf intltool-debian gettext module-assistant
  html2text dpatch
使用 'apt-get autoremove' 来删除它们。
将会安装下列额外的软件包：
  libboost-iostreams1.34.1 libsdl-image1.2 libsdl-mixer1.2 libsdl-net1.2
  wesnoth-data
建议安装的软件包：
  wesnoth-all ttf-sazanami-gothic
推荐安装的软件包：
  wesnoth-music
下列【新】软件包将被安装：
  libboost-iostreams1.34.1 libsdl-image1.2 libsdl-mixer1.2 libsdl-net1.2
  wesnoth wesnoth-data
共升级了 0 个软件包，新安装了 6 个软件包，要卸载 0 个软件包，有 95 个软件未被升级。
需要下载 37.3MB 的软件包。
操作完成后，会消耗掉 67.5MB 的额外磁盘空间。
您希望继续执行吗? [Y/n]
```

可以看到，APT 提供了大量信息，并自动解决了包的依赖问题。按回车键执行下载和安装。回答 n 表示中止安装过程。现在可以泡上一杯咖啡，耐心地等待下载和安装过程自动完成。

apt-get 还有其他一些命令，可以完成诸如升级、删除软件包等操作。表 7.1 列出了 apt-get 的常用命令。

表 7.1　apt-get的常用命令

命　　令	描　　述
apt-get install	下载并安装软件包
apt-get upgrade	下载并安装在本系统上已有的软件包的最新版本
apt-get remove	卸载特定的软件包
apt-get source	下载特定的软件源代码
apt-get clean	删除所有已下载的包文件

举例来说，下面的命令删除软件包 tremulous。在删除的过程中，APT 照例要求用户确认该操作。直接回车或者回答 y，将删除该软件包；回答 n 将放弃删除操作。

```
$ sudo apt-get remove tremulous                         ##删除软件包 tremulous
正在读取软件包列表... 完成
正在分析软件包的依赖关系树
读取状态信息... 完成
已经不需要下列自动安装的软件包：
  tremulous-data
使用 'apt-get autoremove' 来删除它们。
下列软件包将被【卸载】：
  tremulous
共升级了 0 个软件包，新安装了 0 个软件包，要卸载 1 个软件包，有 6 个软件未被升级。
操作完成后，会释放 1774kB 的磁盘空间。
您希望继续执行吗？[Y/n]                                  ##确认该操作
(正在读取数据库 ... 系统当前总共安装有 183910 个文件和目录。)
正在删除 tremulous ...
```

使用 apt-get -h 可以列出 apt-get 的完整用法。APT 的翻译团队喜欢玩一些小幽默，例如：

```
$ apt-get -h
apt0.7.9ubuntu17.1 for amd64，编译于 Oct 27 2008 18:11:10
用法：apt-get [选项] 命令
      apt-get [选项] install|remove 包甲 [包乙 ...]
      apt-get [选项] source 包甲 [包乙 ...]

apt-get 提供了一个用于下载和安装软件包的简易命令行界面。
最常用命令是 update 和 install。
：
请查阅 apt-get(8)、sources.list(5) 和 apt.conf(5)的参考手册
以获取更多信息和选项。
                    本 APT 有着超级牛力。
```

用户也可以使用 man apt-get 获得更多的信息。总之，系统的帮助手册非常完整清晰，在出现问题的时候，求助于这些文档总是一个正确的选择。

7.5.3　查询软件包信息

同 rpm 和 dpkg 一样，使用 apt-get 安装和卸载软件包时必须提供软件包的名字。apt-get 并不能理解拼写错误或任何与其缓存中软件包名不相符的写法。因此提供正确的软件包名就显得尤为重要，于是 APT 提供了工具 apt-cache。

apt-cache search 命令可以搜索软件包列表中特定的软件包。假设希望安装一个模拟飞行类游戏，但记不清它究竟叫什么时，可使用下面的命令：

```
$ apt-cache search flight                    ##搜索带 "flight" 字样的软件包
balder2d - A 2D shooter in zero gravity
balder2d-data - data files for balder2d
fgfs-atlas - Flight Gear Map Viewer
fgfs-base - Flight Gear Flight Simulator -- base files
flight-of-the-amazon-queen - a fantasy adventure game
flightgear - Flight Gear Flight Simulator
gl-117 - An action flight simulator
gl-117-data - Data files for gl-117
:
```

apt-cache 将按照字母顺序搜寻列出一切包含 flight 字样的软件包（包括在其介绍中提到的）。凭借记忆和简介可以很快判断 flightgear 就是要找的东西。

另一个常用的 apt-cache 命令是 apt-cache depends，用于列出特定软件包的依赖关系。例如现在希望查看 flightgear 需要依赖些什么，则可使用下面的命令：

```
$ apt-cache depends flightgear               ##查询 flightgear 的依赖关系
flightgear
  依赖: fgfs-base
  依赖: freeglut3
  依赖: libalut0
  依赖: libc6
  依赖: libgcc1
 |依赖: libgl1-mesa-glx
  依赖: <libgl1>
    libgl1-mesa-glx
    libgl1-mesa-swx11
:
```

当然，这些依赖关系并不需要用户一个一个地手工解决。正如先前看到的那样，apt-get 会很聪明地帮助系统管理员解决这些问题。这也正是 APT 等软件包管理工具最大的魅力所在。

7.5.4　配置 apt-get

几乎所有的初学者都会问这样的问题：apt-get 从哪里下载这些软件？这些软件安全吗？事实上，所有 apt-get 用于下载软件的地址——通常称之为安装源，都被放在/etc/apt/sources.list 中。这是一个文本文件，可以使用任何文本编辑器打开并编辑。一个典型的

sources.list 文件如下：

```
#deb  cdrom:[Ubuntu  12.04.1  LTS  _Precise  Pangolin_  -  Release  i386
(20120817.3)]/ precise main restricted

# See http://help.ubuntu.com/community/UpgradeNotes for how to upgrade to
# newer versions of the distribution.
deb http://cn.archive.ubuntu.com/ubuntu/ precise main restricted
deb-src http://cn.archive.ubuntu.com/ubuntu/ precise main restricted

## Major bug fix updates produced after the final release of the
## distribution.
deb http://cn.archive.ubuntu.com/ubuntu/ precise-updates main restricted
deb-src    http://cn.archive.ubuntu.com/ubuntu/    precise-updates    main
restricted
⋮
```

下面简单解释一下各字段的含义。

- deb 和 deb-src：表示软件包的类型。Debian 类型的软件包使用 deb 或 deb-src。如果是 RPM 的软件包，则应该使用 rpm 或 rpm-src。其中，src 表示源代码（回忆 7.5.2 节中的 apt-get source 命令）。
- URL：表示指向 CD-ROM、HTTP 或者 FTP 服务器的地址，从哪里可以获得所需的软件包。
- hardy 等：表示软件包的发行版本和分类，用于帮助 apt-get 遍历软件库。

还应该能看到一些以"#"开头的行。"#"表示这一行是注释。在 apt-get 看来，注释就等于空行。因此，如果需要暂时禁止一个安装源，可以考虑在这一行的头部加一个"#"，而不是鲁莽地删除——谁知道什么时候还会重新用到呢？

同时，应该确保将 http://security.ubuntu.com/ubuntu 作为一个源来列出（如果正在使用 Ubuntu 的话），以保证能访问到最新的安全补丁。

7.5.5　使用图形化的 APT

同 Linux 下众多其他系统管理工具一样，各 Linux 发行商也开发了 APT 的图形化界面。从用户友好的角度来讲，图形化的 APT 无疑更具优势，特别是对于初学者而言。下面简要介绍 Ubuntu 附带的"新立得软件包管理器"工具的使用和配置。

Ubuntu 用户首先在 Ubuntu 软件中心安装好"新立得软件包管理器"（默认没有安装），然后单击"新立得软件包管理器"按钮找到这个图形化的 APT 工具。出于安全考虑，必须首先提供系统管理员密码（关于 Debian 和 Ubuntu 的管理员账号问题，可以参考 3.1.3 节）。该管理器的界面如图 7.2 所示。

大部分的功能都是显而易见的。以安装一个软件包为例，假设现在希望安装一个 IRC 的客户端程序 xchat，可以遵循下面的步骤。

（1）单击"搜索"按钮，在弹出的对话框中输入"xchat"。再次单击"搜索"按钮，此时界面如图 7.3 所示。

（2）找到 xchat-gonme 选项，双击进行标记。系统将弹出对话框提示该软件的依赖关系，并指出应该同时标记 xchat 所依赖的组件，如图 7.3 所示。单击"标记"按钮，可以看到 xchat-gnome 和 xchat-gnome 已被标记并等待安装，如图 7.3 所示。

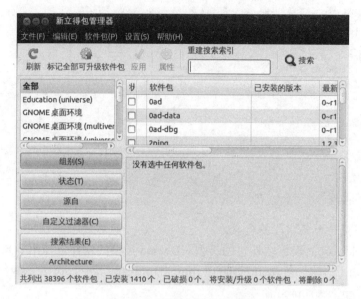

图 7.2　新立得软件包管理器

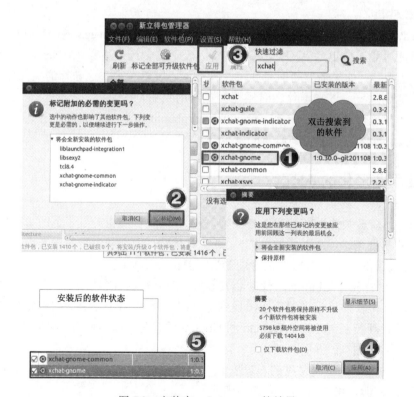

图 7.3　安装完 xchat-gonme 的结果

（3）单击"应用"按钮，系统会弹出"摘要"对话框，要求用户确认该操作，如图 7.3 所示。再次单击"应用"按钮，系统将进入软件包的下载环节，如图 7.3 所示。下载速度取决于网速和文件大小，这需要花费一定时间。

（4）软件包下载完成后，系统将自动安装和配置该软件，如图 7.4 所示，并在结束时弹出对话框进行告知。现在，单击"Dash 页"按钮，在搜索栏中输入 Xch 会在应用程序中显示该图标。然后，单击该图标将弹出"XChat-GNOME 设置"对话框。在对话框中输入用户名后单击"确定"按钮，即可打开 xchat 并登录 IRC 频道。没错，一切就是这么简单。

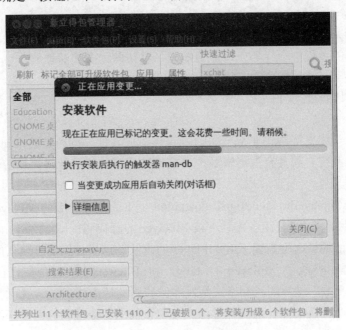

图 7.4　安装和配置所选软件包

对于已经安装的软件包，在其条目上右击，在弹出的快捷菜单中可以选择升级、删除等操作。这一部分内容比较简单，读者可以自己尝试。

7.6　进阶：从源代码编译软件——以 MPlayer 为例

从源代码编译软件从来没有一个绝对正确的流程。如果没有实例，那么本节的内容将变得毫无意义。这里以多媒体播放软件 MPlayer 为例进行讨论，尽管不同的软件有不同的编译方式，但基本思想是一致的。如果读者能够从中体会到 DIY（自己动手）的基本思维方式，那么本节的目的也就达到了。

7.6.1　为什么要从源代码编译

尽管看起来各种软件包管理工具已经非常完美地解决了 Linux 下软件安装的问题，但有些时候仍然不得不求助于最原始的方法：从源代码编译。这主要基于以下几个原因：

- ❏ 一些软件开发商出于各种各样的原因，并没有提供二进制的软件包，或者只为某个特定的发行版提供了这样的软件包。这样，从源代码编译安装软件就成了唯一的方法。

❑ 鉴于 Linux 及其下软件的开放性，一些企业和个人出于特殊需求的考虑，需要修改某些软件的源代码。这些经过修改的软件必须重新编译。

❑ 从源代码编译软件通常能让编译者获得更多的控制，例如软件安装的位置，开启和禁用某些功能等。有些人认为这非常重要，尽管这样作出的选择可能并不是高效和安全的。

下面读者将亲自动手编译安装一个多媒体播放器 MPlayer，完整实践编译软件的全过程。在具体讲解的过程中会穿插一些理论知识，以帮助读者加深理解。

7.6.2　下载和解压软件包

MPlayer 是一款支持格式非常全面的多媒体播放软件。同时支持 Linux、Windows、Mac OS 等操作系统。其具有占用资源少、支持格式多、播放效果流畅等优点，是 Linux 下最流行的播放器之一。

可以从 www.mplayerhq.hu/design7/dload.html 上下载到最新版的 MPlayer。本书写作时，MPlayer 的最新版本为 1.1。读者需要下载 MPlayer 的源代码，即 MPlayer-1.1.tar.gz。如果希望使用图形界面的话，还需要下载 MPlayer 的皮肤。这里使用的是默认的 Blue Skin。

下载到的文件类似于 Mplayerr-1.1.tar.gz 和 Blue-1.8.tar.bz2。在 Linux 的世界里，".tar.bz2"和".tar.gz"这样的压缩格式是发布源代码的标准格式，读者可参考第 8 章的内容，了解解压这两种压缩文件的具体方法。使用下面的命令解压这两个压缩包。

```
$ tar zxvf Mplayerr-1.1.tar.gz              ##解压缩 Mplayerr-1.1.tar.gz
MPlayer-1.1/libdvdcss/device.h
MPlayer-1.1/libdvdcss/ioctl.h
MPlayer-1.1/libdvdcss/css.c
MPlayer-1.1/libdvdcss/common.h
MPlayer-1.1/libdvdcss/csstables.h
MPlayer-1.1/libdvdcss/bsdi_dvd.h
MPlayer-1.1/libdvdcss/css.h
MPlayer-1.1/libdvdcss/device.c
MPlayer-1.1/av_opts.h
:

$ tar jxvf Blue-1.8.tar.bz2                 #解压缩 tar jxvf Blue-1.8.tar.bz2
Blue/
Blue/menu.png
Blue/skin
Blue/rev.png
Blue/menus.png
Blue/icons/
Blue/icons/icon48x48.png
Blue/icons/icon32x32.png
Blue/README
Blue/barplay.png
Blue/font.fnt
:
```

解压后得到两个目录 MPlayer-1.1 和 Blue。

```
ls -F
Blue/  Blue-1.8.tar.bz2 MPlayer-1.1/  MPlayer-1.1.tar.gz
```

7.6.3　正确配置软件

这是整个过程中最关键的一步。Linux 上所有的软件都使用 configure 这个脚本来配置以源代码形式发布的软件。configure 依据用户提供相关参数生成对应的 makefile 文件，后者指导 make 命令正确地编译源代码。

几乎所有的 configure 脚本都提供了--prefix 这个选项，用于指定软件安装的位置。如果用户不指定，那么软件就按照其默认的路径设置安装自己。下面这条命令指定将软件安装在/usr/local/games/foobillard 目录下。

```
$ ./configure --prefix=/usr/local/games/foobillard
```

🔔提示：将软件安装在/usr/local 目录下是一个好习惯，这样可以地同安装在/usr 目录下的系统工具有效地区分开来。

至于 configure 的其他选项就不好说了，不同的软件提供了不同的选项。这很容易理解，HTTP 服务器一般不会用到图形界面，但是 MPlayer 却需要。拿到一套全新的源代码后，最有经验的用户也不能凭空推断出应该设置哪些选项。这需要借助软件提供的安装文档，这些文档通常叫做 README 或者 INSTALL。

```
$ cd MPlayer-1.1/                          ##进入 MPlayer 的源代码目录

$ cat README                                    ##查看安装文档
⋮
STEP2: Configuring MPlayer
~~~~~~~~~~~~~~~~~~~~~~~~~~~

MPlayer can be adapted to all kinds of needs and hardware environments. Run

  ./configure

to configure MPlayer with the default options. GUI support has to be enabled
separately, run

  ./configure --enable-gui

if you want to use the GUI.

If something does not work as expected, try

  ./configure --help

to see the available options and select what you need.

The configure script prints a summary of enabled and disabled options. If
you
have something installed that configure fails to detect, check the file
config.log for errors and reasons for the failure. Repeat this step until
you are satisfied with the enabled feature set.
⋮
```

这里截取了帮助文档中的一段，但这些文档已经提供了足够多的信息。MPlayer 的

configure 脚本提供了--enable-gui 这个选项配置启用图形界面。下面这条配置命令启用 MPlayer 的图形界面，并将 MPlayer 安装在其默认路径中。

```
$ ./configure --enable-gui                          ##执行 configure 脚本
Detected operating system: Linux
Detected host architecture: i386
Checking for cc version ... 4.3, ok
Checking for host cc ... cc
Checking for cross compilation ... no
Checking for CPU vendor ... GenuineIntel (6:23:6)
Checking for CPU type ...  Intel(R) Core(TM)2 Duo CPU     T8300  @ 2.40GHz
:

  Languages:
    Messages/GUI: en
    Manual pages: en


  Enabled optional drivers:
    Input: ftp pvr tv-teletext tv-v4l2 tv-v4l tv cddb cdda libdvdcss(internal)
dvdread(internal) vcd dvb network
    Codecs: libavcodec qtx real xanim win32 faad2 libmpeg2 liba52 mp3lib
tremor(internal)
    Audio output: oss v4l2 mpegpes(dvb)
    Video output: v4l2 pnm png mpegpes(dvb) fbdev xvidix cvidix opengl dga
xv x11 xover md5sum tga
    Audio filters:
  Disabled optional drivers:
    Input: dvdnav vstream radio live555 nemesi smb
    Codecs: x264 xvid libdv libamr_wb libamr_nb faac musepack libdca
libtheora speex toolame twolame libmad liblzo gif
    Audio output: sun alsa openal jack polyp esd arts ivtv dxr2 nas sdl
    Video output: ivtv dxr3 dxr2 sdl vesa gif89a jpeg zr zr2 svga caca aa
ggi xmga mga winvidix 3dfx xvmc dfbmga directfb bl xvr100 tdfx_vid s3fb tdfxfb
:

'make' will now compile MPlayer and 'make install' will install it.
Note: On non-Linux systems you might need to use 'gmake' instead of 'make'.

Please check mtrr settings at /proc/mtrr (see DOCS/HTML/en/video.html#mtrr)

Check configure.log if you wonder why an autodetection failed (make sure
development headers/packages are installed).
:
```

　　configure 脚本首先检查当前系统是否符合编译条件。为此，系统应该安装有正确的编译器——在 Linux 上通常是 gcc，并且系统的体系结构应该和该软件的设计一致。关于 gcc 编译器的详细讨论，可参见 20.2 节的内容。如果 configure 脚本没有报错，那么接下来就可以着手编译软件了。

7.6.4　编译源代码

　　在 7.6.3 节中，configure 的输出已经提示用户接下来应该做什么了。

```
'make' will now compile MPlayer and 'make install' will install it.
```

　　如果读者没有注意到这一行，那么可以再次求助 README 文件，找到下面这一段。

```
STEP3: Compiling MPlayer
~~~~~~~~~~~~~~~~~~~~~~~
Now you can start the compilation by typing

  make

You can install MPlayer with

  make install

provided that you have write permission in the installation directory.

If all went well, you can run MPlayer by typing 'mplayer'. A help screen
with a
summary of the most common options and keyboard shortcuts should be displayed.

If you get 'unable to load shared library' or similar errors, run
'ldd ./mplayer' to check which libraries fail and go back to STEP 3 to fix
it.
Sometimes running 'ldconfig' is enough to fix the problem.
⋮
```

看起来编译源代码只是执行 make 命令这么简单。

```
$ make                                        ##编译源代码
./version.sh 'cc -dumpversion'
cc -I./libavcodec -I./libavformat -Wdisabled-optimization -Wno-pointer-
sign -Wdeclaration-after-statement -I. -I. -I./libavutil -Wall -Wno-switch
-Wpointer-arith -Wredundant-decls -O4 -march=native -mtune=native -pipe
-ffast-math -fomit-frame-pointer -D_REENTRANT -D_LARGEFILE_SOURCE -D_FILE_
OFFSET_BITS=64  -D_LARGEFILE64_SOURCE  -DHAVE_CONFIG_H  -I/usr/include/
freetype2  -I/usr/include/gtk-2.0  -I/usr/lib/gtk-2.0/include  -I/usr/
include/atk-1.0  -I/usr/include/cairo  -I/usr/include/pango-1.0  -I/usr/
include/glib-2.0  -I/usr/lib/glib-2.0/include  -I/usr/include/freetype2
-I/usr/include/libpng12   -c -o mplayer.o mplayer.c
⋮
```

make 是一种高级编译工具，它可以依据 makefile 文件中的规则调用合适的编译器编译源代码。因为大型软件总是由大量模块组合在一起，其中源代码文件的联系错综复杂，因此不可能逐一手动编译这些文件。使用 make 工具可以按照预先设定的步骤（这通常是由 configure 脚本完成的）自动执行所有这一切。

make 命令产生的输出看起来有点杂乱，甚至像是一大串随机字符。编译需要的时间通常取决于机器的性能。编译 MPlayer 所花费的时间在泡一杯咖啡与喝一杯咖啡之间不等。

7.6.5　安装软件到硬盘

正如读者已经看到的，编译完源代码之后，应该运行 make install 命令来安装软件。运行这个命令需要拥有 root 权限——因为需要把文件复制到某些系统目录中去。

```
$ sudo make install                           ##以 root 身份安装软件
install -d /usr/local/bin
install -d /usr/local/share/mplayer
install -d /usr/local/share/man/man1
install -d /usr/local/etc/mplayer
```

```
:
*** Download skin(s) at http://www.mplayerhq.hu/design7/dload.html
*** for GUI, and extract to /usr/local/share/mplayer/skins/
install -d /usr/local/share/pixmaps
install -m 644 etc/mplayer.xpm /usr/local/share/pixmaps/
install -d /usr/local/share/applications
install -m 644 etc/mplayer.desktop /usr/local/share/applications/
...
```

至此，MPlayer 主程序就安装完成了，但别高兴得太早，不要忘了到现在为止还没有用到下载的皮肤文件。再次查看 MPlayer 的安装帮助文件，找到下面这一段。

```
STEP5: Installing a GUI skin
~~~~~~~~~~~~~~~~~~~~~~~~~~~~~

Unpack the archive and put the contents in /usr/local/share/mplayer/skins/
or
~/.mplayer/skins/. MPlayer will use the skin in the subdirectory named
default
of  /usr/local/share/mplayer/skins/  or  ~/.mplayer/skins/  unless  told
otherwise
via the '-skin' switch. You should therefore rename your skin subdirectory
or
make a suitable symbolic link.
:
```

这段文字告诉用户，为了使用 MPlayer 的图形界面，需要把"皮肤"（skin）文件复制到/usr/local/share/mplayer/skins/下，并且命名为 default。

```
$ cd ..                                              ##回到上一级目录
$ sudo cp -r Blue/ /usr/local/share/mplayer/skins/default ##复制皮肤文件
```

7.6.6　出错了怎么办

读者可能已经迫不及待地准备启动 MPlayer 了。

```
$ gmplayer &                                    ##以图形方式启动 MPlayer
[1] 14300
MPlayer 1.0rc2-4.3 (C) 2000-2007 MPlayer Team
CPU: Intel(R) Core(TM)2 Duo CPU    T8300  @ 2.40GHz (Family: 6, Model: 23,
Stepping: 6)
CPUflags:  MMX: 1 MMX2: 1 3DNow: 0 3DNow2: 0 SSE: 1 SSE2: 1
Compiled for x86 CPU with extensions: MMX MMX2 SSE SSE2
Creating config file: /home/lewis/.mplayer/config
:
New_Face failed. Maybe the font path is wrong.
Please supply the text font file (~/.mplayer/subfont.ttf).
subtitle font: load_sub_face failed.
```

天哪！出错了！怎么办？第一次编译软件的用户会变得不知所措。事实上，从源代码编译软件很容易出现错误，即便是 Linux 的高级用户也不能总是保证一次成功。做几个深呼吸，然后冷静分析一下出错信息是有帮助的。

```
New_Face failed. Maybe the font path is wrong.
Please supply the text font file (~/.mplayer/subfont.ttf).
subtitle font: load_sub_face failed.
```

MPlayer 抱怨说找不到字体文件——这个文件理应是"~/.mplayer/subfont.ttf"。有了大概的方向，现在不妨再去 README 文件中看看。

```
STEP4: Choose an onscreen display font
~~~~~~~~~~~~~~~~~~~~~~~~~~~~~~~~~~~~~~~~~

You can use any TrueType font installed on your system. Just pass '-font
/path/to/font.ttf' on the command line or add 'font=/path/to/font.ttf' to
your configuration file. The manual page has more details. Alternatively
you can create a symbolic link from either ~/.mplayer/subfont.ttf or
/usr/local/share/mplayer/subfont.ttf to your TrueType font.
```

看来当初安装的时候草率地遗漏了这一步。没关系，现在补救还来得及。从系统中选择一个 ttf 字体文件，并且复制为"~/.mplayer/subfont.ttf"。

```
$ cp /usr/share/fonts/truetype/FZSongTi.ttf ~/.mplayer/subfont.ttf
```

现在 MPlayer 可以正确运行了，如图 7.5 所示。

```
$ gmplayer
MPlayer 1.0rc2-4.3 (C) 2000-2007 MPlayer Team
CPU: Intel(R) Core(TM)2 Duo CPU    T8300 @ 2.40GHz (Family: 6, Model: 23,
Stepping: 6)
CPUflags: MMX: 1 MMX2: 1 3DNow: 0 3DNow2: 0 SSE: 1 SSE2: 1
Compiled for x86 CPU with extensions: MMX MMX2 SSE SSE2
```

图 7.5　启动 MPlayer

有些时候出现的问题并不像上面那么简单。但无论如何，总是应该仔细分析出错信息，阅读软件的安装文档，并且到搜索引擎上去看看别人是否遇到过同样的问题。如果用户尝试了所有的方法都不能奏效，那么应该带着尽可能多的资料去问论坛提问。提问的技巧很重要，不要图方便而简单地把问题用一句话描述出来，而应该把错误信息以及自己曾经的尝试完整地贴出来，越完整越好。

7.7　小　　结

❑ 软件包是对应用程序、配置文件和管理数据的打包。使用软件包管理系统可以方便地安装和卸载软件。

❑ Linux 上有两类软件包管理工具。RPM 最初由 Red Hat 公司开发，是目前大部分 Linux 发行版本使用的软件包格式；Debian 和 Ubuntu 使用 DEB 格式的软件包。

❑ 高级软件包管理工具，如 APT 和 yum，可以有效地解决依赖性问题。

❑ rpm 命令用于操作.rpm 格式的软件包。dpkg 命令用于操作.deb 格式的软件包。

❑ 应该避免强行安装一个软件包。

❑ APT 工具可以处理.rpm 和.deb 格式的软件包，这是目前最成熟的软件包管理系统。

❑ apt-get 用于下载、安装和卸载软件包。可以自动解决依赖性问题。

❑ apt-cache 查找一个特定的软件包。

❑ /etc/apt/sources.list 中列出了 APT 下载软件包的地址（安装源）。这是一个文本文件，应该以 root 权限编辑。

❑ 在每次更新和安装软件之前应该使用 apt-get update 命令更新软件包信息。

❑ "新立得软件包管理器"工具是 Ubuntu 中的图形化 APT 工具。

❑ 有时候为了得到更高的定制，需要从源代码编译和安装软件。

❑ 从源代码编译软件应该首先仔细阅读随源代码发布的文档。

❑ configure 脚本用于生成编译必须的 makefile 文件。

❑ make 命令执行编译工作。

❑ make install 执行编译后的安装工作。

❑ 如果出现问题，应该首先阅读安装文档，并在互联网上查找相关信息。如果需要到论坛提问的话，务必给出尽可能详细的信息。

第8章 磁盘管理

尽管在过去的几十年里，计算机硬件技术得到了飞速的发展，但磁盘这一古老的存储介质仍然是几乎所有电脑的必备。本章介绍 Linux 下的磁盘管理，包括 Linux 文件系统的概念及使用、硬盘分区及格式化、使用外部设备、文件归档及备份等。本章对于普通用户和系统管理员都有一定的借鉴作用。

8.1 关于硬盘

硬盘是当前使用最为广泛的数据存储设备。从存储原理上讲，硬盘和磁带是一样的。硬盘内部是几个叠在一起的磁性盘片，读取数据的时候，盘片以恒定的速度旋转，边上有一个小磁头进行读取和写入。磁头通过改变盘片上磁性物质的排列来写入数据。值得注意的是，磁头在读写数据的时候并不接触盘面，而是悬浮在距离盘片表面非常近的地方。如果因为某些原因，磁头接触到了盘片，那么就会产生破坏性的后果，这也是为什么不能在运行时搬动主机的一个原因。

现如今有多种不同的硬盘接口。从市场占有率和获支持程度来说，SCSI 和 IDE 曾经占据了统治地位。然而这些年，随着 SATA 接口硬盘价格的不断下降，越来越多的人选择了 SATA 硬盘。现在新配的电脑全部是 SATA 硬盘，也就是所说的串口硬盘。

8.2 Linux 文件系统

操作系统必须用一种特定的方式对磁盘进行操作。例如，怎样存储一个文件？怎样表示一个目录？怎样知道某个特定的文件存储在硬盘的哪个位置？这些问题都可以通过文件系统来解决。简单来说，文件系统是一种对物理空间的组织方式，通常在格式化硬盘时创建。在 Windows 下，有 NTFS 和 FAT 两种文件系统。同样地，Linux 也有自己的文件系统并一直在快速演变，下面简要介绍其中最常用的几种。

8.2.1 ext3fs 和 ext4fs 文件系统

在过去很长一段时间内，ext3fs（Second Extended File System）是 Linux 上主流的文件系统。随着 ext4fs（Third Extended File System）的出现，ext3fs 逐渐被替代。正如名字中所体现出来的那样，ext4fs 是对 ext3fs 的扩展和改善。通过增加日志功能，ext4fs 大大增加了文件系统的可靠性。

日志功能是基于灾难恢复的需求而诞生的。ext4fs 文件系统预留了一块专门的区域来保存日志文件，当对文件进行写操作时，所作的修改将首先写入日志文件，随后再写入一条记录标记日志项的结束。完成以上这些操作后，才会对文件系统作实际的修改。这样，当系统崩溃后，就可以利用日志恢复文件系统，在最大程度上避免了数据的丢失。

值得一提的是，所有这些检查都是自动完成的。日志机制检查每个文件系统所需的时间约为 1 秒，这意味着灾难恢复几乎不耽误任何时间。

8.2.2　ReiserFS 文件系统

ReiserFS 是另一种在 Linux 上广泛使用的文件系统。相比较 ext2fs/ext3fs 来说，这是一个非常年轻的文件系统，其作者 Hans Reiser 于 1997 年 7 月 23 日将 ReiserFS 在互联网上公布。Linux 内核从 2.4.1 版本开始支持 ReiserFS。ReiserFS 曾经一度是 SUSE Linux 的默认文件系统。

和 ext3fs 一样，ReiserFS 也是一种日志文件系统，从而免去了对系统崩溃、意外断电等特殊事件的担忧。除此之外，ReiserFS 第 4 版还加入了模块化的文件系统接口，这个功能对于开发人员和系统管理员而言会比较有用，它可以在特殊环境里增强文件的安全性。

在算法空间效率上，Reiser4 无疑比以前做的更好。Reiser4 的新算法可以同时兼顾速度和磁盘利用率，而其他文件系统往往需要系统管理员在这两个方面进行选择。

8.2.3　有关 swap

应该说，把这一节放在这里多少显得有一点无奈。swap 是什么文件系统？几乎所有的 Linux 初学者都会问这样的问题。事实上，swap 并不是一种文件系统。出现这样的误解多少来源于在安装时，Linux 把 swap 和 ext3fs 这些文件系统放在一起的缘故。那么，swap 究竟是什么？

swap 被称为交换分区。这是一块特殊的硬盘空间，当实际内存不够用的时候，操作系统会从内存中取出一部分暂时不用的数据，放在交换分区中，从而为当前运行的程序腾出足够的内存空间。这种"拆东墙，补西墙"的方式被应用于几乎所有的操作系统。其显著的优点在于，通过操作系统的调度，应用程序实际可以使用的内存空间将远远超过系统的物理内存。由于硬盘空间的价格比 RAM 低得多，因此这种方式是非常经济和实惠的。当然，频繁地读写硬盘会显著降低系统的运行速度，这是使用交换分区最大的限制。

相比较而言，Windows 不会为 swap 单独划分一个分区，而是使用分页文件实现相同的功能。在概念上，Windows 称其为"虚拟内存"（从某种意义上讲，这个叫法似乎更容易理解）。因此，如果读者对 Windows 熟悉的话，把交换分区理解为虚拟内存也是完全可行的。

具体使用多大的 swap 分区取决于物理内存大小和硬盘的容量。一般来说，swap 分区容量应该要大于物理内存大小，但目前不能超过 2GB。

8.3　挂载文件系统

本节主要介绍 Linux 下文件系统的使用。尽管在安装的时候，Linux 已经自动为用户配置了整个文件系统，但有些时候仍然需要手动挂载一些设备——在服务器上尤其如此。在详细讨论文件系统挂载之前，首先来看一个具体的例子。

8.3.1　快速上手：使用光盘

现在的 Linux 发行版都能够自动识别插入的光盘，而不需要像从前那样，每次使用前都运行挂载命令。但是为了试验一下设备挂载，这里手动对光盘进行挂载。

通常来说，在光盘插入光盘驱动器后，会在桌面上出现一个驱动器图标，如图 8.1 所示。双击（在 KDE 下应该单击）该图标就可以读取光盘。看起来光盘已经被挂载了，但是没有关系，现在可以把光盘挂载到另一个目录下。

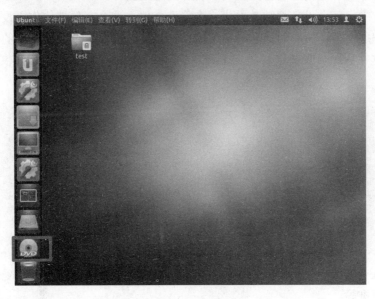

图 8.1　自动加载光盘

打开终端，输入命令：

```
$ sudo mkdir /mnt/cdrom                              ##/新建一个目录
$ sudo mount /dev/cdrom /mnt/cdrom/                  ##挂载光盘至这个新建的目录
mount: 块设备 /dev/scd0 写保护，以只读方式挂载
```

现在，可以通过目录/mnt/cdrom 访问这个光盘了。

```
$ cd /mnt/cdrom/
$ ls                                                 ##查看光盘内容
autorun.inf  dists    isolinux    pics  preseed      ubuntu   wubi.exe
casper       install  md5sum.txt  pool  README.diskdefines umenu.exe
```

使用完成后，需要取出光盘，可以运行如下命令：

```
$ cd /                                              ##退出/mnt/cdrom 目录
$ sudo umount /dev/cdrom                            ##卸载光盘
```

注意：卸载光盘前必须先退出光盘所挂载到的那个目录（这里是/mnt/cdrom），否则系
统会提示设备忙并拒绝卸载。

8.3.2　Linux 下设备的表示方法

Linux 下所有的设备都被当作文件来操作，这个做法让很多 Windows 用户感到疑惑。
现在大部分 Linux 发行版都利用图形界面有意掩盖了这个事实，目的只是为了使其更易于
理解和操作。几年前，对于那些刚从 Windows 转来的用户而言，使用软驱、光驱、打印机
这些外部设备简直就是一场噩梦。因为这个系统看来根本没有设备管理器这样的东西，也
没有资源管理器可以让用户定位到代表软驱和光驱的盘符。

在 Linux 中，每个设备都被映射为一个特殊文件，这个文件被称作"设备文件"。对
于上层应用程序而言，所有对这个设备的操作都是通过读写这个文件实现的。通过文件来
操作硬件，这在程序员听来绝对是一个天才的创意。Linux 把所有的设备文件都放在/dev
目录下。

```
$ cd /dev/
$ ls
audio    ptyd4    ptysd    ptyy6    tty25    ttycb    ttys2    ttyx9
bus      ptyd5    ptyse    ptyy7    tty26    ttycc    ttyS2    ttyxa
cdrom    ptyd6    ptysf    ptyy8    tty27    ttycd    ttys3    ttyxb
cdrw     ptyd7    ptyt0    ptyy9    tty28    ttyce    ttyS3    ttyxc
console  ptyd8    ptyt1    ptyya    tty29    ttycf    ttys4    ttyxd
core     ptyd9    ptyt2    ptyyb    tty3     ttyd0    ttys5    ttyxe
disk     ptyda    ptyt3    ptyyc    tty30    ttyd1    ttys6    ttyxf
```

这些文件中大部分是块设备文件和字符设备文件。块设备（例如磁盘）可以随机读写，
/dev/hda1、/dev/sda2 等就是典型的块设备文件；而字符设备只能按顺序接受"字符流"，
常见的有打印机等。

硬盘在 Linux 中遵循一种特定的命名规则，如 sda1 表示第 1 块硬盘上的第 1 个主分区，
sdb6 表示第 2 块硬盘上的第 2 个逻辑分区（关于硬盘在 Linux 中的命名规则，参见 2.2.2
节）。用户不能直接通过设备文件访问存储设备，所有的存储设备（包括硬盘、光盘等）
在使用之前必须首先被挂载到一个目录下，然后就可以像操作目录一样使用这个存储设备
了。回忆一下 8.3.1 节，光盘被挂载到/mnt/cdrom 目录下，在/mnt/cdrom 下使用 ls 命令列
出的就是光盘中的文件。

8.3.3　挂载文件系统：mount 命令

通过 mount 命令可以挂载文件系统。这个命令非常有用，几乎在使用所有的存储设备

前都要用到它。在大部分情况下，需要以 root 身份执行这个命令。

```
$ sudo mkdir /mnt/vista                      ##新建一个目录
$ sudo mount /dev/sda3 /mnt/vista/           ##将 Windows 所在的分区挂载到这个目录中
$ cd /mnt/vista/
$ ls
autoexec.bat    DELL                    IO.SYS          ProgramData
Boot            dell.sdr                MSDOS.SYS       Program Files
bootfont.bin    doctemp                 MSOCache        $Recycle.Bin
boot.ini        Documents and Settings  NTDETECT.COM    System Volume
Information
bootmgr         Drivers                 ntldr           Users
config.sys      hiberfil.sys            pagefile.sys    Windows
```

注意：在这台计算机上，Windows Vista 被安装在第 1 块硬盘的第 3 个主分区上，即 sda3。
对于读者而言，实际情况将有所不同。

也可以使用-t 选项明确指明设备所使用的文件系统类型。表 8.1 是常用文件系统的表示方法：

表 8.1　常用文件系统的表示方法

表 示 方 法	描　　　述
ext2	Linux 的 ext2 文件系统
ext3	Linux 的 ext3 文件系统
ext4	Linux 的 ext4 文件系统
vfat	Windows 的 FAT16/FAT32 文件系统
ntfs	Windows 的 NTFS 文件系统
iso9660	CD-ROM 光盘的标准文件系统

如果不指明类型，mount 会自动检测设备上的文件系统，并以相应的类型进行挂载。因此在大多数情况下，-t 选项不是必要的。

另外两个常用的选项是-r 和-w，分别指定以只读模式和可读写模式挂载设备。其中，-w 选项是默认值。当用户出于安全性的考虑，不希望被挂载设备上的数据能够改写时，那么-r 选项是非常有用的。

```
$ sudo mount -r /dev/sda3 /mnt/vista/            ##以只读方式挂载硬盘分区
$ cd /mnt/vista/
$ touch new_file                                 ##试图建立一个新文件
touch: 无法 touch "new_file"：只读文件系统
```

8.3.4　在启动的时候挂载文件系统：/etc/fstab 文件

了解了 mount 命令后，读者可能会问：系统如何在开机时挂载硬盘？系统又是怎样知道哪些分区是需要挂载的？Linux 通过配置文件/etc/fstab 来确定这些信息，这个配置文件对于所有用户可读，但只有 root 用户有权修改该文件。首先来看一下这个文件中究竟写了些什么。

```
$ cd /etc/                                       ##进入/etc 目录
```

```
$ cat fstab                                        ##显示 fstab 的内容
# /etc/fstab: static file system information.
#
# <file system> <mount point>   <type>   <options>        <dump> <pass>
proc            /proc           proc     defaults          0      0
# /dev/sda5
UUID=23656c06-e5a7-4349-9a6a-176a8389b2e3 /    ext3     relatime,errors=
remount-ro 0        1
# /dev/sda11
UUID=5497c538-d9a2-49d9-a844-af8172d59b1a /fishbox ext3 relatime 0    2
# /dev/sda6
UUID=da9367d2-dabb-4817-8e6a-21c782911ee1 /home       ext3  relatime 0   2
...
# /dev/sda12
UUID=b96e0446-d61d-4bf9-95ce-01c9e2b85aff none        swap   sw      0  0
/dev/scd0       /media/cdrom0                udf,iso9660 user,noauto,
exec,utf8 0       0
```

上面显示的 fstab 表的各个纵列依次表示如下含义：

❑ 用来挂装每个文件系统的 UUID（用于指代设备名）；
❑ 挂载点；
❑ 文件系统的类型；
❑ 各种挂装参数；
❑ 备份频度（将在本章"进阶"部分具体讨论）；
❑ 在重启动过程中文件系统的检查顺序。

另外，"#"表示这是一个注释行。顾名思义，注释行用来解释文件内容，而不会被系统所理睬。值得注意的是，Ubuntu 使用 UUID 来标识文件系统，而 openSUSE 等发行版本则直接使用设备文件的路径作为每一行的第 1 个字段。例如：

```
/dev/sda2               /               ext3     acl,user_xattr     1 1
```

提示：什么是 UUID？UUID（Universally Unique Identifier），即通用唯一标识符，是一个 128 位比特的数字。这个标识符用于唯一确定互联网上的"一件东西"，由于其唯一性而被广泛使用。在本例中，UUID 由系统自动生成和管理。

从这个文件中可以看到，根目录实际挂载的是第 1 块硬盘的第 1 个逻辑分区，即 sda5（笔者以此作为系统分区），而用户主目录被单独划分给了一个分区，即 sda6。另外，笔者将额外划分的一个数据分区挂载到了/fishbox 目录下。注意，这些分区都是 ext3 格式。根据分区方式，读者的 fstab 文件会有很大不同。

注意最后一行的 exec 参数。这个参数允许任何人运行该设备上的程序。这对于 CD-ROM 设备非常重要，否则用户将不得不一次次地求助于管理员，原因可能只是无法启动自己光盘上的程序。

表 8.2 列出了几个常用选项的含义。这些选项也可以紧跟在 mount 的-o 参数后面使用。

联想到 Linux 自动识别并挂载插入的光盘特性，就能理解最后一行使用 user 选项的必要性了。

表 8.2　挂载设备的常用参数

参　　数	含　　义
auto	开机自动挂载
default, noauto	开机不自动挂载
nouser	只有 root 可挂载
ro	只读挂载
rw	可读可写挂载
user	任何用户都可以挂载

8.3.5　为什么无法弹出光盘：卸载文件系统

读者或许已经注意到了，在"快速上手"环节中使用 umount 命令卸载光驱之前，按下光驱面板上的出仓按钮是不会有任何反应的（如果还没发现这一点，不妨尝试一下）。这是因为在卸载文件系统之前，Linux 认为该文件系统仍被使用，此时弹出设备可能导致数据丢失——作为一款服务器级别的操作系统，Linux 决不会允许这样不负责任的事情发生。

umount 命令用于卸载文件系统。这个命令非常简单，只需要在后面跟上一个设备名即可。一个可能会用到的参数是-r，这个参数指导 umount 在无法卸载文件系统的情况下，尝试以只读方式重新载入。

```
$ sudo umount -r /dev/sda1
umount: /dev/sda1 正忙 - 已用只读方式重新挂载
```

文件系统只有在没有被使用的情况下才可以被卸载（这一点非常容易理解，考虑一下 Windows 中卸载 U 盘的情况）。在当前目录是被挂载设备所在目录时，即便没有对该设备作任何读写，卸载也是不允许的。这也正是为什么在 8.3.1 节中使用 umount 之前要切换到根目录的原因。当然读者也可以选择切换到其他目录。

8.4　查看磁盘使用情况：df

df 命令会收集和整理当前已经挂载的全部文件系统的一些重要的统计数据。这个命令使用起来非常简单。如下：

```
$ df
文件系统              1K-块          已用           可用          已用%      挂载点
/dev/sda5          4845056     1728024       2872848        38%      /
varrun             1030836         264       1030572         1%      /var/run
varlock            1030836           0       1030836         0%      /var/lock
udev               1030836          88       1030748         1%      /dev
devshm             1030836         172       1030664         1%      /dev/shm
/dev/sda11        24218368    11019608      11978224        48%      /fishbox
/dev/sda6          4845056      544180       4056692        12%      /home
⋮
/dev/sda8         19380676    16900332       1503596        92%      /virtualM
```

df 命令显示的信息非常完整。除了挂载的设备名及挂载点，df 命令还会显示当前磁盘的使用情况。以上面列表显示的信息为例，/dev/sda5 被挂载到根目录下，其容量为 4.8GB，其中 1.7GB 已用，占总容量的 38%，剩余空间为 2.8GB。

细心的读者会发现，df 命令的输出中包含了很多"无用"的信息。像 varrun 这样的文件系统，是系统出于特殊用途而挂载的，而这些信息对普通用户而言往往没有太大价值（用户比较关心的一般是磁盘空间的使用量）。df 命令提供了-t 参数用于显示特定的文件系统。

```
$ df -t ext4                                    ##显示所有已挂载的 ext4 文件系统
文件系统            1K-块          已用          可用          已用%    挂载点
/dev/sda5        4845056       1728024       2872848       38%     /
/dev/sda11       24218368      11019608      11978224      48%     /fishbox
/dev/sda6        4845056        544188       4056684       12%     /home
...
/dev/sda8        19380676      16900332      1503596       92%     /virtualM
```

上面的命令告诉 df 命令只须显示已经挂装的 ext3 文件系统的信息。这样的信息显然更具有针对性。关于文件系统的类别，参见 8.3.3 节。

8.5 检查和修复文件系统：fsck

正如在介绍 ext3fs（8.2.1 节）和 ReiserFS（8.2.2 节）时所提到的，文件系统在系统发生异常（如电源失效、内核崩溃）时会产生不一致。对于小的损坏，fsck 命令可以很好地解决问题。特别对于 ext3fs 和 ReiserFS 这样的日志文件系统，fsck 可以以惊人的速度执行检查，并将日志回滚到上一次正常的状态中。fsck 接受分区编号（如/dev/sda5）来指定需要检查的文件系统。

```
sudo fsck /dev/sda1
fsck from util-linux 2.20.1
e2fsck 1.42 (29-Nov-2011)
/dev/sda1 已挂载.

WARNING!!!  The filesystem is mounted.   If you continue you ***WILL***
cause ***SEVERE*** filesystem damage.

你真的想要要继续<n>? 是

/dev/sda1: 正在修复日志
正在清除  inode 249039 (uid=1000, gid=1000, mode=0100600, size=704)
正在清除  inode 249025 (uid=1000, gid=1000, mode=0100600, size=512)
正在清除  inode 249020 (uid=1000, gid=1000, mode=0100600, size=3347)
正在清除  inode 135212 (uid=0, gid=0, mode=0100640, size=2970)
/dev/sda1: clean, 179240/305216 files, 1030281/1220352 blocks
```

带有-p 选项的 fsck 命令会读取 fstab 文件来确定检查哪些文件系统，并通过每一条记录最后一个字段所指定的顺序，对文件系统按照数字的升序进行检查。如果两个文件系统的序号相同，那么 fsck 会同时检查它们。通常情况下，fsck -p 会在硬盘启动时自动运行。

```
$ sudo fsck -p                                  ##根据 fstab 文件来检查文件系统
```

```
fsck 1.40.8 (13-Mar-2008)
/dev/sda5 is mounted.

WARNING!!!  Running e2fsck on a mounted filesystem may cause
SEVERE filesystem damage.
你真的想要要继续<n>? 否
检查被中止
```

注意：使用 fsck 检查并修复文件系统是存在风险的，特别是当磁盘错误非常严重的时候。因此当一个受损文件系统中包含了非常有价值的数据时，务必首先进行备份!（参见 8.12 节）

8.6　在磁盘上建立文件系统：mkfs

所有的磁盘在使用前都必须经过格式化。相信 Windows 用户对此并不会陌生。格式化就是在目标盘上建立文件系统的过程。在 Linux 下，mkfs 命令用于完成这一操作。

mkfs 本身并不执行建立文件系统的工作，而是调用相关的程序。这些程序包括 mkdosfs、mke2fs、mkfs.minix 等。通过使用-t 参数指定文件系统，mkfs 会调用特定的程序对磁盘进行格式化。表 8.3 列出了常用的文件系统。

表 8.3　常用的文件系统

文 件 系 统	描　　　述
minix	Linux 最早期使用的文件系统
ext3	ext3 文件系统
ext4	ext4 文件系统（默认值）
msdos	FAT 文件系统

下面的命令将第 2 块硬盘的第 1 个分区（sdb1）格式化为 ext4 格式。

```
$ sudo mkfs -t ext3 /dev/sdb1                          ##格式化/dev/sdb1
mke2fs 1.40.8 (13-Mar-2008)
Warning: 256-byte inodes not usable on older systems
Filesystem label=
OS type: Linux
Block size=4096 (log=2)
Fragment size=4096 (log=2)
122640 inodes, 489974 blocks
24498 blocks (5.00%) reserved for the super user
First data block=0
Maximum filesystem blocks=503316480
15 block groups
32768 blocks per group, 32768 fragments per group
8176 inodes per group
Superblock backups stored on blocks:
        32768, 98304, 163840, 229376, 294912

Writing inode tables: done
Creating journal (8192 blocks): done
Writing superblocks and filesystem accounting information: done
```

```
This filesystem will be automatically checked every 21 mounts or
180 days, whichever comes first.  Use tune2fs -c or -i to override.
```

另外，可以使用-c 选项来检查指定设备上损坏的块。

```
$ sudo mkfs -t ext4 -c /dev/sdb1                        ##检查/dev/sdb1
mke2fs 1.40.8 (13-Mar-2008)
Warning: 256-byte inodes not usable on older systems
Filesystem label=
OS type: Linux
Block size=4096 (log=2)
Fragment size=4096 (log=2)
122640 inodes, 489974 blocks
24498 blocks (5.00%) reserved for the super user
First data block=0
Maximum filesystem blocks=503316480
15 block groups
32768 blocks per group, 32768 fragments per group
8176 inodes per group
Superblock backups stored on blocks:
      32768, 98304, 163840, 229376, 294912

Checking for bad blocks (read-only test): done
Writing inode tables: done
Creating journal (8192 blocks): done
Writing superblocks and filesystem accounting information: done

This filesystem will be automatically checked every 36 mounts or
180 days, whichever comes first.  Use tune2fs -c or -i to override.
```

注意：如果硬盘分区已经挂载到文件系统中，那么在格式化之前必须用 umount 命令卸载该分区。

8.7　使用 USB 设备

软驱这个曾经的"鸡肋"终于彻底从电脑上消失了。取而代之的是容量更大、携带更方便、传输速度更快的 USB 设备。这些 USB 设备包括 U 盘、MP3、iPod、移动硬盘、数码相机等。对于这些新潮的小发明，Linux 内核都提供了很好的支持。一般来说，Linux 会自动挂载接入 USB 接口的设备，这一点和光盘非常相似，如图 8.2 所示。

要卸载该 USB 设备，只需右击桌面上相应的图标，在弹出的快捷菜单中选择"卸载文件卷"即可，如图 8.3 所示。

如果由于某些原因，系统没有识别到该设备，那么可以手动挂载。USB 设备在 Linux 中被认为是 SCSI 设备，因此可以从/dev/sd[a-z][1-...]挂载。如果系统中的硬盘是 IDE 接口的话，那么 USB 设备被识别为第 1 块 SCSI 设备，即 sda；如果系统中有一块 SCSI 硬盘的话，那么 USB 设备被识别为第 2 块 SCSI 设备，即 sdb。依次类推。简而言之，Linux 会将 USB 设备识别为第一个没有被硬盘占用的 SCSI 设备。

图 8.2　自动加载 U 盘 　　　　　　　　　　图 8.3　卸载 USB 设备

```
$ sudo mkdir /mnt/usb                                ##新建一个目录用于挂载 usb 设备
$ sudo mount /dev/sdb1 /mnt/usb/                     ##挂载 usb 设备
$ cd /mnt/usb/
$ ls                                                 ##列出 usb 设备（U 盘）中的内容
desktop.dll  java  linux_book  photo  vmware-serial-numbers
$ cd /                                               ##离开所挂载的目录
$ sudo umount /dev/sdb1                              ##卸载该 usb 设备
```

另外，使用 lsusb 命令可以列出当前内核已经发现的 USB 设备。

```
$ lsusb
:
Bus 005 Device 001: ID 0000:0000
Bus 004 Device 002: ID 08ff:2810 AuthenTec, Inc.
Bus 002 Device 005: ID 08ec:0016 M-Systems Flash Disk Pioneers
Bus 002 Device 001: ID 0000:0000
```

8.8　压　缩　工　具

经过压缩后的文件能够占用更少的磁盘空间。现在几乎所有的计算机用户都懂得使用压缩工具，尽管在大部分情况下是为了"打包"而不是"压缩"。在 Linux 的世界里，有太多的源代码需要压缩，读者将会看到这些压缩工具的确非常有用。

8.8.1　压缩文件：gzip

gzip 是目前 Linux 下使用最广泛的压缩工具，尽管它的地位正持续受到 bzip2 的威胁。gzip 的使用非常方便，只要简单地在 gzip 命令后跟上一个想要压缩的文件作为参数就可以了。

```
$ gzip linux_book_bak.tar
```

在默认情况下，gzip 命令会给被压缩的文件加上一个"gz"扩展名。经过这番处理后，文件 linux_book_bak.tar 就变成了 linux_book_bak.tar.gz。

💡 提示：　".tar.gz" 可能是 Linux 世界中最流行的压缩文件格式。这种格式的文件是首先经过 tar 打包程序的处理，然后用 gzip 压缩的成果。8.9 节将具体介绍 tar 命令的使用。

要解压缩.gz 文件，可以使用 gunzip 命令或者带 "-d" 选项的 gzip 命令。

```
$ gunzip linux_book_bak.tar.gz
```

或者

```
$ gzip -d linux_book_bak.tar.gz
```

应该保证需要解压的文件有合适的扩展名。gzip（或者 gunzip）支持的扩展名有.gz、.Z、-gz、.z、-z 和 z。

gzip 提供了-l 选项用于查看压缩效果，文件的大小以字节为单位。

```
$ gzip -l linux_book_bak.tar.gz
        compressed        uncompressed ratio   uncompressed_name
         21511412             27504640 21.8%   linux_book_bak.tar
```

可以看到，文件 linux_book_bak.tar 在压缩前后的大小分别为 27504640 字节（约 27 MB）和 21511412 字节（约 21 MB），压缩率为 21.8%。

最后，gzip 命令的-t 选项可以用来测试压缩文件的完整性。如果文件正常，gzip 命令不会给出任何显示。如果一定要让 gzip 说点什么，可以使用-tv 选项。

```
$ gzip -tv linux_book_bak.tar.gz
linux_book_bak.tar.gz:  OK
```

8.8.2　更高的压缩率：bzip2

bzip2 可以提供比 gzip 更高的压缩率，当然这是以压缩速度为代价的。不过伴随着摩尔定律惊人的持续性，这种速度上的劣势将变得越来越难以察觉。bzip2 以及类似的压缩算法也因此流行起来。

bzip2 的使用方法同 gzip 基本一致。下面这条命令是压缩文件 linux_book_bak.tar，并以文件 linux_book_bak.tar.bz2 替代它。

```
$ bzip2 linux_book_bak.tar
```

解压缩.bz2 文件可以使用 bunzip2 或者带-d 选项的 bzip2 命令：

```
$ bunzip2 linux_book_bak.tar.bz2
```

或者

```
$ bzip2 -d linux_book_bak.tar.bz2
```

bzip2 可以识别的压缩文件格式包括.bz2、.bz、.tbz2、.tbz 和 bzip2。如果使用 bzip2 压缩的文件不幸被改成了其他名字，那么经过解压缩的文件名后面会多出一个 ".out" 作为扩展名。

同样可以使用-tv 选项检查压缩文件的完整性。

```
$ bzip2 -tv linux_book_bak.tar.bz2
  linux_book_bak.tar.bz2: ok
```

8.8.3　支持 rar 格式

rar 俨然已经取代 zip 成为 Windows 下的标准压缩格式。尽管 rar 相比较 zip 最大的优势在于其更好的压缩效果，但 Windows 用户通常只是简单地把它作为打包工具。在 Linux 下处理 rar 文件可以使用 RAR for linux。这是一个命令行工具，可以从 www.rarlab.com/download.htm 上下载。

要解压一个文件，只要简单地使用命令 rar 和选项 x。下面这条命令是解压缩 music.rar。

```
$ rar x music.rar                                          ##解压缩 music.rar

RAR 3.71   Copyright (c) 1993-2007 Alexander Roshal   20 Sep 2007
Shareware version          Type RAR -? for help


Extracting from music.rar

Extracting  conn.php                                                    OK
Extracting  fineweather.php                                             OK
Extracting  flower.php                                                  OK
Extracting  fire.php                                                    OK
Creating    errorpage                                                   OK
Extracting  errorpage/error03.htm                                       OK
Extracting  errorpage/error04.htm                                       OK
Extracting  logout.php                                                  OK
All OK
```

RAR for linux 的完整使用方法可以参考其用户手册。需要提醒的是，这是一个共享软件，为了长期使用，用户应该进行注册。

8.9　存 档 工 具

本节介绍 Linux 下的两个存档工具：tar 和 dd（相对而言，tar 的使用更为广泛）。通常来说，存档总是同备份联系在一起，不过这里暂时还不会涉及这些内容。和备份有关的细节将安排在 8.12 节具体介绍。

8.9.1　文件打包：tar

人们已经发明了各种各样的包，无论是背在肩上的、提在手里的还是装在口袋里的，都是为了让"文件"的携带和保存更为便捷。Linux 中最著名的文件打包工具是 tar，这个程序读取多个文件和目录，并将它们打包成一个文件。下面这条命令将 Shell 目录连同其下的文件一同打包成文件 shell.tar。

```
$ tar -cvf shell.tar shell/
```

```
shell/
shell/display_para
shell/trap_INT
shell/badpro
shell/quote
shell/pause
shell/export_variable
...
```

这里用到了 tar 命令的 3 个选项。其中，c 指导 tar 创建归档文件，v 用于显示命令的执行过程（如果嫌 tar 的输出太啰嗦，大可省略这个选项），f 则用于指定归档文件的文件名，在这里把它设置为"shell.tar"。最后一个（或者几个）参数指定了需要打包的文件和目录（在这里是 shell 目录）。和 gzip 不同的是，tar 不会删除原来的文件。

要解开.tar 文件，只要简单地把-c 选项改成-x（表示解开归档文件）就可以了。

```
$ tar -xvf shell.tar
shell/
shell/display_para
shell/trap_INT
shell/badpro
shell/quote
shell/pause
shell/export_variable
...
```

tar 命令提供了-w 选项，用于每次将单个文件加入（或者抽出）归档文件时征求用户的意见。回答 y 表示同意，n 表示拒绝。例如：

```
$ tar -cvwf shell.tar shell/
add "shell"? y                                          ##同意
shell/
add "shell/display_para"? n                             ##拒绝
add "shell/trap_INT"? n                                 ##拒绝
add "shell/badpro"? y                                   ##同意
shell/badpro
...
```

解开.tar 文件时也可以遵循相同的方法使用-w 选项。

```
$ tar -xvwf shell.tar
extract "shell"? y                                      ##同意
shell/
extract "shell/display_para"? y                         ##同意
shell/display_para
extract "shell/trap_INT"? n                             ##拒绝
extract "shell/badpro"? y                               ##同意
shell/badpro
extract "shell/quote"? n                                ##拒绝
...
```

tar 程序另一个非常有用的选项是-z，使用了这个选项的 tar 命令会自动调用 gzip 程序完成相关操作。创建归档文件时，tar 程序在最后调用 gzip 压缩归档文件；解开归档文件时，tar 程序先调用 gzip 解压缩，然后再解开被 gzip 处理过的.tar 文件。下面这个例子中，tar 命令将 Shell 目录打包，并调用 gzip 程序处理打包后的文件。

```
$ tar -czvf shell.tar.gz shell/
```

```
shell/
shell/display_para
shell/trap_INT
shell/badpro
shell/quote
shell/pause
shell/export_varible
...
```

这条命令相当于下面两条命令的组合。

```
$ tar -cvf shell.tar shell/
$ gzip shell.tar
```

类似地，下面的命令首先调用 gunzip 解压 shell.tar.gz，然后再解开 shell.tar（注意这里省略了-v 选项，这样 tar 只是默默地完成工作，不会有任何输出）。

```
$ tar -xzf shell.tar.gz
```

同样，这条命令相当于下面两条命令的组合。

```
$ gunzip shell.tar.gz
$ tar -xf shell.tar
```

tar 命令的-j 参数用于调用 bzip2 程序，这个参数的用法同-z 完全一致。下面这条命令用于解开 shell.tar.bz2。

```
$ tar -xjf shell.tar.bz2
```

提示：tar 命令选项前的短划线"-"是可以省略的。因此像 tar -xvf shell.tar 和 tar xvf shell.tar 这样的写法都是可以接受的。

8.9.2　转移文件：dd

dd 命令曾经广泛地用于复制文件系统，但因为有了更好的 dump 和 restore 命令（将在 8.12 节介绍），dd 现在已经很少使用了。但在一些追求简便的场合，dd 仍然发挥着作用。

dd 命令使用 if 选项指定输入端的文件系统，而 of 选项则指定其输出端。下面这条命令将一张 CD 完整地转储为 iso 镜像文件。

```
$ dd if=/dev/cdrom of=CD.iso
```

dd 命令也可以在两个大小完全相同的分区或是磁带之间复制文件系统。但如果使用不正确，dd 可能会破坏分区信息，因此一般不推荐这样做。不过，面对某些在非 Linux 系统上写入的磁带，dd 命令很可能是唯一的选择。

8.10　进阶 1：安装硬盘和分区——fdisk

存储空间的增长总赶不上信息爆炸的速度。普通用户需要为下载的电影增加硬盘容量，网站管理员则要时刻关注用户上传的东西是否又把服务器的硬盘占满了。本节的目的不是教会读者如何把一块硬盘安装到机箱中，而是在连上电源线和数据线后怎样设置系统，并对新硬盘执行初始化。对于 Web 站点的管理员而言，这些操作变得越来越频繁。

8.10.1 使用 fdisk 建立分区表

同大部分操作系统一样，Linux 中用于建立分区表的工具也叫做 fdisk。这个工具目前能够支持市面上几乎所有的分区类型，从主流的，到几乎从没见过的。千万不要在当前的硬盘上试验 fdisk，这会完整删除整个系统。应该再找一块硬盘装在自己的计算机上，或者使用虚拟机。

本节假定当前系统上已经安装了一块 SCSI 硬盘，再增加一块 SCSI 硬盘后，这块硬盘应该被识别为"第 2 块 SCSI 硬盘"。第 1 块 SCSI 硬盘在 Linux 中被表示为 sda，而第 2 块 SCSI 硬盘则叫做 sdb。如果读者的系统正确识别到了这块新增的硬盘，那么应该可以在 /dev 目录下看到下面的内容。

```
$ ls /dev/ | grep sd                          ##查看 /dev 目录中以 "sd" 开头的文件
sda
sda1
sda2
sdb
```

可以看到，原来的 SCSI 硬盘 sda 已经有了 2 个主分区 sda1 和 sda2，而增加的那块硬盘还是"一整块"，并没有建立分区表。下面将在 sdb 上建立 3 个分区，并在第 1 个和第 3 个分区上建立 ext3fs 文件系统，把第 2 个分区留作 swap 交换分区。

简便起见，约定下面所有的命令都以 root 身份执行。要切换成 root 用户，可以输入 su 命令（Ubuntu 用户需要使用 sudo -s 命令）并提供正确的 root 用户口令。

```
lewis@linux-dqw4:~> su
口令:
```

现在启动 fdisk 程序，并以目标设备（这里是/dev/sdb）作为参数。

```
# fdisk /dev/sdb
Device contains neither a valid DOS partition table, nor Sun, SGI or OSF
disklabel
Building a new DOS disklabel with disk identifier 0x04e762ac.
Changes will remain in memory only, until you decide to write them.
After that, of course, the previous content won't be recoverable.

Warning: invalid flag 0x0000 of partition table 4 will be corrected by w(rite)

Command (m for help):
```

fdisk 是一个交互式的应用程序。在执行完一项操作后，fdisk 会显示一行提示信息，并给出一个冒号 ":" 等待用户输入命令，就像 Shell 一样。使用命令 m 可以显示 fdisk 所有可用的命令及其简要介绍。

```
Command (m for help): m
Command action
   a   toggle a bootable flag
   b   edit bsd disklabel
```

```
c    toggle the dos compatibility flag
d    delete a partition
l    list known partition types
m    print this menu
n    add a new partition
o    create a new empty DOS partition table
p    print the partition table
q    quit without saving changes
s    create a new empty Sun disklabel
t    change a partition's system id
u    change display/entry units
v    verify the partition table
w    write table to disk and exit
x    extra functionality (experts only)
```

fdisk 帮助信息显示的是命令的缩写形式。表 8.4 提供了本节会用到的 4 个命令。

表 8.4　本节用到的 fdisk 命令

命 令 全 称	缩 写 形 式	含　　义
new	n	创建一个新分区
print	p	显示当前分区设置
type	t	设置分区类型
write	w	把分区表写入硬盘

提示：只有在使用 write 命令之后，硬盘上的分区信息才会真正被改变。

下面为这块 SCSI 硬盘创建第 1 个分区。为了简便起见，这里所有的分区都被设置为主分区。

```
Command (m for help): new                       ##新建一个分区
Command action
  e    extended
  p    primary partition (1-4)
p                                               ##设置为主分区
Partition number (1-4): 1                       ##设置为第 1 个主分区
First cylinder (1-652, default 1): 1            ##分区从硬盘的第 1 个柱面开始
Last cylinder or +size or +sizeM or +sizeK (1-652, default 652): +2G
                                                ##设置分区容量（2GB）
```

现在查看一下分区表的设置，以保证设置正确。

```
Command (m for help): print

Disk /dev/sdb: 5368 MB, 5368709120 bytes
255 heads, 63 sectors/track, 652 cylinders
Units = cylinders of 16065 * 512 = 8225280 bytes
Disk identifier: 0x04e762ac

   Device Boot      Start         End      Blocks   Id  System
/dev/sdb1              1         244     1959898+   83  Linux
```

下面设置第 2 个硬盘分区，这个分区用作 swap 交换。不要忘了 swap 分区最大不能超过 2GB，这里给它划分 1GB 的容量。

```
Command (m for help): new                       ##新建一个分区
```

```
Command action
  e   extended
  p   primary partition (1-4)
p                                             ##设置为主分区
Partition number (1-4): 2                     ##设置为第 2 个主分区
First cylinder (245-652, default 245): 245    ##紧接着上一个分区结束的
                                                位置开始
Last cylinder or +size or +sizeM or +sizeK (245-652, default 652): +1G
                                              ##设置分区容量（1GB）
```

现在需要改变这个分区的类型，使其成为 swap 分区（而不是默认的 Linux 分区）。

```
Command (m for help): type                    ##修改分区类型
Partition number (1-4): 2                     ##设置需要修改的对象（2 号分区）
Hex code (type L to list codes): 82           ##设置为 82 号（swap）分区类型
Changed system type of partition 2 to 82 (Linux swap / Solaris)
```

分区类型号 82 是 swap 分区类型。如果读者记不住这些数字（有谁能记住呢？），那么可以按照提示使用命令 L 查看分区类型及其编号。

```
Hex code (type L to list codes): L

 0  Empty        1e  Hidden W95 FAT1 80  Old Minix       be  Solaris boot
 1  FAT12        24  NEC DOS         81  Minix / old Lin bf  Solaris
 2  XENIX root   39  Plan 9          82  Linux swap / So c1  DRDOS/sec (FAT-
 3  XENIX usr    3c  PartitionMagic  83  Linux           c4  DRDOS/sec (FAT-
 4  FAT16 <32M   40  Venix 80286     84  OS/2 hidden C:  c6  DRDOS/sec (FAT-
 5  Extended     41  PPC PReP Boot   85  Linux extended  c7  Syrinx
 6  FAT16        42  SFS             86  NTFS volume set da  Non-FS data
...
```

最后设置第 3 个分区，这个分区使用剩余的所有硬盘空间。

```
Command (m for help): new
Command action
  e   extended
  p   primary partition (1-4)
p
Partition number (1-4): 3
First cylinder (368-652, default 368):        ##直接回车使用默认值
Using default value 368
Last cylinder or +size or +sizeM or +sizeK (368-652, default 652):
                                              ##直接回车使用默认值（用尽剩余空间）
Using default value 652
```

完成所有 3 个分区的设置之后，再次调用 print 命令查看当前的分区信息。

```
Command (m for help): print

Disk /dev/sdb: 5368 MB, 5368709120 bytes
255 heads, 63 sectors/track, 652 cylinders
Units = cylinders of 16065 * 512 = 8225280 bytes
Disk identifier: 0x04e762ac

   Device Boot     Start       End      Blocks    Id  System
/dev/sdb1             1        244     1959898+   83  Linux
/dev/sdb2           245        367      987997+   82  Linux swap / Solaris
/dev/sdb3           368        652     2289262+   83  Linux
```

提示：尽管 fdisk"煞有介事"地列出了硬盘的分区表信息，但这些设置目前还没有被写入分区表中。现在后悔还来得及。删除分区可以使用 delete 命令。

看起来一切都很好。使用 write 命令可以把分区信息写入硬盘。

```
Command (m for help): write
The partition table has been altered!

Calling ioctl() to re-read partition table.
Syncing disks.
```

如果一切顺利，那么查看/dev 目录，可以看到现在磁盘 sdb 上已经有 3 个分区了。

```
# ls /dev/ | grep sd                    ##查看 /dev 目录中以 sd 开头的文件
sda
sda1
sda2
sdb
sdb1
sdb2
sdb3
```

8.10.2　使用 mkfs 建立 ext3fs 文件系统

创建完分区后，就需要在各个分区上建立文件系统，这要用到 8.6 节介绍的 mkfs 命令。

```
# mkfs -t ext4 /dev/sdb1                ##在新硬盘的第 1 个分区上建立 ext3fs 文件系统
mke2fs 1.40.8 (13-Mar-2008)
Warning: 256-byte inodes not usable on older systems
Filesystem label=
OS type: Linux
Block size=4096 (log=2)
Fragment size=4096 (log=2)
122640 inodes, 489974 blocks
24498 blocks (5.00%) reserved for the super user
First data block=0
Maximum filesystem blocks=503316480
15 block groups
...
```

8.10.3　使用 fsck 检查文件系统

运行 fsck 命令检查刚刚建立的文件系统。这一步并不是必要的，但让问题在一开始就暴露出来总比亡羊补牢好得多。使用-f 选项强制 fsck 检查新的文件系统。

```
# fsck -f /dev/sdb1                     ##使用 fsck 检查新建立的文件系统
fsck 1.40.8 (13-Mar-2008)
e2fsck 1.40.8 (13-Mar-2008)
Pass 1: Checking inodes, blocks, and sizes
Pass 2: Checking directory structure
Pass 3: Checking directory connectivity
Pass 4: Checking reference counts
Pass 5: Checking group summary information
/dev/sdb1: 11/122640 files (9.1% non-contiguous), 16629/489974 blocks
```

8.10.4　测试分区

现在将新建立的文件系统挂载到相应的目录下，看看是否能够正常工作。

```
# mkdir /web                                    ##新建/web 目录用于挂载文件系统
# mount /dev/sdb1 /web/                         ##挂载 sdb1 至 /web 目录
# df /web                                       ##查看该文件系统的使用情况
文件系统              1K-块        已用      可用       已用%   挂载点
/dev/sdb1            1929068      35688    1795388    2%     /web
```

一切都很好！接下来可以使用同样的方法在硬盘的第 3 个分区上建立 ext3fs 文件系统。

8.10.5　创建并激活交换分区

交换分区需要使用 mkswap 来初始化，该命令以分区的设备名作为参数。

```
# mkswap /dev/sdb2                              ##用 mkswap 初始化第 2 个分区
Setting up swapspace version 1, size = 1011703 kB
no label, UUID=0669cb4e-303d-445e-a2c0-e45c846040ee
```

最后使用 swapon 命令检查并激活交换分区。

```
# swapon /dev/sdb2
```

使用带-s 选项的 swapon 命令查看当前系统上已经存在的交换分区。

```
# swapon -s                                ##列出系统上的交换分区及其使用情况
Filename                    Type           Size        Used       Priority
/dev/sda1                   partition      449780      100        -1
/dev/sdb2                   partition      987988      0          -2
```

8.10.6　配置 fstab 文件

最后编辑 fstab 文件，让系统在启动的时候就加载这些文件系统。在/etc/fstab 文件中加入下面这几行命令：

```
/dev/sdb1           /web           ext3        defaults          0 2
/dev/sdb3           /store         ext3        defaults          0 2
/dev/sdb2           swap           swap        defaults          0 0
```

以 /dev/sdb1 的配置为例，这一行提供了以下信息：
❏ 指定将/dev/sdb1 安装在目录 /web 下；
❏ 文件系统类型是 ext3；
❏ 按照默认选项安装；
❏ 按备份频度 0 执行备份（完整备份）；
❏ fsck 检查次序为 2（序号为 0 的最先检查）。

提示：关于 fstab 文件的详细讨论，请参考 8.3.4 节。

8.10.7　重新启动系统

如果一切顺利的话，那么重新启动系统之后，文件系统和交换分区都应该根据 fstab 文件的设置被正确地挂载了。在上面的设置中，新硬盘的第 1 个主分区被挂载到/web 目录下，第 3 个主分区被挂载到/store 目录下。而第 2 个主分区则被用作 swap 交换分区。

如果某个文件系统出了问题，系统将不能正常启动，而是引导进入救援模式。这里故意让/dev/sdb3 出点毛病，系统引导进入救援模式的情形如图 8.4 所示。

图 8.4　引导进入救援模式

在这种情况下，用户应该依次按照下面这些步骤来手动解决问题。

（1）提供 root 口令，以 root 身份登录系统。

（2）使用 fsck 检查并试图修复受损的文件系统。

（3）如果问题依然存在，运行 mkfs 重新在分区上建立文件系统。

（4）不太幸运的话，可能需要使用 fdisk 重新建立分区表。

但无论如何，总是可以通过删除 fstab 文件中对应的配置行（或者给它打上注释符号），来临时解决系统无法正常启动的问题。

8.11　进阶 2：高级硬盘管理——RAID 和 LVM

本节介绍 Linux 下两个高级硬盘管理工具 RAID 和 LVM。这两个工具对于服务器而言尤其有用——普通用户则很少有机会用到。因此这里只是简单地告诉读者世界上还有这两样东西，以及它们能做什么。有兴趣的读者可以查阅资料并自己动手实践。

8.11.1　独立磁盘冗余阵列：RAID

RAID 用于在多个硬盘上分散存储数据，并且能够"恰当"地重复存储数据，从而保证其中某块硬盘发生故障后不至于影响到整个系统的运转。使用 RAID 还能够在一定程度上提高读写磁盘的性能。在实际使用中，RAID 将几块独立的硬盘组合在一起，形成一个逻辑上的 RAID 硬盘，这块"硬盘"在外界（如用户、LVM 等）看来和真实的硬盘没有任何区别。

RAID 功能已经内置在 Linux 2.0 版及以后的内核中。为了使用这项功能，还需要特定的工具来管理 RAID。在绝大多数 Linux 发行版本上，这个工具是 mdadm，用户可以需要从安装源下载并安装这个工具。

8.11.2　逻辑卷管理器：LVM

逻辑卷管理器 LVM 可以将几块独立的硬盘组成一个"卷组"。一个"卷组"又可以被分成几个"逻辑卷"。这些逻辑卷在外界看起来就是一个个独立的硬盘分区。这种做法的好处在于，如果管理员某天意识到当初给某个分区划分的空间太小了，那么可以再往卷组里增加一块硬盘，接着把这些富余的空间交给这个逻辑卷，这样就把"分区"扩大了。或者也可以动态地从另一个逻辑卷中"搜刮"一些存储空间，前提是这两个逻辑卷位于同一个卷组中。

在很多情况下，LVM 被设置和 RAID 一起使用。管理员可以按照下面的顺序建立一个 RAID+LVM 的管理模式。

（1）把多块硬盘组合成一个 RAID 硬盘。

（2）建立一个 LVM 卷组。

（3）将这个 RAID 硬盘加入 LVM 卷组。

（4）在 LVM 卷组上划分逻辑卷。

8.12　进阶 3：备份你的工作和系统

本节主要是写给系统管理员的，当然这对普通用户也有所帮助。Linux 上有很多工具可以用来备份系统，包括前面介绍的 tar 和 dd。这里介绍两款相对"专业"的工具 dump 和 restore。在一些情况下，它们会比 tar 更有效一些。在具体讨论备份工具的使用之前，首先关心一下和备份有关的一些问题。

8.12.1　为什么要做备份

对于大多数企业而言，存储在计算机中的数据远比计算机本身重要。硬件可以花钱买，而有些数据却是一次性的，不可能有机会再找回来。出事之前人们从来不会意识到备份有多重要，失去之后才追悔莫及。

丢失数据的方式多种多样。黑客、病毒、程序错误等都有可能把劳动成果付之一炬；用户也可能在不经意间删除自己的工作；自然灾害则会从物理上彻底毁灭数据……不要想当然地认为这些倒霉的事情绝不会被自己撞上，心理学家们已经无数次地对这种"过度自信"现象提出了警告。

因为缺乏备份机制而导致灾难性的后果，如此惨痛的教训已经发生过无数次了。如果有一天读者中的一位不幸加入到其中，那么记得在心中默诵"天将降大任于斯人也"——这或许是本节最后可能对管理员有用的地方。

8.12.2　选择备份机制

在进行备份之前，管理员应该制订一份有效的计划。备份机制随具体环境的不同而不同，但无论如何，至少应该认真考虑下面两个问题：

❏　多长时间备份一次；

❏　是完整备份还是选择增量备份。

备份间隔取决于数据写入的频繁程度。毫无疑问，备份频率越高，丢失的数据也就越少。但对于一些并不经常更新的系统，可能一周做两到三次备份就足够了。而对于那些繁忙的 Web 站点，每天做一次备份就显得很有必要。很难确定多长时间备份一次是最合适的，管理员不得不在资源、硬件、时间的消耗和数据的完整性之间做出权衡，这的确需要经验。

究竟是每次备份时复制所有的数据，还是只备份自上次备份以来修改和增加的文件（增量备份）？通常人们会选择后者。因为每次重复地复制文件费时费力，而且这对备份介质的消耗也是显而易见的。但绝大多数的增量备份工具（如 dump）并不会注意到磁盘上已经删除的文件，这样当恢复数据的时候，一些已经被"删除"的东西会再次出现在系统上。要找到并再次清除这些垃圾同样会非常烦人。因此如果存储容量允许，不妨首先考虑完整备份。

8.12.3　选择备份介质

容量和稳定性是选择备份介质时首要考虑的问题，当然还要兼顾到成本。对于一些小型设备（如台式计算机、个人站点）的备份而言，刻录光盘或者移动硬盘是比较合理的选择。这些介质价格低廉，并且能够提供足够大的备份空间。在稳定性方面，这两种介质通常能有 5 年左右的寿命。

大型系统的备份需要使用磁带机。磁带具有容量大、保存时间长的特点，适合用于数据量大、更新频率高的环境。市面上有大量磁带产品，从低端到高端，和存储沾点边的硬件厂商通常都不会放弃这个大市场。

最后一种解决方案是使用磁带库。这是一种带有多卷磁带机的大型设备，它们还配有一些机械臂在各个架子之间对存储介质进行检索和归类。毫无疑问这样的设备是非常昂贵的，当然它能够提供最大的存储容量：以 TB（1TB=1024GB）为单位。

对于大型企业而言，有必要为重要数据的备份寻找一个妥善的保管地点。把备份磁带放在机房不是一个好习惯，要始终考虑到诸如失火这样的自然灾害的影响。银行保险柜，或是一些专营数据保护业务的公司都是可以选择的对象，但必须保证对方有良好的信誉。对备份进行加密可以在一定程度上让人不那么担心。

8.12.4　备份文件系统：dump

dump（还有配套的 restore）默认并没有安装在本书列举的两个 Linux 发行版本中（Ubuntu 和 openSUSE），用户不得不自己去下载和安装。好在从 Ubuntu 的安装源中就可以找到这个工具，使用 openSUSE 的用户也可以找到相应的 RPM 软件包来安装。相对而言，RedHat 和 Fedora 的用户则幸运得多，这两套系统在安装的时候就提供了这个备份工具。

dump 命令使用"备份级别"来实现增量备份，每次级别为 N 的备份会对从上次级别小于 N 的备份以来，修改过的文件执行备份。这句话听上去有点绕口，那么来看下面这一条命令（简便起见，约定下面所有的命令都以 root 身份执行）。

```
# dump -0u -f /dev/nst0 /web            ##执行从/web 到/dev/nst0 的 0 级备份
 DUMP: Date of this level 0 dump: Sun Dec 14 18:43:30 2008
 DUMP: Dumping /dev/sdb1 (/web) to /dev/nst0
 DUMP: Label: none
 DUMP: Writing 10 Kilobyte records
 DUMP: mapping (Pass I) [regular files]
 DUMP: mapping (Pass II) [directories]
 DUMP: estimated 208244 blocks.
 DUMP: Volume 1 started with block 1 at: Sun Dec 14 18:43:30 2008
 DUMP: dumping (Pass III) [directories]
 DUMP: dumping (Pass IV) [regular files]
 DUMP: Closing /dev/nst0
 DUMP: Volume 1 completed at: Sun Dec 14 18:43:51 2008
 DUMP: Volume 1 207100 blocks (202.25MB)
 DUMP: Volume 1 took 0:00:21
 DUMP: Volume 1 transfer rate: 9861 kB/s
 DUMP: 207100 blocks (202.25MB) on 1 volume(s)
 DUMP: finished in 20 seconds, throughput 10355 kBytes/sec
 DUMP: Date of this level 0 dump: Sun Dec 14 18:43:30 2008
 DUMP: Date this dump completed:  Sun Dec 14 18:43:51 2008
 DUMP: Average transfer rate: 9861 kB/s
 DUMP: DUMP IS DONE
```

选项-0 指定 dump 执行级别为 0 的备份。备份级别总共有 10 个（0～9），级别 0 表示完整备份，也就是把文件系统上的所有内容全部备份下来，包括那些平时看不到的内容（如分区表）。

选项-u 指定 dump 更新/etc/dumpdates 文件。这个文件中记录了历次备份的时间、备份级别和实施备份的文件系统，dump 命令在实施增量备份的时候需要依据这个文件决定哪些文件应该备份。现在，这个文件看起来像下面这个样子。

```
# cat /etc/dumpdates                    ##查看 /etc/dumpdates 文件内容
/dev/sdb1 0 Sun Dec 14 18:43:30 2008 +0800
```

选项-f 指定了用于存放备份的设备，在这里是/dev/nst0，表示磁带设备。最后一个参数是需要备份的文件系统。

🔔注意：-u 选项要求备份的必须是一个完整的文件系统，这里指定了 8.10 节中安装的/web，
　　　　对应于/dev/sdb1。如果备份的是一个文件系统中的一个目录，则带有-u 选项的
　　　　dump 会报错，并拒绝执行备份操作。

下面在/web 下增加一个文件，这个文件的内容是根目录下的文件列表。

```
# ls / > /web/ls_out
```

现在对/web 执行一次 3 级备份。

```
# dump -3u -f /dev/nst0 /web                    ##执行从/web 到/dev/nst0 的 3 级备份
 DUMP: Date of this level 3 dump: Sun Dec 14 18:46:07 2008
 DUMP: Date of last level 0 dump: Sun Dec 14 18:43:30 2008
 DUMP: Dumping /dev/sdb1 (/web) to /dev/nst0
 DUMP: Label: none
 DUMP: Writing 10 Kilobyte records
 DUMP: mapping (Pass I) [regular files]
 DUMP: mapping (Pass II) [directories]
 DUMP: estimated 51 blocks.
 DUMP: Volume 1 started with block 1 at: Sun Dec 14 18:46:08 2008
 DUMP: dumping (Pass III) [directories]
 DUMP: dumping (Pass IV) [regular files]
 DUMP: Closing /dev/nst0
 DUMP: Volume 1 completed at: Sun Dec 14 18:46:08 2008
 DUMP: Volume 1 50 blocks (0.05MB)
 DUMP: 50 blocks (0.05MB) on 1 volume(s)
 DUMP: finished in less than a second
 DUMP: Date of this level 3 dump: Sun Dec 14 18:46:07 2008
 DUMP: Date this dump completed:  Sun Dec 14 18:46:08 2008
 DUMP: Average transfer rate: 0 kB/s
 DUMP: DUMP IS DONE
```

从 dump 命令的输出中可以看到，这次备份用了不到 1 秒的时间（而上一次是 20 秒！）。
这是因为 dump 通过查看/etc/dumpdates 文件得知，只需要备份上回 0 级备份以来修改过的
文件就可以了——而"修改"过的也就是一个 ls_out 文件而已。现在查看/etc/dumpdates 可
以看到多了一条 3 级备份的记录。

```
# cat /etc/dumpdates                            ##查看 /etc/dumpdates 文件内容
/dev/sdb1 0 Sun Dec 14 18:43:30 2008 +0800
/dev/sdb1 3 Sun Dec 14 18:46:07 2008 +0800
```

根据实际情况，管理员可以安排不同的备份策略。例如每周安排 3 次增量备份，备份
级别分别为 0、3、9（或者 0、1、3，0、4、8……都是一样的）；也可以每天安排 9 次增
量备份等，视具体情况不同而不同，参考 8.12.2 节。

🔔注意：使用 dump 进行增量备份时，只能在像磁带这样的字符设备（顺序访问设备）上
　　　　进行。参考下文的内容。

dump 命令只是简单地把需要备份的内容直接输出到目标设备上，而不会婆婆妈妈地
询问这个设备上已有的文件该如何处理。如果是磁带的话，那么必须确保当前磁头所在位
置没有数据（或者本来就打算销毁这些数据），否则 dump 命令将毫不客气地把这些数据
覆盖掉。这也就是为什么不能选择块设备（如硬盘）作为增量备份的目标设备的原因。在
上面这个例子中，如果试图在另一块硬盘上储存备份文件的话，那么在第二次执行 3 级备

份的时候，dump 会把 ls_out 文件直接输出到这个硬盘上，而 0 级备份中储存的所有数据则被覆盖了。

如果一定要使用硬盘做备份的话，那么只能进行 0 级（完整）备份。下面这条命令将选择/dev/sdb3 作为备份的目标设备（注意此时也就没有必要使用-u 选项了）。

```
# dump -0 -f /dev/sdb3 /web                           ##在块设备上执行 0 级备份
 DUMP: Date of this level 0 dump: Sun Dec 14 17:53:31 2008
 DUMP: Dumping /dev/sdb1 (/web) to /dev/sdb3
 DUMP: Label: none
 DUMP: Writing 10 Kilobyte records
 DUMP: mapping (Pass I) [regular files]
 DUMP: mapping (Pass II) [directories]
 DUMP: estimated 39442 blocks.
 DUMP: Volume 1 started with block 1 at: Sun Dec 14 17:53:33 2008
 DUMP: dumping (Pass III) [directories]
 DUMP: dumping (Pass IV) [regular files]
 DUMP: Closing /dev/sdb3
 DUMP: Volume 1 completed at: Sun Dec 14 17:53:40 2008
 DUMP: Volume 1 39190 blocks (38.27MB)
 DUMP: Volume 1 took 0:00:07
 DUMP: Volume 1 transfer rate: 5598 kB/s
 DUMP: 39190 blocks (38.27MB) on 1 volume(s)
 DUMP: finished in 7 seconds, throughput 5598 kBytes/sec
 DUMP: Date of this level 0 dump: Sun Dec 14 17:53:31 2008
 DUMP: Date this dump completed:  Sun Dec 14 17:53:40 2008
 DUMP: Average transfer rate: 5598 kB/s
 DUMP: DUMP IS DONE
```

dump 工具有一个配套的 rdump 命令，用于将备份转储到远程主机上。为此需要指定远程主机的主机名或者 IP 地址。

```
# rdump -0u -f backup:/dev/nst0 /web
```

提示：rdump 通过 SSH 通道传输，读者可参考第 15 章以了解 SSH 的详细信息。

8.12.5 从灾难中恢复：restore

restore 是 dump 的配套工具，用于从备份设备中提取数据。在使用 restore 恢复数据之前，首先需要建立一个临时目录，这个目录用于存放备份设备中的目录层次，用 restore 恢复的文件也会存放在这个目录下。

```
# mkdir /var/restore                    ##建立用于恢复文件的目录/var/restore
# cd /var/restore/                       ##进入这个目录
```

restore 的-i 选项用于交互式地恢复单个文件和目录,-f 选项用于指定存放备份的设备。下面从/dev/sdb3 恢复文件 ls_out 和 login.defs。

```
# restore -i -f /dev/sdb3
```

执行完这条命令后，restore 将用户带至一个交互式的命令行界面。用户可以使用 ls 和 cd 命令在备份的文件系统中到处浏览，碰到需要恢复的文件，就用 add 命令标记它。最后使用 extract 命令提取所有做过标记的文件和目录。

```
/usr/local/sbin/restore > ls                    ##显示备份设备上的文件列表
⋮
etc/        home/       lost+found/ ls_out

/usr/local/sbin/restore > add ls_out            ##标记 ls_out 文件
/usr/local/sbin/restore > ls                    ##ls_out 已经被打上星号
⋮
 etc/         home/        lost+found/      *ls_out

/usr/local/sbin/restore > cd etc/               ##切换目录
/usr/local/sbin/restore > ls
./etc:
.pwd.lock                   libaudit.conf
ConsoleKit/                 localtime
DIR_COLORS                  login.defs
HOSTNAME                    logrotate.conf
⋮
/usr/local/sbin/restore > add login.defs        ##标记 login.defs 文件
/usr/local/sbin/restore > extract               ##提取做过标记的所有文件
You have not read any volumes yet.
Unless you know which volume your file(s) are on you should start
with the last volume and work towards the first.
Specify next volume # (none if no more volumes): 1      ##指定下一卷，对于单
                                                          一设备指定 1 即可
set owner/mode for '.'? [yn] n                  ##不需要设置当前目录（这里是
                                                  /var/restore）的属主和模式
```

文件提取完成后，就可以使用 quit 命令退出 restore。

```
/usr/local/sbin/restore > quit
```

现在查看当前目录（/var/restore）下的文件列表，可以看到恢复的文件。尽管刚才并没有恢复 etc 目录，但 restore 只是为了还原完整的目录结构，事实上现在 etc 目录下只有一个 login.defs 文件。

```
# ls -F
etc/  ls_out
```

如果用户不幸把整个文件系统都丢失了，那么可以使用带-r 选项的 restore 命令恢复整个文件系统。

```
# cd /web/                                      ##进入需要要恢复的目录

# restore -r -f /dev/sdb3                       ##从 /dev/sdb3 恢复文件系统
```

类似地，rrestore 命令从远程主机提取备份信息。下面的命令以交互的方式从主机 backup 恢复由 rdump 转储的文件系统。

```
# rrestore -i -f backup:/dev/nst0
```

8.12.6　让备份定时自动完成：cron

通常来说，服务器在白天总是处于繁忙状态。如果选择在这个时候备份系统，那么消耗的时间和性能可能是不值得的。因此让备份在夜间完成是一个不错的想法——为此应该使用一个能够定时执行命令的软件，否则管理员将不得不半夜三更起来手动解决这个问题。并且像备份这样重复性的体力劳动，让人而不是计算机来完成显然不是一个好主意。

cron 就是这样一个能够定时执行命令的软件，应该尽可能多地使用 cron 来完成那些需要定期重复的工作。读者可参考第 27 章的内容，查看对 cron 的具体讨论。

8.13　小　　结

- 硬盘是当前使用最广泛的数据存储设备，通过盘片上磁性物质的排列来存储数据。
- Linux 上主流的文件系统有 ext3fs、ext4fs 和 ReiserFS。其中 ext3fs 已经被 ext4fs 和 ReiserFS 取代，后两者通过日志功能大大增强了文件系统的可靠性。
- 交换（swap）分区用于临时存储从内存中转移出来的数据。通过操作系统的调度解决内存空间不足的问题。
- 在 Linux 中使用存储设备需要首先用 mount 命令挂载。
- 设备文件存放在/dev 目录下。
- 通过在/etc/fstab 文件中添加条目可以在系统启动的时候自动挂载文件系统。
- umount 命令卸载文件系统。
- df 命令用于查看磁盘的使用情况。
- fsck 命令检查文件系统的异常，但是这种"检查"是存在风险的，应该谨慎使用。
- mkfs 命令在磁盘上建立文件系统。
- Linux 可以自动识别连接到计算机上的 USB 设备，用户也可以使用 mount（umount）命令手动挂载（卸载）。
- gzip 工具压缩一个文件。bzip2 可以提供更高的压缩率。
- rar 格式的压缩文件可以使用 rar 工具解压。
- tar 工具将多个文件打包成一个.tar 格式的文件。Linux 中的源代码通常保存成.tar.gz（或.tar.bz2）格式的文件，这是打包工具 tar 和压缩工具 gzip（或 bzip2）配合使用的结果。
- dd 命令复制文件系统，通常在一些不正式的场合（例如将 CD 做成.iso 格式的文件）被使用。
- fdisk 工具在一块硬盘上建立分区表。注意，fdisk 会删除硬盘上原有的数据。
- mkswap 命令创建交换分区，swapon 命令激活交换分区。

❑ RAID 和 LVM 是两款高级磁盘管理工具。

❑ 定期对重要数据进行备份非常必要。应该根据实际情况选择合适的备份机制和存储介质。

❑ dump 命令将文件系统转储到另一台存储介质（通常是磁带）上；rdump 命令用于远程转储。

❑ restore 命令从备份设备中恢复数据；rrestore 命令用于远程恢复。

❑ 应该使用诸如 cron 这样的工具让备份定期完成。

第9章 用户与用户组管理

本章介绍 Linux 上用户和用户组的管理。作为一种多用户的操作系统，Linux 可以允许多个用户同时登录到系统上，并响应每一个用户的请求。对于系统管理员而言，一个非常重要的工作就是对用户账户进行管理。这些工作包括添加和删除用户、分配用户主目录、限制用户的权限等。接下来将逐一讨论这些方面。

9.1 用户与用户组基础

计算机科学还没有进展到让每一台电脑都能通过生物学特征识别人的程度。在绝大多数情况下，用户名是身份的唯一标志，计算机通过用户提供的口令来验证这一标志。这种简单而实用的方式被广泛应用于几乎所有的计算机系统中。遗憾的是，也是由于这种"简单"的验证方式，使得在世界各地，每一天都有无数的账号被盗取。因此选择一个合适的用户名和一个不易被破解的密码非常重要。

Linux 也运用同样的方法来识别用户：用户提供用户名和密码，经过验证后登录到系统。Linux 会为每一个用户启动一个进程，然后由这个进程接受用户的各种请求。在建立用户的时候，需要限定其权限，例如不能修改系统配置文件，不能查看其他用户的目录等。就像在一个银行安全系统中，每一个人只能处理其职权范围内的事情。另外，系统中有一个特殊的 root 用户，这个用户有权对系统进行任何操作而不受限制。关于 root 的详细介绍，参见 3.1 节。

所谓"人以群分"，可以把几个用户归在一起，这样的组被称为"用户组"。可以设定一个用户组的权限，这样这个组里的用户就自动拥有了这些权限。对于一个多人协作的项目而言，定义一个包含项目成员的组往往是非常有用的。

在某些服务器程序安装时，会生成一些特定的用户和用户组，用于对服务器进行管理。例如，可以使用 mysql 用户启动和停止 MySQL 服务器。之所以不使用 root 用户启动某些服务，主要是出于安全性的考虑。因为当某个运行中进程的 UID 属于一个受限用户的话，那么即使这个进程出了什么问题，也不会对系统安全产生毁灭性打击（关于进程的相关知识，可以参考第 10 章）。

9.2 快速上手：为朋友 John 添加账户

John 的笔记本送去维修了，希望借台电脑用几天。但是电脑上有一些私人文件，或许不应该让 John 看到。因此应该为 John 单独添加一个账户，而不是使用当前系统上已有的账户。

打开终端，输入：

```
$ sudo useradd -m john              ##添加一个用户名为 john 的用户，并自动建立主目录
```

注意，在输入口令的时候，出于安全考虑，屏幕上并不会有任何显示（包括"*"号）。现在，应该把 John 叫过来，让他自己输入一个密码。

```
$ sudo passwd john                  ##更改 john 的登录密码
输入新的 UNIX 口令：
重新输入新的 UNIX 口令：
passwd：已成功更新密码
```

现在，John 可以使用自己的账号登录到系统了。只要将私人文件设置为他人不可读，那么就不用担心 John 会查看到这些文件。关于如何设置文件权限，请参考 6.5 节。

9.3　添 加 用 户

添加用户是系统管理的例行工作，在"快速上手"环节，读者已经实践了添加用户的基本步骤。接下来将详细讨论 useradd 和 groupadd 命令的各个常用选项，以及如何使用图形化的用户管理工具。最后介绍如何追踪用户状态。

9.3.1　使用命令行工具：useradd 和 groupadd

在默认情况下，不带-m 参数的 useradd 命令不会为新用户建立主目录。在这种情况下，用户可以登录到系统的 Shell，但不能够登录到图形界面。这是因为桌面环境无论是 KDE还是 GNOME，需要用到用户主目录中的一些配置文件。例如，以下面的方式使用 useradd命令添加一个用户 nox。

```
$ useradd nox
$ passwd nox                                 ##设置 nox 用户的口令
输入新的 UNIX 口令：
重新输入新的 UNIX 口令：
passwd：已成功更新密码
```

当使用 nox 用户账号登录 GNOME 时，系统会提示无法找到用户主目录，并拒绝登录。

如果在字符界面的 2 号控制台（可以使用快捷键 Ctrl+Alt+F2 进入）使用 nox 账号登录，系统会引导 nox 用户进入根目录。此后，用户可以继续操作，如图 9.1 所示。

useradd 命令中另一个比较常用的参数是-g。该参数用于指定用户所属的组。下面这条命令建立名为 mike 的用户账号，并指定其属于 users 组。

```
$ sudo useradd -g users mike
```

在用户建立的时候为其指定一个组看上去是一个很不错的想法。但遗憾的是，这样的设置增加了用户由于不经意地设置权限而能够彼此读取文件的可能性，尽管这通常不是用户的本意。因此一个好的建议是，在新建用户的时候用户单独创建一个同名的用户组，然

后把用户归入这个组中。这正是不带-g 参数的 useradd 命令的默认行为。

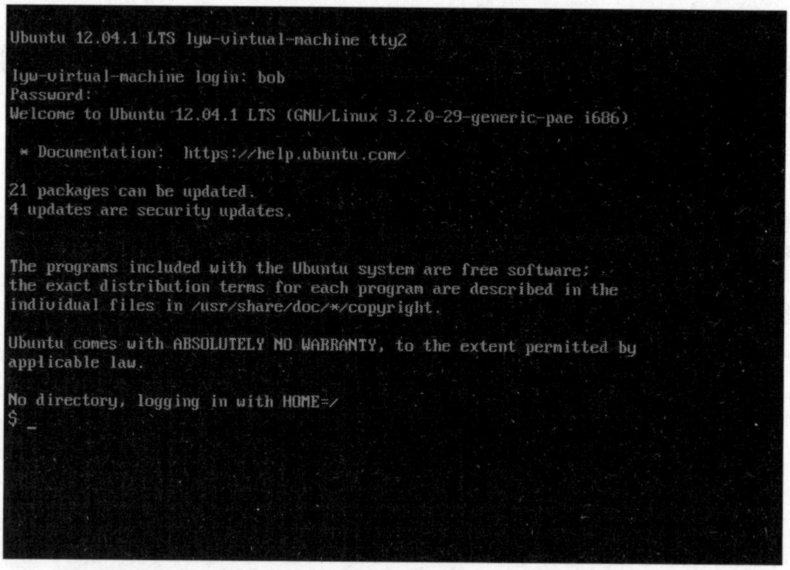

图 9.1　登录 2 号控制台

useradd 的-s 参数用于指定用户登录后所使用的 Shell。下面的命令建立名为 mike 的用户账号，并指定其登录后使用 bash 作为 Shell。

```
$ sudo useradd -s /bin/bash mike
```

可以在/bin 目录下找到特定的 Shell。常用的有 BASH、TCSH、ZSH（Z-Shell）、SH（Bourne Shell）等。如果不指定-s 参数，那么默认将使用 sh（在大部分系统中，这是指向 BASH 的符号链接）登录系统。

添加组可以使用 groupadd 命令，下面这条命令在系统中添加一个名为 newgroup 的组。

```
$ sudo groupadd newgroup
```

9.3.2　使用图形化的管理工具

除了传统的命令行方式，Linux 还提供图形化工具对用户和用户组进行管理。相比较 useradd 等命令而言，图形化工具提供了更为友好的用户接口。当然，这是以牺牲一定灵活性为代价的。下面以 Ubuntu 下的"用户和组"管理工具为例进行介绍。其他的发行版工具可以遵循类似的步骤操作。

（1）单击"系统设置"按钮，弹出"系统设置"对话框。在对话框的系统选项中选择"用户和账号"命令，打开这个工具。初始状态下，所有的功能都被禁用，如图 9.2 所示，直到用户单击"解锁"按钮，此时系统将要求输入管理员口令，并对此进行验证。

（2）单击"添加用户"按钮，打开"创建新账户"对话框，如图 9.2 所示。

（3）在"全名"文本框中输入用户名，单击"创建"按钮，如图 9.2 所示。创建好后就可以给用户设置一个密码。在对应的"登录选项"中单击"密码"命令，弹出"更改此用户的密码"对话框，在对话框中输入要设的密码，然后单击"更改"按钮，给该用户设置密码，如图 9.3 所示。

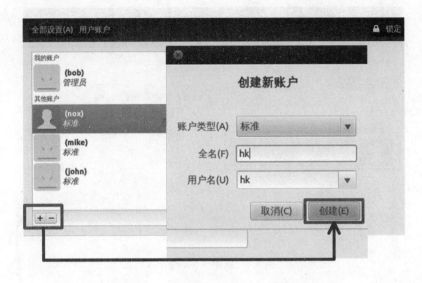

图 9.2　新建用户账户——基本设置

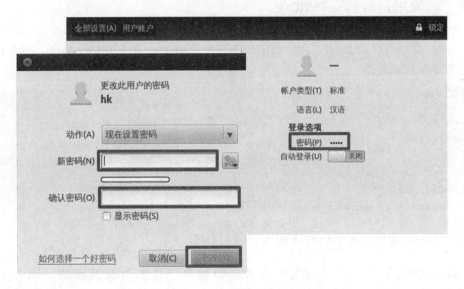

图 9.3　给新建用户设密码

（4）在"用户账户"选项卡中对个人的基本信息进行设置，还有其他一些设置在命令行模式下进行设置（具体设置参考后面所讲的设置）。例如设置用户主目录、登录的 Shell、用户所属的组及用户 ID。用户 ID 用于唯一标示系统中的用户，在大多数情况下，这并不需要管理员进行设置，使用系统分配的默认值就可以了（关于用户 ID 的详细信息可参考 9.9 节）。

（5）完成用户的添加后，可以看到新用户（在本例中是 hk）出现在列表中，如图 9.4 所示。单击 hk 所在的行，先给用户解锁，然后可以对账号类型、语言、密码等选项进行设置，如图 9.4 所示。

完成所有这些工作后，单击"关闭"按钮退出程序。

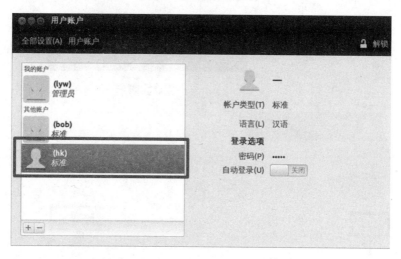

图 9.4　选中新创建的用户

9.3.3　记录用户操作：history

Linux，准确地说是 Shell，会记录用户的每一条命令。通过 history 命令，用户可以看到自己曾经执行的操作。

```
$ history
   16  cd /media/fishbox/software/
   17  ls
   18  sudo tar zxvf ies4linux-latest.tar.gz
   19  cd ies4linux-2.99.0.1/
   20  ls
   21  vi README
   22  ./ies4linux
...
```

🔔注意：history 命令仅在 BASH 中适用。

history 会列出所有使用过的命令并加以编号。这些信息被存储在用户主目录的.bash_history 文件中，这个文件默认情况下可以存储 1000 条命令记录。当然，一次列出那么多命令除了让人迷茫外，没有其他什么用途。为此，可以指定让 history 列出最近几次输入的命令。

```
$ history 10                              ##列出最近使用的 10 条命令
  508  cd /home/john/
  509  vi .bash_history
  510  sudo vi .bash_history
  511  cd
  512  ls -al
  513  ls -al | grep bash_history
  514  history
  515  history | more
  516  vi .bash_history
```

```
517  history 10
```

但是，history 只能列出当前用户的操作记录。对于管理员而言，有时候需要查看其他用户的操作记录，此时可以读取该用户主目录下的.bash_history 文件。现在看看 john 都干了些什么。

```
$ cd /home/john/                                ##进入 john 的主目录
$ sudo cat .bash_history                        ##查看.bash_history 文件
cd /home/lewis/
ls
cd c_class/
ls
cd ..
ls
cd c_class/
./a.out
exit
```

🔔注意：.bash_history 这个文件对于其他受限用户是不可读的，这也正是为什么要使用 sudo 的原因。

9.3.4　直接编辑 passwd 和 shadow 文件

在 Linux 中所做的一切基本配置最终都将反映到配置文件中，用户管理也不例外。所有的用户信息都登记在/etc/passwd 文件中，而/etc/shadow 文件则保存着用户的登录密码。

诸如 useradd 这样的工具实际上对用户隐藏了用户管理的细节。可以通过手动编辑 passwd 和 shadow 这两个文件实现 useradd 等工具的所有功能。其中，passwd 文件对所有用户可读，而 shadow 则只能用 root 账号查看。为了保证口令的安全性，这一点很容易理解。当然，修改这两个文件都需要 root 权限。

不推荐初学者通过直接编辑这两个文件实现用户管理，尽管这种做法带来了很大程度上的灵活性。如果读者的确需要了解如何编辑 passwd 和 shadow，可以参考本章的"进阶"部分。

9.4　删除用户：userdel

userdel 命令用于删除用户账号。下面这条命令删除 mike 这个账号。

```
$ sudo userdel mike
```

在默认情况下，userdel 并不会删除用户的主目录。除非使用了-r 选项。下面这条命令将 john 的账号删除，同时删除其主目录。

```
$ sudo userdel -r john
```

在删除用户的同时删除其主目录，以释放硬盘空间，这看起来无可厚非。但是，在输入-r 选项之前，仍然有一个问题需要问问自己：需要这么着急吗？如果被删除的用户又要恢复，或者用户的某些文件还需要使用（这样的情况在服务器上经常出现）那么有必要暂时保留这些文件。比较妥当的方法是，将被删用户的主目录保留几周，然后再手动删除。在实际的工作环境中，这个做法显得尤为重要。

9.5 管理用户账号：usermod

可以使用 usermod 命令来修改已有的用户账号。这个命令有多个不同的选项，对应于账号的各个属性。如表 9.1 列举了 usermod 命令的各个常用选项及其含义。

表 9.1 usermod 命令的常用选项

选　　项	含　　义
-d	修改用户主目录
-e	修改账号的有效期限。以公元月/日/年的形式表示（MM/DD/YY）
-g	修改用户所属的组
-l	修改用户账号名称
-s	修改用户登录后所使用的 Shell

下面这条命令将 john 改名为 mike，主目录改为/home/mike，并设置账号有效期至 2013 年 12 月 31 日。

```
$ sudo usermod -l mike -d /home/mike -e 12/31/13 john
```

和 useradd 的原理一样，usermod 也通过修改/etc/passwd、/etc/shadow 和/etc/group 这 3 个文件来实现用户属性的设置。usermod 的完整选项可以查看其用户手册。

9.6 查看用户信息：id

id 命令用于查看用户的 UID、GID 及其所属的组。这个命令以用户名作为参数，下面这条命令显示了 nobody 用户的 UID、GID 及其属于的组信息。

```
$ id nobody
uid=65534(nobody) gid=65534(nogroup) 组=65534(nogroup)
```

📖提示：关于用户的 UID 和 GID，请参考 9.9 节。

使用不带任何参数的 id 命令显示当前登录用户的信息。

```
$ id
uid=1000(lewis) gid=1000(lewis) 组
=4(adm),20(dialout),24(cdrom),25(floppy),29(audio),30(dip),44(video),46
(plugdev),107(fuse),109(lpadmin),115(admin),125(vboxusers),127(sambas-
hare),1000(lewis)
```

9.7　用户间切换：su

在第 3 章中曾经介绍过，使用 root 账号一个比较好的做法是使用 su 命令。不带任何参数的 su 命令会将用户提升至 root 权限，当然首先需要提供 root 口令。通过 su 命令所获得的特权将一直持续到使用 exit 命令退出为止。

⌂注意：Ubuntu Linux 的限制非常严格。在默认情况下，系统没有合法的 root 口令。这意味着不能使用 su 命令提升至 root 权限，而必须用 sudo 来获得 root 访问权。

也可以使用 su 命令切换到其他用户。下面这个命令将当前身份转变为 john。

```
$ su john
```

系统会要求输入 john 口令。通过验证后，就可以访问 john 账号了。通过 exit 命令回到之前的账号。

```
$ exit
```

⌂安全性提示：尽量通过绝对路径使用 su 命令，这个命令通常保存在/bin 目录下。这将在一定程度上防止溜入到搜索路径下的名为 su 的程序窃取用户口令。关于搜索路径，参见 21.3 节。

9.8　受限的特权：sudo

使用 su 命令提升权限已经让系统安全得多了，但 root 权限的不可分割让事情变得有些棘手。如果用户 john 想要运行某个特权命令，那他除了向管理员索取 root 口令外别无他法。仅仅为了一个特权操作而赋予用户控制系统的完整权限，这种做法听起来有点可笑，但这确实存在于某些不规范的管理环境中。

最常见的解决方法是使用 sudo 程序。这个程序接受命令行作为参数，并以 root 身份（或者也可以是其他用户）执行它 。在执行命令之前，sudo 会首先要求用户输入自己的口令，口令只需要输入一次。出于安全性的考虑，如果用户在一段时间内（默认是 5 分钟）没有再次使用 sudo，那么此后必须再次输入口令。这样的设置避免了特权用户不经意间将自己的终端留给那些并不受到欢迎的人。

管理员通过配置/etc/sudoers 指定用户可以执行的特权命令，下面是 Ubuntu 中 sudoers 文件的默认设置。

```
# User privilege specification
root    ALL=(ALL) ALL

# Members of the admin group may gain root privileges
%admin ALL=(ALL) ALL
```

按照惯例，"#"开头的行是注释行。以"root ALL=(ALL) ALL"这句话为例，这段配置指定 root 用户可以使用 sudo 在任何机器上（第 1 个 ALL）以任何用户身份（第 2 个 ALL）执行任何命令（第 3 个 ALL）。最后一行用"%admin"替代了所有属于 admin 组的用户。在 Ubuntu 中，安装时创建的那个用户会自动被加入 admin 组。

总体来说，sudoer 中的每一行权限说明包含了下面这些内容：

❑ 该权限适用的用户；
❑ 这一行配置在哪些主机上适用；
❑ 该用户可以运行的命令；
❑ 该命令应该以哪个用户身份执行。

下面来看一段稍复杂一些的配置。这段配置涉及 3 个用户，并为他们设置了不同的权限。

```
Host_Alias     STATION = web1, web2, databank

Cmnd_Alias    DUMP = /sbin/dump, /sbin/restore

lewis          STATION = ALL
mike           ALL = (ALL) ALL
john           ALL = (operator) DUMP
```

这段配置的开头两行使用关键字 Host_Alias 和 Cmnd_Alias 分别定义了主机组和命令组。后面就可以用 STATION 替代主机 web1、web2 和 databank；用 DUMP 替代命令/sbin/dump 和/sbin/restore。这种设置可以让配置文件更清晰，同时也更容易维护。

🔖注意：sudoers 中的命令应该使用绝对路径来指定，这样可以防止一些人以 root 身份执行自己的脚本程序。

接下来的 3 行配置了用户的权限。第 1 行是关于用户 lewis 的。lewis 可以在 STATION 组的计算机上（web1、web2 和 databank）执行任何命令。由于在代表命令的 ALL 之前没有使用小括号"( )"指定用户，因此 lewis 将以 root 身份执行这些命令。

第 2 行是关于用户 mike 的。mike 可以在所有的计算机上运行任何命令。由于小括号中的用户列表使用了关键字 ALL，因此 mike 可以用 sudo 以任何用户身份执行命令。可以使用带-u 选项的 sudo 命令改变用户身份。例如 mike 可以这样以用户 peter 的身份建立文件。

```
$ sudo -u peter touch new_file
```

最后一行是关于用户 john 的。john 可以在所有主机上执行/sbin/dump 和/sbin/restore 这两个命令——但必须以 operator 的身份。为此，john 必须像这样使用 dump 命令。

```
$ sudo -u operator /sbin/dump backup /dev/sdb1
```

修改 sudoers 文件应该使用 visudo 命令。这个命令依次执行下面这些操作：

（1）检查以确保没有其他人正在编辑这个文件。
（2）调用一个编辑器编辑该文件。
（3）验证并确保编辑后的文件没有语法错误。
（4）安装使 sudoers 文件生效。

现在看起来 sudo 的确要比 su 灵活和有效得多。但没有什么解决方案是十全十美的。

使用 sudo 实际上增加了系统中特权用户的数量，如果其中一个用户的口令被人破解了，那么整个系统就面临威胁。保证每个拥有特权的用户保管好自己的口令显然比自己保管一个 root 口令困难得多——尽管除此之外并没有什么好办法。

9.9　进阶 1：/etc/passwd 文件

本节简要介绍/etc/passwd 文件。它是 Linux 中用于存储用户信息的文件。在早期的 Linux 中，/etc/passwd 是管理用户的唯一场所，包括用户口令在内的所有信息都记录在这个文件中。出于安全性考虑，现在用户口令已经转而保存在/etc/shadow 中了，这个文件将在 9.10 节讨论。

9.9.1　/etc/passwd 文件概览

用户的基本信息被储存在/etc/passwd 文件中。这个文件的每一行代表一个用户，使用 cat 命令查看到的文件内容大致如下：

```
root:x:0:0:root:/root:/bin/bash
daemon:x:1:1:daemon:/usr/sbin:/bin/sh
bin:x:2:2:bin:/bin:/bin/sh
sys:x:3:3:sys:/dev:/bin/sh
...
```

每一行由 7 个字段组成，字段间使用冒号分隔。各字段的含义如下：
- 登录名；
- 口令占位符；
- 用户 ID 号（UID）；
- 默认组 ID 号（GID）；
- 用户的私人信息：包括全名、办公室、工作电话、家庭电话等；
- 用户主目录；
- 登录 Shell。

其中大部分字段的作用是显而易见的，并在先前的章节中已做过相应介绍。下面将针对加密字段、UID 和 GID 作详细讲解。

9.9.2　加密的口令

把加密口令放在这里讲解似乎显得有点不合时宜。正如读者所看到的，在 passwd 的口令字段中，只有一个 x 摆放在那里。难道用户的口令就是 x 吗？这显然不可能，由于 passwd 文件需要对所有用户可读，因此另找一个地方存放口令显得很有必要。如今绝大多数系统都将用户口令经过加密后存放在/etc/shadow 文件中（这个文件只对 root 可读），然后在 passwd 文件的口令字段放入一个 x 作为占位符。

无论加密口令被存放在哪，其原理总是相同的。大部分 Linux 发行版可以识别多种不同的加密算法。通过分析加密后的数据，系统可以知道使用的是哪一种算法。因此，可以在一套系统上使用多种不同的加密方式。

目前在 Linux 上使用最广泛的加密算法是 MD5。MD5 可以对任意长度的口令进行加密，并且不会产生损失。所以一般来说，口令越长越安全。无论加密前的口令多长，经过 MD5 加密之后的长度是一个固定值（34 个字符）——数学总是能让人惊叹。在加密过程中，MD5 算法会随机加入一些被称作"盐（salt）"的数据，从而使一个口令可以对应多个不同的加密后的形式。因此，检查加密后的口令并不会发现两个用户使用相同口令这样的情况。

常用的加密算法总能够通过前缀来识别。MD5 算法总是以"1"开头，另一种常用的加密算法 Blowfish 以"$2a$"开头。不管使用哪一种算法，都应该使用 passwd 工具设置相应字段——没有人会选择纸和笔来完成这项工作。

9.9.3　UID 号

UID 号用于唯一标识系统中的用户。这是一个 32 位无符号整数。Linux 规定 root 用户的 UID 为 0。而其他一些虚拟用户如 bin、daemon 等被分配到一些比较小的 UID 号，这些用户通常被安排在 passwd 文件的开头部分。从一个比较大的数开始分配真实用户（如这里的 john）的 UID 号是一个好习惯，这样能为虚拟用户提供足够的余地。在笔者的系统上，真实用户的 UID 是从 1000 开始分配的。

应该保证每个用户 UID 号的唯一性。如果多个用户共有一个 UID，那么在诸如 NFS 这样的系统中将产生安全隐患。可以有多个用户的 UID 号均为 0，那么这些用户将同时拥有 root 权限。但通常不推荐这样做，这同样是出于安全方面的考虑。如果有这样的需求的话，应该使用类似于 sudo 这样的工具。

9.9.4　GID 号

GID 号用于在用户登录时指定其默认所在的组。和 UID 号一样，这是一个 32 位整数。组在/etc/group 文件中定义，其中 root 组的 GID 号为 0。

在确定一个用户对某个文件是否具有访问权限时，系统会考察这个用户所在的所有组（在/etc/group 文件中定义）。默认组 ID 只是在用户创建文件和目录时才有用。举例来说，john 同时属于 john、students、workmates 这 3 个组，默认组是 john。那么对于所有属于这 3 个组的文件和目录，john 都有权访问。当 john 新建了一个文件，那么这个文件所属的组就是 john。关于文件权限的详细讨论，参见 6.5 节。

9.10　进阶 2：/etc/shadow 文件

/etc/shadow 文件用于保存用户的口令，当然是使用加密后的形式。shadow 文件仅对 root 用户可读，这是为了保证用户口令的安全性。尽管所有的口令都经过加密，但让任何人都有机会接触这些口令是非常危险的，如果口令不够强的话，完全可以通过暴力破解获取其加密前的形式。关于如何合理地选择和保管口令，参见 3.1 节。

和/etc/passwd 文件类似，/etc/shadow 文件的每一行代表一个用户，并以冒号分隔每一个字段。其中，只有用户名和口令字段是要求非空的。一条典型的记录如下：

```
mike:$1$F60O3P9D$250FhpLPgsJINANs7j93Z0:14166:0:180:7::14974:
```

以下是各个字段的含义：

- 登录名；
- 加密后的口令；
- 上次修改口令的日期；
- 两次修改口令之间的天数（最少）；
- 两次修改口令之间的天数（最多）；
- 提前多少天提醒用户修改口令；
- 在口令过期多少天后禁用该账号；
- 账号过期的日期；
- 保留，目前为空。

以 mike 这个账号为例，mike 上次修改其口令是在 2008 年 10 月 14 日，口令必须在 180 天内再次修改。在口令失效前的 7 天，mike 会接到必须修改口令的警告。该账号将在 2010 年 12 月 31 日过期。

注意，在 shadow 文件中，绝对日期是从 1970 年 1 月 1 日至今的天数，这个时间很难计算，但总是可以使用 usermod 命令来设置过期字段（以 MM/DD/YY 的格式）。下面这条命令设置 mike 用户的过期日期为 2010 年 12 月 31 日。

```
$ sudo usermod -e 12/31/2010
```

9.11　进阶 3：/etc/group 文件

/etc/group 文件中保存有系统中所有组的名称，以及每个组中的成员列表。文件中的每一行表示一个组，由 4 个冒号分隔的字段组成。一条典型的记录如下：

```
admin:x:115:lewis,rescuer
```

以下是这 4 个字段的含义：

- 组名；
- 组口令占位符；
- 组 ID（GID）号；
- 成员列表，用逗号分开（不能加空格）。

和 passwd 文件一样，如果口令字段为一个 x 的话，就表示还有一个/etc/gshadow 文件用于存放组口令。但一般来说，组口令很少会用到，因此不必太在意这个字段。即便这个字段为空，也不需要担心安全问题。

GID 用于标识一个组。和 UID 一样，应该保证 GID 的唯一性。如果一个用户属于 /etc/passwd 中所指定的某个组，但没有出现在/etc/group 文件相应的组中，那么应该以 /etc/passwd 文件中的设置为准。实际上，用户所属的组是 passwd 文件和 group 文件中相应组的并集。但为了管理上的有序性，应该保持两个文件一致。

9.12　小　　结

- ❏ Linux 通过用户名和口令来验证用户的身份。
- ❏ 几个用户可以组成一个"用户组"。
- ❏ useradd 工具添加用户；groupadd 命令添加用户组。也可以使用图形化工具完成这些任务。
- ❏ history 命令查看用户在 Shell 中执行命令的历史记录。
- ❏ userdel 命令删除用户账号。
- ❏ usermod 命令修改已有的用户信息。
- ❏ id 命令查看特定用户的 UID、GID 及其所属的组。
- ❏ su 命令临时切换用户身份。不带任何参数的 su 命令切换到 root 身份，这是一种比较安全的使用 root 权限的方式。
- ❏ sudo 程序以更细的粒度分解系统特权。Ubuntu 只允许使用 sudo，而不能使用 su。
- ❏ UID 唯一标识系统中的用户，root 用户的 UID 为 0；类似地，GID 唯一标识系统中的用户组。
- ❏ 系统中的用户信息保存在/etc/passwd 文件中，口令保存在/etc/shadow 文件中。这两个文件应该妥善保管。
- ❏ /etc/group 文件保存系统中的组信息。

第 10 章　进 程 管 理

无论是系统管理员还是普通用户，监视系统进程的运行情况，并适时终止一些失控的进程是每天的例行事务（读者或许对 Windows 的任务管理器非常熟悉）。系统管理员可能还要兼顾到任务的重要程度，并相应调整进程的优先级策略。无论是哪一种情况，本章都会有所帮助。本章的任务将完全在 Shell 中完成。

10.1　快速上手：结束一个失控的程序

终止一个失控的应用程序或许是用户最常使用的"进程管理"任务，尽管没有人愿意经常执行这样的"管理"。为了模拟这个情况，本节手动构建了一个程序。这个古老而有名的"恶作剧"程序在 Shell 中不停地创建目录和文件。如果不赶快终止，那么它将在系统中创建一棵很深的目录树。

（1）在主目录中用文本编辑器创建一个名为 badpro 的文本文件，包含以下内容：

```
#! /bin/bash
while echo "I'm making files!!"
do
    mkdir adir
    cd adir
    touch afile

    sleep 2s
done
```

这是一个 Shell 脚本，现在并没有必要搞清楚其中的每一句话，第 21 章会详细介绍 Shell 编程。如果读者曾经接触过一门编程语言，应该能够大致看出这个程序做了些什么。为了让这个恶作剧表现得尽可能"温和"，这里让它在每次建完目录和文件后休息 2 秒钟。

（2）将这个文件加上可执行权限，并从后台执行。

注意：运行这个程序存在一些风险。千万不要漏了 sleep 2s 这一行，否则创建的目录树的深度会很快超出系统的允许范围。在这种情况下，读者可能必须要使用 rm -fr adir 来删除这些"垃圾"目录。

```
$ chmod +x badpro
$ ./badpro &
```

提示：为什么要从后台运行？原因只有一个，即迫使自己使用 kill 命令杀死这个进程。在前台运行的程序可以简单地使用 Ctrl+C 快捷键终止（当然这也不是一定的，具体请参见 10.7 节）。

（3）现在程序已经运行起来了，可以看到它在终端不停地输出 I'm making files!!。打开另一个终端，运行 ps 命令查看这个程序的 PID 号（PID 号用于唯一表示一个进程）。

```
$ ps aux | grep badpro
lewis     12974   0.0    0.0     10916    1616    pts/0    S   10:37   0:00
/bin/bash ./badpro
lewis     13027   0.0    0.0     5380     852     pts/2    R+  10:37   0:00
grep badpro
```

注意：这里为了方便寻找，使用了管道配合 grep 命令（可以参考 6.7.3 节）。在 ps 命令的输出中，第 2 个字段就是进程的 PID 号。通过最后一个字段可以判断出 12974 是属于这个失控进程。

（4）使用 kill 命令"杀死"这个进程。

```
$ kill 12974
```

（5）回到刚才那个运行 badpro 的终端，可以看到这个程序已经被终止了。最后不要忘记把这个程序建立的目录和文件删除（当然，读者如果非常好奇，可以到这个目录中看一看）。

```
$ rm -r adir
```

10.2　什么是进程

看似简单的概念往往很难给出定义，一个比较"正规"的说法是：进程是操作系统的一种抽象概念，用来表示正在运行的程序。其实，读者可以简单地把进程理解为正在运行的程序。Linux 是一种多用户、多进程的操作系统。在 Linux 的内核中，维护着一张表。这张表记录了当前系统中运行的所有进程的各种信息。Linux 内核会自动完成对进程的控制和调度——当然，这是所有操作系统都必须拥有的基本功能。内核中一些重要的进程信息如下：

❑ 进程的内存地址；
❑ 进程当前的状态；
❑ 进程正在使用的资源；
❑ 进程的优先级（谦让度）；
❑ 进程的属主。

Linux 提供了让用户可以对进程进行监视和控制的工具。在这方面，Linux 对系统进程和用户进程一视同仁，使用户能够用一套工具控制这两种进程。

10.3　进程的属性

一个进程包含有多个属性参数。这些参数决定了进程被处理的先后顺序、能够访问的资源等。这些信息对于系统管理员和程序员都非常重要。下面讨论几个常用的参数，其中的一些参数读者可能已经有所接触了。

10.3.1 PID：进程的 ID 号

在第 9 章中曾经提到，系统为每个用户都分配了用于标识其身份的 ID 号（UID）。同样地，进程也有这样一个 ID 号，被称作 PID。用 ID 确定进程的方法是非常有好处的——对于计算机而言，认识数字永远比认识一串字符方便得多，Linux 没有必要去理解那些对人类非常"有意义"的进程名。

Linux 不仅自己使用 PID 来确定进程，还要求用户在管理进程时也提供相应的 PID 号。几乎所有的进程管理工具都接受 PID 号，而不是进程名。这也是为什么在"快速上手"环节中必需要使用 ps 命令获得 PID 号的原因。

10.3.2 PPID：父进程的 PID

在 Linux 中，所有的进程都必须由另一个进程创建——除了在系统引导时，由内核自主创建并安装的那几个进程。当一个进程被创建时，创建它的那个进程被称作父进程，而这个进程则相应地被称作子进程。子进程使用 PPID 指出谁是其"父亲"，很容易可以理解，PPID 就等于其父进程的 PID。

在刚才的叙述中，多次用到了"创建"这个词，这是出于表述和理解上的方便。事实上在 Linux 中，进程是不能被"凭空"创建的。也就是说，Linux 并没有提供一种系统调用让应用程序"创建"一个进程。应用程序只能通过克隆自己来产生新进程。因此，子进程应该是其父进程的克隆体。这种说法听起来的确有点让人困惑，不过不要紧，这些概念只是对 Linux 程序员非常重要。读者如果对此感兴趣，可以参考 Linux 编程方面的书籍。

10.3.3 UID 和 EUID：真实和有效的用户 ID

只有进程的创建者和 root 用户才有权利对该进程进行操作。于是，记录一个进程的创建者（也就是属主）就显得非常必要。进程的 UID 就是其创建者的用户 ID 号，用于标识进程的属主。

Linux 还为进程保存了一个"有效用户 ID 号"，被称作 EUID。这个特殊的 UID 号用来确定进程对某些资源和文件的访问权限。在绝大部分情况下，进程的 UID 和 EUID 是一样的——除了著名的 setuid 程序。

什么是 setuid 程序？回忆 9.3 节中的 passwd 命令，这个命令允许用户修改自己的登录口令。但读者是否考虑过这个问题：密码保存在/etc/shadow 文件中，这个文件对普通用户是不可读的，那么用户怎么能够通过修改 shadow 文件来修改自己的口令呢？这就是 setuid 的妙处了，通过使 passwd 在执行阶段具有文件所有者（也就是 root）的权限，让用户临时有了修改 shadow 文件的能力（当然这种能力是受到限制的）。因此，passwd 就是一个典型的 setuid 程序，其 UID 是当前执行这个命令的用户 ID，而 EUID 则是 root 用户的 ID（也就是 0）。

除此之外，Linux 还给进程分配了其他几个 UID，例如 saved UID 和 FSUID。这种多

UID 体系的设置非常耐人寻味，对它的解释超出了本书的范围，有兴趣的读者可以自己查阅相关资料。

10.3.4　GID 和 EGID：真实和有效的组 ID

类似地，进程的 GID 是其创建者所属组的 ID 号。对应于 EUID，进程同样拥有一个 EGID 号，可以通过 setgid 程序来设置。坦率地讲，进程的 GID 号确实没有什么用处。一个进程可以同时属于多个组，如果要考虑权限的话，那么 UID 就足够了。相比较而言，EGID 在确定访问权限方面还发挥了一定的作用。当然，进程的 GID 号也不是一无是处。当进程需要创建一个新文件的时候，这个文件将采用该进程的 GID。

10.3.5　谦让度和优先级

顾名思义，进程的优先级决定了其受到 CPU "优待" 的程度。优先级高的进程能够更早地被处理，并获得更多的处理器时间。Linux 内核会综合考虑一个进程的各种因素来决定其优先级。这些因素包括进程已经消耗的 CPU 时间、进程已经等待的时间等。在绝大多数情况下，决定进程何时被处理是内核的事情，不需要用户插手。

用户可以通过设置进程的 "谦让度" 来影响内核的想法。"谦让度" 和 "优先级" 刚好是一对相反的概念，高 "谦让度" 意味着低 "优先级"，反之亦然。需要注意的是，进程管理工具让用户设置的总是 "谦让度"，而不是 "优先级"。如果希望让一个进程更早地被处理，那么应该把它的谦让度设置得低一些，使其变得不那么 "谦让"。关于如何设置谦让度，参见 10.8 节。

10.4　监视进程：ps 命令

ps 是最常用的监视进程的命令。这个命令给出了有关进程的所有有用信息。在 "快速上手" 环节，读者已经使用了这个命令，本节将给出这个命令的详细解释。

ps 命令有多种不同的使用方法，这常常给初学者带来困惑。在各种 Linux 论坛上，询问 ps 命令语法的帖子屡见不鲜。之所以会出现这样的情况，只能归咎于 UNIX "悠久" 的历史和庞杂的派系。在不同的 UNIX 变体上，ps 命令的语法各不相同。Linux 为此采取了一个折中的处理方式，即融合各种不同的风格，目的只是为了兼顾那些已经习惯了其他系统上 ps 命令的用户（尽管这种兼顾现在看起来似乎越来越没有必要了）。

幸运的是，普通用户根本不需要理会这些，这是内核开发人员应该考虑的事情。在绝大多数情况下，只需要用一种方式使用 ps 命令就可以了。

```
$ ps aux
USER       PID    %CPU   %MEM   VSZ    RSS   TTY   STAT   START   TIME COMMAND
root         1    0.0    0.0    4020   884   ?     Ss     18:41   0:00 /sbin/init
root         2    0.0    0.0    0      0     ?     S<     18:41   0:00 [kthreadd]
root         3    0.0    0.0    0      0     ?     S<     18:41   0:00 [migration/0]
root         4    0.0    0.0    0      0     ?     S<     18:41   0:00 [ksoftirqd/0]
root         5    0.0    0.0    0      0     ?     S<     18:41   0:00 [watchdog/0]
```

```
root        6  0.0  0.0        0      0  ?        S< 18:41 0:00 [migration/1]
root        7  0.0  0.0        0      0  ?        S< 18:41 0:00 [ksoftirqd/1]
root        8  0.0  0.0        0      0  ?        S< 18:41 0:00 [watchdog/1]
...
lewis    7194  3.0  2.7   693656  57480  ?        Sl 18:43 0:43 rhythmbox
lewis    7999  0.3  1.0   259340  20872  ?        Sl 19:06 0:00 gnome-terminal
lewis    8001  0.0  0.0    19348    856  ?        S  19:06 0:00 gnome-pty-helper
lewis    8002  0.0  0.1    20884   3576  pts/0    Ss 19:06 0:00 bash
...
```

ps aux 命令用于显示当前系统上运行的所有进程的信息。出于篇幅考虑，这里只选取了部分行。表 10.1 给出所有这些字段的具体含义。

表 10.1 ps aux命令产生进程信息的各字段的含义

字 段	含 义
USER	进程创建者的用户名
PID	进程的 ID 号
%CPU	进程占用的 CPU 百分比
%MEM	进程占用的内存百分比
VSZ	进程占用的虚拟内存大小
RSS	内存中页的数量（页是管理内存的单位，在 PC 上通常为 4K）
TTY	进程所在终端的 ID 号
STAT	进程状态，常用字母代表的含义如下： R 正在运行/可运行　　　　D 睡眠中（不可被唤醒，通常是在等待 I/O 设备） S 睡眠中（可以被唤醒）　T 停止（由于收到信号或被跟踪） Z 僵进程（已经结束而没有释放系统资源的进程） 常用的附加标志有： < 进程拥有比普通优先级高的优先级 N 进程拥有比普通优先级低的优先级 L 有些页面被锁在内存中 s 会话的先导进程
START	进程启动的时间
TIME	进程已经占用的 CPU 时间
COMMAND	命令和参数

ps 的另一组选项 lax 可以提供父进程 ID（PPID）和谦让度（NI）。ps lax 命令不会显示进程属主的用户名，因此可以提供更快的运行速度（ps aux 需要把 UID 转换为用户名后才输出）。ps lax 命令的输出如下：

```
$ ps lax
F UID PID PPID PRI   NI VSZ   RSS   WCHAN    STAT TTY    TIME COMMAND
4   0   1    0   20    0 4020   884  -        Ss   ?      0:00 /sbin/init
1   0   2    0   15   -5    0     0  kthrea   S<   ?      0:00 [kthreadd]
1   0   3    2 -100    -    0     0  migrat   S    ?      0:00 [migration/0]
1   0   4    2   15   -5    0     0  ksofti   S<   ?      0:01 [ksoftirqd/0]
...
1   0   9    2   15   -5    0     0  worker   S<   ?      0:00 [events/0]
1   0  10    2   15   -5    0     0  worker   S<   ?      0:00 [events/1]
1   0  45    2   15   -5    0     0  worker   S<   ?      0:00 [kblockd/1]
1   0  48    2   15   -5    0     0  worker   S<   ?      0:00 [kacpid]
```

```
1    0   5021    2   15  -5    0    0 worker S<    ?   0:00 [kondemand/0]
1    0   5022    2   15  -5    0    0 worker S<    ?   0:00 [kondemand/1]
5  102   5078    1   20   0 12296  760 - Ss        ?   0:00 /sbin/syslogd -u
syslog
...
```

10.5　即时跟踪进程信息：top 命令

ps 命令可以一次性给出当前系统中进程信息的快照，但这样的信息往往缺乏时效性。当管理员需要实时监视进程运行情况时，就必须不停地执行 ps 命令——这显然是缺乏效率的。为此，Linux 提供了 top 命令用于即时跟踪当前系统中进程的情况。

```
$ top

top - 20:02:26 up 1:21,  2 users,  load average: 0.42, 0.43, 0.37
Tasks: 159 total,   1 running, 157 sleeping,   0 stopped,   1 zombie
Cpu(s):  5.1%us,  3.0%sy,  0.0%ni, 91.4%id,  0.2%wa,  0.3%hi,  0.0%si,
0.0%st
Mem:  2061672k total, 1971368k used,   90304k free,   21688k buffers
Swap: 1855468k total,      56k used, 1855412k free,  822884k cached

  PID USER      PR  NI  VIRT  RES  SHR S %CPU %MEM    TIME+  COMMAND
 7202 lewis     20   0  496m 277m  17m S   7 13.8  11:42.03 VirtualBox
 7194 lewis     20   0  751m  63m  25m S   4  3.2   2:22.71 rhythmbox
 5865 root      20   0  561m 117m  28m S   2  5.8   5:06.62 Xorg
 6914 lewis     20   0  145m 5156 3784 S   1  0.3   1:03.08 pulseaudio
 9179 lewis     20   0  531m  89m  27m S   1  4.5   1:05.51 firefox
 9914 lewis     20   0 18992 1304  936 R   1  0.1   0:00.02 top
    1 root      20   0  4020  884  600 S   0  0.0   0:00.84 init
    2 root      15  -5     0    0    0 S   0  0.0   0:00.00 kthreadd
    3 root      RT  -5     0    0    0 S   0  0.0   0:00.02 migration/0
    4 root      15  -5     0    0    0 S   0  0.0   0:01.82 ksoftirqd/0
...
```

top 命令显示的信息会占满一页，并且在默认情况下每 10s 更新一次。那些使用 CPU 最多的程序会排在最前面。用户还可以即时观察到当前系统 CPU 使用率、内存占有率等各种信息。最后，使用命令 q 退出这个监视程序。

10.6　查看占用文件的进程：lsof

管理员有时候想要知道某个特定的文件正被哪些进程使用。lsof 命令能够提供包括 PID 在内的各种进程信息。不带任何参数的 lsof 命令会列出当前系统中所有打开文件的进程信息，要找出占用某个特定文件的进程，需要提供文件名作为参数。下面这条命令列出正在使用 database.doc 进程的相关信息。

```
$ lsof database.doc
COMMAND    PID USER   FD   TYPE DEVICE   SIZE    NODE NAME
soffice.b 8009 lewis   32u  REG    8,9 134144 1598449 database.doc
```

10.7　向进程发送信号：kill

看起来，kill 命令总是用来"杀死"一个进程。但事实上，这个名字或多或少带有一定的误导性。从本质上讲，kill 命令只是用来向进程发送一个信号，至于这个信号是什么，则是由用户指定的。kill 命令的标准语法如下：

```
kill [-signal] pid
```

Linux 定义了几十种不同类型的信号。可以使用 kill -l 命令显示所有信号及其编号。根据硬件体系结构的不同，下面这张列表会有所不同。

```
$ kill -l
 1) SIGHUP       2) SIGINT       3) SIGQUIT      4) SIGILL
 5) SIGTRAP      6) SIGABRT      7) SIGBUS       8) SIGFPE
 9) SIGKILL     10) SIGUSR1     11) SIGSEGV     12) SIGUSR2
13) SIGPIPE     14) SIGALRM     15) SIGTERM     16) SIGSTKFLT
17) SIGCHLD     18) SIGCONT     19) SIGSTOP     20) SIGTSTP
21) SIGTTIN     22) SIGTTOU     23) SIGURG      24) SIGXCPU
25) SIGXFSZ     26) SIGVTALRM   27) SIGPROF     28) SIGWINCH
29) SIGIO       30) SIGPWR      31) SIGSYS      34) SIGRTMIN
35) SIGRTMIN+1  36) SIGRTMIN+2  37) SIGRTMIN+3  38) SIGRTMIN+4
39) SIGRTMIN+5  40) SIGRTMIN+6  41) SIGRTMIN+7  42) SIGRTMIN+8
43) SIGRTMIN+9  44) SIGRTMIN+10 45) SIGRTMIN+11 46) SIGRTMIN+12
47) SIGRTMIN+13 48) SIGRTMIN+14 49) SIGRTMIN+15 50) SIGRTMAX-14
51) SIGRTMAX-13 52) SIGRTMAX-12 53) SIGRTMAX-11 54) SIGRTMAX-10
55) SIGRTMAX-9  56) SIGRTMAX-8  57) SIGRTMAX-7  58) SIGRTMAX-6
59) SIGRTMAX-5  60) SIGRTMAX-4  61) SIGRTMAX-3  62) SIGRTMAX-2
63) SIGRTMAX-1  64) SIGRTMAX
```

千万不要被这一堆字符吓到，在绝大多数情况下，这些信号中的绝大多数不会被使用。表 10.2 列出了经常会用到的信号名称和意义。

表 10.2　常用的信号

信　号　编　号	信　号　名	描　　述	默认情况下执行的操作
0	EXIT	程序退出时收到该信号	终止
1	HUP	挂起	终止
2	INT	中断	终止
3	QUIT	退出	终止
9	KILL	杀死	终止
11	SEGV	段错误	终止
15	TERM	软件终止	终止
取决于硬件体系	USR1	用户定义	终止
取决于硬件体系	USR1	用户定义	终止

💬提示：信号名的前缀 SIG 是可以省略的。也就是说，SIGTERM 和 TERM 这两种写法 kill 命令都可以理解。

在默认情况下，kill 命令向进程发送 TERM 信号，这个信号表示请求终止某项操作。

请回忆在"快速上手"环节中使用的命令 kill 12974,这实际上等同于下面这条命令:

```
kill -TERM 12974
```

或者

```
kill -SIGTERM 12974
```

但是,使用 kill 命令是否一定可以终止一个进程?答案是否定的。既然 kill 命令向程序"发送"一个信号,那么这个信号就应该能够被程序"捕捉"。程序可以"封锁"或者干脆"忽略"捕捉到的信号。只有在信号没有被程序捕捉的情况下,系统才会执行默认操作。作为例子,来看一下 bc 程序(一个基于命令行的计算器程序)。

```
$ bc
bc 1.06.94
Copyright 1991-1994, 1997, 1998, 2000, 2004, 2006 Free Software Foundation,
Inc.
This is free software with ABSOLUTELY NO WARRANTY.
For details type 'warranty'.
##这里按下快捷键 Ctrl+C
(interrupt) use quit to exit.
```

Linux 中,快捷键 Ctrl+C 对应于信号 INT。在这个例子中,bc 程序捕捉并忽略了这个信号,并告诉用户应该使用 quit 命令退出应用程序。

这就意味着,只要本章开头的那个 badpro 程序能够忽略 TERM 信号,那么 kill -TERM 命令将对它不起作用。加入这个"功能"非常容易,只要把程序改成下面这样就可以了。

```
#! /bin/bash

trap "" TERM

while echo "I'm making files!!"
do
    mkdir adir
    cd adir
    touch afile

    sleep 2s
done
```

读者应该已经猜到了,这里新加入的命令"trap "" TERM"用于忽略 TERM 信号。建议读者在阅读完下一段之前先不要运行这个程序,否则将可能陷入无法终止它的尴尬境地。

幸运的是,有一个信号永远不能被程序所捕捉,这就是 KILL 信号。KILL 可以在内核级别"杀死"一个进程,在绝大多数情况下,下面这条命令可以确保结束进程号为 pid 的进程。

```
$ sudo kill -KILL pid
```

或者

```
$ sudo kill -SIGKILL pid
```

或者

```
$ sudo kill -9 pid
```

　　然而，有一些进程的生命力是如此"顽强"，以至于 KILL 信号都不能影响到它们。这种情况常常是由一些退化的 I/O（输入/输出）虚假锁定造成的。此时，重新启动系统是解决问题的唯一方法。

10.8　调整进程的谦让度：nice 和 renice

　　nice 命令可以在启动程序时设置其谦让度。高谦让度意味着低优先级，因为程序会表现得很"谦让"；反过来，低谦让度（特别是那些谦让度为负）的程序能够占用更多的 CPU 时间，拥有更高的优先级。谦让度的值应该在–20～+19 之间浮动。

　　nice 命令通过接受一个-n 参数增加程序的谦让度值。下面以不同的谦让度启动 bc 程序，并使用 ps lax 命令观察其谦让度（NI）的值（注意这里 ps lax 命令的输出只选取了有用的行）。

```
##设置 bc 以谦让度增量 2 启动
$ nice -n 2 bc
$ ps lax
F  UID   PID  PPID PRI  NI   VSZ   RSS WCHAN  STAT TTY    TIME COMMAND
0 1000  8233  7645  22   2 10984  1228 -      SN+  pts/0   0:00 bc

##设置 bc 以谦让度增量-3 启动（读者可能不得不用 root 权限启动，稍后将解释原因）
$ sudo nice -n -3 bc
$ ps lax
F  UID   PID  PPID PRI  NI   VSZ   RSS WCHAN  STAT TTY    TIME COMMAND
0 1000  8233  7645  22  -3 10984  1228 -      SN+  pts/0   0:00 bc

##不带-n 参数的 nice 命令会将程序的谦让度增量设置为 10
$ nice bc
$ ps lax
F  UID   PID  PPID PRI  NI   VSZ   RSS WCHAN  STAT TTY    TIME COMMAND
0 1000  8233  7645  22  10 10984  1228 -      SN+  pts/0   0:00 bc
```

　　与之相对的，renice 命令可以在进程运行时调整其谦让度值。下面这条命令将 bc 程序的谦让度值调整为 12。

```
$ ps lax                                            ##获得进程的 PID
F  UID   PID  PPID PRI  NI   VSZ   RSS WCHAN  STAT TTY    TIME COMMAND
0 1000  8567  7645  32  10 10984  1228 -      SN+  pts/0   0:00 bc

$ renice +12 -p 8567                                ##-p 选项指定进程的 PID
8567: old priority 10, new priority 12

$ ps lax                                            ##观察效果
F  UID   PID  PPID PRI  NI   VSZ   RSS WCHAN  STAT TTY    TIME COMMAND
0 1000  8567  7645  32  12 10984  1228 -      SN+  pts/0   0:00 bc
```

　　读者应该已经注意到了以上几段在讲解 nice 和 renice 命令时的不同用语。所谓"谦让度增量"指的是 nice 命令将-n 参数后面的数值加上默认谦让度值，作为程序的谦让度值。也就是说，nice 命令调整的是"相对"谦让度值。这一点的确让人困惑，因为 renice 是调整"绝对"谦让度值的！好在通常来说，程序的默认谦让度值总是 0，在这种情况下，就不必考虑"相对"和"绝对"的问题了。保险起见，应该使用不带任何参数的 nice 命令查看这个"默认"谦让度值。

```
$ nice
0                                                          ##默认谦让度值
```

如果用户不采取任何行动，那么新进程将从其父进程那里继承谦让度。进程的属主可以提高其谦让度（降低优先级），但不能降低其谦让度（提高优先级）。这种限制保证了低优先级的进程不会派生出高优先级的子进程。但是 root 用户可以任意设置进程的优先级。这也是为什么在刚才的例子中，需要以 root 身份才能将 bc 程序的进程设置为–3。

如何合理地设置谦让度（或者说优先级）曾经是一件让系统管理员非常费神的事情，但现在已经不是了。如今的 CPU 足够强大，能够合理地对进程进行调度。输入输出设备永远跟不上 CPU 的脚步，在更多的情况下，CPU 总是等待那些缓慢的 I/O（输入/输出）设备（如硬盘）完成数据的读写和传输任务。然而，手动设置进程的谦让度并不能影响 I/O 设备对它的处理。这就意味着那些高谦让度（低优先级）的进程常常不合理地占据着本就低效的 I/O 资源。

10.9　/PROC 文件系统

/PROC 是一个非常特殊的文件系统，或者说它根本不是什么文件系统。/PROC 目录下存放着内核有关系统状态的各种有意义的信息。在系统运行的时候，内核会随时向这个目录写入数据。ps 和 top 命令就是从这个地方读取数据的。事实上，这是操作系统向用户提供的一条通往内核的通道，用户甚至可以通过向/proc 目录下的文件写入数据来修改操作系统参数。作为概览，来看一看这个目录下都有些什么。

```
$ ls /proc/
1       3143  5022  5705  6418  7002  7218    driver        scsi
10      3997  5078  5734  6570  7003  7223    execdomains   self
10656   3998  5134  5754  6687  7005  7230    fb            slabinfo
11      3999  5136  5764  6794  7015  7235    filesystems   stat
146     4     5158  5765  6797  7038  7270    fs            swaps
1474    44    5174  5785  6798  7055  7642    interrupts    sys
1477    4476  5188  5814  6799  7076  7644    iomem         sysrq-trigger
1578    4478  5201  5824  6800  7077  7645    ioports       sysvipc
1600    4479  5230  5862  6801  7080  7711    irq           timer_list
...
```

那些以数字命名的目录存放着以该数字为 PID 的进程的信息。例如，/proc/1 包含着进程 init 的信息。这个进程是由内核在系统启动时创建的，是除了那个时候同时创建的几个内核进程之外的所有进程的父进程。另一些文件则代表了不同的含义。例如，stat 文件包含了进程的状态信息，ps 命令通过读取这个文件向用户提供输出。/PROC 文件系统在系统开发上有着更多的应用，关于这个文件系统的详细信息，可以参考相关专业书籍。

10.10　小　　结

❏ "进程"是操作系统中的一种抽象概念，用来表示正在运行的程序。

- ❏ 进程有多个属性参数，包括 PID、PPID、UID 和 GID 等。
- ❏ setuid 程序是能够在运行时临时以其他用户身份（通常是 root）执行操作的程序。
- ❏ 优先级高（谦让度低）的进程更早被 CPU 处理，反之亦然。
- ❏ ps 命令查看当前正在运行的进程的情况。
- ❏ top 命令即时跟踪系统中的进程信息。
- ❏ lsof 命令查看正在使用文件的进程。
- ❏ kill 命令向进程发送信号，信号用于控制进程的行为。
- ❏ nice 和 renice 命令设置进程的谦让度。低谦让度意味着高优先级，反之亦然。
- ❏ /proc 文件系统中记录着和系统状态有关的各种信息。

第 3 篇　网络篇

第 11 章　网 络 配 置

这个世界的一切都可以数字化。无论是文字、图像还是声音，每时每刻，都有无数的"包裹"携带着一个个比特从世界的这头奔向另一头。这种疯狂的现象如今已经司空见惯，没有人能够完全离开它。网络是人类最伟大的发明之一，这使人类进入了一个全新的时代。

本章不会就网络原理作详细介绍，而着重关注如何连接到 Internet。在本章最后的"进阶"部分将讨论和网络配置有关的高级内容。

11.1　几种常见的连网方式

究竟有哪些连接网络的方式？根据不同的分类，可以作不同的回答。网络硬件市场已经形成了各种混乱的门类。各种不同的协议和设备充斥这个市场。很多时候要做出一个明确的分类非常困难。但这对于普通用户而言并不是重要的。桌面用户更关心的是如何接入网络，而不是这种接入具体是如何实现的。从这种意义上讲，"无屏蔽双绞线"这样的词不会比"博客"更有吸引力。因此，本节将完全从桌面用户的角度考察接入互联网的方式。关于计算机网络的原理，可以参考其他专业书籍。

11.1.1　通过办公室局域网

在一座或一群建筑物间存在的网络通常被称为"局域网"。常见的英文缩写 LAN（Local Area Network）表达的是同一个意思。这是在写字楼（或者其他布置有网络的建筑物）内实现计算机互联的最常见的方法。事实上，Internet 正是由世界各地的各类连网终端和网络"互联"而成的。因此，通过局域网接入 Internet 非常方便——前提是这个局域网提供了这样的出口。

目前，几乎所有的局域网都使用了以太网技术。"以太网"这个词对于读者而言应该并不陌生。PC 中安装的网卡总是标榜自己为"以太网网卡"。以太网是一种基于载波侦听、多路访问和冲突检测的连网协议。尽管存在有多种形式的以太网，但其基本原理是一致的。普通用户并不需要了解其中艰深晦涩的原理——这是网络管理员需要知道的事情，直接使用就可以了。对于普通的有线局域网接入而言，只需要一台带有网卡的计算机和一根网线就足够了。

11.1.2　无线连接

如果正在使用笔记本电脑，那么使用无线接入方式会是一个不错的选择。无线连网正在经历一个快速发展的阶段。这个领域已经有了很多不同的标准。其中 IEEE 的 802.11g 和 802.11a 无线局域网标准是目前使用最广泛的无线连网标准。几乎所有的笔记本电脑都配有支持这两种标准的无线网卡。只要在无线网络能够覆盖到的区域（例如展区、咖啡厅、机场等场所），就可以实现接入。这使得移动办公正变得越来越贴近普通人的生活。

在安全协议上，WPA 已经取代 WEP 成为了无线网络的主流安全技术。这一协议的发布大大增强了人们对于无线网络安全性的信心，因为曾经的 WEP 实在太糟糕了。为了保证通信的安全，建议不要使用未经加密的无线网络，并尽量使用 WPA 取代 WEP。

11.1.3　有线宽带连接

更多的人在更多的时候选择在家中上网。目前，国内的宽带普及率已经相当高，这种高普及率已经推动了整个互联网行业的飞速发展。DSL 是数字用户线路（Digital Subscriber Line）的缩写。这种技术使用普通电话线传输数据，是当前普及最广的宽带接入方案，连接速度理论上可达 7Mb/s。通常来说，典型的 DSL 连接速度在 256kb/s 和 768kb/s 之间。使用 DSL 需要到电信公司申请，并由电信公司派遣人员上门安装。这种"安装"主要包括一个机盒，这个机盒提供了到计算机的一条以太网连接。目前国内主要使用的 DSL 技术分支是 ADSL。A 代表非对称（asymmetric），简单的说就是上传和下载的速度不同。在这方面，想必读者已经颇有心得。

11.1.4　"古老"的拨号上网

尽管 ADSL 等宽带接入技术已经成为主流，但仍然有大量的用户在使用古老的拨号上网方式。这种上网方式要求有一台被称为调制解调器（Modem）的设备，将电话模拟信号转变为计算机可理解的数字信号。几年前，这种被昵称为"猫"的设备还是主流 PC 的标配。但是随着声音、图像和各种流媒体在互联网上的爆炸式发展，拨号上网已经变得越来越让人难以忍受。拨号上网的销声匿迹对于 Linux 而言也许是一件好事，因为 Linux 再也不用分心去对付那些所谓的 WinModem（一种只能在 Windows 下使用的 Modem）了。出于内容完整性的考虑和对部分读者的兼顾，本章仍然加入了拨号上网的内容。在 Linux 中使用拨号上网曾经让笔者颇费一番周折。

11.2　连接 PC 至局域网和 Internet

讲解 Linux 上的上网配置是一件让所有人都为难的事情。并不是因为这种配置本身有多复杂，而是对于这样一本书而言，实在有太多的东西需要考虑。各个发行版提供了不尽相同的用户界面，甚至不同的命令和配置文件——这一点的确值得商榷。尽量兼顾到各种主流发行版将大大增加本章的篇幅，同时对讲解技巧提出了巨大的挑战。本节以图形化工具的讲解为主，对于读者而言，只需要阅读和自己所在环境有关的部分就可以了。

11.2.1　连接办公室局域网

对于连接办公室局域网而言，一张以太网卡和一根网线是必需的。Linux 应该要认识主机上的这张网卡。对于今天的网卡和 Linux 而言，这已经不是什么困难的事情了。市场上几乎所有的以太网卡都不需要特定的驱动程序就可以运行，Linux 内核也可以非常自如地操作这些网卡。如果读者碰巧购买了不能被 Linux 识别的网卡，那么最好的办法是去换一张。台式 PC 的网卡非常便宜——寻找驱动程序所耗费的时间和精力的价值远远超过了这些金钱。

首先应该询问网络管理员，所在局域网使用的是动态主机配置协议（DHCP）还是静态 IP。DHCP 让用户几乎是彻底摆脱了网络配置的困扰，只需要将网线插上计算机，Linux 就会自动向 DHCP 服务器租用各种网络和管理参数，包括 IP 地址、网络掩码、默认网关和域名服务器等。要配置当前网卡使用 DHCP 方式，可以遵循下面的步骤。

（1）单击"设置"按钮，选择"系统设置"命令，在"系统设置"对话框中选择"网络"命令，打开"网络"对话框，如图 11.1 所示。

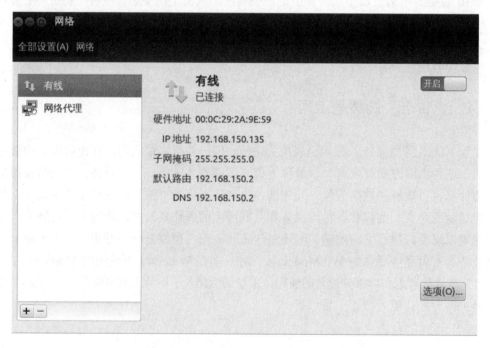

图 11.1　"网络设置"对话框

（2）选择"有线"选项，然后单击"选项"按钮，弹出"正在编辑 Wired connection1"对话框，在弹出的对话框中选择"IPv4"选项卡，如图 11.2 所示。

（3）在"方法"下拉列表框中选择自动配置（DHCP）选项，单击"保存"按钮。

（4）静态 IP 的配置方式略微复杂一些。在"方法"下拉列表框中选择"手动"选项，然后单击"添加"按钮，并依次输入"IP 地址"、"子网掩码"、"网关地址"字段，输入完后单击"保存"按钮，如图 11.3 所示。这些信息都可以从网络管理员那里得到。

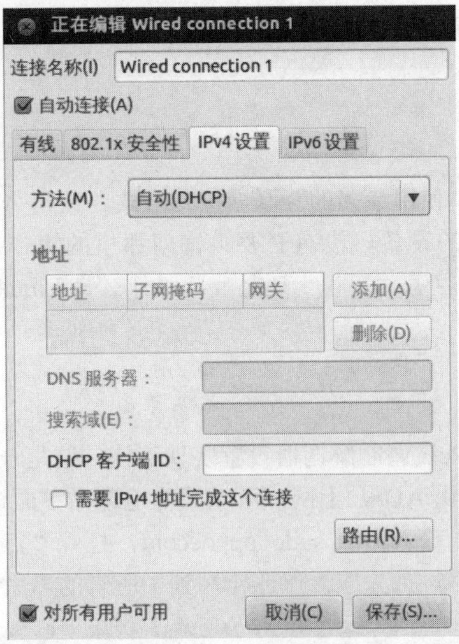

图 11.2　IPv4 设置对话框

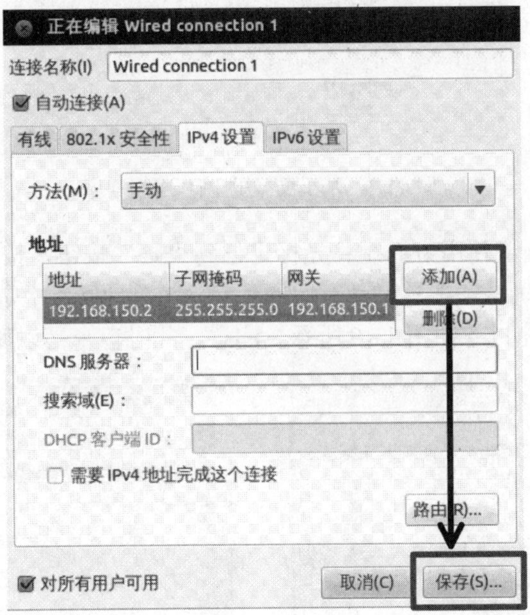

图 11.3　设置静态 IP 地址

连接到局域网后，下一个问题是怎样进一步连接到 Internet。在这一点上，不同的单位往往使用不尽相同的方法。有些企业直接提供了 Internet 出口，另一些则使用了诸如 VPN 这样的技术。经常可以在论坛上见到的抱怨是，网络设计要求客户端下载并安装相应的软件才能够连接到 Internet，而这种设计显然没有兼顾到 Linux 用户的需求：所有的客户端程序都被设计运行在 Windows 下。抱怨和投诉都没有太大用处，自己编写一个客户端或者寻求其他 Linux 用户的帮助是一种比较可行的方法。

11.2.2 使用 ADSL

ADSL 是当前家庭用户使用最多的互联网接入方式。使用 ADSL 宽带接入应该首先到电信公司申请并安装相应的设备。没有必要再询问那里的工作人员这种设备是否能够在Linux 下使用，无论他们是回答"可以"还是反问"什么是 Linux？"，都可以放心地让技术人员上门安装这台机盒。

1．Ubuntu中的设置

ADSL 使用以太网 PPPoE 调制解调器设置实现连接。这是一种被称作"点对点"的拨号方式。要配置 Ubuntu 使用 ADSL 上网，可以简单地遵循下面这些步骤。

（1）打开终端模拟器，输入命令 sudo pppoeconf，打开"点对点"连接配置工具。这是一个基于文本的菜单程序，首先应该保证检测到了所有的以太网设备，如图 11.4 所示。

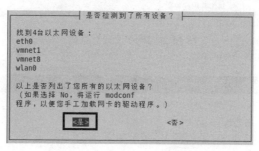

图 11.4　基于文本的 PPP 连接程序

（2）如果没有问题，使用方向键将光标定位到"是"按钮，按 Enter 键进入下一步。pppoeconf 会要求用户确认和配置文件有关的信息，简单地回答"是"即可。接下来需要输入用户名和口令，如图 11.5 和图 11.6 所示。注意，此时口令是以明文形式显示的。

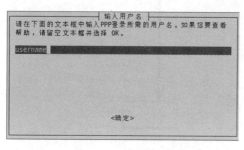

图 11.5　输入用户名

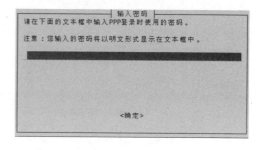

图 11.6　输入密码

（3）随后 pppoeconf 会询问用户是否要将获取的 DNS 信息加入本地列表中。回答"是"即可，并对接下来的"MSS 限制错误"对话框同样回答"是"，如图 11.7 所示。

（4）至此就完成了对宽带连接的配置。是否在每次启动时建立连接（如图 11.8 所示）和是否立即建立连接（如图 11.9 所示）完全取决于用户自己的想法。

以后可以使用下面这条命令建立连接。

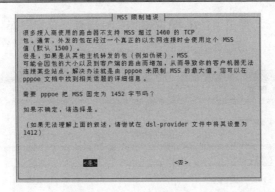

图 11.7　设置 MSS 限制

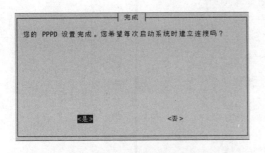

图 11.8　询问是否在每次启动时建立连接　　　　图 11.9　询问是否立即建立连接

```
$ sudo pon dsl-provider
```

相应地，下面这条命令关闭该 PPP 连接。

```
$ sudo poff dsl-provider
```

2．openSUSE中的设置

openSUSE 用户可以使用 YAST2 配置工具设置 ADSL 连接。

（1）通过选择桌面左下角的"K 菜单"|"计算机"|"YaST2"命令，打开 YaST2 控制中心，定位到"网络设备"标签，如图 11.10 所示。

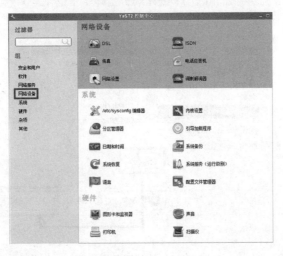

图 11.10　在 YAST2 中定位到"网络设备"标签

（2）单击 DSL 图标，弹出"DSL 配置概述"对话框，单击"添加"按钮，打开"DSL 配置"对话框，如图 11.11 所示。

图 11.11　DSL 基本配置

（3）在"PPP 方式"下拉列表框中选择"基于以太网的 ppp"选项，单击"下一步"按钮，此时系统弹出"选择因特网服务提供商（ISP）"对话框，要求用户选择服务提供商，如图 11.12 所示。这里并没有列出合适的服务提供商，单击"新建"按钮手动添加。

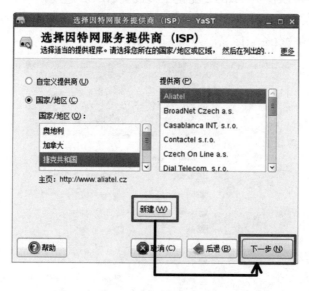

图 11.12　选择服务提供商

（4）在弹出的"提供程序参数"对话框中依次输入"提供商名称"（可以任意取名）、"用户名"和"密码"字段，如图 11.13 所示。

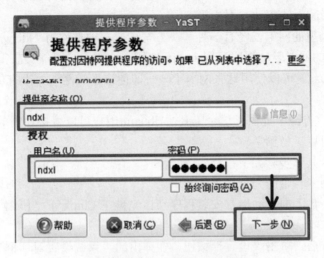

图 11.13　设置用户名和密码

（5）单击"下一步"按钮，设置连接参数，通常只要保持默认值就可以了。

（6）最后 YAST2 会显示汇总信息，单击"完成"按钮结束配置。YAST2 会替用户完成所有的设置，如图 11.14 所示。在这个过程中，如果缺少某个软件包，YAST2 会自动提示用户安装。

（7）右击桌面右下角的 图标，在弹出的快捷菜单中选择"拨入"命令即可建立连接，如图 11.15 所示。如果找不到这个图标，可以选择桌面左下角的"K 菜单"|"因特网"|"因特网拨号"命令打开这个拨号软件。

图 11.14　自动执行配置

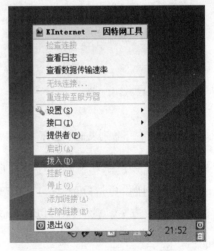

图 11.15　建立连接

11.2.3　无线网络

如今几乎所有的笔记本电脑都内置了无线网卡。随着无线热点覆盖范围越来越广，移动办公已经走进了寻常百姓的生活。要在 Linux 下使用无线网络，首先应该安装无线网卡的驱动程序。无线网卡是少有的几种对 Linux 支持不太好的硬件设备，各大无线网卡制造商似乎对提供 Linux 下的驱动并不积极。

然而，许多类型的网卡已经有一种解决方案了。一种被称为 Ndiswrapper 的程序能够利用 Windows 上的网卡驱动程序配置 Linux 内核。这样，只要能够获得 Windows 上的无线网卡驱动，Linux 就可以使用这张网卡了——即便该无线网卡并没有供 Linux 使用的驱动程序。

Ubuntu 在其官方源中提供了这个工具，Ubuntu 用户可以直接使用 apt-get 安装。关于如何安装软件，可以参考第 7 章。

安装无线网卡具体步骤如下：

（1）将无线网卡自带的光盘插入光驱中。

（2）找到该光盘上的手动运行安装程序（该光盘在 Linux 下是压缩文件，我们将它解压就可以了）。

（3）安装完成后，单击"设置"按钮，在弹出的"系统设置对话框"中选择"网络"命令打开这个软件（在该界面中有无线选项进行设置）。打开后的界面如图 11.16 所示。

安装完成后，应该可以看到主机面板上的 WiFi 灯亮起，表示无线网卡工作正常。通常来说，无线网络只要使用默认配置就可以了。Linux 会自动捕捉当前所在区域的无线接口。如果无线接口不止一个，那么用户可以从网络图标（这个图标通常出现在桌面状态栏的右侧）的下拉列表框中选择一个，如图 11.16 所示。

加密的无线网络还需要用户提供用户名和密码。如果不知道，那么应该向网络管理员咨询。建立连接后，网络图标看起来像图 11.17 这样。

图 11.16　在下拉列表框中选择无线网络连接

图 11.17　完成无线网络的连接

当然，这样只是建立了到无线接口所在局域网的连接。最后一个问题是，怎样连接到 Internet？这个问题的回答可参考 11.2.1 节最后一段。另外，电信公司已经推出了面向家庭用户的无线接入方案，读者也可以选择这种方式在家中实现移动办公。

11.2.4　拨号上网

拨号上网的障碍主要来自于 Modem 的驱动程序。如果读者使用的是外置拨号调制解调器，那么 Linux 不需要驱动程序就可以识别。但如果不幸遇到了那些需要在 Windows 下的特定驱动程序才能够正确运行的 Modem，那么只能到 Internet 上去碰运气。寻找

WinModem 驱动的特殊经历常常能唤起人们对"3 种境界"的深入思考。

安装完驱动后，通过下面的步骤配置拨号上网连接。

（1）选择 Ubuntu 右上角的连接图标，右击"编辑连接"命令，如图 11.18 所示。弹出"网络连接"对话框，如图 11.19 所示。

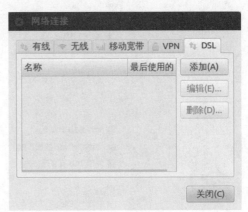

图 11.18　编辑连接　　　　　　　　　　　　　图 11.19　网络连接

（2）在弹出的"网络连接"对话框中选择 DSL 选项卡，然后单击"添加"按钮，在弹出的"正在编辑 DSL 连接 1"对话框中选择"IPv4 设置"选项卡，在方法下拉列框中选择"自动（PPPoE）"命令，如图 11.20 所示。

图 11.20　正在编辑 DSL 连接 1

（3）在"正在编辑 DSL 连接 1"对话框中选择"PPP 设置"命令可以对认证方法、压缩方式等选项进行设置，如图 11.21 所示。

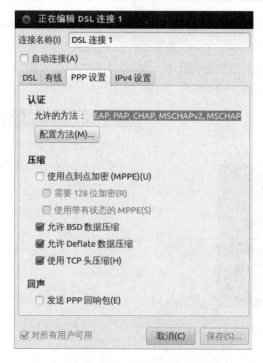

图 11.21　PPP 设置界面

11.3　进阶 1：在命令行下配置网络

Linux 图形界面下能完成的系统设置都可以在命令行下实现——这一点对网络配置同样适用。尽管图形化的网络配置工具给用户带来了莫大的方便，但对于系统管理员而言，掌握命令行工具的使用非常重要。本节主要讲述 ifconfig 和 route 这两个命令。对于配置一台拥有静态 IP 的服务器，本节非常有用。这里仍然不涉及高级的网络原理，只讲述最基本的网络配置方法。更多的细节和高级应用请参考其他专业书籍。

11.3.1　使用 ifconfig 配置网络接口

ifconfig 命令用于启动或禁用一个网络接口，同时设置其 IP 地址、子网掩码以及其他网络选项。通常，ifconfig 在系统启动时通过接受相关配置文件中的参数完成网络设置。用户也可以随时使用这个命令改变当前网络接口的设置。

首先来看一个例子。下面这条命令将网络接口 eth0 的 IP 地址设置为 192.168.1.14，子网掩码为 255.255.255.0，同时启动这个网络接口。

```
$ sudo ifconfig eth0 192.168.1.14 netmask 255.255.255.0 up
```

eth0 这个名字标识了一个网络硬件接口。其中的 eth 代表 Ethernet，即以太网。第 1 个以太网接口为 eth0，第 2 个以太网接口为 eth1……依次类推。无线网络接口往往以 wlan 开头，遵循和以太网接口相同的命名法则。

eth0 后面紧跟着 IP 地址。这里将 eth0 这个接口的 IP 地址设置为 192.168.1.14。netmask 选项指导 ifconfig 命令设置网络接口的子网掩码。

什么是子网掩码？这个问题说来话长。IP 地址是一个长达 4 字节的二进制数，用于唯一标识网络上的主机。在日常使用中，通常每个字节被转换成一个十进制数，各数字之间用点号隔开。这样就形成了诸如 192.168.1.14 这样的 IP 地址的表示形式。这个地址的表示分为网络部分和主机部分，其中网络部分表示地址所指的逻辑网络，而主机部分则表示该网络中的一台计算机。

这样问题就产生了：即便将前 3 个字节都作为网络部分使用（即 N.N.N.H 的形式），仍然有多达 254 个主机号可供这个网络分配。如果网络部分采用 2 个字节（N.N.H.H）和 1 个字节（N.H.H.H），那么这个数字将分别达到 65534 和 16777214。对于一个逻辑网络而言，主机数通常不会超过 100 台，预留这么多主机号显然是一种浪费。这样，子网掩码就应运而生了。通过对 IP 地址和子网掩码实施"与"运算，可以将网络号分离出来，从而实现利用有限的 IP 地址划分更多逻辑网络的目的。

最后的关键字 up 用于启动网络接口。与之相反的是关键字 down，用于关闭该网络接口。例如：

```
$ sudo ifconfig eth0 down
```

可以使用不带任何参数的 ifconfig 命令显示当前系统上所有网络接口的配置。

```
$ ifconfig
eth0      Link encap:以太网   硬件地址 00:21:70:6e:94:2c
          inet 地址:10.71.84.124  广播:10.71.84.255  掩码:255.255.255.0
          inet6 地址: fe80::221:70ff:fe6e:942c/64 Scope:Link
          UP BROADCAST RUNNING MULTICAST  MTU:1500  跃点数:1
          接收数据包:720 错误:0 丢弃:0 过载:0 帧数:0
          发送数据包:47 错误:0 丢弃:0 过载:0 载波:0
          碰撞:0 发送队列长度:1000
          接收字节:63221 (61.7 KB)  发送字节:7425 (7.2 KB)
          中断:17

lo        Link encap:本地环回
          inet 地址:127.0.0.1  掩码:255.0.0.0
          inet6 地址: ::1/128 Scope:Host
          UP LOOPBACK RUNNING  MTU:16436  跃点数:1
          接收数据包:3928 错误:0 丢弃:0 过载:0 帧数:0
          发送数据包:3928 错误:0 丢弃:0 过载:0 载波:0
          碰撞:0 发送队列长度:0
          接收字节:196400 (191.7 KB)  发送字节:196400 (191.7 KB)

wlan0     Link encap:以太网   硬件地址 00:16:44:db:34:b2
          inet 地址:10.250.20.44  广播:10.250.20.255  掩码:255.255.255.0
          inet6 地址: fe80::216:44ff:fedb:34b2/64 Scope:Link
          UP BROADCAST RUNNING MULTICAST  MTU:1500  跃点数:1
          接收数据包:1125 错误:0 丢弃:0 过载:0 帧数:0
          发送数据包:686 错误:0 丢弃:0 过载:0 载波:0
          碰撞:0 发送队列长度:1000
          接收字节:221103 (215.9 KB)  发送字节:92686 (90.5 KB)
          中断:17 Memory:f6cfc000-f6d00000
```

注意：其中名为 lo 的网络接口。lo 表示"环回网络"，这是一个没有实际硬件接口的虚拟网络。127.0.0.1 这个环回地址始终指向当前主机，也可以使用 localhost 表示当前主机。

值得注意的是，如果正在远程服务器上使用 ifconfig 命令，那么应该随时提防因为操作不慎而把自己断开了。万一真的发生了这样的事情，那么唯一的解决方法就是坐到这台服务器前面，纠正自己犯下的错误，即便这台服务器可能在这个城市的另一头。

11.3.2　使用 route 配置静态路由

路由是定义网络上两台主机间如何通信的一种机制。为了实现与目的主机的通信，需要告诉本地主机遵循怎样一条线路才能够到达目的地。Linux 内核中维护着一张路由表，每当一个数据包需要被发送时，Linux 会把这个包的目标 IP 地址和路由表中的路由信息比较。如果找到了匹配的表项，那么这个包就会被发送到这条路由所对应的网关。网关会负责把这个包转发到目的地。

使用 netstat -r 命令可以看到当前系统中的路由信息。

```
$ netstat -r
内核 IP 路由表
Destination     Gateway         Genmask         Flags  MSS Window  irtt Iface
10.71.84.0      *               255.255.255.0   U        0 0          0 eth0
10.250.20.0     *               255.255.255.0   U        0 0          0 wlan0
link-local      *               255.255.0.0     U        0 0          0 eth0
default         10.250.20.254   0.0.0.0         UG       0 0          0 wlan0
default         10.71.84.254    0.0.0.0         UG       0 0          0 eth0
```

在上面这张路由表中，地址 10.71.84.0 和 10.250.20.0 不需要网关即可到达——这意味着这两个地址和本地主机同处一个网络（事实上，最后一个字节为 0 的 IP 地址就是该网络的网络地址）。default 表示一条默认路由，当所有的表项都不能被匹配的时候，Linux 就会把包发送到默认路由所指定的网关上。这个例子中，默认路由的网关被设置为 10.250.20.254（对应于 wlan，即无线网络接口）和 10.71.84.254（对应于 eth0，即以太网接口）。

route 命令用于增加或者删除一条路由。下面这条命令增加了一条默认路由。

```
$ sudo route add default gw 10.71.84.2
```

其中，关键字 add 表示增加路由表项，关键字 default 指定了这是一条默认路由。关键字 gw 告诉 Linux 后面紧跟的参数 10.71.84.2 是包应该被转发到的那台主机(也就是网关)。注意网关必须处在当前可以直接连接到的网络上（这一点的原因是显而易见的）。

可以手动配置路由信息，使主机能够访问到某个网络。例如，现在希望连接到一个网络地址为 10.62.74.0/24 的网络，在本地网络中有一台 IP 地址为 10.71.84.51 的主机可作为网关。那么，可以运行下面这条命令增加一条路由。

```
$ sudo route add -net 10.62.74.0/24 gw 10.71.84.51
```

这条命令看起来跟之前有一些不同。首先，-net 取代了关键字 default，表示后面紧跟的是一个网络地址，也就是目的网络。关键字 gw 指示 Linux 把所有发送到 10.62.74.0 这个网络中的主机的包，全部转发到 10.71.84.51 上，这个网关主机知道怎样连接到目的网络。

其次，10.62.74.0/24 这个 IP 地址看上去有一点奇怪。以前（11.3.1 节）曾经提到，通过子网掩码可以提取一个 IP 地址的网络部分。那么，route 命令应该要知道某个特定网络的子网掩码是什么。/XX 是一种简便的表示子网掩码的方式，这里的 24 表示 IP 地址的网络部分占据 24 位，对应的子网掩码为 255.255.255.0。

也可以使用-host 关键字指定紧跟的 IP 地址是一个主机地址。下面这条命令指定将所有发送到主机 10.62.74.4 的包，转发到网关 10.71.84.51 上。

```
$ sudo route add -host 10.62.74.4 gw 10.71.84.51
```

💬提示：一个 IP 地址一般表示一台主机。但有两个地址是例外的。全 0 和全 1 的主机地址被保留作为网络地址和广播地址。网络地址代表整个网络，而发送到广播地址的包会被转发到这个网络的所有主机上。

可以指定对某个特定的网络接口配置路由表。

```
$ sudo route add -host 10.62.74.4 gw 10.71.84.51 dev eth0
```

其中，关键字 dev 是可有可无的。route 命令也可以理解下面这种写法。

```
$ sudo route add -host 10.62.74.4 gw 10.71.84.51 eth0
```

最后，使用 del 关键字可以删除一条路由。下面这条命令删除了当前的默认路由。

```
$ sudo route del default
```

基于和使用 ifconfig 命令同样的原因，在远程登录的情况下删除路由表项应该格外小心。把自己关在外面可不是什么好玩的事情。

11.3.3 主机名和 IP 地址间的映射

IP 地址太长了，以至于有些时候看起来像一串随机数字。没有人愿意在浏览器中敲入一串数字来访问某个网站。于是使用主机名来标识一台计算机就显得自然而然了。主机名是为了方便人们记忆而使用的一个有意义的字符串，如 localhost、www.google.com 等。计算机并不能通过主机名确定主机的位置。就像写有"乡下爷爷收"的信封永远不可能到达目的地一样，IP 地址如同大楼的门牌号，计算机必须通过 IP 地址才能找到主机。这样，就需要有一种方式来确定主机名和 IP 地址间的映射关系。

有多种不同的方法，最流行的是 DNS。为此，网络中必须有一台 DNS 服务器，客户机通过发起查询获得某台主机的 IP 地址。另一种较为"原始"的方式是使用 hosts 文件。尽管 hosts 文件在网络中事实上很少使用，但在 hosts 文件中指定本地映射关系在系统引导的时候非常必要，因为这个时候还没有网络支持。

Linux 中的 hosts 文件保存在/etc 目录下。一个典型的 hosts 文件应该至少包含两行，分别指定 localhost 和本地主机名对应的 IP 地址（这里都是 127.0.0.1，表示本机）。如下：

```
$ cat /etc/hosts
127.0.0.1   localhost
127.0.1.1   lewis-laptop
```

可以编辑这个文件加入新的映射关系。例如，下面这一行指明了一台名为 data-keeper 的主机 IP 地址为 10.10.10.31。

```
10.10.10.31 data-keeper
```

11.4　进阶 2：使用 wvdial 建立 PPP 连接

本节简要介绍和 PPP 连接有关的知识，以及如何通过 wvdial 拨号工具建立一条 PPP 连接。wvdial 是一个命令行工具，在各个发行版的 Linux 中拥有相同的行为，这对于正在寻求一种通用的解决方案的管理员非常重要。

11.4.1　PPP 协议简介

PPP 协议（Point-to-Point Protocol，点到点协议）是目前应用最广泛的数据传输协议之一，例如家用 ADSL 中就使用了这一技术。在最简单的情况下，PPP 通过下面这几步建立网络连接。

（1）使用串行调制解调器拨号。

（2）登录远程主机（通常是运营商的接入服务器）。

（3）启动远程 PPP 协议引擎。

（4）将串行端口配置为网络接口。

这也是一般拨号上网的基本过程：家庭用户通过 PPP 在用户端和运营商的接入服务器之间建立通信链路。随着 ADSL 等宽带接入方式的普及，PPP 逐渐衍生出更多的应用，如 ADSL 使用的 PPPoE（PPP over Ethernet）等。

11.4.2　wvdial 简介

在 Shell 下手动配置 PPP 有一点儿麻烦，用户不得不自己编写对话脚本。更让人泄气的是，各个 Linux 发行版本似乎倾向于在 PPP 上展现自己的"特色"——不同的发行版本常常使用不同的配置文件和命令。一些配置语法还有点儿怪异，也不那么好懂。

本节跳过了所有这些让人为难的部分，着重关注于如何用最简单的方式通过 PPP 接入 Internet。wvdial 就是这样一款智能拨号工具，它能够自动使用合理的参数，并根据用户提供的用户名、口令和电话号码调用 PPP 连接。不过说这是"最简单的方法"可能会有失公正，因为 11.2 节介绍的那些图形化工具也许才是最容易使用的。不过，是否每个人都这样想呢？

11.4.3　配置 wvdial

wvdial 的配置文件是/etc/wvdial.conf，这个配置文件中定义了拨号使用的调制解调器、用户名、口令和电话号码。除了调制解调器外，其他的信息都应该从运营商处获取。通常来说，调制解调器对应的设备文件是/dev/modem，但这总是随系统的不同而不同，读者应该用合适的文件名替代它。下面给出了一个典型的 wvdial 配置文件。

```
[Dialer Defaults]
Modem = /dev/modem
Username = 16300
Password = 16300
Phone = 16300

[Dialer 96550]
Modem = /dev/modem
Username = 82752678@2000
Password = CMfEHadi
Phone = 96550
```

这里定义了两个拨号号码，分别用关键字 Dialer 后的字符串标识。还是那句话，名字可以任意取，只要自己明白就可以了。Defaults 表示默认使用的拨号号码，毫无疑问，一个 wvdial.conf 中只能有一个 Defaults 段。

11.4.4 使用 wvdial 拨号上网

如果简单地使用命令 wvdial，那么 wvdial 会使用[Dialer Defaults]中定义的规则尝试建立连接。或者也可以给 wvdial 提供一个参数，参数应该是 wvdial.conf 中某个 Dialer 段的名字。下面这条命令按照[Dialer 96550]定义的规则尝试建立拨号连接。

```
$ sudo wvdial 16500

        We trust you have received the usual lecture from the local
        System
Administrator. It usually boils down to these three things:

#1) Respect the privacy of others.
#2) Think before you type.
#3) With great power comes great responsibility.

root's password:
        --> WvDial: Internet dialer version 1.54.0
        --> Initializing modem.
        --> Sending: ATZ
        ATZ
        OK
        --> Sending: ATQ0 V1 E1 S0=0 &C1 &D2
        ATQ0 V1 E1 S0=0 &C1 &D2
        OK
        --> Modem initialized.
        --> Idle Seconds = 300, disabling automatic reconnect.
        --> Sending: ATDT16500
                --> Waiting for carrier.
                ATDT 96550
                CONNECT 57600
        --> Carrier detected.  Starting PPP immediately.
        --> Starting pppd at Sun Dec 7 14:20:06 2008
        --> pid of pppd: 14053
        --> Using interface ppp0
        --> pppd: Password
```

```
--> pppd: Password
--> pppd: Password
--> local  IP address 211.95.25.57
--> pppd: Password
--> remote IP address 61.152.64.91
--> pppd: Password
--> primary  DNS address 211.95.1.97
--> pppd: Password
--> secondary DNS address 211.95.1.123
--> pppd: Password
--> Script /etc/ppp/ip-up run successful
--> Connected... Press Ctrl-C to disconnect
```

　　在建立连接的过程中，Linux 会在屏幕上打印一系列信息作为反馈。如果没有出现错误提示的话，一条拨号连接就建立起来了。这条连接会一直保持在那里，直到用户使用 Ctrl+C 快捷键关闭。当然在这个过程中，运营商正在耐心地数钱。

11.5　小　　结

- ❑ 根据分类方式的不同，有多种联网方式。对于普通用户而言，可以通过办公室局域网、无线连接、有线宽带连接、拨号上网等方式接入互联网。
- ❑ 连接办公室局域网只需要一张以太网卡和一根网线即可。可以配置为使用 DHCP 或静态 IP 地址，视具体网络环境而不同。
- ❑ ADSL 设备一般都能被 Linux 支持。Ubuntu 和 openSUSE 中配置 ADSL 上网的方式略有不同。
- ❑ Linux 上可以通过 Ndiswrapper 加载 Windows 上的网卡驱动程序。
- ❑ 拨号上网最大的障碍来源于 Modem 的驱动程序。不过拨号上网方式正在逐步退出历史舞台。
- ❑ ifconfig 命令用于配置网路接口。
- ❑ 子网掩码用于分离 IP 地址中的网络部分和主机部分。
- ❑ route 命令配置静态路由。
- ❑ 有多种方式在主机名和 IP 地址之间进行映射。/etc/hosts 文件中保存了系统启动时需要用到的映射关系。
- ❑ wvdial 工具建立一条 PPP 连接。该工具可以在各种发行版上向管理员提供相对统一的接口。

第 12 章　浏 览 网 页

在个人用户眼里，网页浏览器或许已经变得和操作系统一样重要。这个世界的工作重心正朝着互联网这朵"云"转移。当办公文档都可以在 Web 浏览器中查看和编辑，有时候让人不得不怀疑，桌面操作系统在不久的将来是否会退化为一个浏览器？

无论如何，没有网页浏览器的 PC 是不完整的。本章介绍在 Linux 下经常使用的几款浏览器软件。限于篇幅，这里只能给出简要介绍，更高级的功能读者可以自己摸索。

12.1　使用 Mozilla Firefox

Firefox 是目前最炙手可热的开源 Web 浏览器。在 IE 牢牢占据优势的浏览器市场，Firefox 在其诞生后的 4 年中夺取了超过 20%的份额。用户因为其快速、安全的特性而纷纷投奔于它。Firefox 同时支持 Windows、Linux 和 Mac OS 这 3 个操作系统平台，并且是几乎所有 Linux 发行版的默认 Web 浏览器。

12.1.1　启动 Firefox

Firefox 是目前几乎所有 Linux 发行版都自带的 Web 浏览器，因此并不需要费神去安装。如果读者使用的 Linux 碰巧没有安装这个软件，那么可以从 www.mozilla.org.cn 上下载其 Linux 版本并安装。安装非常简单方便，此处不再赘述。

不同的发行版有不同的应用程序目录结构。通常来说，Firefox 会出现在"互联网"子目录中。例如在 Ubuntu 中，在左侧栏中选择"Firefox 网络浏览器"命令打开这个程序；openSUSE 用户可以选择"应用程序"|"FirefoxWeb 浏览器"命令来打开。在地址栏中输入网站地址并回车后即可访问相应的 Web 网页，如图 12.1 所示。

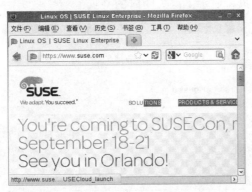

图 12.1　在 Firefox 中浏览网页首页

Firefox 的特色之一在于标签式的浏览方式——尽管这并不是其首创的。用户不需要像 IE 6 及以前的版本那样，在浏览网页的时候开启多个浏览器窗口。页面间的切换可以通过选择标签完成。双击标签栏的空白部分，或者使用 Ctrl+T 快捷键可以打开一个空白标签，如图 12.2 所示。这个人性化的设计大大提升了用户体验，微软从 IE 7 才开始加入这个功能。

图 12.2　新建一个空白标签

当用户在打开多个网页的情况下试图关闭浏览器时，Firefox 会给出提示，询问确认关闭窗口，如图 12.3 所示。单击"关闭多个标签页"按钮这样就直接退出整个页面了。单击"取消"按钮终止关闭浏览器的操作。

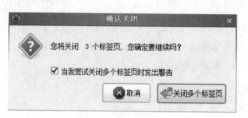

图 12.3　关闭窗口提醒

12.1.2　设置 Firefox

选择"编辑"|"首选项"命令中可以对 Firefox 的各种选项进行设置。打开后的对话框如图 12.4 所示。其中最常用到的功能就是"主要"选项卡了。在这个选项卡中，可以设置 Firefox 启动时显示的页面。根据读者的喜好，可以设置为显示主页（需要在"主页"文本框中输入）、显示空白页、显示上次关闭时的网页。

图 12.4　首选项设置

Firefox 在默认情况下将所有下载的文件保存在"下载"文件夹下面，用户可以自由改变这个默认的存储目录。单击"浏览"按钮打开"选择下载文件夹"对话框，选择想要作为默认存储位置的目录。也可以通过选定"总是询问保存文件的位置"单选框让 Firefox 在每次下载文件的时候都询问保存路径。

如果需要设置代理服务器，首先安装 Suse Linux 系统（本例选的是 KDE 桌面）。系统安装完成后，在终端中用 ifconfig 命令查看是不是有 eth0 eth1 两块网卡，在这里用 eth0 作外网网卡，eth1 作内网网卡。

（1）配置 IP："K 菜单（就是类似于 windows 的开始）"|"系统"|YaST|"网络设备"命令，单击"网络设置"图标，稍后，就会转到"网卡设置"对话框，这时应该有两个网卡。选中第一块网卡（也就是外网卡），然后单击下面的编辑，这时会转向"网卡设置"对话框中的地址选项卡。在选项卡中选择"静态指派 IP 地址"单选按钮，填写相关配置，如图 12.5 所示。配置完后单击"下一步"按钮会返回初始界面。

图 12.5　IP 地址的设置

（2）在"网络设置"对话框中选择"路由选择"选项卡，在"路由选择配置"中的"默认网关"文本框中输入外网网关，也就是本例中的 192.168.0.1。输入完成后，选中下面的"启用 IP 转发"复选框，完成后单击确定按钮，如图 12.6 所示。再按上述方法，配置第二块网卡（也就是内网）。配置完成后，单击"下一步按钮"，suse 开始保存网络配置。配置 IP 和打开 IP 转发算是设好了。

（3）依次选择"YaST 菜单"|"安全和用户"|"防火墙"命令，打开防火墙设置，如图 12.7 所示。在防火墙设置的页面中，单击左侧栏的启动选项，在启动服务选项卡中选择"启用防火墙自动启动"命令。接着单击左栏中的"接口"，在这个页面中，外网卡选择"外部区域"，内网卡选择"内部区域"，配置完成后，再单击左栏中的"掩蔽"，选择"掩蔽网络"，再选择左栏的"启动"，选择立即保存设置并重启动防火墙，然后单击"下一步"按钮，在"防火墙设置：小结"页面单击"完成"按钮。这样，防火墙就设置完成了。

图 12.6　路由选择配置

图 12.7　清除最新的历史记录

还有多个其他选项可供设置，读者可以逐一尝试。在大多数情况下，只要使用 Firefox 的默认设置就足够了，在更改安全选项的时候，请确定这是必须的。

12.1.3　清除最新的历史记录

Firefox 提供了一个功能用于清除保存在浏览器中的历史记录。选择"工具"|"清除最新的历史记录"命令打开"清除最新的历史记录"对话框，单击"详细信息"按钮，有些选项可供选择，如图 12.8 所示。可以通过选择相应的复选框，来选择希望清除最新的历史记录。单击"立即清除隐"按钮执行清除操作。

图 12.8　清除最新的历史记录

有必要稍作解释的是 cookie。在用户浏览网页的时候，一些服务器会在用户机器的特定目录（由浏览器指定）下储存一些信息。这些信息往往用于确定用户的身份——回忆在淘宝网购物的时候，尽管用户在不同的页面之间切换。但并不需要每次都输入验证信息。这些信息非常短小，因此被形象地称为 cookie（英语小甜饼的意思）。cookie 由浏览器管理，可以设置失效期限（然而总有一些网站设置了 cookie 却没有设置其何时失效）。一些恶意程序会窃取保存在 cookie 中的个人信息，因此定期清理一下 cookie 会是一个比较好的习惯。

12.1.4　订阅新闻和博客

查看新闻和朋友博客是很多读者每天打开浏览器后要做的第一件事。然而，每次打开浏览器都需要输入网址，这并不是一件让人愉悦的事情。RSS 提供了一种订阅此类信息的途径，RSS 是在线共享内容的一种简易方式（也叫聚合内容，Really Simple Syndication）。网站通过 RSS 输出，可以让用户获取到网站内容的最新更新。

使用 Firefox 可以方便地订阅 RSS。打开一个提供了 RSS 输出的网站，在网页中可以看到出现一个 RSS 记号 ，如图 12.9 所示。

图 12.9　RSS 输出的网站

单击 标记打开 RSS 订阅页面，如图 12.10 所示。单击"立即订阅"按钮，打开"订阅实时书签"对话框。选择一个目录，并单击"订阅"按钮把该 RSS 添加到这个目录下。当然，也可以在"订阅实时书签"对话框中单击"新建文件夹"按钮新建一个目录。本例中，该 RSS 被存放在 IT 目录下。

图 12.10　订阅 RSS

完成添加后，可以在地址栏上方的"书签"下拉菜单中看到，如图 12.11 所示。单击"书签"按钮，依次选择"书签工具栏"|"CSDN→ASP.NET 论坛帖子讨论列表"，可以看到刚才订阅的 RSS。RSS 会自动显示最近更新的文章标题，单击感兴趣的标题即可阅读相关内容。另外，用户也可以在添加 RSS 的时候在如图 12.12 所示的"订阅至此收取点，使用"下拉列表框中选择其他客户端软件。如图 12.12 所示是 RSS 订阅的 SQL 和 Oracle页面。

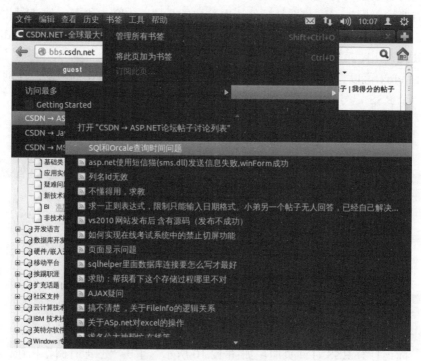

图 12.11　RSS 下拉菜单

图 12.12　RSS 订阅的 SQL 和 Oracle 页面

提示：哪些网站会提供 RSS？通常来说，RSS 会出现在一些实时更新的网站中。如今，
几乎所有的博客和新闻类网站都提供了 RSS 订阅功能。

12.1.5 安装扩展组件

作为一款优秀的开源软件，Firefox 在全世界拥有一批忠实的拥护者。每一天都有大量
针对 Firefox 的扩展组件被开发出来，用于增强浏览器的功能。在改善用户体验方面，一些
扩展组件表现出令人惊异的创造性。对于开发人员而言，类似于 firebug 这样的网页调试组
件已经成为了页面设计的必备工具。

（1）依次选择"工具"|"附加组件"命令，打开"附加组件"对话框，如图 12.13 所
示。在其中可以看到当前系统中已经安装的组件。

图 12.13 "附加组件"管理器

（2）选择"获取附加组件"标签，Firefox 会自动连接网络，获取当前可用的组件信息。
通常来说，Firefox 会根据热门程度和评级来选择显示"最好的"5 个组件，如图 12.14 所
示。可以通过单击"了解更多"链接在浏览器窗口中查看所有可用的组件，每一个组件下
方都有简介和用户评级。

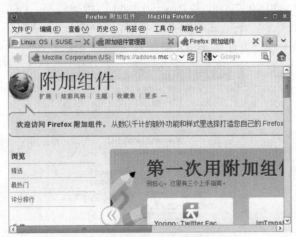

图 12.14 附加组件

（3）在左侧分类中选择"下载管理"命令，然后单击"+添加至 Firefox"按钮即可安装该组件，如图 12.15 所示。

图 12.15　安装附加组件

注意：完成组件的安装后需要重启 Firefox。

已经安装的附加组件可以随时在"附加组件"对话框中删除。具体方法是单击已安装的附加组件，然后单击"卸载"按钮。出于安全方面的考虑，建议不要安装来自不可信站点的组件工具。

12.2　使用 Opera

Opera 也是一款常用的浏览器软件。和 Firefox 一样，Opera 也支持多页面标签式浏览（这个说法有那么一点不妥。事实上，正是 Opera 在 1994 年的时候首创了这种浏览方式）。Opera 浏览器支持多国语言（当然也包括中文），并可以在大多数系统平台上运行。Opera Mini 更是可以在几乎所有的主流手机制造商的系统平台上运行。在浏览速度、安全性等方面，Opera 也展现出其优势所在。

可以从 cn.opera.com/download/上下载到 Opera 的最新版本。网站会根据用户当前使用的操作系统平台确定安装程序格式和版本。当然，也可以自己选择某个特定的版本。完成安装后，Opera 的界面看上去如图 12.16 所示。

图 12.16　Opera 浏览器的启动界面

12.3 基于文本的浏览器：lynx

Lynx 是一款基于文本的浏览器，工作在 Shell 下。Lynx 可以工作在多个操作系统平台上，包括 Linux、DOS、Macintosh 等，也是目前 GNU/Linux 中最受欢迎的 console 浏览器。这里将简要介绍 Lynx 的使用，完整的操作命令可以参考 Lynx 手册。

12.3.1 为什么还要使用字符界面

在图形界面已经如此普及的背景下，为什么还要使用基于字符界面的浏览器？答案是：的确没有什么必要。Firefox、Opera 这些浏览器软件非常美观，也非常高效，Lynx 似乎早已失去了用武之地——很多发行版默认并不安装这个小工具。然而即便如此，对于系统管理员而言，Lynx 有时候仍然是有用的。特别是当图形界面崩溃，而又希望上网查看和下载资料的时候，Lynx 会是一个很好的选择。

12.3.2 启动和浏览

尽管 Lynx 并没有包含在各大发行版的默认安装中，但在大部分 Linux 发行版的安装光盘中都包含有这个软件。可以使用包管理工具直接安装，也可以从 lynx.isc.org/release/ 上下载安装。

启动 Lynx 非常方便，打开终端，输入 Lynx 即可。也可以将网址作为参数直接打开网页。输入 lynx www.csdn.net 启动后的界面如图 12.17 所示。

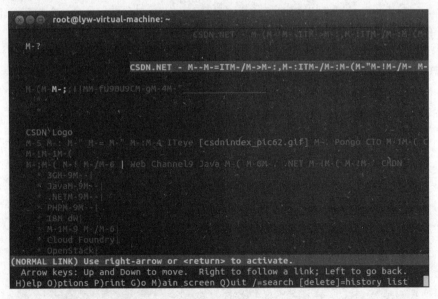

图 12.17 使用 Lynx 显示 CSDN 主页

通过使用方向键可以控制光标移动。Lynx 会逐个加亮超链接文本，在文本高亮显示时按下 Enter 键可以转到相应的网页。在文本框中可以直接输入文本，使用方向键结束输入，如图 12.18 所示。对于使用了 Cookie 的网站，Lynx 会要求用户决定是否接受来自该网站的 Cookie，通常回答 y 即可，如图 12.19 所示。

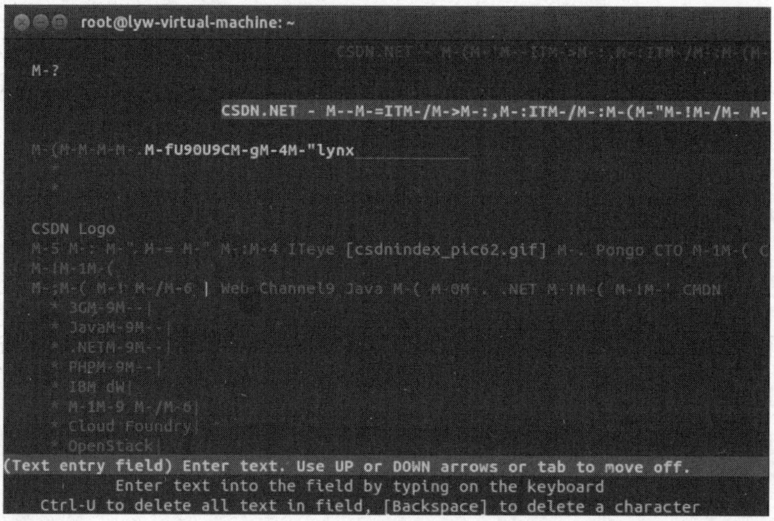

图 12.18　在文本框中输入文本

图 12.19　确认接受 Cookie

在浏览网页的过程中，Lynx 会随时给出操作提示，使用空格键可以快速向下滚动屏幕。由于这是一个基于文本的浏览器，因此不用指望显示图片了，所有的图片都被显示为一个个文件名。使用"/"命令可以打开命令行查找网页中的字符串。Lynx 会自动定位到查找到的字符串并高亮显示，如图 12.20 所示。

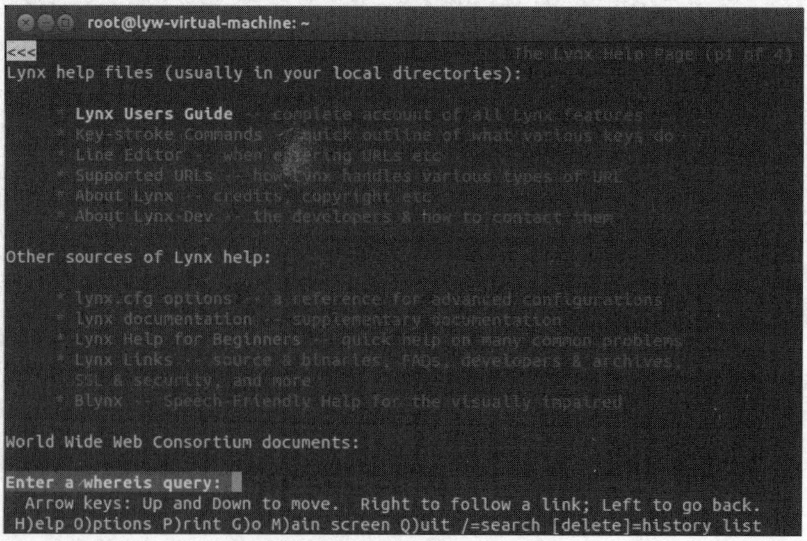

图 12.20　在网页中查找字符串

如果用户没有输入任何东西就回车，那么 Lynx 将回到当前页面。使用命令 q 可以退出 Lynx。依照惯例，Lynx 会询问是否真的想退出，回答 y 即可，如图 12.21 所示。

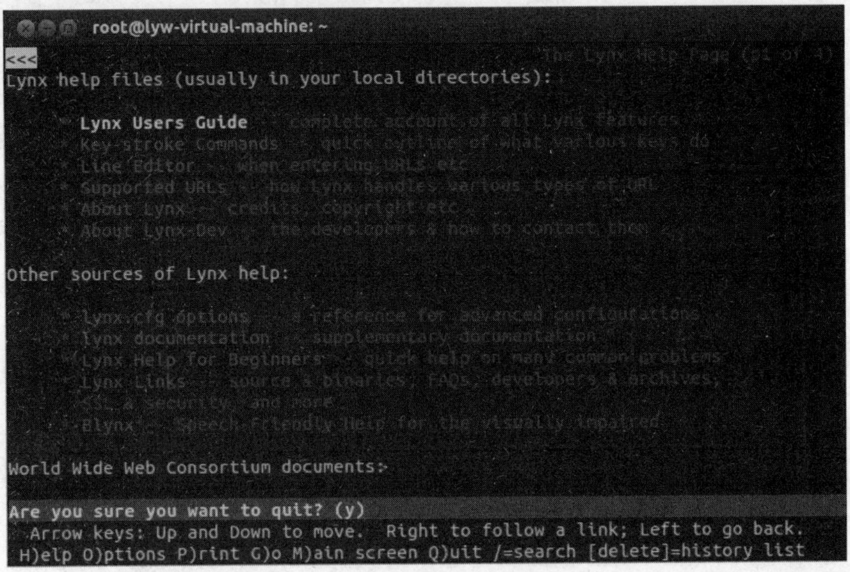

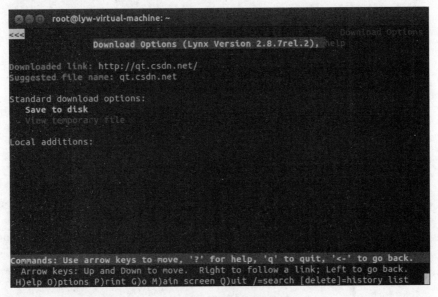

图 12.21　退出界面

12.3.3　下载和保存文件

在 Lynx 中下载文件非常方便。移动光标使链接高亮显示，按下 d 指示 Lynx 下载该链接所对应的文件。Lynx 会询问究竟是保存文件还是显示临时目录，如图 12.22 所示。移动光标使 Save to disk 命令高亮显示，按回车键并输入文件名即可完成保存。在默认情况下，下载的文件被保存在用户的主目录中。

图 12.22　下载并保存文件

12.4　其他浏览器

除了上面所提到的几款，还有一些浏览器可以在 Linux 平台中运行。包括 Konqueror、Galeon、Epiphany 和 Songbird 等。其中 Konqueror 是 KDE 集成的一款著名的浏览器，可以完成几乎所有的浏览功能——但在更多的情况下是作为目录浏览器的角色出现的。在功能上，这几款浏览器可能会稍逊于 Firefox 和 Opera。另外，Linux 版本的 Chrome 浏览器也被更好的开发出来了。我们可以更好的应用 Google 浏览器了。

12.5　小　　结

- ❑ Mozilla Firefox 是目前 Linux 中使用最广泛的网页浏览器，也是在整个桌面市场中份额仅次于 IE 的第二大浏览器。
- ❑ 定期清除浏览器中保存的隐私信息（例如 cookie）有助于保护个人信息安全。
- ❑ RSS 用于订阅即时信息。Firefox 提供了 RSS 订阅功能。
- ❑ 用户可以通过安装"扩展组件"增强 Firefox 的功能。
- ❑ Opera 也是一款跨平台的网页浏览器，多页面标签式浏览是它的首创。
- ❑ Lynx 是一款基于文本的浏览器。

第 13 章 收 发 邮 件

电子邮件曾经是互联网应用的中心，现在仍然是极其重要的一部分。已经很难想像没有电子邮件的世界是什么样了。记不清上一次跑邮局和开信箱是什么时候了，问候、企划、广告……每时每刻都从世界这头飞往另一头的"邮箱"，人们要做的只是用鼠标单击"接收"和"发送"那么简单。

本章将介绍 Linux 下主流邮件客户端的使用。不要因为正工作在 Linux 下而对此严阵以待，收发邮件在这里也只是轻点几下鼠标而已。

13.1 准 备 工 作

在正式使用电子邮件之前，需要做一些准备工作，例如获取一个邮箱。在这方面读者应该已经颇有心得，下面只是简单地做一些介绍，并帮助读者权衡一些看似细节的选择。这些细节问题有时候显得非常重要。

13.1.1 获得邮箱

个人邮箱收费的时代已经逐渐过去，几乎所有的门户网站都提供了免费邮箱服务。如今没有人再会抱怨找不到免费邮箱了。随着存储设备越来越廉价，个人邮箱的容量也一再扩容。事实上，这也成为了邮件服务商招揽客户的一大法宝。直到有一天 Google 告诉用户，从此以后可以不用再删除邮件了。如今，像 Gmail、Hotmail 这类邮箱的容量已经直逼 10GB（想一想 3 年前，用户要花多少钱才能买到这样的邮箱？），邮箱容量已经不再是普通用户需要权衡的问题了。

服务商们纷纷宣称能够提供更好的"用户体验"，对于读者而言，选择谁的邮箱完全取决于自己的口味。另外，如果需要使用邮件客户端来收发邮件，那么应该确保邮件服务商提供了这项功能，这部分的内容将在 13.2 节讨论。

在免费邮箱大行其道的今天，收费邮箱并没有就此销声匿迹——当然，容量已经不再是其优势所在了。收费邮箱在反垃圾邮件、稳定性、个性化体验、企业级应用等方面往往做得更好。让邮件服务商更多地考虑"服务"是一件好事情。读者如果有这方面的需求，那么不妨选择一款合适的产品，目前国内企业如通联无限、网易等都提供有相关服务。

13.1.2 邮件协议：浏览器还是邮件客户端

电子邮件从前一直都是和 POP3、IMAP、SMTP 这类协议联系在一起的，用户需要使用邮件客户端进行相关配置，然后才能收发邮件。而如今，随着 Web 技术的完善和网络速度的提升，邮件服务商似乎更倾向于让用户通过浏览器使用他们的产品。事实也证明，基于 Web 的邮件服务往往更具有亲和力：打开一个页面，输入用户名和密码，单击"登录"按钮就可以了。这使得收发电子邮件和浏览网页一样方便。同时对于邮件服务商而言，通过界面的设计，也能够更多地体现出差异。有些邮件服务商甚至已经不再使用 POP3 这些协议了。

但仍然有很多人选择使用邮件客户端。事实上，在最近几年里，各种形形色色的邮件客户端不是变少了，而是更多了（这方面，手机客户端程序有很大贡献）。相比较 Web 浏览器而言，邮件客户端可以提供下面这些额外的功能：

- ❏ 同时使用多个邮件账号；
- ❏ 定时接收邮件；
- ❏ 有条件接收邮件；
- ❏ 本地杀毒软件绑定；
- ❏ 反垃圾邮件；
- ❏ 日程管理等附加功能。

具体选择哪一种方式完全取决于读者。本章给出了 Linux 下常用的一些邮件客户端，并对 Thunderbird 作了详细介绍。如果读者还是决定使用 Web 浏览器，可以参考第 12 章的内容。

13.2　Gnome 下的邮件客户端：Evolution

如果读者使用的是 Ubuntu ，Evolution 软件应该在"新立得软件包管理器"中安装。安装好后在"Dash 页"搜索栏中输入"Evolution"命令找到它。第一次启动 Evolution 会弹出对话框要求用户配置相关选项。

单击"继续"按钮，Evolution 询问用户是否需要导入备份文件，如图 13.1 所示。通常在更新系统的时候，可以选择将 Evolution 中的信息（包括邮件、通讯录、行程和备忘）导出至某一个备份文件中，这样在转移系统的时候就不必重新录入信息了。

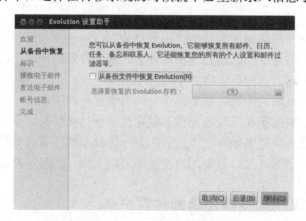

图 13.1　设置 Evolution 从备份文件导入信息

如果没有备份文件可供导入，那么再单击"继续"按钮，进入 Evolution 界面，在该界面"服务类型"选项中选择 POP 类型，然后依次填写"服务器"|"用户名"，如图 13.2 所示。

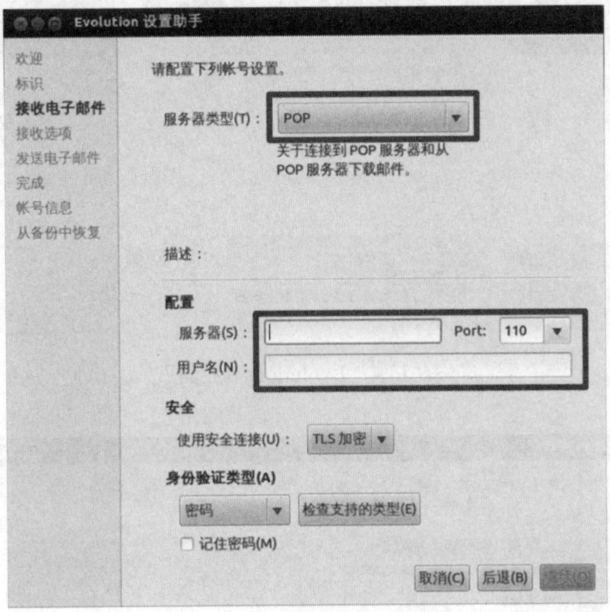

图 13.2　Evolution 设置助手

值得关注的是"接收选项"对话框，如图 13.3 所示。其中可以选择一些自动化的选项（如让客户端定时检查邮件）。在默认情况下，Evolution 从邮件服务器上下载邮件后，会将这封邮件从服务器上删除。选择"在服务器上保留消息"复选框，可以阻止 Evolution 删除服务器上的邮件。

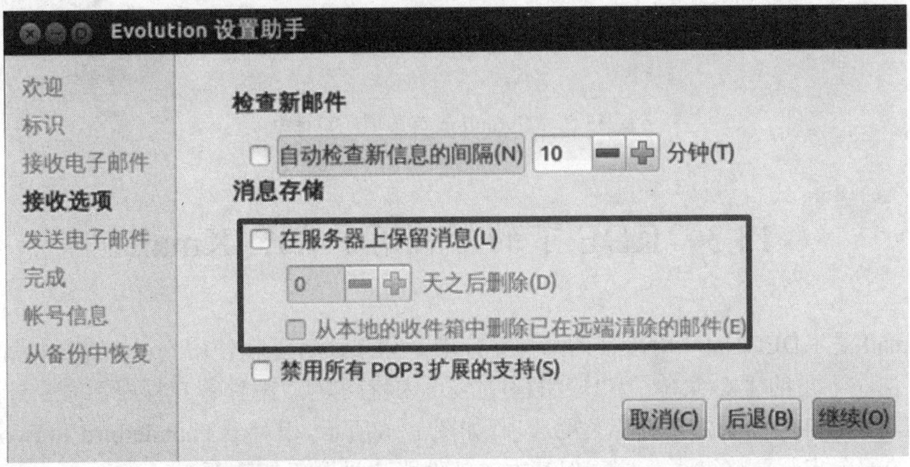

图 13.3　Evolution 接收选项

完成设置后，向导程序将启动 Evolution 主程序，如图 13.4 所示。Evolution 的基本使用和 Thunderbird 没有多大区别。依次选择"编辑"|"首选项"命令，可以打开"Evolution

首选项"对话框，在其中可以对各种选项进行设置，如图 13.5 所示。

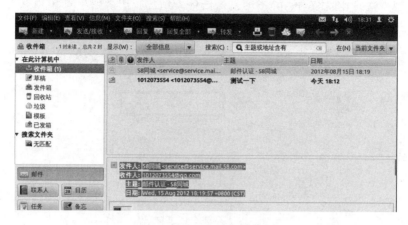

图 13.4　Evolution 主界面

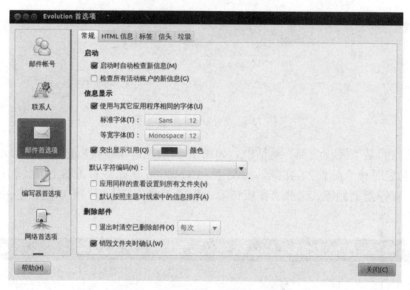

图 13.5　"Evolution 首选项"对话框

13.3　KDE 下的邮件客户端：Kmail

Kmail 是 KDE 桌面环境自带的邮件客户端。如果读者正在使用 openSUSE，那么可以选择桌面左下角的"K 菜单"|"应用程序"|"因特网"|"邮件客户程序"命令打开它。首次启动 Kmail 照例需要设置相关的选项，如图 13.6 所示。相对于 Thunderbird 和 Evolution，Kmail 的配置步骤要略微少一些，但基本的邮件账户设置仍然需要。

单击"关闭"按钮，Kmail 会自动打开主程序，如图 13.7 所示。

邮件客户端的使用方法大体上都是一样的。依次选择"设置"|"配置 Kmail"命令可以打开 Kmail 的配置界面，如图 13.8 所示。

图 13.6 Kmail 设置向导

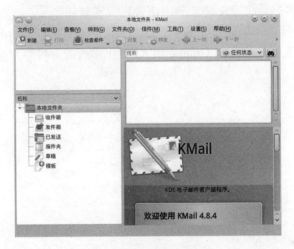

图 13.7 Kmail 主界面

图 13.8 配置 Kmail

13.4　小　　结

❑ 邮件客户端通常可以提供比 Web Mail 更多的功能。是否选择邮件客户端，完全取决于用户自己。

❑ 使用邮件客户端要求电子邮件服务商提供了 POP3、IMAP 和 SMTP 等协议支持。前两者用于接收邮件，后者用于发送邮件。

❑ Mozilla Thunderbird 是一款跨平台的邮件客户端程序，支持反垃圾邮件和通讯录等附加功能。

❑ 在使用邮件客户端收发邮件之前应该首先设置邮件账号。

❑ 和 Firefox 一样，可以通过安装"附加组件"增强 Thunderbird 的功能。

❑ Evolution 和 Kmail 分别是 Gnome 和 KDE 上常用的邮件客户端。

第 14 章 传 输 文 件

计算机早已过了那个需要用软盘共享文件的年代了。远隔千里的两台主机可以方便地通过网络传输数据，这也使得"网络硬盘"、"家庭办公"、"云计算"这些流行词汇成为可能。使用 Linux 可以很容易地通过网络共享文件，这种"共享"不仅发生在两台 Linux 主机之间，也可以是 Linux 和 Windows，或者其他任何操作系统。本章只涉及如何使用已有的共享资源，至于配置服务器的相关信息，可以参考第 6 篇。

14.1 Linux 间的网络硬盘：NFS

NFS 目前只用于在 Linux 和 UNIX 主机间共享文件系统。通过 NFS 可以方便地将一台 Linux（或者 UNIX）主机上的文件系统挂载到本地。当然，这首先要求对方主机开启了 NFS 服务器，并对这个"共享"的文件系统做了相关的设置。NFS 服务器的设置可以参考第 26 章。

14.1.1 安装 NFS 文件系统

使用 mount 命令安装 NFS 文件系统。从某种程度上，这和安装本地文件系统是一样的，区别仅仅在于需要给 mount 命令指定一个远程主机名（或者 IP 地址）。安装 NFS 最简单的命令如下：

```
$ sudo mount 10.171.37.1:/srv/nfs_share share/
```

这条命令将主机 10.171.37.1 上导出的/srv/nfs_share 安装到 share 目录下。接下来就可以像使用本地文件系统那样使用它了。

```
$ cd share/
$ ls                                                    ##查看目录下的内容
a                   dump-0.4b41-1.src_2.rpm  dump-0.4b41.tar.gz
Blue-1.7.tar.bz2    dump-0.4b41-1.src.rpm    mplayer
```

如果安装失败的话，那么很有可能是服务器端的 NFS 服务器没有正确导出这个目录，使用带-e 选项的 showmount 可以查看服务器端导出的目录。

```
$ showmount -e 10.171.37.1                              ##查看主机 10.171.37.1 导出的目录
Export list for 10.171.37.1:
/srv/nfs_share *
```

📖注意：openSUSE 用户需要切换到 root 身份才能执行 showmount 命令。

14.1.2　卸载 NFS 文件系统

和卸载本地文件系统一样，卸载 NFS 文件系统也使用 umount 命令。下面这条命令卸载了刚才安装的 NFS 文件系统。

```
$ sudo umount share/
```

应该确保卸载的时候没有其他进程正在使用这个文件系统，在很多情况下，只是因为用户进入了这个目录，此时 umount 命令会拒绝卸载文件系统。

```
$ sudo umount share/
umount.nfs: /home/lewis/share: device is busy
umount.nfs: /home/lewis/share: device is busy
```

如果找不到哪些进程正在使用这个文件系统，可以使用 lsof 命令查询，然后关闭这些进程。

```
$ lsof share/                                        ##查看哪些进程正在使用 share 目录
COMMAND    PID      USER    FD   TYPE   DEVICE  SIZE/OFF    NODE       NAME
bash       3828     lewis   cwd  DIR    0,20    4096        64514      share/
```

如果所有办法都不奏效，那多半是 NFS 服务器出了什么问题，使用 umount -f 命令可以强行卸载这个文件系统。

14.1.3　选择合适的安装选项

默认情况下，mount 命令会根据 NFS 服务器上的设置，选择合适的安装选项。在上面的例子中，mount 命令以只读方式挂载这个文件系统，试图在 share 目录下创建文件是非法的。

```
$ cd share/                                          ##进入 share 目录
$ touch b                                            ##创建一个空文件
touch: 无法触碰 "b"：只读文件系统
```

如果确定 NFS 服务器以可写方式导出了这个文件系统，那么可以使用-o 选项配合 rw 标志，明确指定以可读写方式安装这个文件系统。

```
$ sudo mount -o rw 10.171.37.1:/srv/nfs_share share/
```

💬提示：rw 标志实际上是"推荐"mount 命令用可读写方式安装文件系统。如果 NFS 服务器上的设置不允许外部可写，那么 mount 会自动选择只读方式安装。

NFS 还有其他一些安装标志，表 14.1 列出了其中常用的一些。

"硬安装"是 mount 命令的默认安装方式，使用这种安装方式有助于 NFS 传输的稳定。如果因为网络原因使某个程序的传输暂时被阻塞，那么客户机还会继续等待，直到传输恢复正常。与此相对，"软安装"则显得太过草率，一次短暂的故障就可能毁掉几个小时的劳动成果。但如果用户正在和一台不那么重要的 NFS 服务器打交道，那么 soft 标志有助于避免把时间浪费在无谓的等待上。

表 14.1　常用的NFS安装标志

标　　志	含　　义
rw	以可读写方式安装文件系统
ro	以只读方式安装文件系统
bg	如果安装失败，那么在后台继续发送安装请求
hard	"硬安装"方式。如果服务器没有响应，那么暂时挂起对服务器的访问，直到服务器恢复
soft	"软安装"方式。如果服务器没有响应，那么返回一条出错信息，并中断正在执行的操作
intr	允许用户中断某项操作，并返回一条错误信息
nointr	不允许用户中断
timeo=n	请求的超时时间。n 以十分之一秒为单位
tcp	使用 TCP 协议传输文件（默认选择 UDP）
async	要求服务器在实际写磁盘之前就回应客户机的写请求

　　intr 允许用户在发现某项操作没有回应的时候中断它。通常来说，给"硬安装"方式配合 intr 标志是一种比"软安装"更好的方式，这样既可以保证重要操作不会被意外中断，又能让用户在适当的时候手动中断某项操作。

　　使用逗号分隔多个不同的选项。下面这条命令以可读写、硬安装、可中断、后台重试安装请求的方式安装远程 NFS 文件系统。

```
$ sudo mount -o rw,hard,intr,bg 10.171.37.1:/srv/nfs_share share/
```

14.1.4　启动时自动安装远程文件系统

　　和本地文件系统一样，可以配置/etc/fstab 文件让系统启动时自动安装 NFS 文件系统。以 root 身份在/etc/fstab 文件中添加下面这一行：

```
10.171.37.1:/srv/nfs_share    /home/lewis/share    nfs    rw,hard,intr,bg
0    0
```

　　该行依次指定了下面这些配置信息：

❑ 指定将主机 10.171.37.1 上导出的 /srv/nfs_share 目录安装到目录 /home/lewis/share下；

❑ 文件系统类型是 nfs；

❑ 设置安装标志：rw, hard, intr，bg；

❑ 按备份频度 0 执行备份（完整备份）；

❑ fsck 检查次序为 0（最先检查）。

🔔提示：关于 fstab 文件的详细讨论，请参考 8.3.4 节。

　　这样在每次启动系统时就能自动安装这个 NFS 文件系统了。作为测试，可以使用下面这条命令让 fstab 文件中对 NFS 的配置立即生效。

```
$ sudo mount -a -t nfs
```

14.2　与 Windows 协作：Samba

读者已经看到，NFS 可以让另一台 Linux 主机上的文件系统看起来就像是在本地一样。但在实际的办公环境中，用户可能不得不要同大量的 Windows 主机打交道。让两台近在咫尺的 Linux 和 Windows 主机就这样装作不认识显然不是一个好主意。幸运的是，Samba 可以帮助管理员摆脱这样的困扰。

14.2.1　什么是 Samba

Windows 不知道 NFS，而是使用一种叫做 CIFS（公共 Internet 文件系统，Common Internet File System）的协议机制来"共享"文件。后者来自于微软和英特尔公司共同开发的 SMB（服务器消息块，Server Message Block）协议。CIFS 本质上是 SMB 的升级版本，微软似乎总是热衷于改名，在 SMB 之前，这个协议被称为 the core protocol（核心协议）。

1991 年（又是 1991 年！）澳大利亚人 Andrew Tridgell 用逆向工程实现了 SMB 协议（也就是现在的 CIFS 协议），并将这个软件包取名为 Samba。Samba 原本是源自巴西的一种拉丁舞蹈，Tridgell 选择这个名字可能是看上了桑巴舞的激情，当然还有这个单词中的 S、M 和 B 这 3 个字母。1992 年，Tridgell 公布了 Samba 的完整代码。从此这个项目得到了来自开源社区的大力支持，现在 Samba 的功能还在不断增强和完善。

Samba 能够毫无障碍地把 Windows 包含到 Linux 网络中。Samba 包括一个服务器端和几个客户端程序。安装在 Linux 主机上的 Samba 的服务器端程序向 Windows 机器提供 Linux 共享，Windows 主机则不需要为此安装其他特殊的工具（这一点特别诱人，不是吗？）；Samba 的客户端程序用于获取 Windows 主机的共享内容。本节将介绍如何使用 Samba 客户端程序实现文件传输。Samba 服务器的配置将留到第 25 章讨论。

14.2.2　快速上手：访问 Windows 的共享文件夹

在 Linux 的图形界面（KDE 或者 Gnome）下可以使用文件系统浏览器（Konqueror 或者 Nautilus）访问局域网内的 Samba 资源。这里以 Ubuntu 的 Nautilus 为例，介绍浏览工作组 Samba 共享的方法。

在终端输入 nautilus 命令进入"文本浏览器"，或者在打开的 Nautilus 浏览器的左侧"位置"列表框中选择"主文件夹"|"文件系统"选项，可以查看当前工作组计算机中的共享资源，如图 14.1 所示。

Ubuntu 中 Samba 默认是没有安装的。安装 Samba 可以通过"新立得软件包管理器"安装。安装完后，在 Dash 页搜索栏中输入 Samba 命令，即可打开 Samba 服务器配置。如图 14.2 列出了主机 bob-virtual-machine 上的共享资源，包括一个共享文件夹 share 和打印机共享。

如果该共享被设置为需要口令，那么用户应该可以看到如图 14.3 所示的对话框。设置

用户口令需要依次选择"首选项" | "Samba 用户"，该界面可以编辑所选用户来设置密码。注意，这里应该填写共享主机上的用户信息，如果用户名和口令通过了服务器（共享主机）的审核，那么就可以在 Nautilus 中看到共享文件夹中的内容了。

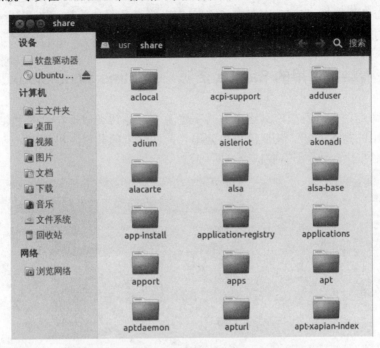

图 14.1　使用 Nautilus 浏览 Windows 共享资源

图 14.2　主机 bob-virtual-machine 上的共享资源

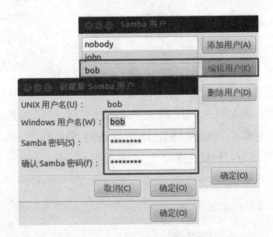

图 14.3　输入用户名和口令

读者已经看到，通过文件系统浏览器使用 Samba 资源非常容易。总体来说，这和 Windows 下的操作并没有什么不同。如果不介绍命令行工具的话，那么 14.2 节到这里就可以结束了。但要知道的是，Linux 系统管理员从来不用文件浏览器。对他们而言，访问一个目录要单击 7 次鼠标（2×2 次双击+3 次单击）简直是一种煎熬，Shell 命令仍然是访问 Samba 资源的首选途径。

14.2.3　查看当前可用的 Samba 资源：smbtree 和 nmblookup

smbtree 命令用于查看当前网络上的共享资源，这非常类似于在"网上邻居"中浏览。smbtree 最常用的是-S 选项，其能简单地列出当前网络上的共享主机列表。当 smbtree 询问口令时，直接回车（表示不需要口令）即可。

```
$ smbtree -S
Password:                                          ##密码为空
WYY
WORKGROUP
    \\ZYQ-PC
    \\ZJU-65F6D374489
    \\ZJU-5043C1696D2
    \\ZJU-2E9716590
    \\ZHUWEI-PC
    \\YUNER
    \\YULINYAN-PC
    \\YANGXIAO
    \\XINER-LAPTOP           DingXin's laptop
    \\XHS-E3BACCEC8A6
    \\WWW-DD0298D7CE0
...
MSHOME
```

如果不指定-S 选项，那么 smbtree 会试图和搜索到的共享主机建立连接。使用-U 选项可以指定与哪个用户名建立连接，并且提供其对应的口令。

```
$ smbtree -b -U smbuser
Password:                                          ##输入用户 smbuser 的口令
WYY
WORKGROUP
...
\\LEWIS-LAPTOP           lewis-laptop server
    \\LEWIS-LAPTOP\IPC$                 IPC Service (lewis-laptop server)
...
```

这里还提供了-b 选项，用于指定 smbtree 使用广播的方式搜寻整个网络。注意，smbtree 除了提供了共享主机的主机名以外，还列出了这台主机上的共享资源。

有些时候，用户可能希望直接使用 IP 地址来访问 Samba 资源，使用 nmblookup 可以查询某台主机对应的 IP 地址。下面这条命令显示了主机 lewis-laptop 的 IP 地址（169.254.84.141）。

```
$ nmblookup lewis-laptop                  ##查询 lewis-laptop 的 IP 地址
querying lewis-laptop on 169.254.255.255
169.254.84.141 lewis-laptop<00>
```

14.2.4　Linux 下的 Samba 客户端：smbclient

获取 Samba 共享资源最简单的方法是使用 smbclient 程序。这个程序采用 FTP 风格的命令来完成上传和下载任务。smbclient 的基本语法如下：

```
smbclient //servername/sharename [-U username]
```

下面这条命令以匿名身份连接主机 172.16.25.128 上的共享资源 share。默认情况下，smbclient 以当前登录到 Shell 的用户身份连接共享服务器，由于这台主机允许匿名用户登录，因此只要简单地使用空口令就可以了。

```
$ smbclient //172.16.25.128/share
Password:                                             ##直接回车，表示口令为空
Domain=[D4D810BC2F8C4EE] OS=[Windows 5.1] Server=[Windows 2000 LAN Manager]
smb: \>
```

登录成功后，smbclient 会显示"smb:\>"提示用户输入命令。FTP 客户端的命令基本可以复制到这里来，下面将共享文件夹中的 snagit.exe 下载到本地的/home/lewis 目录下。

```
smb: \> ls                                          ##查看共享文件夹中的文件列表
  .                             D        0  Sat Dec  27 14:09:57 2008
  ..                            D        0  Sat Dec  27 14:09:57 2008
  fgcn_336.exe                  A  7060560  Mon Nov  10 10:27:03 2008
  samba                         D        0  Sat Dec  20 13:15:23 2008
  snagit.exe                    A 22448944  Sat Dec  20 10:49:54 2008
  Thumbs.db                   AHS     8704  Sat Dec  27 14:08:25 2008
  vnc-3.3.7-x86_win32           D        0  Mon Nov  10 10:29:36 2008
  vnc-3.3.7-x86_win32.zip       A   578351  Mon Nov  10 10:28:52 2008

      53152 blocks of size 131072. 30240 blocks available

smb: \> lcd /home/lewis/                             ##修改当前本地目录
smb: \> get snagit.exe                               ##下载 snagit.exe
getting file \snagit.exe of size 22448944 as snagit.exe (16025.4 kb/s)
(average 16025.4 kb/s)
```

FTP 客户端命令的详细讨论请参见 14.3 节"使用 ftp"。最后，使用命令 quit 退出 smbclient。

```
smb: \> quit
```

如果共享服务器不允许匿名用户登录，那么应该使用-U 选项指定用户名，并提供用户口令。

```
$ smbclient //lewis-laptop/share -U smbuser
Password:                                             ##输入用户 smbuser 的口令
Domain=[LEWIS-LAPTOP] OS=[Unix] Server=[Samba 3.0.28a]
smb: \>
```

14.2.5　挂载共享目录：mount.cifs

在 Linux 中同样可以像使用 NFS 文件系统一样，将 Windows 共享目录挂载到本地的

某个目录下。在 SMB 改名之前，这个客户端程序叫做 smbmount。但是现在也相应地改成 mount.cifs，Ubuntu Linux 在提供 mount.cifs 的同时仍然保留了 smbmount。但 openSUSE 已经完全摒弃 smbmount 了。

为了使用 mount.cifs，用户可能需要安装相应的软件包。在 Ubuntu 中，这个软件包叫做 smbfs。mount.cifs 的语法如下：

```
mount.cifs service mount-point [-o options]
```

其中 service 表示服务器端的共享目录，和 smbclient 一样，应该使用//servername/sharename 这样的写法。mount-point 代表用于挂载该共享的本地目录。下面这条命令将主机 10.171.20.225 上名为 share 的共享挂载到本地的/srv/share 目录下。

```
$ sudo mount.cifs //10.171.20.225/share /srv/share
Password:                                    ##直接回车，表示口令为空
```

如果服务器需要客户机提供用户名和口令，那么应该使用-o 选项跟上 user 参数，指定以哪个用户登录服务器。下面这条命令以 smbuesr 用户身份获取共享目录。

```
$ sudo mount.cifs //10.171.20.225/share /srv/share -o user=smbuser
Password:                                    ##输入用户 smbuser 的口令
```

事实上，也可以直接使用mount命令挂载Samba共享，但应该指定文件系统类型为cifs。上面这条命令等价于：

```
$ sudo mount -t cifs //10.171.20.225/share /srv/share -o user=smbuser
```

14.3　使用 FTP

FTP 作为文件下载协议仍然被广泛地使用。尽管为了实现 FTP 的功能已经有了更好的替代品。但人们依然对 FTP 情有独钟，一个原因或许在于 FTP 服务器配置简单，容易实现。本节介绍在 Linux 上连接 FTP 服务器的方法。FTP 服务器的配置可以参考第 24 章。

14.3.1　使用 Web 浏览器

登录 FTP 服务器最直接的方法莫过于直接使用 Web 浏览器。无论是 Firefox、Konqueror 还是 Nautilus，都能够方便地用来查看 FTP 服务器上的文件。要使用 Web 浏览器连接 FTP，只要记得在地址中加上"ftp://"前缀告诉浏览器要使用 FTP 协议。如图 14.4 显示了在 Firefox 中浏览 FTP 站点的效果。

不过，Web 浏览器在面对需要用户登录的 FTP 时常常显得不那么听话，并且上传和下载操作往往比较麻烦。毕竟，Web 浏览器不是为 FTP 设计的。在实际的使用中，人们还是更倾向于使用专门的 FTP 客户端工具。

14.3.2　使用 FTP 图形客户端

Linux 上已经有了很多图形化的 FTP 客户端程序。这里主要介绍 FileZilla 这款客户端

软件，比起它的同类例如 gftp 来说，FileZilla 对中文编码的处理似乎要好一些。读者可以从 filezilla-project.org 上下载到这款软件，Ubuntu 的安装源中也提供了下载。

图 14.4 使用 Firefox 浏览 FTP 资源

将 FileZilla 安装到系统中后，Ubuntu 用户单击"Dash 页"按钮，在 Dash 页搜索栏中输入 FileZilla 命令打开该软件。打开后的界面如图 14.5 所示。

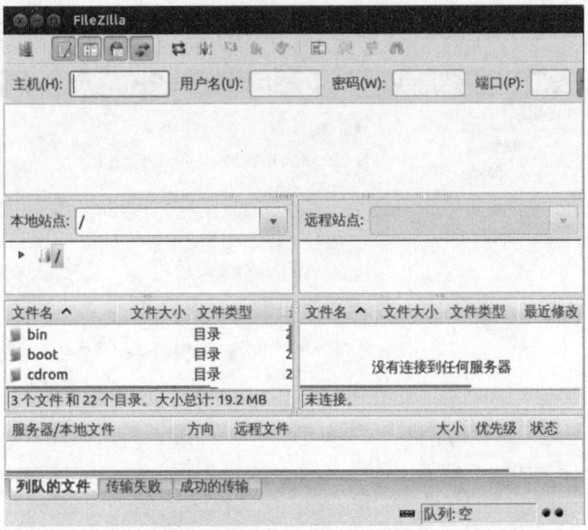

图 14.5 FileZilla 的主界面

通过工具栏下方的"快速连接"按钮可以连接到 FTP 服务器。用户必须提供主机名、用户名、口令和服务器端口。除了主机名之外，其他都是可选的。服务器端口默认为 21，如果在"用户名"和"口令"两个文本框中留白的话，那么将以匿名用户登录。

更好的选择是使用"站点管理器"工具，这样可以对字符编码进行设置。由于国内大部分 FTP 站点都使用 GBK 编码，而 Linux 上几乎所有的 FTP 客户端默认都使用 UTF-8，于是经常造成无法正常显示中文文件名。

单击工具栏上的 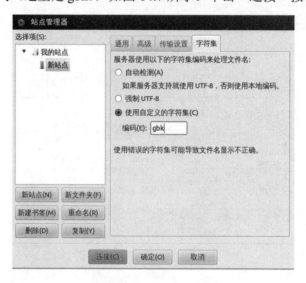 按钮，或者依次选择"文件"|"站点管理器"命令，打开"站点管理器"对话框。单击"新站点"按钮，新建一个 FTP 连接配置，在右侧的"通用"选项卡中输入正确的登录信息，如图 14.6 所示。

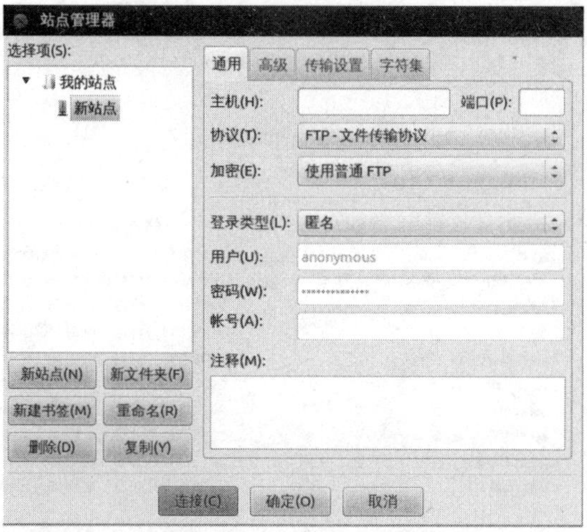

图 14.6　在"站点管理器"对话框中新建站点

如果是中文站点的话，请首先确定该站点使用的字符编码（通常是 GBK），然后切换到"字符集"选项卡，在其中选择"使用自定义的字符集"单选按钮，并在"编码"文本框中输入正确的编码（这里是 gbk），如图 14.7 所示。单击"连接"按钮建立连接。

图 14.7　修改字符编码

FileZilla 的主界面大体上分为左右两块，左侧显示本地目录和文件，右侧显示 FTP 服务器上的目录和文件。连接成功后，FileZilla 会列出站点根目录下的文件和目录。切换目录——如果不是和单击鼠标一样简单的话，也只是稍微复杂一点儿。双击目录图标进入该目录，双击 ".." 图标返回上一级目录。

　　上传文件只需要在左侧的本地文件列表中右击相应的文件（目录）图标，在弹出的快捷菜单中选择 "上传" 命令。可以按住 Ctrl 键选择多个文件，然后一起上传。上传的目标位置就是右侧显示的服务器目录。在上传过程中，FileZilla 会在底部显示当前的传输进度，如图 14.8 所示。

图 14.8　向 FTP 服务器上传文件

💡提示：上传单个文件可以直接在文件图标上双击。

　　如果上传的文件和服务器上已有的文件重名，那么 FileZilla 会要求用户确认操作，用户可以从 "覆盖"、"如果较新则覆盖"、"续传"、"重命名"、"跳过" 这些单选按钮中选择一个，单击 "确定" 按钮令操作生效。

　　下载操作和上传基本相同。只不过这次是在右侧（服务器端）选择文件，然后下载到左侧（本地）的目录中。下载操作同样会显示文件的传输进度。

　　依次选择 "编辑" | "设置" 命令可以打开 "设置" 对话框，如图 14.9 所示。在这里可以对 FTP 客户端的各项属性进行配置。在大部分情况下，只要维持默认配置就可以了。

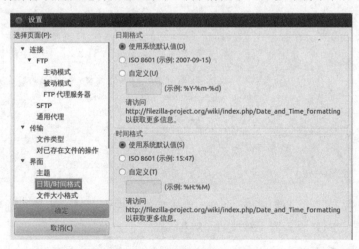

图 14.9　配置 FileZilla

14.3.3　使用 ftp 命令

ftp 是 Linux 自带的一个命令行的 FTP 工具。这个工具可以完成所有基本的 FTP 操作，例如上传和下载。要使用 ftp 命令连接服务器，只要在这个命令后面跟上服务器名或者 IP 地址就可以了。

```
$ ftp 10.171.37.1                              ##连接 FTP 服务器 10.171.37.1
Connected to 10.171.37.1.
220 (vsFTPd 2.0.6)
Name (10.171.37.1:lewis): anonymous            #输入登录用户名
230 Login successful.
Remote system type is UNIX.
Using binary mode to transfer files.
```

如果 FTP 服务器并没有使用默认的 21 端口，那么可以在主机名后再增加一个端口参数。下面这条命令连接工作在 2121 端口的 FTP 守护进程。

```
$ ftp 10.171.37.1 2121
```

建立连接后，ftp 命令会要求用户输入登录的用户名。如果连接的是匿名 FTP 服务器（也就是任何人都能够访问的 FTP 服务器）的话，那么应该输入 anonymous，代表匿名用户。登录成功后，可以看到 ftp 提示符，等待用户输入如下命令：

```
ftp>
```

ftp 程序用于浏览文件系统的命令和 Shell 基本一致。ls 列出当前目录中的文件列表，cd 命令切换目录等。其中一些命令具有相同的功能，例如 ls 就有一个同义词 dir。

```
ftp> ls                              ##列出服务器当前目录（/）下的文件
200 PORT command successful. Consider using PASV.
150 Here comes the directory listing.
-rwxr-xr-x    1 0        0            9244    Dec 16  05:55 a.out
drwxr-xr-x    2 0        0            4096    Dec 16  05:55 account
-rw-r--r--    1 0        0            15994   Dec 16  05:55 ask.tar.gz
-rw-r--r--    1 0        0            178     Dec 16  05:55 ati3d
-rw-r--r--    1 0        0            18      Dec 16  05:54 ls_out
-rw-r--r--    1 0        0            0       Nov 23  00:47 welcome
226 Directory send OK.
ftp> cd account/                     ##切换到 account 目录
250 Directory successfully changed.
ftp> ls                              ##列出服务器当前目录（/account）下的文件
200 PORT command successful. Consider using PASV.
150 Here comes the directory listing.
-rw-r--r--    1 0        0            6830 Dec 16 05:55 0811
-rw-r--r--    1 0        0            340  Dec 16 05:55 0811.20081102153759.log
-rw-r--r--    1 0        0            1378 Dec 16 05:55 0811.20081103163646.log
-rw-r--r--    1 0        0            170  Dec 16 05:55 0811.20081103163839.log
...
```

要下载一个文件，可以使用 get 命令，下载后的文件将存放在本地当前所在的目录下。下面这条命令是从 FTP 服务器下载文件 0811.log。

```
ftp> get 0811.log                              ##下载文件 0811.log
local: 0811 remote: 0811.log
```

```
200 PORT command successful. Consider using PASV.
150 Opening BINARY mode data connection for 0811.log (6830 bytes).
226 File send OK.
6830 bytes received in 0.02 secs (374.8 kB/s)
```

get 命令一次只能下载和上传一个文件，很多时候显得非常不方便。为此，ftp 程序提供了 mget 命令。这个命令可以使用通配符来指定多个文件。下面这条命令下载服务器上所有以 xac 为扩展名的文件。

```
ftp> mget *.xac                                ##下载所有以 xac 为扩展名的文件
mget 0811.20081103163839.xac? y                ##回答 y（或者其他任意字符）下载
200 PORT command successful. Consider using PASV.
150 Opening BINARY mode data connection for 0811.20081103163839.xac (4040
bytes).
226 File send OK.
4040 bytes received in 0.04 secs (109.2 kB/s)
mget 0811.20081106092702.xac?                   ##默认回答为 y（下载）
200 PORT command successful. Consider using PASV.
150 Opening BINARY mode data connection for 0811.20081106092702.xac (4247
bytes).
226 File send OK.
4247 bytes received in 0.00 secs (18032.4 kB/s)
mget 0811.20081202160912.xac? n                 ##回答 n 放弃下载
mget 0812.20081203164214.xac? n
...
```

在每次下载文件前都要求用户确认，这种做法未免让人难以接受。可以通过关闭交互模式来解决这个问题。

```
ftp> prompt off                                 ##关闭 ftp 命令的交互模式
Interactive mode off.
```

现在 mget 变得安静多了。

```
ftp> mget *.log                                 ##下载所有以 log 为扩展名的文件
local: 0811.20081102153759.log remote: 0811.20081102153759.log
200 PORT command successful. Consider using PASV.
150 Opening BINARY mode data connection for 0811.20081102153759.log (340
bytes).
226 File send OK.
340 bytes received in 0.05 secs (6.7 kB/s)
local: 0811.20081106091924.log remote: 0811.20081106091924.log
200 PORT command successful. Consider using PASV.
150 Opening BINARY mode data connection for 0811.20081106091924.log (5520
bytes).
226 File send OK.
...
```

与此相反的一个命令是 put，这个命令用于将本地的文件上传至服务器。当然，FTP 服务器必须配置为允许用户上传文件。下面这条命令将本地当前所在目录中所有以 h 开头的文件上传至 FTP 服务器。

```
ftp> put h*                                     ##上传所有以 h 开头的文件
local: hard_days remote: hard_days
200 PORT command successful. Consider using PASV.
150 Ok to send data.
226 File receive OK.
41 bytes sent in 0.00 secs (3639.9 kB/s)
```

　　和 get 不同的是，put 命令能够一次上传多个文件，而不需要使用 mput 命令。不过不同版本的 ftp 命令在这个问题上似乎没有达成一致，如果读者的 ftp 一次只能让 put 命令上传一个文件的话，那么就要使用 mput 命令完成上面的操作。

　　用 get 和 put 命令下载和上传文件时，本地端的目录是本地当前所在目录，默认也就是运行 ftp 命令时用户所在的目录。使用 lcd 命令可以改变这个本地端目录。

```
ftp> lcd ~/ftp/                                    ##将本地端目录设置为 ~/ftp
Local directory now /home/lewis/ftp
```

　　上面这条命令将本地的当前目录设置为用户主目录下的 ftp 目录。这样在上传和下载文件时，ftp 会在这个目录中获取和保存文件。

　　惊叹号"!"允许用户在本地执行命令。下面这条命令列出了本地端目录中的文件和目录。

```
ftp> !ls                                           ##查看本地端目录中的文件列表
0811.20081102153759.log 0811.20081108085601.xac 0811.20081115172248.xac
0811.20081119193327.xac 0811.20081126172326.xac 0811.20081202161021.log
0811.20081119222145.log 0811.20081202160450.log 0812.20081203163607.log
0811.20081119222153.log 0811.20081202160613.log 0812.20081203164214.log
0811.20081119222153.xac 0811.20081202160613.xac 0812.20081203164214.xac
0811.20081120112509.log 0811.20081202160651.log 0812.20081203164309.log
0811.20081120112517.log 0811.20081202160651.xac 0812.20081203164309.xac
...
```

　　使用"?"将列出 ftp 的所有命令，给"?"带上命令名作为参数，可以显示这个命令的简要介绍。

```
ftp> ?                                             ##列出 ftp 的所有命令
Commands may be abbreviated.  Commands are:

!           debug       mdir        qc          send
$           dir         mget        sendport    site
account     disconnect  mkdir       put         size
append      exit        mls         pwd         status
ascii       form        mode        quit        struct
bell        get         modtime     quote       system
binary      glob        mput        recv        sunique
bye         hash        newer       reget       tenex
case        help        nmap        rstatus     tick
cd          idle        nlist       rhelp       trace
cdup        image       ntrans      rename      type
chmod       lcd         open        reset       user
close       ls          prompt      restart  ·  umask
cr          macdef      passive     rmdir       verbose
delete      mdelete     proxy       runique     ?
ftp> ? get                                         ##显示 get 命令的介绍
get         receive file
```

　　完成所有的操作后，使用 bye 或者 quit 命令退出 ftp 程序：

```
ftp> quit
```

如表 14.2 总结了一些常用的 ftp 命令。

表 14.2 常用的ftp客户端命令

命 令	说 明
!<command>	在本地端执行命令
?<command>	显示 ftp 命令的帮助信息
open	连接 FTP 服务器
close 或 disconnect	关闭连接但不退出 FTP 程序
bye 或 quit	退出 FTP 程序
cd	切换远程所在的目录
ls 或 dir	列出远程目录中的内容
get	下载文件
mget	一次下载多个文件
put	上传文件
mput	一次上传多个文件
mkdir	在 FTP 服务器上建立目录
rmdir	删除 FTP 服务器上的目录
delete	删除 FTP 服务器上的文件
pwd	显示当前远程所在的目录
lcd	切换本地所在的目录
prompt	切换交互和非交互模式

14.4 基于 SSH 的文件传输：sftp 和 scp

天性使人们倾向于把所有的东西都锁起来，包括周围那些四下奔走的比特包。在 Linux 的世界里，SSH 无疑是首选的数据传输协议。这里介绍 SSH 家族的两款文件传输工具 sftp 和 scp。SSH 将在第 15 章详细讨论。

14.4.1 安全的 FTP：sftp

sftp 这个名字难免带有点误导性，人们有时候会以为这是某个 FTP 客户端软件。但实际上，sftp 和传统意义上的 FTP 沾不上什么关系。sftp 是基于 SSH 的文件传输，这使其从一开始就拥有足够安全的"血统"。

传统的 FTP 由于采用了不加密的传输方式，因此存在严重的安全隐患（参见第 24 章）。而 SSH 则是目前最安全可靠的传输协议之一。使用 sftp 进行文件传输有助于保护用户账户和传输安全。首先要确保远程主机开启了 SSH 守护进程，使用下面这条命令建立连接。

```
$ sftp lewis@10.171.32.73
Connecting to 10.171.32.73...
The authenticity of host '10.171.32.73 (10.171.32.73)' can't be established.
RSA key fingerprint is c9:58:fd:e4:dc:4b:4a:bb:03:d7:9b:87:a3:bc:6a:b0.
Are you sure you want to continue connecting (yes/no)? yes
##回答 yes 接受密钥
```

```
Warning: Permanently added '10.171.32.73' (RSA) to the list of known hosts.
Password:
```

这条命令以 lewis 用户的身份登录远程 sftp 服务器 10.171.32.73。首次登录会要求用户确认接受密钥，回答 yes，继续连接。输入 lewis 用户在远程主机上的口令后，就建立了一条到远程主机的 SSH 连接。sftp 提供一个命令提示符等待用户输入。

```
sftp>
```

sftp 的使用方法同 ftp 基本相同，如表 14.3 列出了 sftp 的常用命令。可以看到，大部分命令和 ftp 程序是一样的，只在某些地方作了增删（例如去掉了 mget 和 mput 命令）。

表 14.3　常用的 sftp 命令

命　　令	说　　明
cd	切换远程所在的目录
ls 或 dir	显示当前目录下的文件列表
mkdir	建立目录
rmdir	删除目录
pwd	显示当前所在的远程目录
chgrp	修改文件（目录）的属组
chown	修改文件（目录）的属主
chmod	修改文件（目录）权限
rm	删除文件和目录
rename *oldname newname*	修改文件名
exit 或 bye 或 quit	关闭 sftp 客户端程序
lcd	切换本地所在目录
lls	显示本地所在目录下的文件列表
lmkdir	在本地所在目录下建立目录
lpwd	显示当前所在的本地目录
put	上传文件
get	下载文件

14.4.2　利用 SSH 通道复制文件：scp

有些时候，用户只是希望从服务器上复制一些文件，这时使用 sftp 就显得有些大材小用了。scp 使用起来就像 cp 一样。下面这条命令从 10.171.33.221 上的/home/lewis 中复制文件 dump-0.4b41.tar.gz 到本地的/srv/nfs_share 中。

```
$ scp lewis@10.171.33.221:/home/lewis/dump-0.4b41.tar.gz /srv/nfs_share/
```

和 sftp 一样，为了建立 SSH 连接，必须提供用户名和口令。使用 lewis@10.171.33.221 这样的写法指定以 lewis 用户的身份登录到服务器 10.171.33.221。服务器名和源文件路径之间使用冒号 ":" 分隔。如果是第一次连接这台服务器，scp 会询问是否接受来自该服务器的密钥，回答 yes，继续连接。

```
The authenticity of host '10.171.33.221 (10.171.33.221)' can't be
established.
```

```
RSA key fingerprint is c9:58:fd:e4:dc:4b:4a:bb:03:d7:9b:87:a3:bc:6a:b0.
Are you sure you want to continue connecting (yes/no)? yes
##输入 yes 继续连接
Warning: Permanently added '10.171.33.221' (RSA) to the list of known hosts.
Password:                                        ##输入服务器上 lewis 用户的口令
dump-0.4b41.tar.gz                               100%  277KB 276.6KB/s   00:00
```

14.5　小　　结

- ❏ NFS 用于在 Linux 和 UNIX 主机之间共享文件系统。
- ❏ 使用 mount 和 umount 安装和卸载 NFS 文件系统，为此应该指定远程主机的主机名或 IP 地址。
- ❏ 使用不同的安装标志可以让客户机和 NFS 服务器表现出不同的行为。
- ❏ 通过在/etc/fstab 文件中添加相应的项可以让系统在启动时自动安装远程 NFS 文件系统。
- ❏ CIFS 是 Windows 的文件共享协议。
- ❏ Samba 提供了对 CIFS 的实现，用于 Linux 和 Windows 主机之间的文件共享。
- ❏ 可以使用文件浏览器（例如 Nautilus 和 Konqueror）访问 CIFS 共享资源。
- ❏ smbtree 命令查看网络上的 CIFS 共享资源。
- ❏ smbclient 命令访问 CIFS 共享资源。该客户端程序使用和 FTP 客户端基本相同的命令。
- ❏ mount.cifs 命令挂载 CIFS 共享资源至本地目录。
- ❏ 可以使用浏览器访问 FTP 站点，但这不是一个值得推荐的做法。
- ❏ FileZilla 是 Linux 上被广泛使用的图形化 FTP 客户端工具，对中文编码的支持较好。
- ❏ 命令行工具 ftp 是“标准”的 FTP 客户端程序，提供基本的上传和下载功能。
- ❏ sftp 和 scp 是基于 SSH 的文件传输，加密的数据传输协议。在安全性要求较高的场合，应该尽可能使用 sftp 代替传统的 ftp。

第 15 章 远 程 登 录

服务器是一些大家伙，需要专门的机房来存放。一些企业有自己的服务器机房，而更多的选择是把这些方盒子交给服务器托管商保管。无论是哪一种情况，没有一个网络管理员会选择把机房作为自己的办公室——那里应该是机器们的地盘。为此，管理员们总是使用"远程登录"的方式管理服务器。一个流行的说法是，最优秀的网络管理员应该让公司里的其他人不认识他。坐在自己的 PC 前，让远隔千里的服务器永远稳定地运行——这是每一个网络管理员的梦想和使命。

15.1　快速上手：关于搭建实验环境

本章主要介绍如何使用客户端程序登录到远程服务器，当然这首先需要有一台"远程服务器"才行。如果读者学习了本章后不能亲自动手，那么阅读本身就只是浪费时间了。因此本章的"快速上手"环节会有点特别——首先介绍如何搭建一个实验环境。尽管这意味着现在就要开始配置服务器了。但不必紧张，考虑到读者的实际情况，这里的"服务器配置"不会比安装软件复杂多少。当然，读者可以选择先跳过本节，等到需要的时候再回来。

15.1.1　物理网络还是虚拟机

如果读者所在的办公环境中就有一台现成的 Linux 服务器，并且管理员又愿意开放相应的权限，那么相信没有比这更好的事情了。但是又有多少人会这样幸运呢？大部分读者还是要自己搭建实验环境。不过这看起来并不糟糕，不能总是指望别人帮助自己完成所有的工作，Linux 用户也一样。

如果读者恰巧有两台（或者更多）联网的 PC，那么可以将一台作为服务器，另一台作为客户机。但若是服务器和客户机位于不同的房间里，那么读者可能会感觉总是进错了房间。毕竟，判断究竟是服务器还是客户机出了毛病并不是一件显而易见的事情。

最好的选择可能还是虚拟机。读者可以在 PC 上安装 Linux，然后在这个系统上安装 VMware Server（或者其他虚拟机产品），并在虚拟机中安装另一个 Linux。也可以同时开启两个安装了 Linux 的虚拟机。如果是第一种情况，那么可以将网络接口设置为 NAT 方式（使用宿主机的网络）；而后者则应该将网络接口设置为 Bridged 方式（直接使用物理网络），如图 15.1 所示。

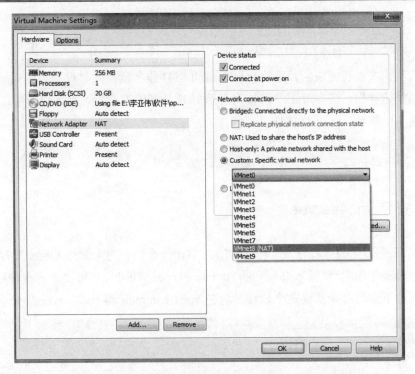

图 15.1　设置虚拟机的网络接口

关于 VMware Server 的安装和启动请参考 2.1 节。在虚拟机中安装 Linux 和在真实的硬件上安装完全相同。本章所有的示例就是在同一台主机上通过 VMware Server 实现的。

15.1.2　安装 OpenSSH

OpenSSH 是 Linux 下最常用的 SSH 服务器/客户端软件，在 15.2.1 节马上会用到它。所有的 Linux 发行版都附带了这个软件，可以简单地通过发行版的安装源（无论是光盘还是网络服务器）安装。Ubuntu 用户可以通过下面的命令安装 OpenSSH。

```
$ sudo apt-get install ssh                          ##获取并安装 OpenSSH
正在读取软件包列表... 完成
正在分析软件包的依赖关系树
读取状态信息... 完成
将会安装下列额外的软件包：
  openssh-blacklist openssh-server
建议安装的软件包：
  molly-guard rssh
下列【新】软件包将被安装：
  openssh-blacklist openssh-server ssh
共升级了 0 个软件包，新安装了 3 个软件包，要卸载 0 个软件包，有 47 个软件未被升级。
需要下载 2398kB 的软件包。
操作完成后，会消耗掉 4948kB 的额外磁盘空间。
您希望继续执行吗？[Y/n]
...
正在设置 openssh-blacklist (0.1-1ubuntu0.8.04.1) ...
正在设置 openssh-server (1:4.7p1-8ubuntu1.2) ...
```

```
Creating SSH2 RSA key; this may take some time ...
Creating SSH2 DSA key; this may take some time ...
 * Restarting OpenBSD Secure Shell server sshd          [ OK ]
```

可以看到，在安装完成后，系统会自动启动 SSH 服务器，同时设置为随系统启动（如果不想让系统这样做，请参考 22 章）。如果发现服务器没有运行，那么可以手工执行带有 start 参数的 ssh 脚本，启动 SSH 服务器程序。

```
$ sudo /etc/init.d/ssh start
 * Starting OpenBSD Secure Shell server sshd            [ OK ]
```

15.1.3　安装 vnc4server

VNC 用于图形化的远程登录，将在 15.2.2 节详细介绍。绝大部分 Linux 发行版都附带了这个软件的服务器端（包括本书列举的 Ubuntu 和 openSUSE）。如果读者正在使用 Ubuntu，那么可以通过下面的命令安装这个软件（包括 vnc4-common 和 vnc4server 两个软件包）。

```
$ sudo apt-get install vnc4-common vnc4server  ##获取并安装VNC的服务器端程序
正在读取软件包列表... 完成
正在分析软件包的依赖关系树
读取状态信息... 完成
...
下列【新】软件包将被安装：
  vnc4-common vnc4server
共升级了 0 个软件包，新安装了 2 个软件包，要卸载 0 个软件包，有 47 个软件未被升级。
需要下载 1148kB 的软件包。
操作完成后，会消耗掉 2753kB 的额外磁盘空间。
...
选中了曾被取消选择的软件包 vnc4-common。
...
正在设置 vnc4-common (4.1.1+xorg1.0.2-0ubuntu7) ...
正在设置 vnc4server (4.1.1+xorg1.0.2-0ubuntu7) ...
```

完成安装后需要使用 vncserver 命令配置并启动 VNC 服务器。现在暂时不用理会，将在 15.2.2 节具体讨论。

15.1.4　SUSE 的防火墙设置

如果读者正在使用 Ubuntu Linux 的桌面版本，那么暂时防火墙不是一件需要考虑的事情，因为 Ubuntu Desktop 默认情况下是关闭防火墙的。然而 openSUSE 用户就要费些心思来设置防火墙规则了。这里介绍如何在 openSUSE 的 YAST2 管理员工具中开启相应的端口。防火墙的命令行工具将在第 28 章详细讨论。

选择桌面左下角的"K 菜单"|"计算机"|"YaST"命令，启动 YAST 控制中心，为此需要首先提供 root 口令。YAST 控制中心按功能划分了几个模块，选择"安全和用户"图标，如图 15.2 所示。

图 15.2　YAST2 的"安全和用户"选项卡

（1）单击"防火墙"图标，打开防火墙配置工具，如图 15.3 所示。可以看到，当前防火墙处于启用状态。默认情况下 openSUSE 配置为拒绝一切服务请求。

图 15.3　YAST2 的防火墙配置

（2）选择"允许的服务"标签，在"要允许的服务"下拉列表框中选择相应的服务（这里选择安全 DHCPv4 服务器和 dnsmasq），并单击"添加"按钮。完成设置后如图 15.4 所示。

（3）单击"下一步"按钮，YaST2 会给出当前设置的汇总信息，如图 15.5 所示。单击"完成"按钮即可使配置生效。

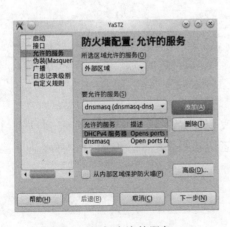

图 15.4　添加允许的服务

图 15.5　防火墙配置信息汇总

15.2　登录另一台 Linux 服务器

作为一款服务器操作系统，Linux 充分考虑了远程登录的问题。无论是从 Linux、Windows 还是其他一些操作系统登录到 Linux 都是非常方便的。支持多个用户同时登录对于服务器而言非常重要——这正是 Linux 所擅长的。

有多种不同的协议可供选择，但 SSH 也许是其中"最好"的。这种协议提供了安全可靠的远程连接方式，SSH 将贯穿于本节的讨论中。

15.2.1　安全的 Shell：SSH

SSH 是 secure shell 的简写，意为"安全的 shell"。作为 rlogin、rcp、telnet 这些"古老"的远程登录工具的替代品，SSH 会对用户的身份进行验证，并加密两台主机之间的通信。SSH 在设计时充分考虑到了各种潜在的攻击，给出了有效的保护措施。尽管现在 SSH 已经转变为一款商业产品 SSH2，但开放源代码社区已经发布了 OpenSSH 软件作为回应。这款免费的开源软件由 FreeBSD 负责维护，并且实现了 SSH 协议的完整内容。

要从 Linux 下通过 SSH 登录另一台 Linux 服务器非常容易——前提是在远程服务器上拥有一个用户账号。打开 Shell 终端，执行 ssh -l login_name hostname 命令，应该把 login_name 替换成真实的用户账号，把 hostname 替换成服务器主机名（或者 IP 地址）。下面这条命令以 liu 用户的身份登录到 IP 地址为 192.168.150.139 的 Linux 服务器上。

```
$ ssh -l liu 192.168.150.139
```

如果是初次登录，SSH 可能会提示无法验证密钥的真实性，并询问是否继续建立连接，回答 yes 继续。用户口令验证通过后，SSH 会反馈上次登录情况并以一句 Last login: Fri Sep 7 09:33:05 2012 from 192.168.150.139 作为问候。

```
The authenticity of host '192.168.150.139 (192.168.150.139)' can't be
established.
ECDSA key fingerprint is 00:4a:e7:58:da:92:df:b3:63:f9:30:a0:ad:1d:6a:82.
Are you sure you want to continue connecting (yes/no)? yes
Warning: Permanently added '192.168.150.139' (ECDSA) to the list of known
hosts.
liu@192.168.150.139's password:
Welcome to Ubuntu 12.04.1 LTS (GNU/Linux 3.2.0-29-generic-pae i686)
 * Documentation: https://help.ubuntu.com/
Last login: Fri Sep 7 09:33:05 2012 from 192.168.150.139
$
```

注意，Shell 提示符前的用户和主机名改变了，表示当前已经登录到这台 IP 为 192.168.150.139 的服务器上。接下来的操作读者应该很熟悉了，例如用 ls 命令查看当前目录中的文件信息。

```
$ ls
examples.desktop
```

时刻记住当前做的所有操作都发生在远程服务器上。当连接到几台不同的服务器时，管理员常常会在来回切换 Shell 的过程中搞糊涂。因此，尽量不要同时开启 3 个以上的远程 Shell。时刻注意 Shell 提示符前的主机名，并且在执行重要操作时保持警惕，是避免灾难的重要途径。

⚠注意：在任何时候直接使用 root 账号登录远程主机都不是一个好习惯。正确的做法应该是使用受限账号登录，然后在需要的时候通过 su 或者 sudo 命令临时取得 root 权限。

完成工作后，使用 exit 命令可以结束同远程主机的 SSH 连接，这将把用户带回到建立连接前的 Shell 中。

```
$ exit
Connection to 192.168.150.139 closed.
root@lyw-virtual-machine:~#
```

SSH 服务默认开启在 22 号端口，服务器的守护进程在 22 号端口监听来自客户端的请求。如果服务器端的 SSH 服务没有开启在 22 端口（这通常是为了防范居心不良端口扫描程序），那么可以通过 SSH 的-p 选项指定要连接到的端口。下面这条命令指导 SSH 连接到远程服务器的 202 端口。

```
$ ssh -l liu -p 202 192.168.150.139
```

如果用户需要在远程主机上运行 X 应用程序，那么首先应该保证对方服务器开启了 X 窗口系统，然后使用带-X 参数的 SSH 命令显式启动 X 转发功能。

```
root@lyw-virtual-machine:~# ssh -X -l liu 192.168.150.139
liu@192.168.150.139's password:
Welcome to Ubuntu 12.04.1 LTS (GNU/Linux 3.2.0-29-generic-pae i686)
 * Documentation: https://help.ubuntu.com/
Last login: Fri Sep  7 09:43:40 2012 from 192.168.150.139
/usr/bin/xauth:  file /home/liu/.Xauthority does not exist
```

下面这条命令在所登录到的服务器上运行 Firefox 浏览器。注意，服务器会反馈一系列信息告诉用户此刻发生了什么。

```
$firefox
Launching a SCIM daemon with Socket FrontEnd...
Loading simple Config module ...
Creating backend ...
Reading pinyin phrase lib failed
Loading socket FrontEnd module ...
Starting SCIM as daemon ...
GTK Panel of SCIM 1.4.7
...
```

SSH 会把对方服务器上的 Firefox 界面完完整整地传输到本地，这样用户就可以在当前 PC 上使用远程服务器上的 Firefox 了。如果两台主机距离比较长，或者网络状况不太理想的话，那么传输一个 X 应用程序界面会比较慢，但最终应该能出现在本机的屏幕上。

15.2.2   登录 X 窗口系统：图形化的 VNC

读者已经看到，通过启用 SSH 的 X 转发功能可以在本地运行远程主机上的 X 应用程序，但有些时候用户可能希望更进一步，直接从 X 窗口登录服务器，就像操作本地的桌面一样。VNC（Virtual Network Computing，虚拟网络计算）实现了这一需求。

要使用 VNC 登录，首先要求服务器端运行有 X 窗口系统，且开启了相关服务和端口。在连接之前，要先在远程主机的用户目录下生成 VNC 的配置文件。使用 SSH 连接远程主机。

```
lyw@lyw-virtual-machine:~$ ssh -l liu 192.168.150.139
liu@192.168.150.139's Password:
Last login: Fri Sep  7 09:52:32 2012 from 192.168.150.139
$
```

运行 vncserver 脚本生成配置文件，配置过程中会要求用户输入远程访问密码。

```
 $ vncserver
You will require a password to access your desktops.

Password:                                               ##设置远程访问密码
Password must be at least 6 characters - try again
Verify:                                                 ##再次输入密码
New 'lyw-virtual-machine:1 (liu)' desktop is lyw-virtual-machine:1

Creating default startup script /home/liu/.vnc/xstartup
Starting applications specified in /home/liu/.vnc/xstartup
Log file is /home/liu/.vnc/lyw-virtual-machine:1.log
```

服务器端的用户配置结束后，就可以从客户端登录了。有很多 VNC 的客户端工具可供使用，vncviewer 是一款跨平台的 VNC 客户端工具。在 Google 中使用关键字 vncviewer download 搜索，可以得到大量的下载地址。

完成安装后，就已经做好了登录远程主机的所有准备。下面在终端里执行 vncviewer ip-address：1（桌面号）命令，结果如下：

```
$ vncviewer 127.0.0.1:1
VNC Viewer Free Edition 4.1.1 for X - built Feb  5 2012 20:02:23
Copyright (C) 2002-2005 RealVNC Ltd.
See http://www.realvnc.com for information on VNC.

Fri Sep  7 15:01:21 2012
 CConn:       connected to host 127.0.0.1 port 5901
 CConnection: Server supports RFB protocol version 3.8
 CConnection: Using RFB protocol version 3.8
Password:                                               ##输入远程访问密码
```

输入密码后弹出所登录到的远程桌面。在该界面可以做相应的操作了，如图 15.6 所示。

15.2.3　我想从 Windows 登录这台 Linux

管理员常常陷入这样的尴尬：公司的一些任务不得不在 Windows 下完成，而 Linux 作为一款优秀的服务器操作系统又被部署在机房中。在这种情况下，要么安装双系统，并且为了短暂的应用而不停地重启计算机，要么干脆从 Windows 登录到 Linux 服务器。幸运的是，经过开放源代码界的长期努力，这已经不是什么困难的事情了。

Windows 上有几种不同的 SSH 客户端，其中开放源代码的 PuTTY 是使用最为广泛、也是最受好评的一个。这是一个绿色软件，不需要安装。下载并运行其主程序 putty.exe，填写远程主机的主机名（或者 IP 地址）和登录端口，如图 15.7 所示。

图 15.6　远程主机的登录界面

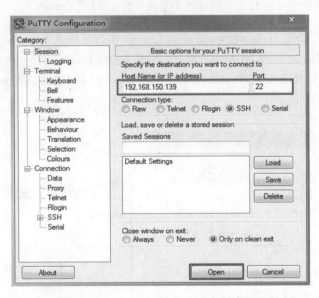

图 15.7　PuTTY 客户端的设置和登录界面

　　单击 Open 按钮，即可建立连接。如果是初次登录，会出现如图 15.8 所示的提示框，单击"是"按钮继续登录。

　　PuTTY 将打开一个类似于 Shell 终端的命令行窗口，输入用户名和口令即可完成登录。接下来发生的事情就跟在 Linux 中一样了，如图 15.9 所示。

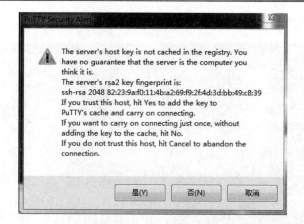

图 15.8　询问是否接受远程主机的密钥

图 15.11　通过 PuTTY 连接到远程主机的 Shell

　　如果希望通过 VNC 从 Windows 登录到 Linux，那么老朋友 vncviewer 同样有 Windows 上的版本，读者可以从 www.realvnc.com/products/free/4.1/winvncviewer.html 上免费下载这款软件。安装和登录界面如图 15.10 和图 15.11 所示，其基本操作和 Linux 下的 vncviewer 基本一致。

图 15.10　VNC for Windows 的安装界面

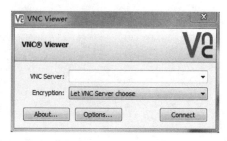

图 15.11　VNC Viewer for Windows 的登录界面

15.3　登录 Windows 服务器

　　本节将要从相反的方向讨论远程登录这个问题——从 Linux 登录到 Windows 服务器。

通常来说，有两种比较常用的方法。一种是为 Windows 装上一个名叫 VNC Server 的软件，这样 Linux 就可以通过 VNC 登录到 Windows 服务器了。这是属于 Windows 服务器的配置问题，此处就不再赘述了。

另一种方法是借助 Linux 下已有的客户端软件，直接通过 RDP 协议连接到 Windows 服务器。当然，首先要求 Windows 服务器开启了远程登录功能，可以通过右击"我的电脑"，在弹出的快捷菜单中选择"属性"选项打开"系统属性"对话框，选择"远程"标签进入"远程"选项卡，在其中选中"允许用户远程连接到此计算机"复选框打钩开启这一功能。

下载命令行登录工具 rdesktop 并安装，开启 Shell 终端，通过下面这条命令即可连接到 Windows 服务器。

```
rdesktop -u username ip-address
```

例如，这里以用户 liu 的身份登录到一台 IP 地址为 192.168.150.1 的 Windows 服务器上。

```
$ rdesktop -u liu 192.168.150.1
```

同 Windows 服务器建立连接后，rdesktop 会打开一个窗口，显示熟悉的 Windows 登录界面，如图 15.12 所示。通过用户密码验证后，即可登录到这台远程 Windows 服务器。

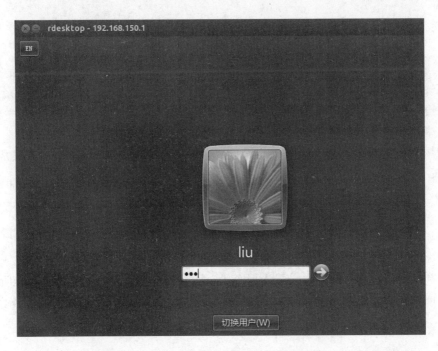

图 15.12　rdesktop 中的 Windows 登录界面

如果 Windows 服务器被配置为使用一个不同的端口，而不是 RDP 协议默认的 3389 端口，那么在使用 rdesktop 连接的时候应该在 IP 地址后加上冒号"："和端口号。例如上面这条连接命令应该写成下面这种形式，其中 6666 应该被改成 Windows 远程桌面实际使用的端口号。

```
$ rdesktop -u liu 10.71.84.129:6666
```

15.4　为什么不使用 telnet

为什么不使用 telnet？答案很简单：为了安全。telnet 曾经是使用最广泛的远程登录工具，但是 TELNET 协议有一个致命的缺陷，使用明文口令。这意味着用户口令将以明文的形式在网络上传输，任何人都有机会通过"网络嗅探"工具直接获取该口令。Linux 已经不再包含 TELNET 服务器程序，并且也不推荐用户使用。与此类似的还有 rlogin、rsh 等远程登录工具，它们也因为同样的安全问题成了众矢之的。

15.5　进阶：使用 SSH 密钥

读者已经了解到如何使用 SSH 连接远程主机。SSH 利用加密算法来保证信息传输的安全性，在已经接触到的例子中，用户必须在远程主机上拥有一个账号，并提供口令。SSH 也提供了另外一些验证用户身份的方式——密钥对是其中的一种，也可能是最安全的一种。

15.5.1　为什么要使用密钥

对于管理有多台服务器的管理员而言，快速登录到某几台机器的 Shell 上是很重要的。每次都输入登录口令费时费力（很多口令长达 15 位甚至更多），并且还很容易分神。管理员的思维不得不在"找出问题"和"到达出问题的地方"之间来回切换，这种"思维体操"让绝大多数管理员不堪重负。

使用 SSH 密钥对可以有效解决这个问题，而且也足够安全。这种解决方案基于下面这些想法：

- ❏ 有一对互相匹配的密钥文件（公钥和私钥）；
- ❏ 管理员的 PC 上保存有私钥文件的副本；
- ❏ 与私钥文件匹配的公钥文件存放在服务器上；
- ❏ 建立 SSH 连接时检查密钥对的匹配性。

这样，管理员就不需要手动输入口令了，所有的一切都是自动完成的。这听上去很诱人，下面就来实践配置 SSH 密钥对的全过程。而对于管理员最关心的另一个安全性问题，将在本节的最后讨论。

15.5.2　生成密钥对

SSH 提供了 ssh-keygen 工具来生成密钥对，使用-t 选项指定密钥类型。通常采用 SSH 的 rsa 密钥。

```
$ ssh-keygen -t rsa                                    ##生成 SSH 密钥对
Generating public/private rsa key pair.
Enter file in which to save the key (/root/.ssh/id_rsa):
```

```
Enter passphrase (empty for no passphrase):
Enter same passphrase again:
Your identification has been saved in /root/.ssh/id_rsa.
Your public key has been saved in /root/.ssh/id_rsa.pub.
The key fingerprint is:
04:97:e2:a8:62:0a:e5:b5:28:3f:e4:ec:10:f5:b1:88 root@lyw-virtual-machine
The key's randomart image is:
+--[ RSA 2048]----+
|      . ..       |
|      .o.        |
|   . .o ..       |
|  o.ooo..        |
|Eo.+o. S         |
|+o= .            |
|=B               |
|..=              |
|...              |
+-----------------+
```

该命令会在用户主目录下的.ssh 目录中生成两个文件。其中，**id_rsa** 是私钥文件，对应的 **id_rsa_pub** 是公钥文件。

```
$ ls /home/lyw/.ssh/
id_rsa  id_rsa.pub  known_hosts
```

15.5.3　复制公有密钥至远程主机

下面只需将公有密钥文件复制到远程主机。假设远程主机的 IP 地址是 192.168.150.139，登录用户名为 liu，下面建立 SSH 连接。

```
lewis@lewis-laptop:~/.ssh$ ssh 192.168.150.139 -l liu
liu@192.168.150.139's password:
Welcome to Ubuntu 12.04.1 LTS (GNU/Linux 3.2.0-29-generic-pae i686)

 * Documentation:  https://help.ubuntu.com/

Last login: Fri Sep  7 09:58:45 2012 from 192.168.150.139
```

在远程主机用户 liu 的主目录下建立.ssh 目录，并解除其他人对该文件的所有权限。

```
$ mkdir .ssh
$ chmod 700 .ssh
$ exit
Connection to 192.168.150.139 closed.
```

最后，使用 scp 命令将公钥复制到远程主机的/home/liu/.ssh 目录下，并重命名为 authorized_keys。

```
$  scp /home/lewis/.ssh/id_rsa.pub  liu@192.168.150.139:/home/liu/.ssh/
authorized_keys
Password:
id_rsa.pub                                    100%  400     0.4KB/s   00:00
```

15.5.4　测试配置

至此已经完成了 SSH 密钥对的配置。尝试以用户 liu 的身份登录该远程主机，可以看到 SSH 不再询问口令，而是直接允许用户登录到系统中。

```
$ ssh 192.168.150.139 -l liu
Last login: Tue Jan 13 00:57:18 2012 from 192.168.150.139
Have a lot of fun...
$
```

15.5.5　密钥的安全性

有些人认为使用公钥会显著增加潜在的安全风险。这种想法的确是有道理的。获取 SSH 密钥文件比获得/etc/shadow 容易得多，并且公钥通常被管理员大量分发，为了快速登录到多台服务器，这就增加了其他人得到公钥的可能性。

不过仔细想一想，黑客得同时窃取到两份文件（一份公钥，一份私钥）才行。和 SSH 密钥带来的方便相比，管理员是否应该舍弃一些安全性？不同的人在不同的环境下会给出不同的回答。但无论如何，没有一定安全的"安全"措施。如果决定使用 SSH 密钥，就应该注意保管好自己的私钥文件，并且只在需要的地方存放公钥；如果使用 SSH 口令，就应该保管好口令。管理员的警惕性是保证系统安全的最重要的武器。

15.6　小　　结

❑ 读者可以使用虚拟机实现远程登录的实验环境。应该设置虚拟机使用合适的网络接口（NAT 或是 Bridged）。
❑ SSH 的服务器程序是 OpenSSH；图形化登录的 VNC 应该使用 vnc4server。
❑ 在必要的时候配置防火墙。openSUSE 可以使用 YAST2 管理工具。
❑ SSH 提供加密的远程通信通道，为此应该在远程主机上拥有一个用户账号。
❑ ssh -X 命令开启 SSH 的 X 图形系统转发功能。
❑ 使用 VNC 可以直接登录到远程主机的 X 窗口系统。
❑ 在 Windows 中可以使用 PuTTY 通过 SSH 远程登录到 Linux 主机。
❑ 在 Linux 中可以使用 rdesktop 通过 RDP 协议登录到 Windows 主机。
❑ telnet 和 rlogin 等远程登录工具使用明文口令，在安全性方面存在很大问题，应该避免使用。
❑ 使用 SSH 密钥对可以让管理员不提供口令即登录到远程主机。

第 4 篇　娱乐与办公篇

第 16 章 多 媒 体

多媒体应用是计算机领域中最为活跃的分支之一，丰富的人机交互方式吸引了大量眼球。如今，多媒体工具已经成为人们生活中不可或缺的一部分，随着各类音频、视频等多媒体内容在互联网上流行，在可以预见的未来，多媒体技术仍将是计算机发展中长盛不衰的热点。本章将介绍 Linux 下的多媒体应用，包括音频、视频的播放，以及 Linux 下一些游戏的安装使用。这里的讲解将以 Gnome 上的工具为主，出于完整性的考虑，KDE 上的多媒体工具也会有所涉及。

16.1 关 于 声 卡

只要正在使用的是标准声卡，那么就不存在什么问题。Linux 对声卡的支持已经做得非常好，基本不需要额外安装声卡驱动程序。如果 Linux 不能识别当前系统中的声卡，那么就需要寻找对应的声卡设备驱动程序，但是这样的情况的确很少碰到。

用户可以使用 Linux 自带的配置程序对当前系统中的声音设备进行配置。在 Ubuntu Linux 中，可以选择"设置"|"系统设置"|"声音"命令，打开后的界面如图 16.1 所示。在这里面可以设置声音设备的各个常用选项和功能。通常情况下只需要使用系统的默认配置就可以了。

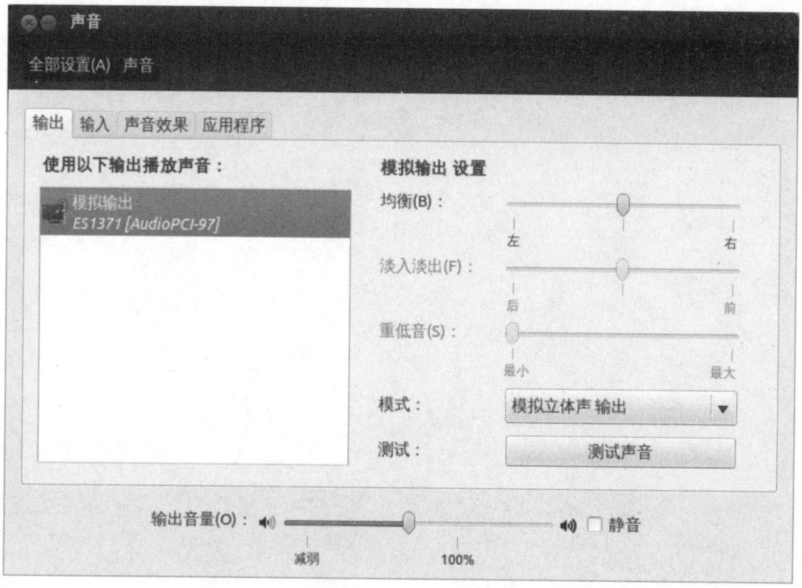

图 16.1 声音设置

16.2　播放器软件概述

xine 是 Linux 中最著名的播放软件之一，准确地说，这并不是某个播放器的名字，而是负责解码的后端。很多播放器通过调用这个后台播放引擎实现音频的输出，这些播放器有时候相应地被称作"前端"。另一款具有相同功能的播放引擎叫做 gstreamer，它更多地在 Gnome 环境中使用。这两款引擎在功能上基本相同，不存在大的差异。一般来说，所有的桌面 Linux 发行版都已经预装了至少一种这样的解码器，并且提供了相应的前端播放器。

有些播放器软件使用了自己的解码器，比较流行的有 Xmms、MPlayer、RealPlayer 等。如果读者对 Winamp 熟悉的话，可以尝试 Xmms。这款播放器无论在界面还是功能上都跟Winamp 非常类似；MPlayer 是一款跨平台的播放器，对于多媒体文件的格式支持非常全面；RealPlayer 同样有工作在 Linux 上的版本，但相对于它的 Windows 版而言，Linux 上的RealPlayer 显得有些单薄，但作为单纯的播放器还是非常值得考虑的。

应该说，Linux 环境中的播放器软件在数目上并不输给 Windows 平台，用户由此获得了更多的选择。本章主要围绕 Rhythmbox、amarok 和 MPlayer 这 3 款软件展开讨论，读者也可以尝试其他的播放器。

16.3　播　放　音　频

在 Linux 中播放音乐文件已经有了很多工具，绝大多数都使用 xine 和 gstreamer 作为后台播放引擎。totem-xine、amarok 和 kaffeine 等使用 xine；而 Rhythmbox 等 Gnome 上的播放器通常选择 gstreamer。本节将分别选择 Gnome 下的 Rhythmbox 和 KDE 下的 amarok作为主要的介绍对象，其他前端播放器的使用方法基本类似。

16.3.1　播放 CD

在 Linux 上播放 CD 非常方便。首先，打开播放器，插入需要播放的 CD 光盘。播放器能够自动识别到 CD 光盘，如图 16.2 和图 16.3 所示。单击播放按钮即可播放 CD 音频。

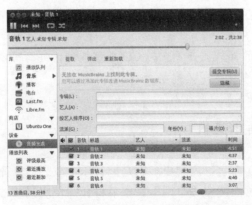

图 16.2　在 Rhythmbox 中播放音乐 CD

图 16.3　在 amarok 中播放音乐 CD

每次播放这张 CD 上的音轨都要插入光盘毕竟是一件非常麻烦的事情。Rhythmbox 提供了抓轨的功能，可以将 CD 上的音轨复制到音乐库中。单击工具栏上的“提取”按钮，播放器会自动完成音轨的复制工作，如图 16.4 所示。

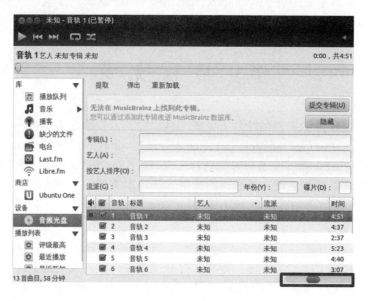

图 16.4　Rhythmbox 的抓轨功能

🗔提示：如果正在使用的播放器并不支持 CD 抓轨操作，那么可以使用 Linux 自带的抓轨
　　　　工具。这方面的内容可以参考 16.3.3 节。

16.3.2　播放数字音乐文件

相比较播放音乐 CD 而言，用户更多的是把音乐下载之后（先不管某些“免费下载”是否合理合法）放在硬盘上慢慢“享用”。本节将介绍使用播放器软件播放音乐文件的方法，在此之前首先关心一下和音频格式有关的主题。

1．关于音频文件格式

已经有很多音乐文件格式，比较流行的有 MP3、WMA 和 MIDI 等。读者最熟悉的恐怕是 MP3 了。这是一种有损压缩的音乐文件格式，在播放音质和文件大小之间做到了比较好的权衡，目前在众多音频格式中处于绝对的优势地位。

然而，MP3 并不是一种开源格式。围绕 MP3 的商业版权之争从来没有休止过。为了避免版权问题，大部分开源软件都不对 MP3 格式的文件提供支持，包括 xine 和 gstreamer。Linux 上使用更多的是一种被为 Ogg 的音乐文件压缩格式。Ogg 完全开源和免费，相比 90 年代开发的 MP3 更为先进，同为有损压缩格式，Ogg 可以提供比 MP3 更好的音质。在本节中将主要以使用 Ogg 格式的音频文件为例进行讨论。

播放 MP3 等格式的音乐文件仍然是用户无法回避的问题。幸运的是，尽管开源播放器默认情况下不支持这些商业格式，但可以通过安装非开源解码器的方式使播放器获得对这些音乐格式的支持。这方面的解码器读者可以到互联网上搜索。另外，Rhythmbox 等播放器在试图播放 MP3 等文件格式时会提示用户下载相应的解码器插件，此时根据提示安装即可。

另一种解决方案是使用 Mplayer 播放器。这款播放器支持当前几乎所有的音频和视频格式，并且在 Linux 上运行得非常好。关于 Mplayer 的使用，可以参考 16.4 节。

2．使用Rhythmbox

有两种方式使用 Rhythmbox 播放一个音乐文件。在文件浏览器中选择一个音乐文件后右击，在弹出的快捷菜单中选择"用'Rhythmbox 音乐播放器'打开"选项；也可以打开 Rhythmbox，选择"音乐"|"导入文件"命令，打开"将文件导入到库"对话框。定位到想要播放的音乐文件并单击"打开"按钮，可以将该文件导入到音乐库中。在音乐库中找到刚才导入的文件，双击（或者单击"播放"按钮）即可播放，如图 16.5 所示。

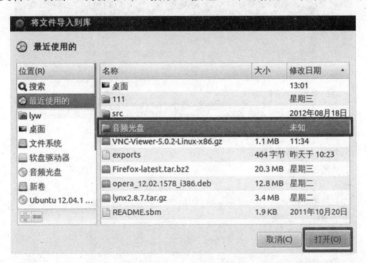

图 16.5　导入音乐文件至 Rhythmbox

Rhythmbox 支持一次导入整个目录。选择"音乐"|"导入文件夹"命令，打开"将文件夹导入到库"对话框。定位到想要导入的目录，单击"打开"按钮一次将该目录中的所

有音频文件导入至音乐库中，如图 16.6 所示。

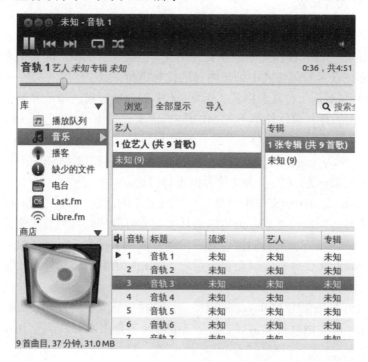

图 16.6　导入目录至 Rhythmbox

和几乎所有的播放软件一样，Rhythmbox 也使用播放列表。选择"音乐"|"播放列表" |"新建播放列表"命令，在侧栏中可以看到一个新建的播放列表，如图 16.7 所示。可以右击"新建播放列表"选择"重命名"命令给播放列表重命名，现在这个播放列表还是空的。

图 16.7　在 Rhythmbox 中新建播放列表

有多种方式可以把音乐文件加入到播放列表中,最方便的无疑是从音乐库中直接拖曳。单击侧栏中的"音乐"图标打开音乐库,找到刚才导入的音乐文件。注意,可以使用上方的搜索栏快速查找和定位,如图 16.8 所示。

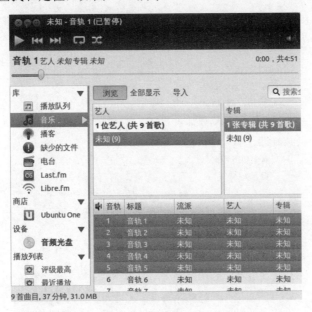

图 16.8 使用 Rhythmbox 的搜索栏快速定位音乐文件

使用 Ctrl 或 Shift 键配合鼠标选择多个音频文件,拖曳到刚才新建的播放列表"新建播放列表"中,如图 16.9 所示。至此,一个播放列表就完成了。

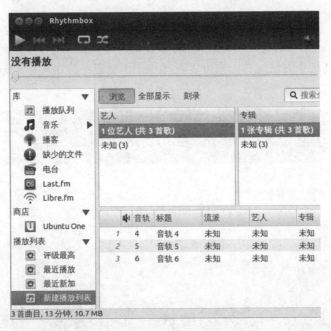

图 16.9 拖曳文件至播放列表

Rhythmbox 还有很多小功能。单击工具栏的"重复"和"乱序"按钮可以打开循环和

乱序播放功能。Rhythmbox 还支持连接互联网广播站和播客订阅，读者可以自己摸索。选择"编辑"|"首选项"命令打开"首选项"对话框，用户可以对播放器的基本选项进行定制，如图 16.10 所示。

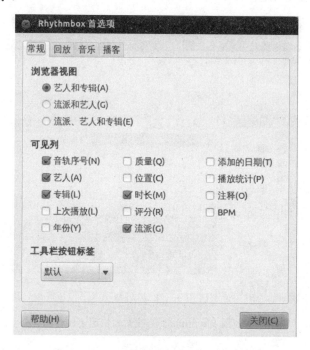

图 16.10　编辑 Rhythmbox 首选项

3．使用amarok

首次启动 amarok，播放器会弹出一个对话窗口，提示用户进行个性化设置，如图 16.11 所示。可以选择在这个时候配置，也可以直接单击"确定"按钮，打开 amarok 主界面，如图 16.12 所示。

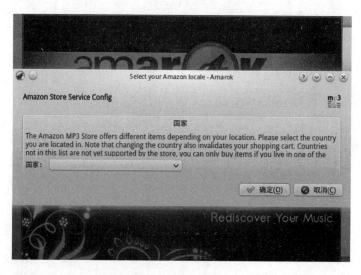

图 16.11　首次运行 amarok

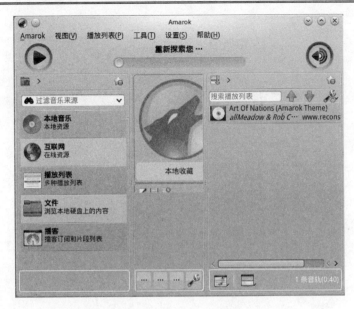

图 16.12 amarok 主界面

为了打开一个音乐文件,可以打开 amarok。选择"玩乐"|"播放媒体"命令,打开"播放媒体"对话框。定位到想要播放的音乐文件并单击"确定"按钮,即可播放该音乐文件。当前正在播放的音乐会在主窗口中以蓝色高亮显示,如图 16.13 所示。

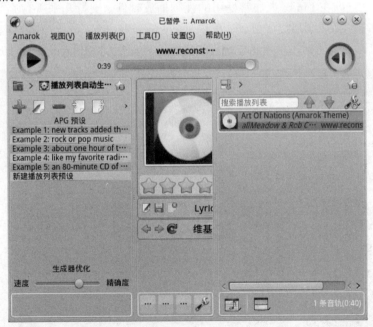

图 16.13 播放音乐文件

amarok 和 Internet 配合提供了一些有趣的功能。例如,Magnatune 音乐商店、last.fm 电台等,有兴趣的读者可以自己尝试这些新潮的小玩意儿。

如果需要对 amarok 进行更进一步的定制,可以依次选择"设置"|"配置 AmaroK"命令,打开"配置"对话框,如图 16.14 所示。

图 16.14 配置 amarok

16.4 播放视频：使用 MPlayer

MPlayer 是一款在 Linux 上非常好用的视频播放软件，支持几乎所有流行的视频格式。它以流畅、清晰的播放画质广受好评。可以从 www.mplayerhq.hu 上下载对应的软件包。如果需要从源代码安装的话，可参考 7.6 节的内容。启动后的 MPlayer 如图 16.15 所示。

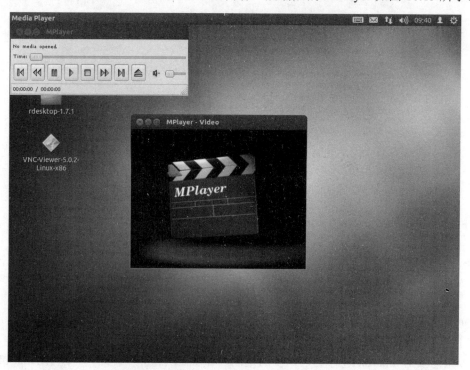

图 16.15 MPlayer 界面

可以看到，MPlayer 的界面分为视频窗口和控制面板两部分。在任何一个窗口中右击，都可以弹出快捷菜单。在这个菜单中可以选择各种操作，包括播放视频、DVD、音频文件及其他相关的功能选项。

以播放视频文件为例，依次遵循下面的操作步骤。

（1）在 MPlayer 的控制面板或视频窗口上右击，在弹出的快捷菜单中选择 Open|Play file 命令打开 Select file 对话框，如图 16.16 所示。

图 16.16　选择视频文件

（2）使用鼠标或者直接在地址栏中输入路径，定位到希望播放的视频文件，单击 OK 按钮。

（3）在播放过程中，可以随时使用控制面板中的按钮控制播放器行为。这些按钮的含义相信读者已经非常熟悉了，如果仍有疑惑，那么把鼠标停在按钮上，MPlayer 会给出提示。

MPlayer 同样可以设置播放列表——尽管看上去似乎简陋了一些。建立一个播放列表可以依次遵循下面的操作步骤。

（1）右击 MPlayer 的控制面板或视频窗口，在弹出的快捷菜单中选择 Playlist 选项，打开播放列表，如图 16.17 所示。

图 16.17　打开 MPlayer 播放列表

（2）通过左侧的 Directory tree 列表定位到音频文件所在的目录，在右侧的 Files 列表框中选择音频文件（这是一种非常古典的定位文件的方式），单击 Add 按钮将文件添加到播放列表中，如图 16.18 所示。

图 16.18　把文件添加在 MPlayer 播放列表

（3）如果希望从播放列表中删除某个文件，可以在 Selected files 列表中选定该文件，单击 Remove 按钮。

（4）单击 OK 按钮，完成修改。

如果对当前 MPlayer 的外观不满意，可以在快捷菜单中选择 Skin browser 选项更换皮肤。MPlayer 的皮肤可以从其官方网站上下载。关于 MPlayer 皮肤的安装方法，可以参考 7.6 节。

值得一提的是，MPlayer 不仅是一款优秀的视频播放软件，在音频播放方面也堪称一流。不夸张地讲，Linux 下只要有这一款软件就可以完成绝大多数的多媒体播放任务。用户可以在图 16.24 的 Select file...对话框的下拉列表框中看到 MPlayer 支持的所有多媒体文件格式。

16.5　Linux 中的游戏

Linux 的确不是游戏发烧友们的理想平台。不过，不管是程序员、管理员、黑客，还是打算起诉微软的"普通用户"，总得在工作之余给自己找些乐子。Linux 中有不少用来打发时间的游戏，本节将简单地介绍其中的几个——仅仅用来满足读者的好奇心而已。不玩游戏的朋友和专业玩家都可以直接跳过本节。

16.5.1　发行版自带的游戏

各 Linux 发行版本都附带了一些休闲类的小游戏，Ubuntu 用户可以在"Dash 页"搜索栏中输入"游戏"找到它们。我们可以来试试"空当接龙"这款游戏，如图 16.19 所示。
这款经典的空当接龙游戏由玩家对阵电脑机器人，不要掉以轻心，想战胜它可不是一件容
易的事情。

图 16.19　空当接龙游戏

"数独"是一个古老的逻辑游戏。玩家应该在每一个方格中填写 1～9 的一个数字，并
且保证每一行、每一列，以及任何一个 3×3 的方格内没有相同的数字。Linux 中的这个数
独游戏如图 16.20 所示，提供了比纸张更"人性化"的设计。玩家可以使用提示、填充、
高亮显示和跟踪条件按钮来帮助自己完成任务。

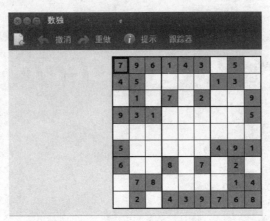

图 16.20　数独游戏

如果感到上面这两款游戏太费脑力，那么"纸牌王"、"扫雷"、"贪吃蛇"等游戏
可以有效地帮助打发时间。"对对碰"游戏如图 16.21 所示，需要玩家将不同区的牌都移
到收牌区。一局之后记得向远处眺望片刻，这款游戏很伤视力。

16.5.2　Internet 上的游戏资源

在 Internet 上可以找到一些可玩性更强的 Linux 游戏。喜爱飞行类游戏的朋友可以尝
试 FlightGear，这是一款非常逼真的飞行模拟游戏，可以从 www.flightgear.org 上免费获得

或者从"新立得软件包管理器"中安装。初次飞行需要一些耐心学习，如图 16.22 所示，让飞机起飞很容易，要控制不让它坠毁就不那么简单了。

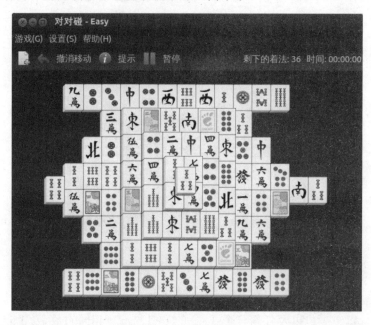

图 16.21　对对碰游戏

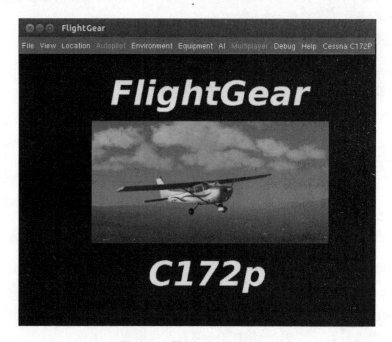

图 16.22　模拟飞行 FlightGear

战略类的游戏可以考虑 Battle for Wesnoth（如图 16.23 所示）和 Bos Wars（如图 16.24 所示）。前者可以从 www.wesnoth.org 上获得，有多个任务可供选择。它甚至有一个中文站点 www.wesnoth.cn，包含从游戏安装到高级攻略的完整信息。Bos Wars 有点类似于 Windows 下著名的"红警"，可以从 www.boswars.org 上免费获得。在这款 RTS 游戏中，玩家将控制自己的"国家"，发展经济并击退敌人。可以选择同电脑对战，也可以联网和世界各地的玩家"过招"。

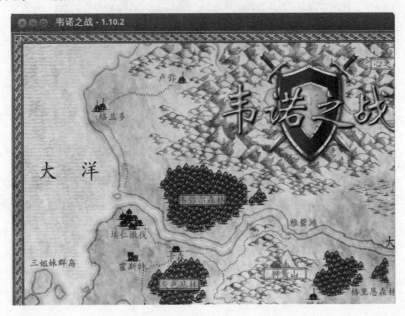

图 16.23　Battle for Wesnoth 游戏

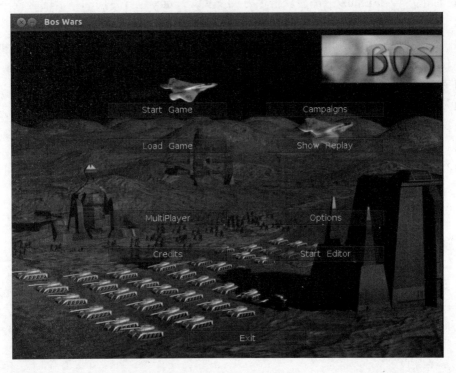

图 16.24　Bos Wars 游戏

喜欢台球的朋友不妨尝试 Foobillard，这是一款 3D 的台球游戏，包含斯诺克、九球和美式等多种打法，如图 16.25 所示。可以从 foobillard.sunsite.dk 上下载，不过目前只有适合于 RPM 系统的.rpm 格式文件，Ubuntu 和 Debian 用户可以下载源代码自己编译。

图 16.25　台球游戏 Foobillard

16.6　小　　结

- ❏ 标准声卡在 Linux 中都能获得很好的支持。Linux 包含专门的声卡配置程序。
- ❏ xine 和 gstreamer 是 Linux 中最著名的两款播放引擎。
- ❏ 一些播放器（如 Xmms、MPlayer 等）使用自己的解码器，另一些（如 Rhythmbox、amarok 等）则使用专门的播放引擎（如 xine 和 gstreamer）。
- ❏ Rhythmbox 和 amarok 都支持对 CD 和音乐文件的播放。
- ❏ Ogg 提供了比 MP3 更好的音乐文件压缩算法。
- ❏ Linux 提供音频抓轨工具将 CD 上的音轨提取到硬盘上。
- ❏ MPlayer 支持所有流行的视频（和音频）格式，是一款跨平台的开源软件。
- ❏ Linux 发行版自带了很多休闲类的游戏，用户也可以从互联网下载到更具可玩性的游戏。

第 17 章 图 像

本章将介绍 Linux 上的图像浏览和处理。对于桌面用户而言，图像是和音频、视频同等重要的。无论是照片管理，还是专业图像设计，Linux 上都有相应软件提供的帮助。在很多时候，这些开源软件完全可以取代 Windows 下的相关工具，甚至做得更好。

学完本章后，读者应该能够熟练使用工具管理图片，并掌握一定的图片处理方法。当然，如果希望进一步学习图像处理，那么需要参考其他相关专业书籍，本章只是对此做一个基本介绍。

17.1 查 看 图 片

Linux 下可以使用多种不同的软件打开图片。可以直接在文件浏览器中打开，也可以使用特定的相片管理工具。相片管理工具非常多，大部分都提供相似的功能，具体使用哪一个取决于个人喜好，以及用户所使用的桌面系统（Gnome 或是 KDE）。限于篇幅，这里将只对几个经典的软件作介绍，其他软件的操作遵循基本相似的步骤。

17.1.1 使用 Konqueror 和 Nautilus 查看图片

Konqueror 是 KDE 下的文件浏览器。尽管在很多时候，Konqueror 只是用来浏览文件系统，但事实上 Konqueror 是一个功能非常强大的浏览器。它可以识别很多常用的文件格式（仔细阅读了前面几章的读者可能已经有所体会了），包括文本文件、PDF（Portable Document Format）格式及各种图片文件格式。

使用 Konqueror 定位到图片所在的目录，选择希望查看的图片，如图 17.1 所示，Konqueror 会在当前窗口中为用户打开图片，如图 17.2 所示。

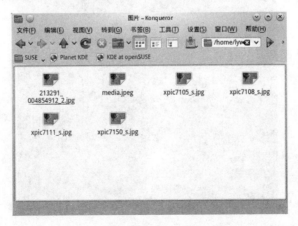

图 17.1　Konqueror 中的图像缩略图

图 17.2　在 Konqueror 中查看图像

Gnome 用户可以使用 Nautilus 文件浏览器来完成相同的操作。和 Konqueror 略有不同的是，Nautilus 并不直接显示图像，而是通过调用一个叫做"GNOME 之眼"的图像查看工具来显示图片。用户可以首先在 Nautilus 中查看图片的缩略图，如图 17.3 所示，然后双击图片显示它，如图 17.4 所示。

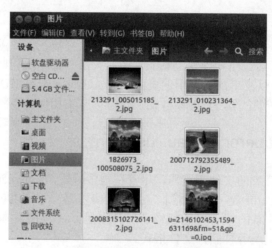

图 17.3　Nautilus 中的图像缩略图

图 17.4　使用"GNOME 之眼"查看图像

无论是使用 Konqueror 还是 Nautilus，都可以通过"放大"、"缩小"按钮对图像进行放缩。也可以单击"左"、"右"旋转按钮使图像旋转 90 度。

17.1.2 使用 GIMP 查看图片

GIMP 是 Linux 下专业级的图像处理软件。从某些程度上，GIMP 并不逊色于大家所熟悉的 Photoshop。因此看起来，用 GIMP 查看图片显然是有些"宰鸡用牛刀"了。Ubuntu用户可以依次选择"应用程序"|"图形"|"GIMP 图像编辑器"命令打开这个软件。打开后的界面如图 17.5 所示。

图 17.5 启动 GIMP

选择"文件"|"打开"命令，在弹出的"打开图像"对话框中定位到想要装载的图像，如图 17.6 所示，单击"打开"按钮即可打开图像。注意，在"打开图像"对话框的左侧会即时显示选定图像的预览效果。打开后的图像如图 17.7 所示。

图 17.6 GIMP 的"打开图像"对话框

图 17.7　在 GIMP 中查看图像

在 17.2 节中将介绍如何使用 GIMP 编辑图像。读者可以在这里首先体验一下 GIMP 的使用。如果是第一次使用的话，可能会有一些不习惯。

17.1.3　使用 Shotwell 管理相册

Shotwell 是一款相片管理软件。其界面简单，操作简便而实用，非常适合作为日常相片的管理工具。Shotwell 支持所有主要的图片格式，对于少数厂商定制的各类 RAW 格式也有很好的支持。Ubuntu 用户可以通过"应用程序"|"图形"|"Shotwell 照片管理器"命令打开这个软件。启动后的界面如图 17.8 所示。

图 17.8　照片管理器 Shotwell

第一次启动时，Shotwell 会提示导入相片。可以选择从目录导入，也可以从数码相机导入。以后用户可以单击工具栏上的"文件"|"从文件夹导入"命令按钮，打开"从文件夹导入"对话框，如图 17.9 所示。

图 17.9　选择导入的图片

选定文件夹后，Shotwell 会自动从该文件夹中获取所有的图片，包括这个文件夹所有的下级子目录（默认设置）。

完成后单击"确定"按钮导入这些照片，如图 17.10 所示。可以看到，Shotwell 会自动按时间对这些图片进行编目，并显示在图片的下方。同时在工具栏下方显示一条时间轴，单击相应的时间节点可以显示在那个时候拍摄的照片。

图 17.10　导入照片至 Shotwell

可以在"查看"菜单中选择使用幻灯片或全屏方式浏览图像，放大或缩小图像。也可以单击工具栏上的"照片"选择"向左旋转"（"右旋转"）按钮，将图像水平（竖直）翻转 90 度。

单击"照片"可以对图片进行编辑。Shotwell 提供了照片处理的基本操作，包括剪裁、校正和红眼等。在最下面的工具栏中，如图 17.11 所示。

图 17.11　编辑菜单栏

如图 17.12 是完成增强后的效果。注意，此时也可以右击鼠标，可以通过选择其中的"恢复到原始"选项，随时将照片回滚到修改前的状态。

图 17.12　裁减后的图像

事实上，此时计算机中的原始文件并没有被改变。如果需要保存所做的修改，可以使用"文件"|"导出"命令，如图 17.13 所示。可以看到，除了普通目录，用户还可以选择将照片直接导出至网上相册，例如 Google 的 Picasa。当然，用户需要提供相关的账号和密码。如图 17.14 显示了"导出照片"对话框，其中可以选择图片导出的目标文件夹，更改导出方式和图像大小。

图 17.13　导出图像

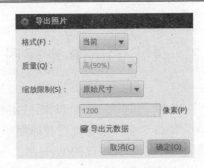

图 17.14　图像导出选项

　　Shotwell 可以为照片设置特定的标注。这里的"标注"和网页浏览器里的"书签"有些相似，可以帮助用户快速地定位到某些照片。在 Shotwell 主窗口会将标注的所有图片归为一类，如图 17.15 所示。

图 17.15　浏览所有标注的图像

　　Shotwell 默认提供的几个标签显然远远不能满足人们的需要，用户还可以创建自己的标签。依次选择"标签"|"添加标签"命令，打开"添加"对话框，如图 17.16 所示。这里在"标签"文本框中填入"风景"，然后单击"确定"按钮。完成新标签的创建后界面如图 17.17 所示。

图 17.16　添加标签

图 17.17　完成新标签的创建

17.2　使用 GIMP 处理图像

千呼万唤，终于到了介绍 GIMP 的时候。一直以来，GIMP 作为一款优秀的开源图像处理软件而倍受追捧。这款软件使得专业图像处理对普通用户成为可能——把埃及大金字塔搬到北京，让天空放晴，或者制作一个让人惊叹的 Web 图像……这些无一不能使用 GIMP 来实现。限于篇幅，本节只能走马观花地列举一些 GIMP 的特性，这不能不说是一种遗憾。

17.2.1　GIMP 基础

GIMP 最初是作为一个学生项目而创建的，这一点和 Linux 一样。它是 1995 年由 Peter Mattis 和 Spencer Kimball 在加利福尼亚伯克利大学开发。正如读者在 17.1.2 节已经看到的那样，GIMP 的界面和传统的图像处理软件有很大不同。两个长条形的"工具栏"组成了这个软件的全部。事实上，这正是 GIMP 的设计哲学：把复杂的东西藏起来。在 GIMP 朴实无华的用户界面下，隐藏着许多强大的功能。同时由于 GIMP 特色的工具栏设计，使操作变得非常灵活快捷。

在 17.1.2 节已经实践过了打开图片的过程。保存修改后的图片遵循基本相同的过程。选择"文件"|"保存"命令可以打开"保存图像"对话框，如图 17.18 所示。GIMP 支持几乎所有的图片格式，这些格式不仅可以被读取，GIMP 还能以这些格式输出图像。单击"保存"按钮即可将图像输出。

图 17.18　"保存图像"对话框

17.2.2 漫步工具栏

GIMP 的大部分常用功能都能够通过工具栏中的按钮来完成。不过，要一一介绍所有这些工具实在是一件累人的体力活。对于大部分读者而言，只要掌握其中基本的功能就足够了。表 17.1 列出了比较常用的 GIMP 工具（不是全部）。

表 17.1 GIMP中的常用工具

按钮	名　称	功　能
	选择矩形	在图像上选择一个矩形或者正方形区域。当移动鼠标的同时按住 Ctrl 键，则创建一个正方形；否则创建一个矩形
	选择椭圆	在图像上选择一个椭圆或圆形区域。当移动鼠标的同时按住 Ctrl 键，则创建一个圆；否则创建一个椭圆
	自由选择	在图像上选择一个非规则形状
	模糊选择（魔术棒）	选择与所单击的像素非常接近的颜色和亮度。可以为这个工具设置一个容差，包含若干个像素
	颜色选择	选择一个区域内相近的颜色
	智能剪刀	裁减所选择对象的边缘
	移动	在屏幕上移动所选择的对象
	放大	放大图像的尺寸。可以按连字符（-）缩小图像
	修剪	按所指定的边缘修剪图像的大小
	翻转	对图像进行水平和垂直翻转
	文本	在图像上添加文本
	吸管	为前景和背景从图像上拾取颜色
	颜料桶	在选择的区域浇灌颜色
	混合（梯度）填充	使用混合梯度颜色填充图像或者所选择的区域
	画笔	画一条实边缘线
	刷子	使用各种边缘刷子画线
	橡皮	去掉图像的某些部分
	喷雾器	创建虚的、散开的一个笔画
	复制	复制图像的某一部分
	缠绕	通过降低或者增加组成边缘的像素之间的对比度来平滑或者锐化一幅图像
	墨水	使用墨水笔绘图
	涂抹	涂抹像素
	度量	显示图像上像素之间的距离

不过看起来一两句的介绍并不能让读者掌握这些工具的使用方法。和 Photoshop 一样，介绍如何使用 GIMP 可以写成厚厚的一本书。如果读者有这方面的专业需求，那么本书的这一节不能提供更多的帮助。不过在很多方面，GIMP 和 Photoshop 是彼此相通的，精通 Photoshop 的读者会发现，自己并不需要花太多的时间也可以在 GIMP 中很好地完成工作。

17.2.3　实例：移花接木

现代的图像处理技术是如此的先进。使用图像处理工具，就可以对任何不满意的图片进行处理，使其满足自己的需求。考虑一下专业摄影公司所呈现的高质量照片，就大量使用了数字图像处理技术。无论前去拍照的人长相究竟如何，最后的照片一定能让客户心满意足。当然，任何技术都是一把双刃剑，新闻界不断爆出的"假照片"，使用的就是同一类技术。现在，有专门的软件可以检测照片中的这种拼凑现象，也有一些专业团队承接鉴定照片真伪的任务。

本节将带领读者亲自实践两张图片间的"移花接木"。这里并不是指导读者制作假照片，而是希望通过一个实例呈现图片拼凑的基本原理。更重要的是，借此实践 GIMP 的应用。

打开两张图片，如图 17.19 所示。在这个例子中，读者将把右边图片中的房子放到左边的图片中。

图 17.19　需要修改的两张图片

（1）使用缩放工具 🔍 适当放大图像，单击工具栏中的"模糊选择工具"工具 🖌，在图中的房子上单击，可以看到有一些虚线呈现在单击的部分，如图 17.20 所示。

（2）按下 Shift 键，可以看到魔术棒的右上方出现了一个+号。不要松开 Shift 键，在房子上继续单击，逐步向外扩展选择区域，直到表示选择区域的虚线看上去如图 17.21 所示。

图 17.20　使用"模糊选择工具"选取像素

图 17.21　使用 Shift 键增加选取区域

（3）按下 Ctrl+C 快捷键，复制被选中区域。激活另一张图片的窗口，按下 Ctrl+V 快捷快捷键。可以看到房子已经被复制进去了，如图 17.22 所示。

图 17.22　复制房子至另一张图片

（4）选择工具栏中的"移动"选项，将房子移动到合适的地方，在空白处单击，如图
17.23 所示。

图 17.23　移动房子至合适的位置

（5）至此，房子已经被复制到新的图片中去了。但是，这张图片有点不显眼。用户可
以选择"颜色"|"亮度-对比度"命令，调出"亮度-对比度"对话框，调整亮度至合适数
值，如图 17.24 所示。单击"确定"按钮。

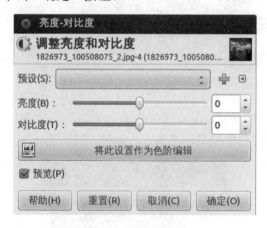

图 17.24　调整亮度

（6）最后这样的效果图看上去就显得逼真一些了。

17.2.4　使用插件

GIMP 有一个人数巨大的开发团队，因此针对 GIMP 的插件每时每刻都在产生。一般
来说，GIMP 的插件都会提供 INSTALL 和 README 这两个文件，其中包含操作指令。根
据插件的不同，安装方法也会略有出入。这方面的内容，读者可以自己尝试解决，或者参
考互联网上的相关资料。

17.3　LibreOffice 的绘图工具

Linux 下的办公软件 LibreOffice 也提供了绘图工具 LibreOffice.Draw，如果正在使用 Ubuntu 的话，可以通过选择"应用程序"|"图形"|LibreOffice 命令打开这个软件，启动后的界面如图 17.25 所示。

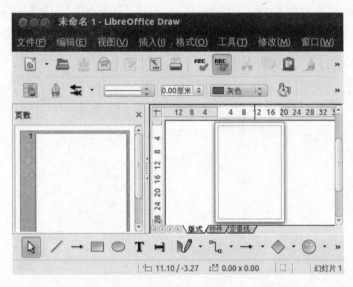

图 17.25　LibreOffice. Draw 的用户界面

相比 GIMP 而言，LibreOffice Draw 和"图像处理"没有太大关系——正如 GIMP 和"画画"没什么关系一样。LibreOffice Draw 主要用来设计 Logo、流程图和涂鸦。例如，可以在画纸的正中间画一个太阳，如图 17.26 所示。

图 17.26　用 LibreOffice. Draw 画一张图

17.4　小　　结

❑ Linux 中的文件浏览器 Konqueror 和 Nautilus 都可以用来查看图像。

❑ Shotwell 照片管理软件提供对照片的查看、搜索、修改等功能。

❑ GIMP 是 Linux 中开源源代码的图像处理软件，提供和 Photoshop 类似的功能。

❑ 使用插件可以增强 GIMP 的功能。

❑ LibreOffice 提供了绘图工具 LibreOffice.org Draw，用于设计流程图、Logo 等。

第 18 章　打印机配置

本章介绍 Linux 下打印机的配置和使用。要让一台打印机正确地工作曾经非常困难，但现在情况已经好多了。Linux 的打印系统已经非常灵活和高效，很多情况下只要简单地把数据线连接到计算机就可以了。尽管如此，在实际工作中依然可能遇到各种问题，本章将尽可能多地关注到各个细节。毕竟，谁都不希望高价购得的打印机是无法使用的。

18.1　为什么要有这一章

用户已经习惯了在 Windows 中安装驱动，然后给打印机发号施令。看起来在 Linux 中可以用同样的方法解决问题，这个想法没有错。但要是硬件厂商没有开发 Linux 下的驱动程序怎么办？更多时候，情况并不仅仅如此。用户可以把打印机想得很简单，也可以很复杂——这取决于具体的应用环境。如果读者只是想让身边的打印机在需要的时候打印出一页文档，那么只需要阅读 18.2 节就可以了。但对于那些希望在企业环境中部署打印系统的读者而言，按顺序阅读本章的内容是更好的选择。

18.1.1　打印机还是计算机

用户总是简单地把打印机同显示器、鼠标、音箱这些"外部设备"放在一起考虑，计算机的教科书上也是这样写的。这种归类方法当然没有错，但从复杂程度上来说，打印机显然没有得到足够的重视。打印机和计算机曾经是一回事（考虑 30 多年前那些没有显示器的计算机），现在仍然是。打印机有自己的 CPU、内存、操作系统甚至硬盘。如果是一台网络打印机的话，那么它还应该运行着自己的 Web 服务器，用户可以通过访问其"网站"进行配置和管理。

很多人或许从来没有考虑过这些问题。打印机越复杂，意味着需要花费更多的精力去管理，这一点和计算机一样。但这并不是最麻烦的，打印机的硬件厂商开发了很多不同的页面语言，使用着多如牛毛的操作系统。这对于打印系统（例如本章要介绍的 CUPS）的开发是一大挑战，而最终用户只要坐享开发成果就可以了。鉴于在选择打印机的过程中，读者可能会被某些名词搞糊涂，下面几节对常见的一些术语给出解释。

18.1.2　打印机的语言：PDL

当用户在应用软件（如 OpenOffice）中按下"打印"按钮时，就给打印机发送了一个打印作业。这种"布置作业"的过程需要使用一种特定的语言，这种语言称作页面描述语言（Page Description Language，PDL）。

　　经过 PDL 编码的页面可以提供比原始图像更小的数据量、更大的传输速度。更为关键的是，PDL 可以实现与设备和分辨率无关的页面描述。

　　先前已经提到，不同的厂商已经开发了很多截然不同的 PDL，但主流的只有那么几种。PostScript、PCL 5、PCL 6 和 PDF 是现如今最知名的 PDL，并且得到了广泛的支持。其中 PostScript 是 Linux 系统上最常见的 PDL，几乎所有的页面布局程序都可以生成 PostScript。

　　毫无疑问，PostScript 打印机可以在 Linux 上得到最好的支持。但如果读者的打印机不懂 PostScript，那也没有关系，Linux 的打印系统能够为所有这些 PDL 做转换。

　　打印机接收到用 PDL 描述的作业后，会调用自己的光栅图像处理器把这个文件转换成位图形式。这个过程就叫做"光栅图像处理"。一些打印机可以理解几乎所有的主流 PDL，另一些则什么都理解不了。后一种低"智商"的打印机称作 GDI 打印机，它们需要依赖计算机做光栅处理，然后接收现成的位图图像。和 GDI 打印机通信所需的信息，总是使用专门针对 Windows 的专有代码编写的，因此这类打印机一般只能在 Windows 下使用。

18.1.3　驱动程序和 PDL 的关系

　　既然打印机是一台事实上的"计算机"，那么用计算机"驱动"计算机这句话看上去有点可笑。的确，打印机的驱动程序并不能算真正意义上的"驱动程序"，因为它和硬件驱动没有太大关系。把文件转化为打印机能理解的 PDL——这就是打印机驱动程序所要做的全部事情。

　　不要指望打印机制造商会开发 Linux 下的驱动程序。幸运的是，Linux 的打印系统（如 CUPS）可以完成绝大部分这样的转换。当然用户也可以使用 Linux 附带的工具软件手工完成 PDL 的转换工作，但通常没有这样的必要。

18.1.4　Linux 如何打印：CUPS

　　读者将会看到，Linux 上的打印系统已经变得非常灵活，这应该要归功于 CUPS 的出现。CUPS 是公共 UNIX 打印系统（Common UNIX Printing System）的缩写形式。这套打印系统目前已经包含在 Linux、Mac OS 等大部分现代 UNIX 类操作系统上，并且成为了 UNIX 打印的事实标准。鉴于此，本章将只讨论这一种打印系统，其他早期的打印系统如 rlpr、GNUlpr 已经没有使用的必要了。

　　CUPS 基于服务器/客户机架构（Linux 总是习惯用服务器的思维考虑问题），因此非常适合企业级打印环境的部署。工作时，客户机（可能是某个应用程序，或者是另一台 CUPS 服务器）把文件副本传递给 CUPS 服务器，服务器把它们保存在打印队列中，并且等待打印机就绪。

　　为了给打印机传递合适的信息（例如打印机使用何种 PDL），CUPS 服务器需要检查打印机的 PPD 文件。一旦确定了自己应该做些什么，CUPS 服务器会通过"过滤器"把文件转换成合适的格式，并对打印机执行初始化。提交完打印作业后，CUPS 服务器回过来继续处理打印队列，打印机则开始执行实际的打印任务。

主流 Linux 发行版默认都安装了 CUPS，除非用户在安装时明确告诉 Linux 不要安装 CUPS。CUPS 使用 HTTP 协议来管理打印任务，通过使用浏览器访问主机的 631 端口（在地址栏中输入 http://localhost:631 并按 Enter 键）可以打开这个管理界面，如图 18.1 所示。如果读者的 Linux 还没有安装 CUPS，那么可以从安装光盘中找到这个软件。

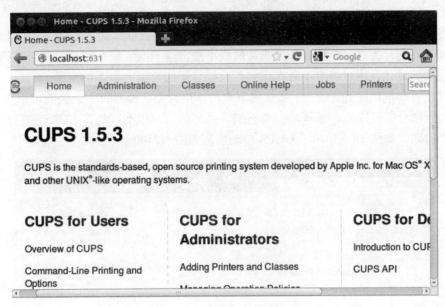

图 18.1 CUPS 的 Web 管理界面

18.2 添加打印机

添加一台打印机到 CUPS 非常容易，当然前提是这台打印机能够被 Linux 支持。因此本节首先讨论如何选择一款合适的打印机。在添加打印机的过程中，使用 CUPS 的 Web 管理界面应该是一个不错的选择。对于普通用户而言，这个界面足够友好，也非常简洁可靠。当然，本节还是会给出所有这些操作的命令行实现，读者说不定在什么时候会用到它们。

18.2.1 打印机的选择

在选择一款打印机前，应该首先去了解一下这款产品可以在 Linux 下得到多大程度的支持。最直接的方法是访问 www.linuxprinting.org 的 Foomatic 数据库，这个数据库将打印机分成从 Paperweight 到 Perfectly 的 4 个等级。毫无疑问，Perfectly 类的打印机可以在 Linux 下获得最好的支持，用户应该尽可能地选择这一类。

PostScript 打印机可以在 CUPS 下工作得非常好，几乎不需要任何特殊设置就可以实现完美的打印效果。CUPS 也提供了对其他类型打印机的支持，尽管有时候并不特别令人满意，但总比没有的好。千万不要购买 18.1.2 节提到的 GDI 打印机，这些打印机因为"无知"

而不得不寻求 Windows 下的驱动程序。尽管借助逆向工程，很多 GDI 打印机也能够获得 CUPS 的支持，但这样的支持常常并不能让人感到满意。

18.2.2 连接打印机

很多时候，连接打印机最大的困难在于如何顺利地把数据线插入 USB 接口。如果需要把数据线连接到台式机上，那么一次成功的概率通常是 50%。如今计算机里所有的插槽都做了防反插的设计，用户终于不必在研究正反插这样的事情上忐忑不安了。

一旦将打印机连接到计算机，那么接下来的事情只要交给 CUPS 去做就可以了。CUPS 能够识别大部分的打印机，并自动安装它们。最坏的情况也不过是在 CUPS 的管理界面中回答几个问题。如图 18.2 显示了 CUPS 自动监测到的 N7400。

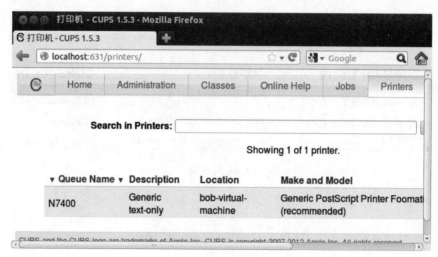

图 18.2 检测到新打印机

18.2.3 让 CUPS 认识打印机

尽管 CUPS 默认提供了对很多打印机的支持，但一些打印机仍然需要经过特殊的配置才能够使用。在具体讨论之前，首先来看一下 CUPS 是如何识别打印机的。

考虑当用户给 CUPS 布置打印任务的时候，CUPS 理应知道当前连接的打印机所使用的 PDL 及打印机所能提供的各项功能。例如，是否支持彩印？是否能执行双面打印等。CUPS 不会玩推理游戏，这一切都需要打印机明白无误地告诉它。

所有这些信息都包含在打印机的 PPD 文件中。PPD 代表 PostScript Printer Description，即 PostScript 打印机描述。这个文件记录了打印机的各项参数和功能、CUPS 过滤器，以及其他平台上的打印机驱动程序，据此判断如何把打印作业发送给 PostScript 打印机。如今，每一台 PostScript 打印机都提供有特定的 PPD 文件，这通常可以在安装光盘中找到。

话虽然这么讲，但对于 CUPS 而言，非 PostScript 打印机同样可以使用 PPD 文件来描述。这样看来，只要找到某台打印机的 PPD 文件，CUPS 就能够驱动它——至少从理论上讲是这样。那么，现在的问题就转化为寻找特定打印机的 PPD 文件。

linuxprinting.org 提供了大量这样的 PPD 文件。用户要做的只是把打印机对应的 PPD 文件下载下来，然后复制到 CUPS 的目录中去。通常，这个目录是/usr/share/cups/model（Ubuntu 有点特殊，是/usr/share/ppd）。

有时候找到的 PPD 文件可能是某一类打印机的通用 PPD 文件，因此并不能发挥打印机的全部功能。但这至少要比没有的强。可以试试多个通用 PPD 文件，然后选择输出效果最好的那一个。

PPD 文件是普通的文本文件，读者如果有兴趣，可以打开查看里面都写了些什么。对比两个很接近的 PPD 文件可以清楚地看到两台打印机之间的区别。

18.2.4　配置打印机选项

打印机安装完成后，可能需要对其进行一些设置。例如，打印使用的纸张大小、类型和打印质量等。在这里单击右上角按钮选择"打印机"命令，然后右击该打印机，选择"属性"命令打开打印机选项的配置界面，如图 18.3 所示。

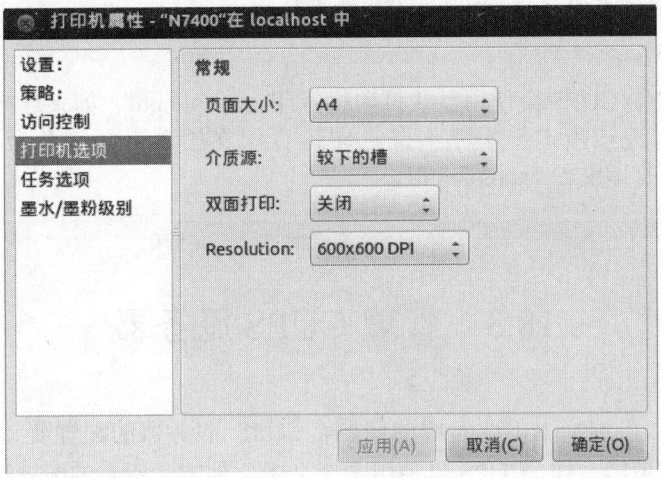

图 18.3　打印机设置

用户可以在下拉列表框中为每个选项选择合适的属性，完成相关修改后单击"应用"|"确定"按钮。

在 CUPS Web 管理界面的 Printers 选项卡中单击 Set As Default 按钮可以将该打印机设置为默认打印机。如果决定使用命令行工具的话，下面这条命令将 N7400 设置为当前用户的默认打印机。

```
$ lpoptions -d N7400
```

CUPS 维护有一个全局的打印机配置文件/etc/cups/printers.conf，使用 root 权限打开并编辑这个文件即可完成相应的选项修改。不过若没有特殊需求，不推荐用户手动修改这个配置文件，使用 CUPS 的 Web 管理界面是一个比较好的选择。下面给出了这个文件的部分内容，每台打印机用一对尖括号（<>）开头，默认打印机以 DefaultPrinter 表示。

```
<DefaultPrinter N7400>
UUID urn:uuid:68851175-2ac9-3c5a-5c09-1a7f5e8fd9e8
```

```
Info Generic test-only
DeviceURI parallel:/dev/lp0
State Idle
StateTime 1347858385
Type 8433692
Accepting Yes
Shared Yes
...
<Printer PDF>
UUID urn:uuid:586fdc00-e0c5-3335-4c0b-030403ffb187
Info PDF
MakeModel Generic CUPS-PDF Printer
DeviceURI cups-pdf:/
...
```

18.2.5　测试当前的打印机

在打印机管理页面中单击 Print Test Page 按钮，可以让打印机打印出一页测试纸，如果当前打印机配置正确无误的话。使用命令行工具，只要简单地给 lpr 命令传递一个文件名作为参数。下面这条命令将 example.pdf 送去打印。

```
$ lpr example.pdf
```

在这种情况下，CUPS 会使用默认打印机打印 example.pdf。如果连接了多台打印机，那么可以使用-P 选项指定使用哪一台打印机打印文档。下面这条命令明确指定使用 hp_LaserJet_1000 打印文件 example.pdf。

```
$ lpr -P N7400 example.pdf
```

18.3　管理 CUPS 服务器

相比较在打印机选择上需要考虑的问题，CUPS 服务器的配置要让人省心得多。和 Linux 下所有的服务器一样，CUPS 也使用一个文本文件定义所有的配置选项，并且作为一个"另类"的 Web 服务器，CUPS 配置文件的语法和 Apache（将在 23 章介绍）的非常类似。

18.3.1　设置网络打印服务器

CUPS 的配置文件叫做 cupsd.conf，通常保存在/etc/cups 目录下。如果不能确定自己使用的发行版把它藏在什么地方，那么不妨试试 locate 或 find 命令。这是一个文本文件，可以使用 more 或者 less 命令查看其内容。

```
$ more /etc/cups/cupsd.conf
#
#
#   Sample configuration file for the Common UNIX Printing System (CUPS)
#   scheduler.  See "man cupsd.conf" for a complete description of this
#   file.
#
```

```
# Log general information in error_log - change "info" to "debug" for
# troubleshooting...
LogLevel warning

# Administrator user group...
SystemGroup lpadmin


# Only listen for connections from the local machine.
Listen localhost:631
Listen /var/run/cups/cups.sock

# Show shared printers on the local network.
Browsing Off
BrowseOrder allow,deny
BrowseAllow all
--More--(22%)
```

可以看到，这个文件中的大部分行都以"#"开头，表示这是一个注释行。完整全面的注释是 Linux 下配置文件的一大特点，用户可以方便地据此进行配置。这个配置文件定义了 CUPS 服务器的所有行为，例如 Listen localhost:631 表示 CUPS 在 631 端口提供服务。在实际使用中，只需要对其中的很少一部分做更改就可以了。

CUPS 可以向网络上的其他主机提供打印服务，这样就不必为每台主机都配备一台打印机了。要让 CUPS 接受来自其他主机的打印作业，应该在 cupsd.conf 中找到下面这几行。

```
<Location />
  Order allow,deny
</Location>
```

把它们替换为下面这种形式。其中，netaddress 应该替换为网络的 IP 地址（例如 10.71.84.0）。关于网络和 IP 地址，请参见第 11 章的相关内容。

```
<Location />
  Order allow,deny
  Deny from all
  Allow from 127.0.0.1
  Allow from netaddress
</Location>
```

下面简单解释一下这几行的含义。Deny from all 表示 CUPS 不接受任何主机的打印请求。但紧跟着的两行定义了两种例外：Allow from 127.0.0.1 和 Allow from netaddress 允许来自本机（127.0.0.1）和 netaddress 的计算机使用打印服务。

为了让网络上的主机可以看到 CUPS 服务器正在提供的打印服务，那么还应该找到下面这一行：

```
BrowseAddress @LOCAL
```

将其修改成下面这个样子。其中，broadcastAddress 应该替换为网络的广播地址（如 10.71.84.255）。关于网络的广播地址，请参见第 11 章的相关内容。

```
BrowseAddress broadcastAddress:631
```

注意：如果在 Listen 字段中修改了 CUPS 的监听端口，那么使用时应该把 631 修改为实际设置的端口号。

这一行配置让 CUPS 服务器向网络 broadcastAddress 广播对外提供服务的打印机的信息。这样运行在其他主机上的 CUPS 守护进程就可以知道有哪些打印机可供选择了。至此，一台网络打印服务器设置完成了。

保存配置文件后，不要忘了重新启动 CUPS 服务器使修改生效。在绝大多数 Linux 发行版上，这个启动脚本是/etc/init.d/cups。下面这条命令重启 CUPS 服务器。

```
$ sudo /etc/init.d/cups restart
* Restarting Common Unix Printing System: cupsd                    [ OK ]
```

18.3.2　设置打印机的类

如果 CUPS 服务器连接着多台打印机的话，可以把它们放在一个"类"中。这个类专门负责一条打印队列，CUPS 会自动把打印作业调配到当前空闲的打印机上，这样就可以大大提升打印效率。

要创建一个打印类，可以在 CUPS 的 Web 管理页面中选择 Administration 标签进入 Administration 选项卡，单击 Add Class 按钮，打开 Add Class 页面，如图 18.4 所示。

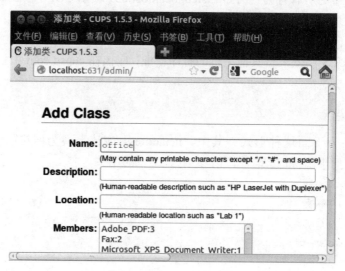

图 18.4　添加一个打印类

在 Name 文本框中输入类的名字，并在 Members 下拉列表框中选择需要添加的打印机。使用 Ctrl 键可以同时选择多台打印机。最后单击 Add Class 按钮完成添加。如果此前没有提供过口令的话，CUPS 照例会要求进行身份验证，如图 18.5 所示。通过验证后，可以看到新的类已经添加到 CUPS 系统中了，如图 18.6 所示。

图 18.5　用户名和密码认证

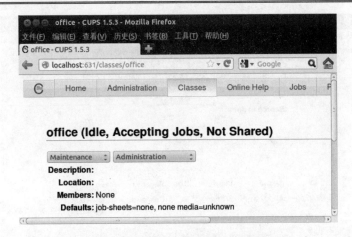

图 18.6　添加到 CUPS 系统中的 office 类

日后需要修改类所包含的打印机，可以在相应的类中单击 Modify Class 按钮，打开 Modify Class 页面，在这里可以重新选择需要添加的打印机。

如果决定使用命令行工具添加打印机的类，可以用 lpadmin 命令。下面的两条命令创建打印机类 office，并把打印机 N7400 和 zoe 加入这个类。

```
$ lpadmin -p N7400 -c office
$ lpadmin -p zoe -c office
```

要从类中删除一台打印机，只需将-c 选项换成-r 选项。下面这条命令从 office 类中删除打印机 zoe。

```
$ lpadmin -p zoe -r office
```

通常，应该把几台功能相似的打印机配置成一个"类"。把一台黑白打印机和一台彩色打印机放在一个"类"里显然是不合适的。因为一张彩色照片可能被 CUPS 安排到空闲中的黑白打印机，而另一份策划书则被彩色打印机接受了，尽管策划的主人并不需要这样做。CUPS 会自动把几台拥有相同名字的打印机作为一个隐含的类。这个功能非常好，但这也要求管理员不要给两台差别很大的打印机取相同的名字（看起来这样的事情应该很少会发生）。

18.3.3　操纵打印队列

在一个繁忙的办公环境内（例如文印店），打印机总是同时收到很多作业。世界上最快的打印机也赶不上人们单击鼠标的速度，事情总是要一件一件地完成。CUPS 为打印机维护了一条打印队列，作业在得到处理之前必须先"排队"。在 CUPS Web 管理页面中选择 Jobs 标签后，可以看到当前等待处理的打印任务，如图 18.7 所示。

在上面的例子中，有 1 个作业等待处理。即打印到 N7400 的一份文档（由 OpenOffice Writer 产生）。在每个作业的末尾，CUPS 提供了多个控制选项，管理员可以随时取消（Cancel）或者只是暂时挂起（Hold）这个作业。

如果选择使用命令行工具，那么 lpq 可以从 CUPS 服务器那里查询到当前打印作业的状态信息。

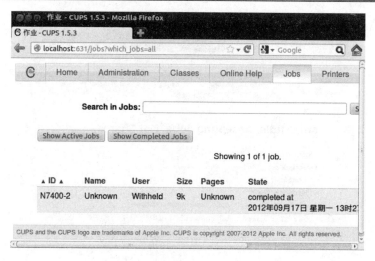

图 18.7　等待处理的打印任务

```
$ lpq
N7400 未准备就绪
顺序      所有者    作业      文件                              总大小
1st      lewis    4        第 2 章 Linux 安装（终稿）          4559872 字节
2nd      lewis    5        mountain.jpg                      2612224 字节
```

lpq 报告的作业号（输出中的第 3 列）很有用。要删除一个打印作业，可以使用 lprm 命令并提供作业号作为参数。下面的命令删除了作业号为 5 的打印作业（图像 mountain.jpg）。

```
$ lprm 5
```

18.3.4　删除打印机和类

如果把事情做得更"决绝"一点，可以通过删除打印机和类来关闭打印服务。在 CUPS 的 Web 管理界面中单击相应的 Delete Printer 按钮（删除打印机）和 Delete Class 按钮（删除类）即可，如图 18.8 所示。此时 CUPS 会询问是否真的要删除，如图 18.9 所示。不要浪费任何一次后悔的机会，想清楚之后再单击 Delete Printer（或者 Delete Class）按钮。

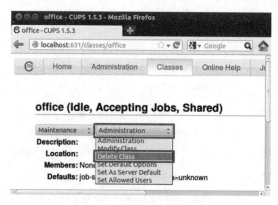

图 18.8　删除类选项

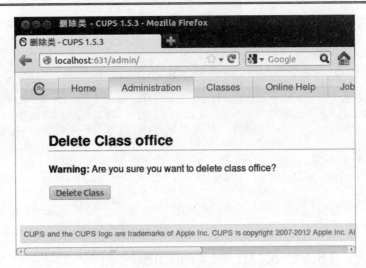

图 18.9　删除打印类

如果决定使用命令行工具，lpadmin 提供了-x 选项。下面两条命令分别删除打印机 zoe 和打印类 office。

```
$ lpadmin -x zoe
$ lpadmin -x office_test
```

18.4　回顾：CUPS 的体系结构

现在来简要回顾一下 Linux 的打印系统。如今几乎所有的 Linux 发行版都使用 CUPS 来执行打印操作。CUPS 是一套服务器程序，接管所有连接到计算机的打印机。CUPS 随系统启动而启动并一直运行，处理来自客户端的打印请求。当用户在 OpenOffice 中单击"打印"按钮时，这个文字处理软件就把需要打印的内容提交给 CUPS 服务器，由 CUPS 负责和打印机交涉。

使用服务器/客户机的架构意味着共享打印机成为一件理所应当的事情。如果运行 CUPS 服务器的主机 A 连接着打印机（并且配置为允许接受远程作业），那么同一网络上的主机 B 就可以使用该打印机资源。在这种情况下，主机 B 上的应用程序（如 LibreOffice）仍然同 B 主机的 CUPS 服务器打交道，而 B 主机的 CUPS 服务器则成为 A 主机的客户机。

CUPS 服务器使用 HTTP 协议同客户机进行交互，用户可以使用浏览器来管理 CUPS 服务器。从这种意义上，CUPS 服务器就是一个 Web 服务器，只是 CUPS 监听 631 端口，而不是 80 端口。这种天才的设计把网络打印系统从众多的标准中解放出来。在这之前，人们不得不忙于应付不同公司制定的不同标准——仅仅是为了打印几张纸而已。

可以随时使用 lpstat -t 命令显示当前 CUPS 的状态信息。

```
$ lpstat -t                                        ##显示 CUPS 服务器的状态信息
调度程序正在运行
系统默认目的位置：N7400
类 office 的成员：
```

```
    N7400
用于 N7400 的设备: hp:/usb/hp_LaserJet_1000?serial=0
用于 office 的设备: ///dev/null
用于 PDF 的设备: cups-pdf:/
N7400 正在接受请求, 时间从 2009 年 01 月 17 日 星期六 00 时 53 分 25 秒
office 正在接受请求, 时间从 2009 年 01 月 17 日 星期六 01 时 10 分 04 秒
PDF 正在接受请求, 时间从 2008 年 04 月 23 日 星期三 02 时 12 分 00 秒
打印机 hp_LaserJet_1000 已停用, 时间从 2009 年 01 月 17 日 星期六 00 时 53 分 25 秒 -
    原因未知
打印机 office 闲置, 启用时间从 2009 年 01 月 17 日 星期六 01 时 10 分 04 秒
打印机 PDF 闲置, 启用时间从 2008 年 04 月 23 日 星期三 02 时 12 分 00 秒
office-3        anonymous  17408   2009 年 01 月 19 日星期一 03 时 14 分 36 秒
N7400   lewis       4559872 2009 年 01 月 19 日星期一 03 时 17 分 42 秒
```

18.5　KDE 和 Gnome 的打印工具

事实上, 普通用户完全可以不直接和 CUPS 服务器打交道。KDE 和 Gnome 的打印工具正在 (或者已经) 让桌面用户忘记 CUPS 的存在, 用户可以直接通过这两个桌面环境附带的打印配置工具来完成大部分的打印机管理操作。如图 18.10 所示显示 KDE 和 Gnome 的打印工具 (这里 KDE 和 Gnome 的打印工具是一样的)。

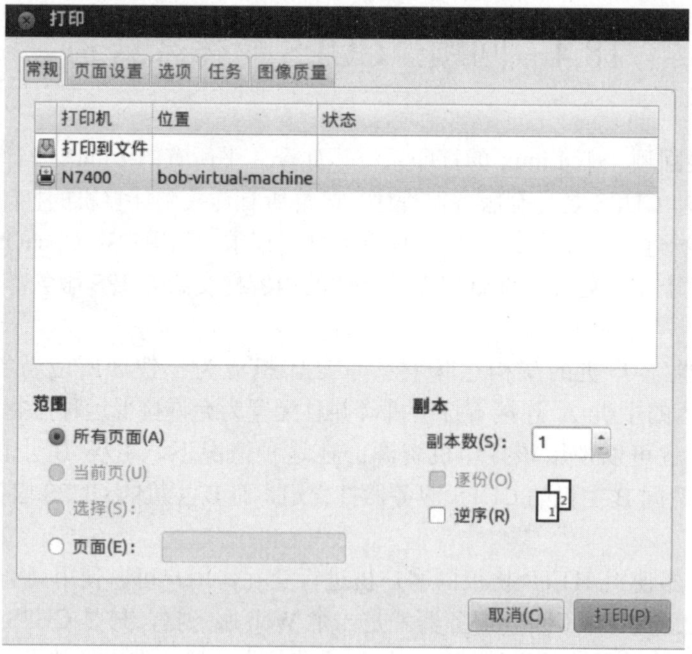

图 18.10　KDE 的打印工具: KPrinter

尽管如此, KDE 和 Gnome 的打印工具仍然是 CUPS 服务器的客户端程序。最终的打印操作依旧是由 CUPS 完成的。但如果用户只是想打印一些东西, 而不用像管理员那样维护些什么, 那么应该知道 CUPS 服务器并不能提高打印质量: 这是设计桌面环境的基本思想。

18.6　小　　结

❑ 打印机常常和"计算机"一样复杂。打印机有自己的 CPU、内存和操作系统，甚至运行着服务器守护进程。

❑ 页面描述语言 PDL 是打印机可以理解的语言。

❑ PostScript 是 Linux 上最常见的 PDL，PostScript 打印机可以在 Linux 上获得最好的支持。

❑ 打印机驱动程序将需要打印的文件转化为打印机可以理解的 PDL。

❑ Linux 使用公共 UNIX 打印系统（CUPS）管理打印机，并负责处理打印作业。

❑ 用户可以从 www.linuxprinting.org 了解特定型号的打印机在 Linux 上的支持情况。

❑ CUPS 可以自动识别连接到计算机的打印机。

❑ 打印机的 PPD 文件包含了有关该打印机的详细信息。

❑ 用户可以通过手动添加 PPD 文件使 CUPS 认识一台特定的打印机。

❑ 通过 CUPS 的 Web 管理界面可以对打印机进行设置。

❑ 和打印机有关的设置都有相应的命令行工具可供使用。

❑ CUPS 的配置文件是 cupsd.conf，通常位于/etc/cups 目录下。

❑ 通过开启广播功能可以使 CUPS 服务器向网络上的其他主机提供打印服务。

❑ 可以在 CUPS 中将几台打印机配置成一个"类"。同一个类中的打印机共同负责处理一条打印队列。

❑ CUPS 为打印机维护一条打印队列，打印任务必须首先在这条队列中排队等候。

❑ 管理员可以选择禁用打印机的输入端和输出端。禁用输入端限制用户提交打印作业；禁用输出端后不限制用户提交打印作业，但作业不会被打印机处理。

❑ CUPS 基于服务器/客户机架构，服务器使用 HTTP 协议同客户机交互。

❑ KDE 和 Gnome 都提供了打印管理工具，并且向用户隐藏了 CUPS 的实现细节。

第 19 章　办公软件的使用

对于把 Linux 作为桌面的用户而言，拥有一个舒适的办公环境显得尤为重要。Linux 提供了对 Microsoft Office 的无缝访问。用户可以方便地编辑修改 Office 文件，也可以将办公文档直接输出成为 PDF 格式。在光盘刻录方面，Linux 提供了多种不同的软件，当然前提是用户拥有这样一台刻录设备。

19.1　最常用的办公套件：LibreOffice.org

LibreOffice.org 是一套跨平台的办公室软件套件，可以在 Linux、Windows、MacOS 和 Solaris 等操作系统上执行，这也是 Linux 上最流行的办公软件套件。LibreOffice.org 是 Sun 的产品，后者非常慷慨地（或者说明智地）将这款开源产品免费赠送给所有人。

这个套件包括了文字处理器（Writer）、电子表格（Calc）、演示文稿（Impress）、公式编辑器（Math）和绘图程序（Draw）。本节介绍前 3 个产品，这也是用户最常使用的办公工具。

19.1.1　文字处理软件

LibreOffice 的文字处理软件提供和 Microsoft Word 类似的功能。Ubuntu（在 Gnome 桌面环境下）用户可以依次选择"应用程序"|"办公"|"LibreOffice.Writer 文字处理"命令打开这个软件。Ubuntu（在 KDE 桌面环境下）用户可以直接单击桌面左侧栏中的 Libre Office Writer 命令，启动后的界面如图 19.1 所示。

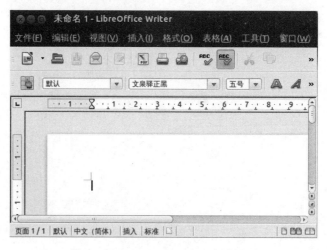

图 19.1　Libre Office Writer 启动界面

LibreOffice 提供了对 Microsoft Office 非常好的访问。选择"文件"|"打开"命令启动"打开"对话框，定位到一个 doc 文档并单击"打开"按钮，如图 19.2 所示。

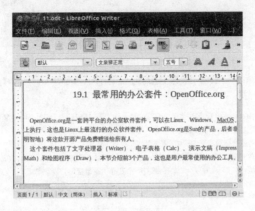

图 19.2　打开一个 MS Office 文档

从使用习惯上，LibreOffice Writer 基本做到了与 MS Word 的兼容。用户几乎不需要接受培训就可以立即从 Word 转到这个平台上。下面是对字符（如图 19.3 所示）和段落（如图 19.4 所示）的设置对话框。如图 19.5 显示了处理后的效果。

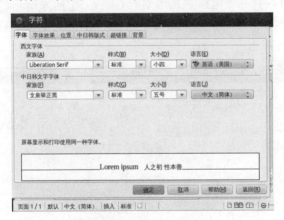

图 19.3　设置字体效果

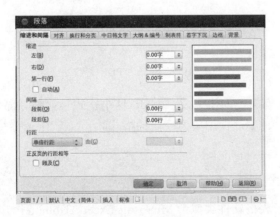

图 19.4　设置段落格式

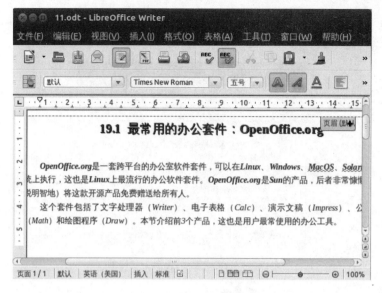

图 19.5　文字处理效果

值得一提的是，LibreOffice Writer 可以把文档直接输出为 PDF 格式。通过"文件" |
"输出成 PDF"命令可以打开"PDF 选项"对话框，如图 19.6 所示。调整相关设置后，单
击"导出"按钮打开"导出"对话框。填写文件名并单击"保存"按钮即可完成 PDF 格式
的输出。

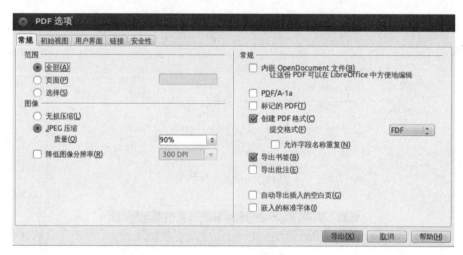

图 19.6　输出为 PDF 文档

LibreOffice Writer 有自己的格式，称做 odt。这个格式目前被大部分字处理软件所支持。
在开源世界，这是一个比 doc 使用更为广泛的格式。

19.1.2　电子表格

LibreOffice 的电子表格软件类似于 Microsoft Excel。Ubuntu 用户可以依次选择"应用
程序" | "办公" | "LibreOffice Calc 电子表格"命令打开这个软件。启动后的界面如图 19.7

所示。作为对比，图 19.8 显示了 Microsoft Excel 的界面截图。

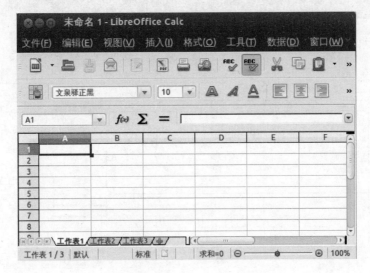

图 19.7　LibreOffice Calc 界面

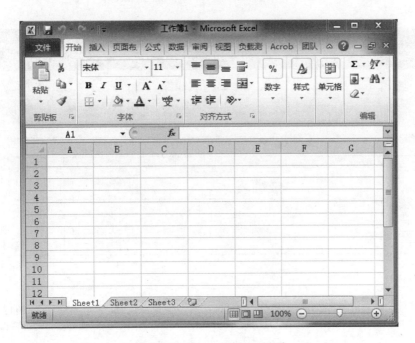

图 19.8　Microsoft Excel 界面

　　通过 LibreOffice Calc 和 MS Excel 界面截图的对比可以看到，两者提供了几乎相同的用户接口。在 LibreOffice Calc 中可以方便地对 xls 文件进行读取和更改。如图 19.9 显示了一个打开的 xls 电子表格文件。下面将以这个表格为例介绍一些 Calc 的基本操作。

　　现在为每一个大类添加"合计"和"平均"统计数据。在右侧的标记 F 列上右击，在弹出的快捷菜单中选择"插入列"命令，可以在该表的右侧加一列。在单元格 F3 内输入"合计"，并通过工具栏调整字体及其大小。如法炮制，插入一空列用于统计"平均"数据。完成后的电子表格如图 19.10 所示。

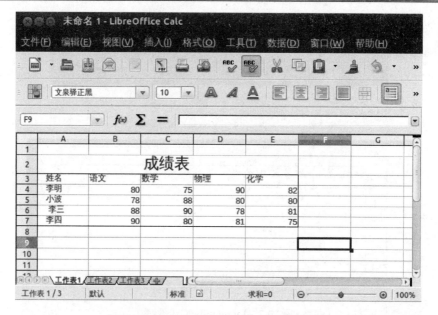

图 19.9　在 Calc 中打开一个 xls 电子表格

图 19.10　在表格中插入两列

　　Calc 内置了数据统计功能。这意味着用户并不需要手工计算这些数据。选中单元格 F4，单击工具栏上的函数向导按钮 *f(x)*，打开"函数向导"对话框，如图 19.11 所示。

　　可以看到，Calc 内置了很多函数。单击不同的函数会显示简短的说明。在"分类"下拉列表框中选择"统计"选项，双击"函数"列表中的 AVERAGE（求平均值）函数，如图 19.12 所示。这个函数要求接收几个数据来完成计算。用户可以依次指定各个单元格，也可以使用鼠标直接在数据区域拖曳选中需要求平均值的单元格（在这里是单元格 B4 到 E4），完成选择后的界面如图 19.12 所示。单击"确定"按钮将计算所得的数据填入单元格。

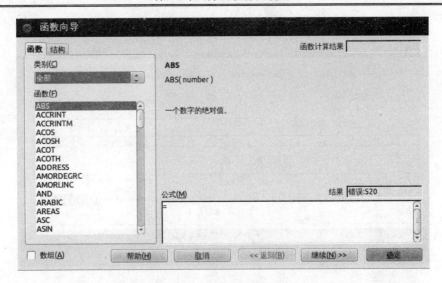

图 19.11　"函数向导"对话框

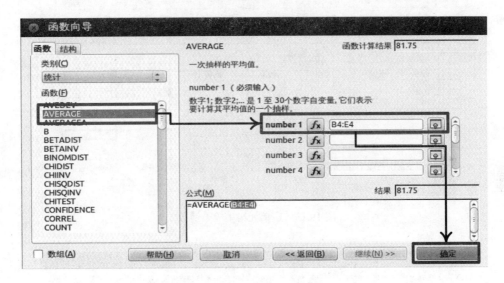

图 19.12　选择适当的函数

　　用户也可以在单元格内直接输入函数来达到同样的目的。在单元格 B12 中输入 "=sum(B4: E4)"。函数 SUM 表示求和，它接受一系列数据作为参数。B4:E4 这样的写法代表从单元格 B4 到 E4（包括这两个单元格）内所有的数据。按 Enter 键即可完成计算，如图 19.13 所示。

　　Calc 支持单元格自动填充。同时选中单元格 F5—F7，纵向拖动单元格右下方的黑点至单元格 F7，可以看到这之间所有的单元格都被正确地以各列数据的平均数或者总计填充了，如图 19.13 所示。

　　但是这样生成的数据还有一个问题：后面所有的单元格都依照 F5—F7 被设置为整数格式。如果计算单位是"元"时要修改单元格格式。选中这些单元格右击，在弹出的快捷菜单中选择"单元格格式"选项，弹出"单元格格式"对话框。调整小数点位数为 2，如图 19.14 所示。单击"确定"按钮完成修改。

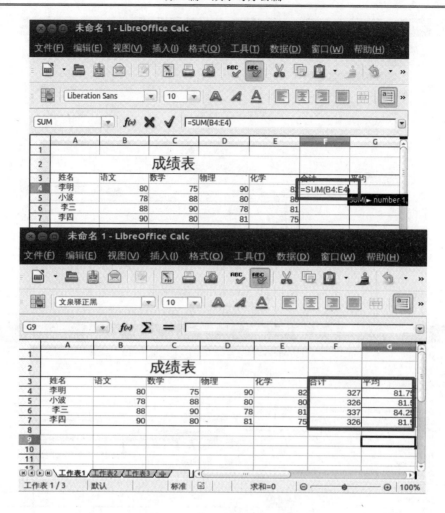

图 19.13　在单元格中输入函数

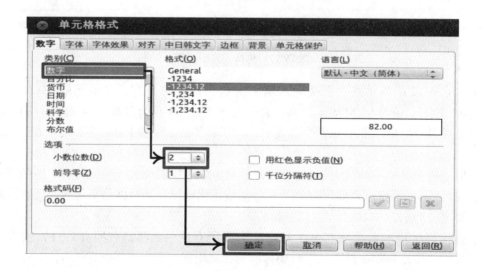

图 19.14　修改单元格格式

Calc 可以依据表格中的内容自动生成图表。选中需要生成图表的单元格区域，如图 19.15 所示。依次选择"插入"|"图表"命令，打开"图表向导"对话框。

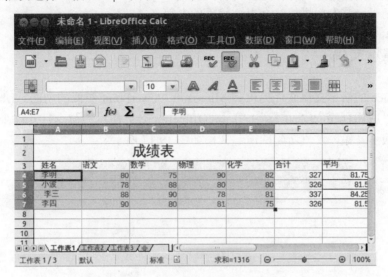

图 19.15 选中需要生成图表的数据区域

用户可以在这里选择各种不同类型的图表。对于这张统计表，"柱形图"显然是最合适的。为了让这张图表显得更逼真一些，可以在"三维外观"复选框前打勾，并在下拉列表框中选择逼真选项。这样 Calc 会显示图表为立体形状，同时打上阴影让效果更明显。在"图表向导"对话框中所做的修改会随时反映到数据区域的效果图上，如图 19.16 所示。单击"完成"按钮完成修改。

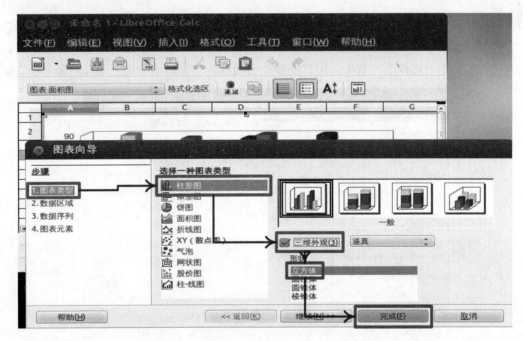

图 19.16 生成图表

按照相同的方法完成对其他几个大类的统计。事实上，这里只介绍了 Calc 数据处理的一些皮毛而已。电子表格的功能非常强大，读者可以自己实践。在用到其中的高级特性时，可能需要求助于一些专门讲述这套办公软件的书籍。

19.1.3　演示文稿

LibreOffice 的演示文稿软件提供和 Microsoft PowerPoint 类似的功能。Ubuntu 用户可以依次选择"应用程序"|"办公"|"LibreOfficeImpress 演示"命令打开这个软件。打开一个空白的演示文稿，这里新建的演示文稿如图 19.17 所示。

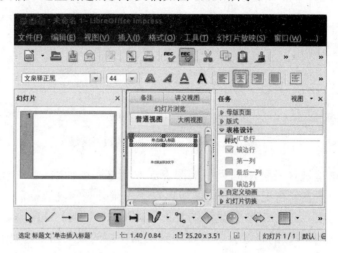

图 19.17　LibreOffice Impress 用户界面

对幻灯片元素的动画设计非常简单。如图 19.18 所示，选择文本框，选择"演示文稿"|"自定义动画"命令，可以在边栏打开"自定义动画"对话框。单击"添加"按钮，可以在弹出的对话框中选择多种效果。用户能够从普通视图中看到该动画的即时效果。

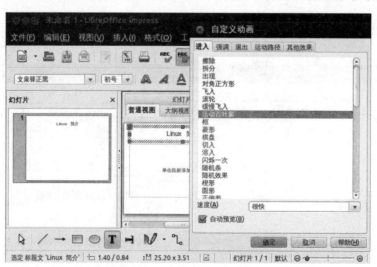

图 19.18　设置动画效果

选择"插入"|"幻灯片"命令，可以在当前幻灯片后插入另一张幻灯片，如图 19.19 所示。

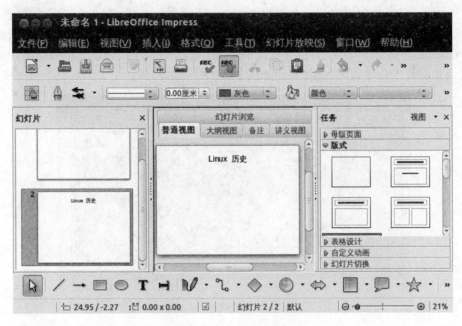

图 19.19 插入另一张幻灯片

完成幻灯片制作后，选择"演示文稿"|"幻灯片放映"命令或者按 F5 键可以放映演示文稿。选择"文件"|"保存"命令保存演示文稿。LibreOffice Impress 默认以 odp 格式保存。当然，也可以将演示文稿保存为 Microsoft PowerPoint 的 ppt 格式。

19.1.4 文档兼容

尽管 LibreOffice.org 切实地考虑了同微软办公软件的兼容性问题，但文档格式标准的不统一仍然造成了不小的麻烦。在一些情况下，MS Office 文件在 LibreOffice 下显示可能会有格式上的偏差。反过来，LibreOffice 保存为 MS Office 格式的文件也会有一些小问题。这样的情况在演示文稿中尤其明显。格式标准之争的背后是各派利益的角逐，Linux 用户更愿意看到 odt 等格式称为事实上的"标准"——不过这的确很难。对此能够给出的最好建议也许就是使用尽可能简单的格式，在一些不需要修改源文件的场合使用 PDF 也是不错的想法。

19.2 查看 PDF 文件

PDF 是一种跨平台的电子文件格式，由 Adobe 公司设计并实现。PDF 能够很好地处理文字（超链接）、图像和声音等信息。另外，在文件大小和安全性方面，PDF 都有上佳表现。由于这些种种优点使其成为电子出版物事实上的标准。本节将介绍 Linux 上的 PDF 阅读工具。

19.2.1　使用 Xpdf

Xpdf 是一个运行于 X11 环境的 PDF 阅读器。这个工具非常小巧，可以容易地工作在 KDE、Gnome 等桌面环境中。绝大多数 Linux 套件都含有这个阅读器，可以直接在安装光盘中找到并安装。启动后的 Xpdf 界面如图 19.20 所示。

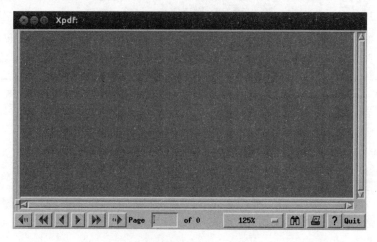

图 19.20　Xpdf 启动界面

在文档显示区域右击，可以在弹出的快捷菜单中选择相关命令。通过下面的步骤可以打开一个 PDF 文件。

（1）选择 Open 选项，打开 Open 对话框。

（2）在 Directories 列表框中选择目录，在 Files 列表框中选择文件。也可以直接在 Filter 文本框中输入路径名，如图 19.21 所示。

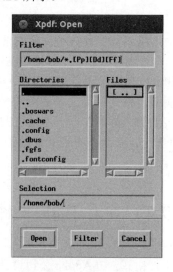

图 19.21　打开选定的文件

（3）单击 Open 按钮，打开选定的文件。

通过底部工具栏的按钮，可以实现上下翻页。也可以在 Page 文本框中输入页码，直接定位到某一页。另外，单击🔠按钮可以打开 Xpaf: Find 对话框，单击 Find 可以连续查找。

（4）最后，单击右下角的 Quit 按钮，退出 Xpdf。

19.2.2　使用 Adobe Reader

Adobe 公司为 Linux 开发了 Linux 版本的阅读器。相比较 Xpdf 而言，Adobe Reader 的用户界面无疑更为友好。这个阅读器可以从 Adobe 公司的官方网站获得，遵照其安装说明进行安装。启动后的 Adobe Reader 界面如图 19.22 所示。

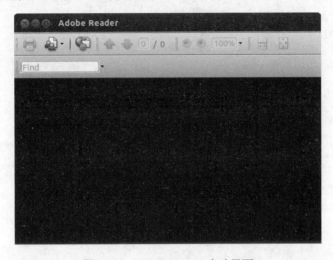

图 19.22　Adobe Reader 启动界面

选择"文件"|"打开"命令可以定位并打开一个 PDF 文档。Adobe Reader 的优点在于提供了很多附加功能，用户可以在左栏中选择页面、书签等不同视图，如图 19.23 所示。

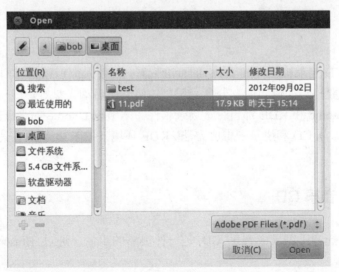

图 19.23　打开 PDF 文档界面

对于视力不好的用户，Adobe Reader 提供了放大镜工具。选择"工具"|"选择和缩放"|"放大镜工具"命令，此时光标将变成一个带有矩形框的十字。单击鼠标并拖动一个区域，

可以在右上角的"放大镜工具"窗口中看到放大后的效果。

在"编辑"|"首选项"中可以设置 Adobe Reader 的各个选项，如图 19.24 所示。

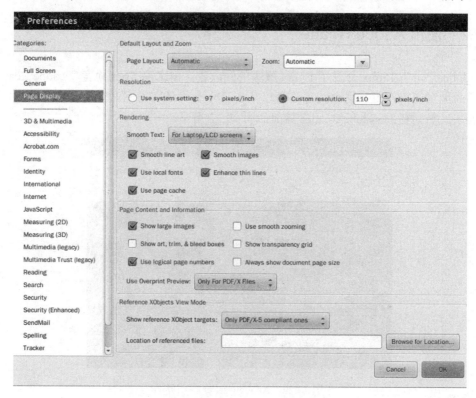

图 19.24　设置 Adobe Reader 的首选项

19.3　光盘刻录

CD 或是 DVD 刻录机已经成了 PC 的标准配置，任何人都可以自己刻录光盘了。Linux 用户从来都不需要担心如何同朋友分享音乐，如何制作启动光盘等。Linux 上最负盛名的两套桌面环境 Gnome 和 KDE 都自带了刻录软件。本节以 Gnome 的光盘刻录工具 Brasero 为例，介绍制作音乐 CD 和烧录映像的方法。KDE 环境下的 K3b 刻录工具可以遵循相似的步骤。

19.3.1　制作音乐 CD

把自己喜爱的音乐刻录成音乐 CD 是一件很酷的事情。通过 Brasero 可以很容易地做到。

（1）依次选择"应用程序"|"影音"|"Brasero 光盘刻录器"命令打开光盘刻录软件 Brasero，如图 19.25 所示。

（2）可以看到，其中总共有 5 个按钮可供选择。这里单击"音乐项目"按钮，进入 Brasero-

新建音乐光盘项目用户界面，如图 19.26 所示。该界面的左侧栏显示了当前计算机中的文件资源，用户可以通过它定位到相应的目录，右侧栏显示了部分帮助信息。

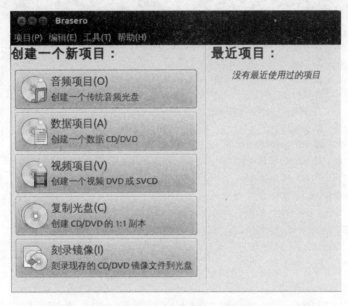

图 19.25　Brasero 用户主界面

图 19.26　新建音乐 CD

（3）单击相应的文件标题选中该音乐文件，在选择的同时按住 Ctrl 键可以选取多个文件。单击工具栏上的"增加"按钮将选中的音乐添加到项目中，如图 19.27 所示。

（4）Brasero 会自动计算文件的大小，并在底部显示当前汇总信息。如果项目大小超出了光盘的容量，那么 Brasero 会提示用户移出一些文件。

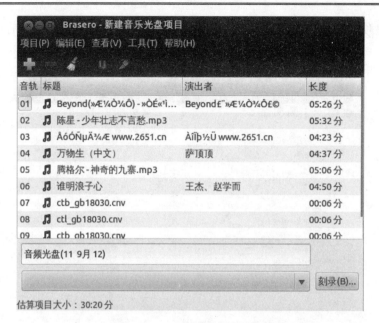

图 19.27　选择音乐文件

（5）文件添加完毕后，在刻录机中放入空白光盘，单击"烧录"按钮即可烧录该音乐 CD。

19.3.2　刻录镜像文件

系统启动盘总是被打包制作成 ISO 光盘镜像，这些镜像文件可以包含引导信息，Linux发行版本总是以这种方式提供下载。相比较制作音乐 CD，烧录镜像文件无疑更容易一些。

（1）插入空白光盘，在 Brasero 用户主界面中单击"刻录映像文件"按钮，"打开镜像刻录设置对话框"，如图 19.28 所示。

图 19.28　设置刻录选项

（2）单击"选择一个光盘镜像以刻录"文本框后的图标，打开"打开一个映像"对话框，在其中定位到想要刻录的 ISO 文件。

（3）单击"打开"按钮完成添加。单击"刻录"按钮，如果一切顺利，那么烧录工作就开始了。Brasero 会显示刻录的进度，如图 19.29 所示。

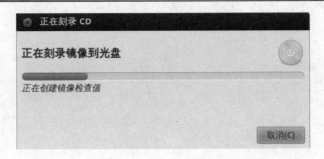

图 19.29　烧录光盘

19.4　小　　结

- ❑ LibreOffice.org 是 Linux 上最常用的开源办公套件。
- ❑ LibreOffice Writer 是套件中的字处理软件，对 Microsoft Word 的文件格式有比较好的支持。
- ❑ LibreOffice Writer 可以将文档输出为 PDF 格式的文件。
- ❑ LibreOffice Calc 是套件中的电子表格软件。可以执行数据统计、图表生成等操作。
- ❑ LibreOffice Impress 是套件中的演示文稿软件。
- ❑ LibreOffice 和 Microsoft Office 仍然不能互相提供无缝兼容。
- ❑ PDF 是一种跨平台的电子文件格式，使用非常广泛。
- ❑ 在 Linux 上可以使用 xpdf 和 Adobe Reader 等工具查看 PDF 文档。
- ❑ Gnome 平台的 Brasero 和 KDE 平台的 K3b 是两款成熟的光盘刻录软件。

第 5 篇　程序开发篇

第 20 章　Linux 编程

C 是 Linux 下最常用的编程语言。Linux 本身就是用 C 写成的。C++也经常会被用到，这是目前业界最重量级的语言。本章的目的并不是要教会读者编写 C 和 C++程序（这也不可能），而是要告诉 C 和 C++程序员如何在 Linux 平台下工作。

本章主要介绍 Linux 下的编辑器、编译器和调试器，最后以版本控制系统 Subversion 结束本章。编写 Linux 的黑客们让这些工具变得最适合程序员的口味，尽管最初使用起来可能会不习惯。

20.1　编辑器的选择

尽管 Vim 和 Emacs 对于 Linux 初学者而言简直是两个梦魇，但仍然建议读者学会其中的一个。这两个工具的功能非常完善和强大，程序员还可以方便地对其进行扩充以设置以满足自己的需求。也许在刚上手的时候读者会对它们感到厌烦，但在真正成为一个 Vim 或者 Emacs 的高级用户后，没有人会打算放弃它们。如果读者没有时间学习这两个工具的话，那么 Linux 的图形化编辑器也可以提供很好的功能。总之，不必担心在 Linux 下如何写程序，编辑器不会为难大家。

20.1.1　Vim 编辑器

Vim 是 Vi 的增强版本，后者工作在其他大部分 UNIX 系统中。在很多并不正式的场合中，Vim 和 Vi 是一回事，这个编辑器是所有 UNIX 和 Linux 系统上的标准软件，因此对于系统管理员也有非常重要的意义。本节主要以实例介绍 Vim 的基本使用，包括编辑保存、搜索替换和针对程序员的配置 3 个部分。最后以一张命令表结束本节的内容。更为详细的 Vim 使用请参考 Vim 手册。

1．编辑和保存文件

要编辑一个文件，可以在命令行下输入 vim file。如果 file 不存在，那么 Vim 会自动新建一个名为 file 的文件。如果使用不带任何参数的 vim 命令，那么就需要在保存的时候指定文件名。同时，Vim 会认为这个人应该是第一次使用这个软件，从而给出一些版本和帮助信息，如图 20.1 所示。

Vim 分为插入和命令两种模式。在插入模式下可以输入字符，命令模式下则执行除了输入字符之外的所有操作，包括保存、搜索、移动光标等。不要对此感到惊奇，Vim 的设计哲学就是让程序员能够在主键盘区域完成所有工作。

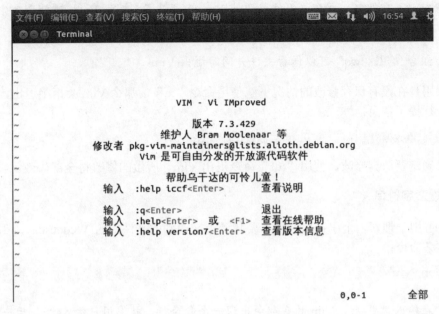

图 20.1　Vim 的启动界面

启动 Vim 时自动处于命令模式。按 I 键可以进入插入模式，这个命令用于在当前光标所在处插入字符。Vim 会在左下角提示用户此时所处的模式。请确保没有开启键盘上的 Caps Lock（大写锁定），因为 Vim 的命令是严格区分大小写的！现在尝试着输入下面一些字符，如果输错了，可以简单地使用退格键删除。

```
Monday
Tuesday
Thursday
Friday
Saturday
Sunday
```

按 Esc 键回到命令模式，此时左下角的"--插入--"提示消失，告诉用户正处于命令模式下。使用 H、J、K、L 这 4 个键移动光标，分别代表向左、向上、向下、向右。

提示：用户当然也可以使用键盘上的方向键移动光标，但是它们实在太远，对快速编辑没有任何好处，也不符合 Vim 的设计理念。

在刚才编辑的这个文件中，发现缺少了星期三（Wednesday），移动光标至 Tuesday 所在的行，按 O 键在下方插入一行，并且自动进入插入模式。输入 Wednesday 并按下 Esc 键回到命令模式。

提示：读者也可以将光标定位到 Thursday 这一行，然后按 O 键（注意是大写）在上方插入一行。

完成文本编辑后，需要保存这个文件。为此需要使用":"命令在底部打开一个命令行，此时光标闪烁，等待用户输入命令。

使用 "w days" 命令将该文件以文件名 days 保存在当前目录中。如果读者在最初运行 Vim 时就指定了文件名，那么这里就只要使用 w 就可以了，按下 Enter 键使命令生效。最后使用 ":q" 退出 Vim。

🔔提示：组合使用 ":wq" 可以保存文件并同时退出 Vim

如果用户在没有保存修改的情况下就使用命令 ":q"，那么 Vim 会拒绝退出，并在底部显示一行提示信息：

```
E37: 已修改但尚未保存 (可用 ! 强制执行)
```

如果确定要放弃修改，使用 ":q!" 命令退出 Vim，所做的修改将全部失效。

2．搜索字符串

/string 用于搜索一个字符串。例如要找到上文提到的文件中的 Wednesday，那么就使用下面这条命令：

```
/Wednesday
```

🔔提示：在输入 "/" 后，Vim 的底部会出现一个命令行，就像用户输入 ":" 后一样。

使用 n 跳转到下一个出现 Wednesday 的地方。因为这里只有一个 Wednesday，Vim 会提示：

```
已查找到文件结尾，再从开头继续查找
```

这意味着 Vim 的搜索是可以循环进行的。尽管如此，为了不让 Vim 走得太远，可以指定究竟是向前（forward）还是向后（backward）查找。向前查找的命令是 "/"，与之相对的向后查找命令则是 "?"。

🔔提示：把 forward 和 backward 这两个词译成中文后难免产生歧义。在英语看来，"向前" 指的是 "朝向文件尾"，而 "向后" 指的是 "朝向文件头"。

有时候用户可能并不关心查找字符串的大小写，可以使用下面这条命令让 Vim 忽略大小写的区别。

```
:set ignorecase
```

这样搜索 Wednesday 和搜索 wednesday 就没有任何区别了。要重新开启大小写敏感，只要简单地使用下面这条命令即可。

```
:set noignorecase
```

3．替换字符串

替换命令略微复杂一些，下面给出了替换命令的完整语法：

```
:[range]s/pattern/string/[c,e,g,i]
```

这条命令将 pattern 所代表的字符串替换为 string。开头的 range 用于指定替换作用的范围，如"1,4"表示从第 1 行到第 4 行，"1,$"表示从第 1 行到最后一行，也就是全文。全文也可以使用"%"来表示。

最后的方括号内的字符是可选选项，每个选项的含义如表 20.1 所示。用户可以组合使用各个选项，例如 cgi 表示整行替换，不区分大小写并且在每次替换前要求用户确认。表 20.1 给出了各标志及其含义。

表 20.1　替换范围选项

标　　志	含　　义
c	每次替换前询问
e	不显示错误信息
g	替换一行中的所有匹配项（这个选项通常需要使用）
i	不区分大小写

和替换有关的一个小技巧是清除文本文件中的"^M"字符。Linux 程序员经常会碰到来自 Windows 环境的源代码文件。由于 Windows 环境中对换行符的表述和 Linux 环境不太一样，因此每行的末尾常常会出现多余的"^M"符号——这些特殊符号对于程序编译器和解释器而言是没有影响的。但是在进行 Shell 编程（参考 21 章）处理的时候却会出现问题。为此，可以使用下面的命令删除这些特殊字符。

```
:%s/^M$//g
```

提示：^M 应该使用 CTRL-V CTRL-M 输入。其中"^M$"是正则表达式，表示"行末所有的^M 字符"。可参考 21.1 节了解正则表达式的详细信息。

4．针对程序员的配置

语法高亮是所有程序编辑器必备的功能。这个功能可以让程序看起来赏心悦目。更重要的是，它可以提高效率，并且有效减少出错的几率。要在 Vim 中打开语法高亮功能，只需要使用下面这个命令。Vim 会通过文件的扩展名自动决定哪些是关键字。

```
:syntax on
```

另一个程序员经常使用的功能是自动缩进。

```
:set autoindent
```

用户可以为一个 Tab 键缩进设置空格数，在默认情况下，这个值是 8（也就是一个制表符代表 8 个空格）。程序员应该要习惯 Linux 下的缩进风格，如果非要改变不可，可以通过 set shiftwidth 命令，例如下面这条命令将一个 Tab 键缩进设置为 4 个空格。

```
:set shiftwidth=4
```

通常来说，这几个设置对于普通程序员而言已经足够了。为了避免每次启动 Vim 都要输入这些命令，可以把它们写在 Vim 的配置文件中（注意，写入的时候不要包含前面的冒号"："）。Vim 的配置文件叫做 vimrc，通常位于/etc/vim 目录下。修改这个配置文件需要 root 权限，但如果没有特殊需要的话，不要那么做。用户可以在自己的主目录下新建一个名为".vimrc"的文件，然后把配置信息写在里面。注意，这个文件名前面的点号"."，表示这是一个隐藏文件。

⌒提示：通常用于用户个性化设置的配置文件都是隐藏文件，且保存在用户主目录下。

完成所有这些设置后，Vim 就可以用来写程序了。输入下面这个程序并保存为 summary.c，看看 Vim 能够提供的效果。这个程序在后文介绍 gcc 和 gdb 时还会用到。

```c
#include <stdio.h>

int summary( int n );

int main()
{
    int i, result;

    result = 0;
    for ( i = 1; i <= 100; i++ ) {
        result += i;
    }

    printf( "Summary[1-100] = %d\n", result );
    printf( "Summary[1-450] = %d\n", summary( 450 ) );

    return 0;
}

int summary( int n )
{
    int sum = 0;

    int i;
    for ( i = 1; i <= n; i++ ) {
        sum += i;
    }

    return sum;
}
```

5. Vim的常用命令

Vim 的命令实在是太多了，没有办法每一个都给出示例。为此，本节总结了一张命令表（不全），按照功能划分，便于读者查找，如表 20.2～表 20.7 所示。

表 20.2　模式切换

命　　令	操　　作
a	在光标后插入
i	在光标所在位置插入
o	在光标所在位置的下一行插入
Esc	进入命令模式
:	进入行命令模式

表 20.3　光标移动

命　　令	操　　作
h	光标向左移动一格
l	光标向右移动一格

续表

命 令	操 作
J	光标向下移动一格
k	光标向上移动一格
^	移动光标到行首
$	移动光标到行尾
G	移动光标到文件尾
Gg	移动光标到文件头
W	移动光标到下一个单词
B	移动光标到前一个单词
Ctrl+f	向前（朝向文件尾）翻动一页
Ctrl+b	向后（朝向文件头）翻动一页

提示：在移动光标的时候，可以在命令前加上数字，表示重复多少次移动。例如 5w 表示将光标向前（朝向文件尾）移动 5 个单词

表 20.4 删除、复制和粘贴

命 令	操 作
x	删除光标所在位置的字符
dd	删除光标所在的行
D	删除光标所在位置到行尾之间所有的字符
d	普遍意义上的删除命令，和移动命令配合使用。例如 dw 表示删除光标所在位置到下一个单词词头之间所有的字符
yy	复制光标所在的行
y	普遍意义上的复制命令，和移动命令配合使用。例如 yw 表示复制光标所在位置到下一个单词词头之间所有的字符
P	在光标所在位置粘贴最近复制/删除的内容

表 20.5 撤销和重做

命 令	操 作
u	撤销一次操作
Ctrl+R	重做被撤销的操作

表 20.6 搜索和替换

命 令	操 作
:/string	向前（朝向文件尾）搜索字符串 string
:?string	向后（朝向文件头）搜索字符串 string
:s/pattern/string	将 pattern 所代表的字符串替换为 string

表 20.7 保存和退出

命 令	操 作
:w	保存文件
:w filename	另存为 filename
:q	退出 Vim
:q!	强行退出 Vim，用于放弃保存修改的情况

20.1.2　Emacs 编辑器

如果要追溯，那么 MIT 人工智能实验室（MIT AI Lab）是 Emacs "起源" 的地方。最初它被设计运行在一种称为 PDP-10 的系统上，那还是 20 世纪 70 年代初的事情。Emacs 和同时期诞生的 Vi 很不一样，这种不同根源于设计理念。Emacs 致力于打造一个 "全面" 的 "编辑器"，程序员可以在里面写代码、编译程序、收发邮件，甚至玩游戏等。在那个年头，Emacs 几乎等价于一个操作系统，程序员只要打开 Emacs 就可以不必退出，直到关机离开。

Emacs 的支持者们从来不吝啬他们的赞美之辞。例如：

一部 Emacs 的历史，等于一部计算机史，一部世界黑客史。里面可以看到的 TEX 身影，Java 之父 James Gosling 的身影……

使用 Emacs 的缺点是，你会患上 Emacs "综合症"、上瘾，在没有 Emacs 的电脑前感到痛苦，觉得世界暗了下来。

……

1. 编辑和保存文件

和 Vim 一样，使用 emacs 打开一个文件最直接的方法就是在命令行下输入：

```
$ emacs filename
```

其中，filename 就是需要编辑的文件。如果用户此时工作在图形界面中，这将打开 Emacs 的 GUI 版本，如图 20.2 所示。此时 Emacs 会显示一系列帮助信息，读者可以选择耐心阅读，大约半分钟后 Emacs 会显示文件内容；或者直接按下空格键打开文件 filename。本例打开了 20.1.1 节介绍的 summary.c，Emacs 不需要设置就能高亮显示源代码中的关键字，如图 20.3 所示。

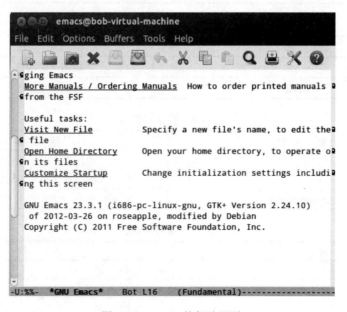

图 20.2　Emacs 的帮助界面

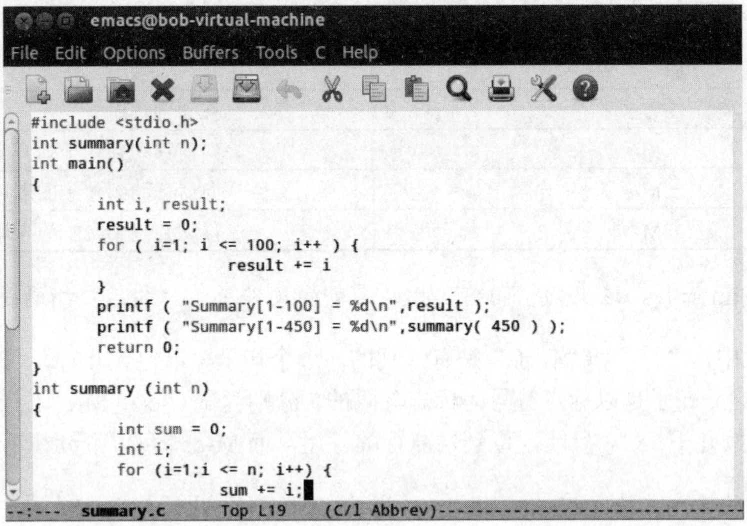

图 20.3　用 Emacs 打开源代码文件

和 Vim 不同，Emacs 不是行模式编辑器。敲击键盘就可以在编辑区域输入字符，如果输错了，可以使用退格键或者 Delete 键删除错误的字符。

Emacs 的命令有点像所谓的"快捷方式"。其有两个不同的控制键，分别是 Ctrl 和 Meta。在 PC 上，Meta 就是 Alt 键。为简便起见，下面约定 C-表示按 Ctrl 键的同时按另一个键，例如 C-F 表示按 Ctrl 键的同时按 F 键；类似地，M-表示按 Meta（Alt）键的同时按另一个键，例如 M-f 表示按 Alt 键的同时按 F 键。

完成编辑后，使用 C-x C-s（先按 C-X，再按 C-S）保存文件。或者也可以使用 C-x C-c 直接退出 Emacs 编辑器。在后一种情况下，如果用户已经对文件进行了修改，那么 Emacs 会在底部提示用户是否真的要退出。

总的来说，Emacs 的命令分为两类。一类就是普通意义上的"命令"，由"控制键+字符"组成；另一类被称为 X（扩展，eXtand）命令，由 C-x 或 M-x 组合普通命令构成。扩展命令是 Emacs 用于解决键盘上字符不够的方案。现在读者已经接触到的两个命令（保存和退出）都属于扩展命令。下面会有一些使用常规命令的例子。

2．移动光标

如表 20.8 列出了在 Emacs 中用于移动光标的部分命令

表 20.8　Emacs中的移动命令

命　　令	操　　作
C-f	向前移动一个字符
C-b	向后移动一个字符
M-f	向前移动一个单词
M-b	向后移动一个单词
C-n	移动到下一行
C-p	移动到上一行
C-a	移动到行首

续表

命　　令	操　　作
C-e	移动到行尾
M-a	向前移动到句子的开头
M-e	向后移动到句子的末尾
M->	移动到整个文本的末尾

注意：和 Vim 一样，这里的"向前"指的是朝向文件尾；"向后"指的是朝向文件头。

在 Emacs 中，"行"和"句子"是有区别的。一个句子可以包含几行，一行也可以包含几个句子。总之，句子是以标点符号为标志分隔的。分别尝试 C-e 和 M-e 马上能够发现其中的区别。无论按几下，C-e 只能定位到当前行的行尾，而 M-e 却可以继续往下移动光标。

提示：M->的输入方法是按 Alt+Shift+.（因为"Shift+."用于输入大于号">"）。

3．删除和粘贴

如表 20.9 列出了 Emacs 中和删除字符有关的命令。

表 20.9　Emacs 中的删除命令

命　　令	操　　作
C-d	删除光标后面的字符
M-d	除去光标后面的单词
C-k	除去从光标位置到行尾的内容
M-k	除去到当前句子的末尾

删除的字符可以使用 C-y 找回来，不过 C-y 只能"粘贴"最近一次删除的内容。在使用 C-y 之后紧接着使用 M-y 可以找到更早删除的内容，连续使用 M-y 直到出现自己想要的字符（串）。

如果用户不小心做错了什么，那么可以使用扩展命令 C-x u 撤销改动。多次使用撤销命令可以连续撤销操作。

4．重复命令

大部分的 Emacs 编辑命令都可以指定执行次数。用户可以在输入命令之前输入 C-u 和数字。下面的命令向后（朝向文件头）移动 8 个单词。

```
C-u 8 M-b
```

用户的输入也可以使用 C-u 命令指定连续输入。下面的命令输入 10 个惊叹号。

```
C-u 10 !
```

20.1.3　图形化的编程工具

Linux 下的图形化编辑器很多，这里只介绍两款最为常见的。gedit 工作在 Gnome 下，

Kate 则是 KDE 环境下最流行的编辑器。不推荐读者使用其他的编辑器，因为它们通常并不提供比上述编辑器更好的功能，而且用户可能不得不在使用的每一台 Linux 机器上安装这些非主流编辑器。如果读者仍然偏爱 IDE 的话，那么 Linux 也提供有相关的工具，读者不妨做些尝试。

图形化工具的使用大同小异，这里以 gedit 为例。Ubuntu 用户可以依次选择"应用程序"|"附件"|"文本编辑器"命令打开这个工具，也可以在命令行中直接输入 gedit 来打开这个编辑器。

作为一个程序编辑器，对编程语言的语法加亮功能是必不可少的。gedit 可以识别几乎所有的程序设计语言。依次选择"查看"|"语法高亮模式"命令可以看到 gedit 支持的所有语言，如图 20.4 所示。选择其中的一个，指导编辑器对当前文件以该模式执行语法加亮。

图 20.4　gedit 的语法高亮

依次选择"搜索"|"跳到行"命令或者使用 Ctrl+I 快捷键可以打开一个小窗口，在其中输入行号并按 Enter 键即可跳转到该行。对于程序员而言，这个功能非常有用，因为几乎所有的编译器（包括下面会讨论的 gcc）都会在报错的时候提供行号。

选择"编辑"|"首选项"命令可以找到更多和程序设计有关的设置，如图 20.5 所示。在"查看"选项卡中可以设置显示行号、突出显示当前行、突出显示匹配的括号等常用功能，另外在"编辑器"选项卡中可以对一个制表键（Tab）代表的空格数进行设置，如图 20.5 所示。遵循 Linux 下的习惯做法，默认的 8 个空格数是比较合适的。

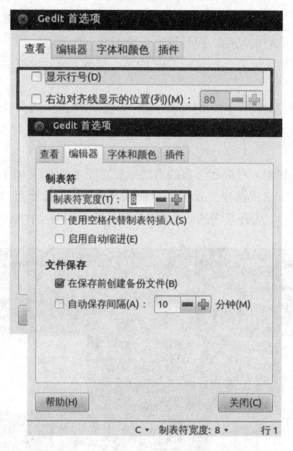

图 20.5　"gedit 首选项"对话框"查看"选项卡

20.2　C 和 C++的编译器：gcc

其实这个标题并不贴切。gcc 在开发初期的确是定位在一款 C 编译器，从其名字就可以推测出来：GNU C Compiler。然而经过十多年的发展，gcc 的含义已经悄然改变，成为 GNU Compiler Collection，同时支持 C、C++、Objective C、Chill、Fortran 和 Java 等语言。本节以几个实例介绍 gcc 编译器的用法。作为自由软件的旗舰项目，gcc 的功能是如此强大，这里无法列举其每一个选项，有需要的读者可以参考 GNU gcc 手册。

20.2.1　编译第一个 C 程序

要编译一个 C 语言程序，只要简单地使用 gcc 命令后跟一个 C 源文件作为参数。下面这条命令编译 20.1.1 节的 summary.c。

```
$ gcc summary.c
```

编译之后产生的可执行文件叫做 a.out，位于当前目录下。下面执行这个程序：

```
$ ./a.out
Summary[1-100] = 5050
Summary[1-450] = 101475
```

不过，看起来似乎没有人喜欢 a.out 这个默认的文件名。gcc 提供了-o 选项让用户指定可执行文件的文件名。下面这条命令将 summary.c 编译成可执行文件 sum。

```
$ gcc -o sum summary.c                           ##编译源代码，并把可执行文件命名为
sum
$ ./sum                                           ##执行 sum
Summary[1-100] = 5050
Summary[1-450] = 101475
```

20.2.2　同编译有关的选项

读者已经知道如何使用 gcc 生成可执行文件了：只需要 1 行命令，2 个（或者 4 个）单词。有点出乎意料的容易。是吗？然而在很多情况下，程序员需要的不只是一个可执行程序那么简单。一些场合需要目标代码，有些时候程序员又要得到汇编代码等，gcc 很擅长满足这些需求，如表 20.10 列出了和编译有关的若干选项。

表 20.10　和编译有关的选项

选　　项	功　　能
-c	只激活预处理、编译和汇编，生成扩展名为.o 的目标代码文件
-S	只激活预处理和编译，生成扩展名为.s 的汇编代码文件
-E	只激活预处理，并将结果输出至标准输出
-g	为调试程序（如 gdb）生成相关信息

-c 选项在编写大型程序的时候是必须的。存在依赖关系的源代码文件总是要首先编译成目标代码，最后一起连接成可执行文件。当然，如果一个程序拥有超过 3 个源代码文件，那就应该考虑使用 make 工具了——介绍 makefile 的语法已经超出了本书的范围，有兴趣的读者可以参考 Linux 编程方面的书籍。一些 C 语言教程也对 Linux 的 makefile 做了简要介绍，如 Al Kelley 和 Ira Pohl 的 *A Book on C*（中文版《C 语言教程》，机械工业出版社）。

在使用-E 选项的时候要格外小心，不要想当然地以为 gcc 会把结果输出到某个文件中。恰恰相反，gcc 是在屏幕上（准确地说是标准输出）显示其处理结果的。只要程序中包含了标准库中的头文件，那么预处理后的结果一定是很长的，应该使用重定向将其输出到一个文件中。

```
$ gcc -E summary.c > pre_sum
```

下面这个例子可以帮助 C 语言的初学者理解他们错在哪里。

```
$ cat macro.c                                     ##查看源文件

/* macro.c */
#define SUB(X,Y) X*Y
int main()
{
    int result;
    result = SUB( 2+3, 4 );
    return 0;
```

```
}
$ gcc -E macro.c                                    ##显示预处理后的结果
...
int main()
{
 int result;
 result = 2+3*4;
 return 0;
}
```

选项-g 是为调试准备的。读者将在 20.3 节（调试：gdb）中看到这一点。

20.2.3　优化选项

程序员总是希望自己的作品执行起来更为快速、高效。这除了取决于代码本身的质量，编译器也在其中发挥了不可小视的作用。同一条语句可以被翻译成不同的汇编代码，但是执行效率却大相径庭。有些编译器不够聪明，它们甚至不愿理会程序员在源代码中的"暗示"，因此只能生成效率低下的目标代码。gcc 显然不在此列。除了足够"聪明"以外，gcc 还提供了各种优化选项供程序员选择。为了得到经过特别优化的代码，最简单的方法是使用-O*num* 选项。

gcc 提供了 3 个级别的优化选项，从低到高依次是-O1、-O2 和-O3。理论上-O3 选项可以生成执行效率最高的目标代码。然而，优化程度越高也就意味着冒更大的风险。通常来说，-O2 选项就可以满足绝大多数的优化需求，也足够安全。

事实上，O1、O2、O3 是对多个优化选项的"打包"。用户也可以手动指定使用哪些优化选项。gcc 的优化选项通常都很长，以至于有时候看上去像是一堆随机字符序列，有兴趣的读者可以参考 gcc 的官方手册。

一个比较"激进"的优化方案是使用-march 选项。gcc 会为特定的 CPU 编译二进制代码，产生的代码只能在该型号的 CPU 上运行。例如：

```
gcc -O2 -march=pentium4 summary.c
```

上面这条命令在 64 位机器上会产生错误：

```
summary.c:1: 错误：  您选择的 CPU 不支持 x86-64 指令集
summary.c:1: 错误：  您选择的 CPU 不支持 x86-64 指令集
```

如果没有特殊需要，不建议使用-march 选项。另外，一些软件在使用优化选项编译后会产生各种问题，例如 Linux 系统的基本 C 程序库 glibc 就不应该使用优化选项编译。

20.2.4　编译 C++程序：g++

gcc 命令可以编译 C++源文件，但不能自动和 C++程序使用的库连接。因此，通常使用 g++命令来完成 C++程序的编译和连接，该程序会自动调用 gcc 实现编译。

```
$ g++ -o hello hello.cpp
```

g++的选项和 gcc 基本一致。上面的例子编译 C++文件 hello.cpp，并把生成的可执行文件命名为 hello。

20.3　调试：gdb

gdb 是 GNU 发布的一个强大的程序调试工具，也是 Linux 程序员不可或缺的一大利器。相比较图形化的 IDE 调试器，gdb 在某些细节上展现出令人称羡的灵活性。gdb 确实拥有图形化调试器所不具备的强大特性，这会随着使用的深入逐步体现出来。本节以一个简单的实例开头，最后给出 gdb 常用的命令表。更详细的命令选项可以参考 gdb 手册。

20.3.1　启动 gdb

在使用 gdb 调试 C/C++程序之前，必须首先使用 gcc -g 命令生成带有调试信息的可执行程序。否则调试时看到的将是一堆汇编代码。

```
$ gcc -g summary.c
```

然后就可以使用 gdb 命令对生成的二进制文件 a.out 进行调试了。本例使用的这个程序没有什么逻辑错误，只是借用来介绍 gdb 的基本命令。启动 gdb 的方法很简单，将二进制文件作为 gdb 的参数就可以了。

```
$ gdb a.out                                    ##启动 gdb 调试 a.out
GNU gdb 6.8-debian
Copyright (C) 2008 Free Software Foundation, Inc.
License GPLv3+: GNU GPL version 3 or later <http://gnu.org/licenses/gpl.
html>
This is free software: you are free to change and redistribute it.
There is NO WARRANTY, to the extent permitted by law.  Type "show copying"
and "show warranty" for details.
This GDB was configured as "x86_64-linux-gnu"...
(gdb)
```

gdb 首先会在屏幕上打印一些关于它自己的版本信息，随后显示提示符 "(gdb)" 等待接受用户的指令。

20.3.2　获得帮助

在任何时候都可以使用 help 命令查看帮助信息。

```
(gdb) help                                     ##显示帮助信息
List of classes of commands:

aliases -- Aliases of other commands
breakpoints -- Making program stop at certain points
data -- Examining data
files -- Specifying and examining files
internals -- Maintenance commands
obscure -- Obscure features
```

```
running -- Running the program
stack -- Examining the stack
status -- Status inquiries
support -- Support facilities
tracepoints -- Tracing of program execution without stopping the program
user-defined -- User-defined commands

Type "help" followed by command name for full documentation.
Type "apropos word" to search for commands related to "word".
---Type <return> to continue, or q <return> to quit---
Command name abbreviations are allowed if unambiguous.
```

gdb 将所有的命令分成 12 个大类。使用命令 help breakpoints 可以得到和断点有关的帮助信息。

```
(gdb) help breakpoints                          ##获得和断点有关的帮助信息
Making program stop at certain points.

List of commands:

awatch -- Set a watchpoint for an expression
break -- Set breakpoint at specified line or function
catch -- Set catchpoints to catch events
clear -- Clear breakpoint at specified line or function
...
Type "help" followed by command name for full documentation.
Type "apropos word" to search for commands related to "word".
---Type <return> to continue, or q <return> to quit---
```

用户还可以进一步使用 help break 得到 break 命令的详细帮助。

```
(gdb) help break                            ##获得 break 命令的帮助信息
Set breakpoint at specified line or function.
break [LOCATION] [thread THREADNUM] [if CONDITION]
LOCATION may be a line number, function name, or "*" and an address.
If a line number is specified, break at start of code for that line.
If a function is specified, break at start of code for that function.
If an address is specified, break at that exact address.
...
```

和 Shell 一样，gdb 支持命令补全。输入命令的前几个字母，然后按 Tab 键，gdb 会帮助补全该命令。

```
(gdb) bre<TAB>                                    ##<TAB>表示按下 TAB 键
(gdb) break
```

如果用户提供的首字母不足以唯一确定一个命令，那么连续按两次 Tab 键可以获得所有符合要求的命令列表。

```
(gdb) b<TAB><TAB>
backtrace  break       bt
```

gdb 还支持命令的缩写形式，例如使用 h 就可以替代 help。

```
(gdb) h
List of classes of commands:

aliases -- Aliases of other commands
...
```

20.3.3　查看源代码

list 命令（缩写为 1）用于查看程序的源代码。这通常是调试程序时要做的第一件事情。

```
(gdb) list                                          ##列出源代码
1   #include <stdio.h>
2
3   int summary( int n );
4
5   int main()
6   {
7       int i, result;
8
9       result = 0;
10      for ( i = 1; i <= 100; i++ ) {
```

gdb 会自动在源代码前加上行号。第 1 次使用 list 命令时列出从第 1 行开始的 10 行，第 2 次列出其后的 10 行……依次类推。用户可以简单地回车表示执行上一条命令。

```
(gdb)                                               ##再次执行上一条命令
11          result += i;
12      }
13
14      printf( "Summary[1-100] = %d\n", result );
15      printf( "Summary[1-450] = %d\n", summary( 450 ) );
16
17      return 0;
18  }
19
20  int summary( int n )
```

可以给 list 命令指定行号，列出该行所在位置附近的（10 行）代码。

```
(gdb) l 15                                          ##列出第 15 行附近的代码
10      for ( i = 1; i <= 100; i++ ) {
11          result += i;
12      }
13
14      printf( "Summary[1-100] = %d\n", result );
15      printf( "Summary[1-450] = %d\n", summary( 450 ) );
16
17      return 0;
18  }
19
```

list 命令只能按顺序列出程序源代码，这样有时显得不太方便。为了定位到某条特定的语句，程序员不得不多次使用 list 命令——好在 gdb 还提供了 search 命令搜索特定的内容。

```
(gdb) search int summary                            ##查找 "int summary"
20  int summary( int n )
```

search 命令只会显示第一个符合条件的行，再次按回车键找到匹配的下一行代码。

```
(gdb)                                               ##再次执行上一条命令
Expression not found
```

显然，在 20 行之后就没有 int summary 这个字符串了。

需要注意的是，search 只能向前（朝向文件尾）搜索，这一点和 Vim 的 "/" 命令一样。只是 gdb 的 search 命令并不会在到达文件尾之后再从头开始搜索，而只是简单地提示无法找到匹配模式。紧接着刚才的命令执行：

```
(gdb) search Summary                                    ##查找 "Summary"
Expression not found
```

gdb 提示无法找到匹配的表达式，这是因为 Summary 出现在第 14 和 15 行（记住 gdb 也是区分大小写的），而刚才的搜索已经到达 20 行了。使用 reverse-search 可以向后（朝向文件头）搜索。

```
(gdb) reverse-search Summary
15        printf( "Summary[1-450] = %d\n", summary( 450 ) );
```

search（reverse-search）命令支持使用正则表达式进行搜索。读者可以参考 21.1 节的内容，了解正则表达式的详细信息。

20.3.4　设置断点

如果程序一直运行直到退出，那么调试就失去意义了。break 命令（缩写为 b）用于设置断点，这个命令接受行号或者函数名作为参数。

```
(gdb) break 10                                    ##在第 10 行设置断点
Breakpoint 1 at 0x4004a7: file summary.c, line 10.
(gdb) break summary                               ##在 summary()函数入口设置断点
Breakpoint 2 at 0x4004fb: file summary.c, line 22.
```

上面的命令设置了两个断点。这样，当程序运行到第 10 行及 summary()函数的入口处就会停下来，等待用户发出指令。使用 info break 命令可以查看已经设置的断点信息。

```
(gdb) info break                                  ##查看断点信息
Num     Type           Disp Enb Address            What
1       breakpoint     keep y   0x00000000004004a7 in main at summary.c:10
2       breakpoint     keep y   0x00000000004004fb in summary at summary.c:22
```

使用 clear 命令可以清除当前所在行的断点。

```
(gdb) clear
Deleted breakpoint 1
```

20.3.5　运行程序和单步执行

设置完断点后，就可以运行程序了。使用 run 命令（缩写为 r）运行程序至断点。

```
(gdb) run                                         ##运行程序
Starting program: /home/lewis/for_final/sum/a.out

Breakpoint 1, main () at summary.c:10
10        for ( i = 1; i <= 100; i++ ) {
```

此时程序中止，gdb 等待用户发出下一步操作的指令。使用 next 命令（缩写为 n）单步执行程序。

```
(gdb) next
11              result += i;
```

也可以指定一个数字。下面这条命令让 gdb 连续执行两行，然后停下。

```
(gdb) n 2
11              result += i;
```

由于进入了循环，因此两步之后程序又回到了第 11 行。在这个循环中使用 next 命令有点让人泄气，continue 命令（缩写为 c）指导 gdb 继续运行程序，直至遇到下一个断点。

```
(gdb) continue
Continuing.
Summary[1-100] = 5050

Breakpoint 2, summary (n=450) at summary.c:22
22      int sum = 0;
```

现在来看另一个单步执行命令 step（缩写为 s）。step 和 next 最大的区别在于，step 会在遇到函数调用的时候进入函数内部；而 next 只是"规矩"地执行这条函数调用语句，不会进入函数内部。下面的例子说明了这一点。

```
Breakpoint 1, main () at summary.c:15
15      printf( "Summary[1-450] = %d\n", summary( 450 ) );
(gdb) next                                          ##next 单步执行
Summary[1-450] = 101475
17      return 0;
```

而同样的情况下，step 命令会进入 summary()函数内部。

```
Breakpoint 1, main () at summary.c:15
15      printf( "Summary[1-450] = %d\n", summary( 450 ) );
(gdb) step                                          ##step 单步执行
summary (n=450) at summary.c:22
22      int sum = 0;
```

20.3.6　监视变量

调试程序最基本的手段就是监视变量的值。可以使用 print 命令（缩写为 p）要求 gdb 提供指定变量的值。

```
(gdb) print sum                                     ##打印变量 sum 的值
$1 = 6
(gdb) n                                             ##单步执行
25      for ( i = 1; i <= n; i++ ) {
(gdb)                                               ##重复上一条命令（单步执行）
26          sum += i;
(gdb) print sum                                     ##打印 sum 的值
$2 = 10
```

如果需要时刻监视某个变量的值（例如上面的 sum 变量），那么每次都使用 print 命令难免让人厌倦。gdb 提供了 watch 命令，用于设置观察点。"观察点"可以说是"断点"的一种。watch 接受变量名（或者表达式）作为参数，一旦参数的值发生变化，就停下程序。

```
(gdb) watch sum                                    ##将变量 sum 设置为观察点
Hardware watchpoint 2: sum
(gdb) c                                            ##继续执行程序
Continuing.
Hardware watchpoint 2: sum                         ##gdb 捕捉到 sum 值的变化

Old value = 15                                     ##显示先前 sum 的值
New value = 21                                      ##当前 sum 的值
summary (n=450) at summary.c:25                    ##产生变化的位置
25          for ( i = 1; i <= n; i++ ) {
```

20.3.7　临时修改变量

gdb 允许用户在程序运行时改变变量的值，通过 set var 命令实现这一点。

```
(gdb) print i                                      ##显示变量 i 的值
$4 = 2
(gdb) set var i=1                                  ##修改 i 的值为 1
(gdb) print i                                      ##显示变量 i 的值
$5 = 1
```

20.3.8　查看堆栈情况

每次程序调用一个函数，函数的地址、参数、函数内的局部变量都会被压入"栈"（Stack）中。运行时堆栈的信息对于程序员非常重要。使用 bt 命令可以看到当前运行时栈的情况。

```
(gdb) bt
#0  summary (n=450) at summary.c:22
#1  0x00000000004004dc in main () at summary.c:15
```

20.3.9　退出 gdb

调试完毕，使用 quit 命令（缩写为 q）退出 gdb 程序。

```
(gdb) c                                            ##继续运行程序
Continuing.
Summary[1-450] = 101475

Program exited normally.                           ##程序运行完毕
(gdb) quit                                         ##退出 gdb
$                                                  ##Shell 提示符
```

如果程序还没有运行完毕，那么 gdb 会要求用户确认退出命令。回答 y 退出 gdb；回答 n 回到调试环境。

```
(gdb) quit
The program is running.  Exit anyway? (y or n)
```

20.3.10　命令汇总

本节只介绍了 gdb 命令中很小的一部分（参考 gdb 标准文档 *Debugging with GDB* 346 页的内容）。为了给读者一个清晰的认识，表 20.11 汇总了本节出现过的所有命令。

表 20.11　本节的GDB命令汇总

gdb 命令	缩　　写	描　　述
help	h	获取帮助信息
list	l	显示源代码
search		向前（朝向文件尾）搜索源代码
reverse-search		向后（朝向文件头）搜索源代码
break	b	设置断点
info break		查看断点信息
clear		清除当前所在行的断点
run	r	从头运行程序至第一个断点
next	n	单步执行（不进入函数体）
step	s	单步执行（进入函数体）
continue	c	从当前行继续运行程序至下一个断点
print	p	打印变量的值
watch		设置观察点
set var *variable=value*		设置变量 variable 的值为 value
bt		查看运行时栈
quit	q	退出 gdb

20.4　与他人协作：版本控制系统

生活中难免会出错，而保证所作的改动能够正确撤销非常重要。在大型软件开发中，沟通不畅很有可能导致团队成员实施了彼此矛盾的修改。如果源代码只是简单地处在一个目录中，那么事情将变得一团糟。幸运的是，本节介绍的版本控制可以有效地解决这些问题。在正式开始之前，首先看一下版本控制系统到底能做些什么。

20.4.1　什么是版本控制

简单地说，版本控制系统是一套在开发程序时存储源代码所有修改的工具。听起来这没有什么特别的，cp 命令就可以做到。的确，在每次完成源代码的修改后，把先前的版本改名，再保存新的版本，这样就完成了版本控制的最基本的功能。不过对于复杂性和健壮性要求更高的环境而言，开发人员还有以下这些需求：

❑ 集中化管理，自动跟踪单个文件的修改历史；
❑ 完善的日志机制，便于掌握某次修改的原因；
❑ 快速还原到指定的版本；

- ❑　协调不同开发者之间的活动，保证对源代码同一部分的改动不会互相覆盖；
- ❑　……

在版本控制系统出现以前，多人合作的大型软件开发简直是一场噩梦。假设每个人在自己的工作拷贝上工作。如果 Peter 改变了类的接口，那么他必须电话通知每个人这件事情，然后把新的源代码分发给他的团队。一天晚上，Peter 和 John 同时修改了某个文件，Peter 立刻把它提交到中央服务器，而 John 睡了一觉，直到第二天早上才提交，那么 Peter 的改动就丢失了。当一个月后问题暴露的时候，人们发现根本没有任何关于改动的日志信息能帮助他们追溯到那个夜晚。

如果读者已经遇到了类似的麻烦，那么就意味着应该要使用版本控制系统了。这些年已经出现了大量开放源代码版本的版本控制系统，人们的选择范围也由此扩大了将近一个数量级。占据主流地位的两款系统是 CVS 和 Subversion，后者是前者的改良和完善。鉴于 CVS 在某些概念上的缺陷，建议读者直接从 Subversion 开始，正在使用 CVS 的团队也正在逐步向 Subversion 迁移。

20.4.2　安装 Subversion

Subversion 已经包含在很多 Linux 发行版中了，Ubuntu 就在其安装源中提供了 Subversion 的下载。如果读者使用的 Linux 发行版没有包含这个软件，那么可以从 subversion.tigris.org 上下载。使用源代码还是二进制安装包完全取决于实际需求。可以使用下面这条命令检查 Subversion 客户端工具。

```
$ svn --version                              ##Subversion 客户端的版本信息
svn, 版本 1.5.1 (r32289)
   编译于 Oct  6 2008, 13:05:23

版权所有 (C) 2000-2008 CollabNet。
Subversion 是开放源代码软件，请参阅 http://subversion.tigris.org/ 站点。
此产品包含由 CollabNet(http://www.Collab.Net/) 开发的软件。

可使用以下的版本库访问模块：

* ra_neon : 通过 WebDAV 协议使用 neon 访问版本库的模块。
  - 处理 "http" 方案
  - 处理 "https" 方案
* ra_svn : 使用 svn 网络协议访问版本库的模块。   - 使用 Cyrus SASL 认证
  - 处理 "svn" 方案
* ra_local : 访问本地磁盘的版本库模块。
  - 处理 "file" 方案
```

接着检查 Subversion 的管理工具是否正确安装了。

```
$ svnadmin --version                         ##Subversion 管理工具的版本信息
svnadmin, 版本 1.5.1 (r32289)
   编译于 Oct  6 2008, 13:05:23

版权所有 (C) 2000-2008 CollabNet。
Subversion 是开放源代码软件，请参阅 http://subversion.tigris.org/ 站点。
```

此产品包含由 `CollabNet(http://www.Collab.Net/)` 开发的软件。

下列版本库后端`(FS)` 模块可用：

* `fs_base` : 模块只能操作 BDB 版本库。
* `fs_fs` : 模块与文本文件`(FSFS)`版本库一起工作。

如果这两条命令都没有问题，那么 Subversion 就已经安装完毕了。下面用一个实例向读者介绍 Subversion 的基本使用。

20.4.3　建立项目仓库

"项目仓库" 是版本控制系统的专有名词，是用来存储各种文件的主要场所。项目仓库以目录作为载体。下面的命令建立目录 svn_ex，本节所有的源代码最终都会存放在里面。

```
$ mkdir /home/lewis/svn_ex
```

接下来调用 svnadmin create 命令建立项目仓库。

```
$ svnadmin create /home/lewis/svn_ex
```

如果没有报错，那么这个项目仓库就建好了。此时 Subversion 已经在 svn_ex 目录下安放了一些东西，Subversion 需要它们来记录项目的一切。这是一套复杂的机制，普通用户通常并不需要了解这些。

20.4.4　创建项目并导入源代码

接下来就要着手建立一个新的项目。为简便起见，这里将本章已经出现过的两个源代码文件导入项目仓库。

```
##进入源程序所在的目录
$ cd /home/lewis/sum/
##导入源程序，并创建项目 project
$ svn import -m "导入源文件至项目仓库" . file:///home/lewis/svn_ex/project
增加        macro.c
增加        summary.c
```

import 命令指导 Subversion 导入源代码，目的地是 file:///home/lewis/svn_ex/project。"file://" 表示本地文件协议。Subversion 服务器支持使用 HTTP、SSH 协议。为简便起见，这里将项目仓库建在本地，而不是配置使用网络服务器。project 是本例中的项目名，这并不是实际存在的一个目录，而是一个 "逻辑上" 的项目。为了防止自己把项目名忘记，用户也可以在/home/lewis/svn_ex 下建立一个 project 目录，但这个 project 目录下仍然不会有任何东西。

注意：目的 URL 之前还有一个句点 "."，表示当前目录，也就是/home/lewis/sum。Subversion 会将该目录下所有的文件全部导入到项目仓库中。

-m 选项为本次操作增加一条消息。由于这对于项目开发至关重要（在出现问题的时候可以快速找到原因），即便用户省略了-m 参数，Subversion 还是会打开一个文本编辑器，要求提供执行此操作的理由。

20.4.5　开始项目开发

开发人员总是在自己的机器上建立一个目录，然后在这个目录下编写程序。下面的命令在用户主目录下建立 work/project 目录，接下来的"开发"就将在这里面进行。

```
$ mkdir ~/work
$ cd ~/work/
$ mkdir project
```

下面从"服务器"上取得源代码的工作拷贝。由于刚刚才把源代码导入项目仓库，所以在 Subversion 的逻辑看来，这就是版本"1"。

```
$ svn checkout file:///home/lewis/svn_ex/project project   ##签出源代码
A    project/macro.c
A    project/summary.c
取出版本 1。
```

命令 checkout（也可以简写为 co）指导 Subversion 从服务器上签出源代码。这里仍然使用了熟悉的 URL "file:///home/lewis/svn_ex/project project"，目标是 project 目录。查看 project 目录，可以看到源文件已经在里面了。

```
$ ls project/
macro.c  summary.c
```

此时 project 目录和项目 file:///home/lewis/svn_ex/project 已经在 Subversion 的层面上建立了关联，以后只要在 project 目录下执行 svn update 就可以更新本地源代码。

20.4.6　修改代码和提交改动

假设现在 Lewis 决定修改 macro.c 中的那个定义"错误"，他把源代码的第一行改成下面这样：

```
#define SUB(X,Y) (X)*(Y)
```

Subversion 立刻注意到了这一修改。使用 svn status 命令可以看到，在文件 macro.c 前面有一个 M，表示有修改产生：

```
$ svn status macro.c                              ##查看 macro.c 的状态
M    macro.c
```

进一步使用 svn diff 命令观察本地工作拷贝和服务器上版本之间的差别。

```
$ svn diff macro.c                               ##观察 macro.c 的修改情况
Index: macro.c
===================================================================
--- macro.c（版本 1）
+++ macro.c（工作副本）
@@ -1,4 +1,4 @@
-#define SUB(X,Y) X*Y
```

```
+#define SUB(X,Y) (X)*(Y)

 int main()
 {
```

"@@ -1,4 +1,4 @@"指出了发生改动的位置，紧跟着列出了该位置上的代码。减号"-"表示服务器上的版本，加号"+"表示当前的工作拷贝。显然，Lewis 在第一行增加了两个括号。

看起来一切都很正常，使用 svn commit 命令提交新的 macro.c。

```
$ svn commit -m "修正宏定义的错误"                ##提交修改后的版本
正在发送        macro.c
传输文件数据.
提交后的版本为 2。
```

Subversion 照例要求用户对这次操作说点什么。完成提交后，Subversion 将仓库中项目的版本号加 1，因此当前的版本号为 2。使用 svn log 命令可以看到 macro.c 文件完整的历史记录如下：

```
$ svn log macro.c                               ##查看macro.c的历史记录
-------------------------------------------------------------------------
r2 | lewis | 2009-01-18 18:58:53 +0800 (日, 2009-01-18) | 1 line

修正宏定义的错误
-------------------------------------------------------------------------
r1 | lewis | 2009-01-18 18:43:32 +0800 (日, 2009-01-18) | 1 line

导入源文件至项目仓库
-------------------------------------------------------------------------
```

20.4.7　解决冲突

现在项目组增加了一个新成员 Mike，把事情的原委和 Mike 说清楚之后，Mike 在自己的机器上建立了工作目录，并从服务器上签入项目。

```
##建立工作目录
$ cd /home/mike/
$ mkdir -p work/project
$ cd work/

##签入项目
$ svn co file:///home/lewis/svn_ex/project project
A    project/macro.c
A    project/summary.c
取出版本 2。
```

MIKE 注意到 Lewis 把宏的名字写错了。乘法的英文缩写应该是 MUL（multiply），而不是 SUB（subtract，减法）。于是他把源代码改成下面这样：

```
#define MUL(X,Y) (X)*(Y)
```

```
int main()
{
        int result;

        result = MUL( 2+3, 4 );

        return 0;
}
```

与此同时，Lewis 也注意到了这个问题。但是他显然已经厌倦了宏定义，于是他决定用函数来实现这个乘法操作。现在 Lewis 的工作拷贝变成这样：

```
int multiply( int x, int y )
{
        return x * y;
}

int main()
{
        int result;

        result = multiply( 2+3, 4 );

        return 0;
}
```

新人的积极性显然要更高一些，Mike 首先将他的改动提交到服务器上。

```
$ svn commit -m "乘法的英语缩写应为 MUL"
正在发送          macro.c
传输文件数据.
提交后的版本为 3。
```

等到 Lewis 提交他的 macro.c 时，问题产生了：Subversion 拒绝了他的请求，因为 macro.c 已经被其他人更新过了。

```
$ svn commit -m "将宏 SUB 用函数 multiply 实现"
正在发送          macro.c
svn: 提交失败(细节如下):
svn: 文件 "/project/macro.c" 已经过时
```

Lewis 想要知道这究竟是怎么一回事。为此他必须首先更新自己的工作拷贝。

```
$ svn update                                          ##更新工作拷贝
在 "macro.c" 中发现冲突。
选择: (p) 推迟, (df) 显示全部差异, (e) 编辑,
      (h) 使用帮助以得到更多选项: p                   ##使用选项 p
C    macro.c
更新到版本 3。
```

Subversion 并没有覆盖 Lewis 的工作。相反，它试图把知道的事情全部告诉 Lewis。

```
$ ls
macro.c macro.c.mine macro.c.r2 macro.c.r3 summary.c
```

可以看到，Subversion 把和此次冲突有关的 macro.c 的各个版本都保存在目录中，然后在 macro.c 中列出了两个版本冲突的地方。

```
$ cat macro.c                            ##查看 Subversion 生成的 macro.c
<<<<<<< .mine
int multiply( int x, int y )
{
    return x * y;
}
=======
#define MUL(X,Y) (X)*(Y)
>>>>>>> .r3


int main()
{
    int result;
<<<<<<< .mine
    result = multiply( 2+3, 4 );
=======
    result = MUL( 2+3, 4 );
>>>>>>> .r3

    return 0;
}
```

在这个文件中可以很清楚地看到两者间的差别。Lewis 大致明白发生了些什么，但他还想知道是谁做了这些改动。于是 Lewis 使用 svn log 命令调出版本 3 的日志信息。

```
$ svn log -r3 macro.c                        ##查看版本 3 的 macro.c 的日志信息
------------------------------------------------------------------------
-
r3 | mike | 2009-01-18 19:22:43 +0800 (日, 2009-01-18) | 1 line

乘法的英语缩写应为 MUL
------------------------------------------------------------------------
-
```

现在 Lewis 知道是 Mike 改动了这个文件，也知道了他的想法。Lewis 和 Mike 交流了彼此的意见，新成员通常不太容易坚持自己的立场，讨论的结果还是使用函数实现乘法操作。于是 Lewis 按照自己原先的想法修改了 macro.c，并告诉 Subversion 冲突已经解决。

```
$ svn resolved macro.c
"macro.c" 的冲突状态已解决
```

然后 Lewis 向服务器提交了自己的 macro.c。

```
$ svn commit -m "将宏 SUB 用函数 multiply 实现"
正在发送       macro.c
传输文件数据.
提交后的版本为 4。
```

20.4.8　撤销改动

Lewis 回家过了一个周末，他突然意识到用函数实现乘法操作显然不够高效。他再次和 Mike 交换了意见，决定还是维持 Mike 在版本 3 中的改动。为此，需要使用 svn merge 命令将本地工作拷贝中的 macro.c "回滚" 到版本 3 的状态。

```
$ svn merge -r 4:3 macro.c
--- 正在反向合并 r4 到 "macro.c":
U   macro.c
```

-r 选项指定了需要执行回滚操作的版本号，这里用版本 3 的 macro.c 取代版本 4 的 macro.c。查看当前工作拷贝中的 macro.c，可以看到回滚操作确实生效了。

```
$ cat macro.c                                    ##查看 macro.c
#define MUL(X,Y) (X)*(Y)

int main()
{
    int result;

    result = MUL( 2+3, 4 );

    return 0;
}
```

最后，使用 commit 命令更新项目仓库。

```
$ svn commit -m "鉴于效率，保留两数乘法的宏定义"
正在发送        macro.c
传输文件数据.
提交后的版本为 5。
```

20.4.9　命令汇总

本节用现实生活中的一个例子（尽管这个例子本身不那么"现实"）介绍了 Subversion 的基本使用。为了将 Subversion 应用于项目开发中，读者可能还需要了解另一些基本操作（例如向仓库添加文件）。大型商业软件项目的开发需要用到 Subversion 更高级的功能（例如分支）。Mike Mason 的著作 *Pragmatic Version Control Using Subversion, 2nd Edition* 完整介绍了如何将 Subversion 用于项目开发中，国内电子工业出版社出版了该书的中译本《版本控制之道——使用 Subversion（第 2 版）》。

为了给读者一个清晰的认识，表 20.12 汇总了本节出现过的所有命令。

表 20.12　本节的Subversion命令汇总

命　令	描　述
svnadmin create	建立项目仓库
svn import	导入源代码至项目仓库
svn checkout（或 svn co）	从项目仓库迁出源代码
svn status	查看文件状态
svn diff	查看文件的本地版本和服务器版本之间的差异
svn commit	提交改动
svn log	查看文件的历史消息记录
svn update	更新本地工作拷贝
svn resolved	标记源文件"冲突已解决"
svn merge	比较两个版本之间的差异，并应用于工作拷贝

20.5　小　　结

❑ Vim 是 Linux 上的标准编辑器，这是一种行模式编辑器。

❑ Emacs 也是 Linux 程序员最喜爱的编辑器之一，它使用 Ctrl 和 Meta（在 PC 上是 Alt）键输入命令。

❑ 图形化编辑器 gedit 和 Kate 都提供了迎合程序员需求的功能。

❑ gcc 是 Linux 上最常用的编译器，支持 C、C++、Objective C、Chill、Fortran、Java 等多种语言。

❑ gcc 命令对 C 源代码执行编译和连接。

❑ 程序员可以对源代码执行优化编译，但某些优化选项是有风险的。

❑ g++命令对 C++源代码执行编译和连接。

❑ gdb 是一款基于命令行的程序调试工具。

❑ 在调试程序之前需要使用带有-g 选项的 gcc 命令编译源代码。

❑ 用户可以随时使用 help 命令获取 gdb 的帮助信息。

❑ 版本控制系统用于多人合作的大型程序开发中。Subversion 是当前最完善的版本控制系统。

❑ 项目仓库是版本控制系统用来存储各种文件的主要场所。

❑ Subversion 可以记录所有发生的源代码修改。

❑ 当不同人的修改发生冲突时，Subversion 会给出冲突提示，要求用户手动解决。

第 21 章　Shell 编程

无法想象没有 Shell 的 Linux 会是什么样子。从一开始，Linux 就是黑客们的玩具。在 Linux 的世界里，没有什么是不可控的。如果想要成为一名高级 Linux 用户，那么 Shell 编程是必须跨过的一道坎。本章将从正则表达式开始，逐步介绍 Shell 编程的基本知识。这些内容对于没有任何编程经验的读者可能有点困难，不过想一想将要接触到的激动人心的技术，请打起精神来！

21.1　正则表达式

正则表达式广泛地应用在各种脚本编程语言中，包括 Perl、PHP、Ruby 等。Linux 的各种编程工具也大量采用了正则表达式。可以说，有字符串处理的地方，就有正则表达式的身影。本节简要介绍正则表达式的基本语法。在开始之前，首先关心一下正则表达式的"定义"。

21.1.1　什么是正则表达式

"正则表达式（regexps）"这个词背后的历史似乎很难考证。一直以来，这个说法被人们广泛应用，没有人关心，或许也没有必要关心它是怎么来的。在很多时候，"正则表达式"又被称做"模式"，所以千万别被这两件不同的外衣搞糊涂了。至少在 Linux 中，"模式"和"正则表达式"讲的是同一件事情。

那么究竟什么是正则表达式？简单地说，这是一组对正在查找的文本的描述。例如一个生活中的例子，老师对调皮捣蛋的学生说："把单词表中 a 开头、t 结尾的单词抄写 10 遍交给我。"那么对于正在抄写单词的学生而言，"a 开头、t 结尾的单词"就是"对正在查找的文本的描述"。同样可以告诉 Shell，"把当前目录下所有以 e 结尾的文件名列出来"，这是正则表达式擅长做的事情。

21.1.2　不同风格的正则表达式

正则表达式是一种概念。在此基础上，人们充分发挥想象力，发明了各种风格的正则表达式。在这个领域，至今没有什么标准可言，不同的软件和编程语言支持不同风格的表达式写法，也难怪刚刚接触正则表达式的用户会因此感到困惑。

目前在 GNU/Linux 中有两套库可用于正则表达式编程：POSIX 库和 PCRE 库。前者是 Linux 自带的正则表达式库，后者是 Perl 的正则表达式库。从功能上看，PCRE 风格的正则表达式更强大一些,但也更难掌握一些。本节选择 POSIX 风格的正则表达式作为讨论对象,POSIX 库不需要额外安装,直接使用即可。在工具方面,本节所有的示例都在 egrep 工具中测试通过。读者可以参考 5.5.8 节了解 egrep 的详细信息。

21.1.3　快速上手:在字典中查找单词

现在来考虑本节开始的那个例子。老师要求抄写单词表中"a 开头、t 结尾"的单词,学生现在很想知道他究竟要花多少时间在这个作业上。/usr/share/dict/words 中包含了多达 98568 个单词,看起来无论老师所说的"单词表"是什么,Linux 给出的估算只多不少。

```
$ egrep "^a.*t$" /usr/share/dict/words ##列出单词表中 a 开头 t 结尾的所有单词
abaft
abandonment
abasement
abatement
abbot
abduct
aberrant
abet
abhorrent
...
```

一个个数过来是不可能的了,可以使用 wc 命令统计这些单词的数量。

```
$ egrep "^a.*t$" words | wc -w
254
```

也就是说,这位学生最多要抄写 254 个单词。看起来他还能抽空赶写一份检讨。

21.1.4　字符集和单词

在正则表达式中,句点"."用于匹配除换行符之外的任意一个字符。下面这条正则表达式可以匹配诸如 cat、sat、bat 这样的字符串。

```
.at
```

"."能够匹配的字符范围是最大的。上面这个正则表达式还能够匹配"#at"、"~at"、"_at"这样的字符串。很多时候,需要缩小选择范围使匹配更为精确。为了限定 at 前的那个字符只能是小写字母,可以这样写正则表达式。

```
[a-z]at
```

方括号"[]"用于指定一个字符集。无论"[]"中有多少东西,在实际工作时只能匹配其中的一个字符。下面这条表达式用于匹配 a 或 b 或 c,而不能匹配 ab、abc、bc 或者 3 个字母间其他任意的组合。

```
[abc]
```

使用连字符"-"描述一个范围。下面这条表达式匹配所有的英文字母。

```
[a-zA-Z]
```

数字也可以用范围来指定。

```
[0-9]
```

有了字符集的概念，匹配特定的单词就灵活多了。但这里面还是有一点问题，使用下面这条命令查找单词表，看看结果是否和预想的一样。

```
$ egrep '[a-z]at' /usr/share/dict/words
...
Akhmatova
Akhmatova's
Alcatraz
Alcatraz's
Allstate
...
```

可以看到，这条命令不仅会列出 cat、sat 这样的单词，而且列出了 Akhmatova、Alcatraz 这样的词。因为这些单词中包含了 mat、cat 这些符合正则表达式[a-z]at 的字符串，于是也被匹配了——尽管这可能不是用户的初衷。

为了让[a-z]at 能够严格地匹配一个单词，需要为它加上一对分隔符"\<"和"\>"。

```
\<[a-z]at\>
```

下面这条命令在单词表中查找所有符合模式"\<[a-z]at\>"的行。

```
$ egrep '\<[a-z]at\>' /usr/share/dict/words
bat
bat's
cat
cat's
eat
fat
fat's
...
```

奇怪的是像 bat's 这样的行也被匹配了。事实上，如果有"a#$bat"、"bat!!!"、"!@#$#@!$R%@!bat#@!$%^"这样的行，它们也同样会被匹配。这就涉及正则表达式中对"单词"的定义：

"单词"指的是两侧由非单词字符分隔的字符串。非单词字符指的是字母、数字、下划线以外的任何字符。

仔细分析一下上面这些例子。第一行中 bat 分别由行首和行尾分隔，因此符合单词的定义，可以被匹配。"a#$bat"中的 bat 分别由标点$和行尾分隔，符合单词的定义，可以被匹配；"!@#$#@!$R%@!bat#@!$%^"中的 bat 分别由标点!和#分隔，同样符合单词的定义。而 Alcatraz 中的 cat 分别被字母 l 和 r 分隔，就不符合匹配条件了。

21.1.5　字符类

除了字符集，POSIX 风格的正则表达式还提供了预定义字符类来匹配某些特定的字符。例如，下面的命令列出文件中所有以大写字母开头，以小写 t 结尾的行。

```
$ egrep "^[[:upper:]]t$" words
At
```

```
It
Lt
Mt
Pt
St
```

提示：元字符"^"和"$"将在 21.1.6 节介绍。

正则表达式"[[:upper:]]"就是一个字符类，表示所有的大写字母，等价于[A-Z]。如表 21.1 列出了完整的字符类表示。

表 21.1　POSIX正则表达式中的字符类

类	匹 配 字 符
[[:alnum:]]	文字、数字字符
[[:alpha:]]	字母字符
[[:lower:]]	小写字母
[[:upper:]]	大写字母
[[:digit:]]	小数
[[:xdigit:]]	十六进制数字
[[:punct:]]	标点符号
[[:blank:]]	制表符和空格
[[:space:]]	空格
[[:cntrl:]]	所有控制符
[[:print:]]	所有可打印的字符
[[:graph:]]	除空格外所有可打印的字符

21.1.6　位置匹配

字符"^"和"$"分别用于匹配行首和行尾。下面这条正则表达式用于匹配所有以 a 开头、t 结尾、a 和 t 之间包含一个小写字母的行。

```
^a[a-z]t$
```

"^"和"$"不必同时使用。下面这条表达式匹配所有以数字开头的行。

```
^[0-9]
```

可以想像，"^$"这样的写法将匹配空行。而"$^"则是没有意义的，系统不会对这个表达式报错，但也不会输出任何东西。

21.1.7　字符转义

读者可能已经有了这样的疑问：既然句点"."在正则表达式中表示"除换行符之外的任意一个字符"，那么如何匹配句点"."本身呢？这就需要用到转义字符"\"。"\"可以取消所有元字符的特殊含义。例如，"\."匹配句点"."，"\["匹配左方括号"["……而为了匹配"\"，就要用"\\"来指定。例如，下面这条正则表达式匹配 www.google.cn。

```
www\.google\.cn
```

21.1.8　重复

用户有时候希望某个字符能够不止一次地出现。正则表达式中的星号"*"表示在它前面的模式应该重复 0 次或者多次。下面这条正则表达式用于匹配所有以 a 开头、以 t 结尾的行。

```
^a.*t$
```

简单地讲解一下这条表达式：^a 匹配以 a 开头的行。"."匹配一个字符（除了换行符）；"*"指定之前的那个字符（由"."匹配）可以重复 0 次或多次；"t$"匹配以 t 结尾的行。

与此相类似的两个元字符是"+"和"?"。"+"指定重复 1 次或更多次；"?"指定重复 0 次或 1 次。下面这条正则表达式匹配所有在单词 hi 后面隔了一个或几个字符后出现单词 Jerry 的行。

```
\<hi\>.+\<Jerry\>
```

使用花括号"{}"可以明确指定模式重复的次数。例如，{3}表示重复 3 次，{3,}表示重复 3 次或者更多次，{5,12}则表示重复的次数不少于 5 次，不多于 12 次。下面这条正则表达式匹配所有不少于 8 位的数。

```
\<[1-9][0-9]{7,}\>
```

这条表达式之所以以[1-9]开始，是因为没有哪个超过 7 位的数是以 0 开头的。相应地，最高位后面的数字应该重复 7 次或更多次。表 21.2 概括了用于重复模式的元字符。

表 21.2　用于重复模式的元字符

元　字　符	描　　述
*	重复 0 次或更多次
+	重复一次或更多次
?	重复 0 次或一次
{n}	重复 n 次
{n,}	重复 n 次或更多次
{n,m}	重复不少于 n 次，不多于 m 次

21.1.9　子表达式

"子表达式"也被称为"分组"，这不是什么新的概念。小学生都知道，为了计算 1+3 的和与 4 的乘积，必须用括号把 1+3 括起来。正则表达式也一样，请看下面这个例子：

```
$ egrep "(or){2,}" /usr/share/dict/words
sororities
sorority
sorority's
```

正则表达式"(or){2,}"匹配所有 or 重复 2 次或更多次的行。如果去掉 or 两边的括号，那么这条正则表达式匹配的将是"字母 o 后面紧跟两个或更多个字母 r 的行"。

```
$ egrep "or{2,}" /usr/share/dict/words
Andorra
Andorra's
Correggio
...
worry
worrying
worryings
worrywart
```

21.1.10　反义

很多时候用户想说的是"除了这个字符，其他什么都可以"，这就需要用到"反义"。
下面这条正则表达式匹配除了字母 y 的任何字符。

```
[^y]
```

与此相似的是，下面这条正则表达式匹配除了字母 a、e、i、o、u 的所有字符。

```
[^aeiou]
```

注意：　"^" 在表示行首和反义时在位置上的区别。下面的例子匹配所有不以字母 y 开
头的行。

```
^[^y]
```

21.1.11　分支

读者已经看到，正则表达式对用户提交的信息简单地执行"与"的组合。举例来说，
下面的这条语句匹配所有以字母 h 开头，"并且"以字母 t 结尾的行。

```
^ht$
```

那么，如何匹配以字母 h 开头，"或者"以字母 t 结尾的行？分支（以竖线"|"表示）
就用来完成"或"的组合。下面这条正则表达式用于匹配以字母 h 开头，"或者"以字母
t 结尾的行。

```
^h|t$
```

再看一个稍微复杂一些的例子。下面这一长串正则表达式可以匹配 1～12 月的英文写
法，包括完整拼写和缩写形式。

```
Jan(uary| |\.)|Feb(uary| |\.)|Mar(ch| |\.)|Apr(il| |\.)|May( |\.)|Jun(e|
|\.)|Jul(y| |\.)|Aug(ust| |\.)|Sep(tember| |\.)|Oct(ober| |\.)|Nov(ember|
|\.)|Dec(ember| |\.)
```

如果合在一起很难看清楚的话，下面以一月份为例分析这个正则表达式的写法。

```
Jan(uary| |\.)
```

紧跟着开头 3 个字母 Jan 的是一个子表达式（用括号限定），两个分支元字符"|"分

隔了 3 个字符（串），分别是 uary、空格、句点（注意，描述句点需要使用转义符号"\"）。这意味着 January 或者 Jan 或者 Jan.这样的字符串都能够被匹配。

5 月份 May 是比较特殊的一个。由于 May 的完整写法和缩写形式是一样的，因此只使用一个分支字符匹配空格或者句点。不同的月份之间使用分支字符"|"来分隔。

21.1.12　逆向引用

在子表达式（分组）中捕获的内容可以在正则表达式中的其他地方再次使用，用户可以使用反斜杠"\"加上子表达式的编号来指代该分组匹配到的内容。这样的说法看上去有点不知所云，不妨来看几个例子。

```
(\<.*\>).?( )*\1
```

上面这行正则表达式匹配所有在某个单词出现后，紧跟着 0 个或 1 个标点符号，以及任意个空格之后再次出现这个单词的行。例如，cart cart、long, long ago、ha!ha!……为了便于理解，下面对这个正则表达式断句做些解释。

- ❑ (\<.*\>) ——匹配任意长度的单词。第 1 个子表达式。
- ❑ .? ——匹配 0 个或 1 个标点符号。由于在句点之前匹配的是单词，因此句点"."在这里只能匹配标点。
- ❑ ( )* ——匹配 0 个或多个空格。第 2 个子表达式。
- ❑ \1 ——指代第 1 个子表达式匹配到的模式。如果第 1 个子表达式匹配到单词 cart，那么这里也自动成为 cart。

当然，用户也可以使用\2、\3……来指代编号为 2、3……的子表达式匹配到的模式。子表达式的编号规则是：从左至右，第 1 个出现的子表达式编号为 1，第 2 个编号为 2……依次类推。

21.2　Shell 脚本编程

本节将正式开始介绍 Shell 脚本编程，严格地说是 BASH 编程，这个"外壳"程序将贯穿于整本书。本节将尽可能多而清晰地向读者展现 Shell 编程的魅力，但也只是"尽可能多"而已。的确，要在这样一个小节内讲述 Shell 编程的全部细节是不现实的，很多介绍 Shell 编程的努力最终都变成了厚厚的一本书。读者如果希望了解更多这方面的内容，那么介绍 UNIX Shell 编程的经典书籍都是值得推荐的资料。一再强调的是，本节的内容只适合入门。

21.2.1　我需要什么工具

写 Shell 脚本不需要编译器（和所有的脚本语言一样），也不需要什么集成开发环境（也许有吧，但至少笔者还没有见到过）。所有的工具只是一个文本编辑器。Vim 和 Emacs 无疑是 Shell 编程的首选工具，这是大部分主流程序员的选择。图形化的 gedit 和 kate 也是不错的选择，它们都支持对 Shell 脚本的语法加亮。

笔者的建议是，不必陷入编程工具优劣的争论。Vim、Emacs、gedit、kate 或其他文本编辑器都是不错的编写 Shell 脚本的工具，只要用的顺手就可以。如果找不到足够的理由学习 Vim 和 Emacs，那么就先放在一边吧。工具永远只是工具，使用工具做出些什么才是真正重要和值得去关心的。

21.2.2　第一个程序：Hello World

这是最古老、最经典的入门程序，用于在屏幕上打印一行字符串"Hello World!"。借用这个程序，来看一看一个基本的 Shell 程序的构成。使用文本编辑器建立一个名为 hello 的文件，包含以下内容：

```
#! /bin/bash
#Display a line

echo "Hello World!"
```

要执行这个 Shell 脚本，首先应该要为它加上可执行权限。完成操作后，就可以运行脚本了。

```
$ chmod +x hello          ##为脚本加上可执行权限，后文讲解时将省略这一步
$ ./hello                 ##执行脚本
Hello World!
```

下面逐行解释这个脚本程序。

```
#! /bin/bash
```

这一行告诉 Shell，运行这个脚本时应该使用哪个 Shell 程序。本例中使用的是/bin/bash，也就是 BASH。一般来说，Shell 程序的第一行总是以"#!"开头，指定脚本的运行环境。尽管在当前环境就是 BASH SHELL 时可以省略这一行，但这并不是一个好习惯。

```
#Display a line
```

以"#"号开头的行是注释，Shell 会直接忽略"#"号后面的所有内容。保持写注释的习惯无论对别人（在团队合作时）还是对自己（几个月后回来看这个程序）都是很有好处的。

和几乎所有编程语言一样，Shell 脚本会忽略空行。用空行分割一个程序中不同的任务代码是一个良好的编程习惯。

```
echo "Hello World!"
```

echo 命令把其参数传递给标准输出，在这里就是显示器。如果参数是一个字符串的话，那么应该用双引号把它包含起来。echo 命令最后会自动加上一个换行符。

21.2.3　变量和运算符

本节介绍变量和运算符的使用。变量是任何一种编程语言所必备的元素，运算符也是。通过将一些信息保存在变量中，可以留作以后使用。通过本节的学习，读者将学会如何操

作变量和使用运算符。

1. 变量的赋值和使用

首先来看一个简单的程序，这个程序将一个字符串赋给变量，并在最后将其输出。

```
#! /bin/bash

#将一个字符串附给变量 output
log="monday"

echo "The value of logfile is:"

#美元符号（$）用于变量替换
echo $log
```

下面是这个脚本程序的运行结果。

```
$ ./varible
The value of logfile is:
monday
```

在 Shell 中使用变量不需要事先声明。使用等号"="将一个变量右边的值赋给这个变量时，直接使用变量名就可以了（注意在这赋值变量时"="左右两边没空格）。例如：

```
log = "monday"
```

当需要存取变量时，就要使用一个字符来进行变量替换。在 BASH 中，美元符号"$"用于对一个变量进行解析。Shell 在碰到带有"$"的变量时会自动将其替换为这个变量的值。例如上面这个脚本的最后一行，echo 最终输出的是变量 log 中存放的值。

需要指出的是，变量只在其所在的脚本中有效。在上面这个脚本退出后，变量 log 就失效了，此时在 Shell 中试图查看 log 的值将什么也得不到。

```
$ echo $log
```

使用 source 命令可以强行让一个脚本影响其父 Shell 环境。以下面这种方式运行 varible 脚本可以让 log 变量在当前 Shell 中可见。

```
$ source varible
The value of logfile is:
monday
$ echo $log
monday
```

另一个与之相反的命令是 export。export 让脚本可以影响其子 Shell 环境。下面这一段命令在子 Shell 中显示变量的值。

```
$ export count=5                     ##输出变量 count
$ bash                               ##启动子 Shell
$ echo $count                        ##在子 Shell 中显示变量的值
5
$ exit                               ##回到先前的 Shell 中
exit
```

使用 unset 命令可以手动注销一个变量。这个命令的使用就像下面这样简单。

```
unset log
```

2. 变量替换

前面已经提到，美元提示符 "$" 用于解析变量。如果希望输出这个符号，那么就应该使用转义字符 "\"，告诉 Shell 忽略特殊字符的特殊含义。

```
$ log="Monday"
$ echo "The value of \$log is $log"
The value of $log is Monday
```

Shell 提供了花括号 "{}" 来限定一个变量的开始和结束。在紧跟变量输出字母后缀时，就必须要使用这个功能。

```
$ word="big"
$ echo "This apple is ${word}ger"
This apple is bigger
```

3. 位置变量

Shell 脚本使用位置变量来保存参数。当脚本启动的时候，就必须知道传递给自己的参数是什么。考虑 cp 命令，这个命令接受两个参数，用于将一个文件复制到另一个地方。传递给脚本文件的参数分别存放在 "$" 符号带有数字的变量中。简单地说，第一个参数存放在$1，第二个参数存放在$2……依次类推。当存取的参数超过 10 个的时候，就要用花括号把这个数字括起来，例如${13}、${20}等。

一个比较特殊的位置变量是$0，这个变量用来存放脚本自己的名字。有些时候，例如创建日志文件时这个变量非常有用。下面来看一个脚本，用于显示传递给它的参数。

```
#! /bin/bash

echo "\$0 = *$0*"
echo "\$1 = *$1*"
echo "\$2 = *$2*"
echo "\$3 = *$3*"
```

下面是这个程序的运行结果。注意，因为没有第 3 个参数，因此$3 的值是空的。

```
$ ./display_para first second
$0 = *./display_para*
$1 = *first*
$2 = *second*
$3 = **
```

除了以数字命名的位置变量，Shell 还提供了另外 3 个位置变量。如下：
- $*：包含参数列表；
- $@：包含参数列表，同上；
- $#：包含参数的个数。

下面这个脚本 listfiles 显示文件的详细信息。尽管还没有学习过 for 命令，但这里可以先体验一下，这几乎是 "$@" 最常见的用法。

```
#! /bin/bash
```

```
#显示有多少文件需要列出
echo "$# file(s) to list"

#将参数列表中的值逐一赋给变量file
for file in $@
do
    ls -l $file
done
```

for 语句每次从参数列表（$@）中取出一个参数，放到变量 file 中。脚本运行的结果如下：

```
$ ./listfiles badpro hello export_varible
3 file(s) to list
-rwxr-xr-x 1 lewis lewis 79 2008-11-06 22:20 badpro
-rwxr-xr-x 1 lewis lewis 37 2008-11-07 15:35 hello
-rwxr-xr-x 1 lewis lewis 148 2008-11-07 17:06 export_varible
```

4．BASH 引号规则

尽管还没有正式介绍引号的使用规则，但之前的脚本程序已经大量使用了引号（不过也只是双引号而已）。现在弥补这个空缺还来得及。在 Shell 脚本中可以使用的引号有如下 3 种。

- 双引号：阻止 Shell 对大多数特殊字符（例如#）进行解释。但"$"、"`"和"""仍然保持其特殊含义。
- 单引号：阻止 Shell 对所有字符进行解释。
- 倒引号："`"，这个符号通常位于键盘上 Esc 键的下方。当用倒引号括起一个 Shell 命令时，这个命令将会被执行，执行后的输出结果将作为这个表达式的值。倒引号中的特殊字符一般都被解释。

下面的脚本 quote 显示这 3 个引号的不同之处。

```
#! /bin/bash

log=Saturday

#双引号会对其中的"$"字符进行解释
echo "Today is $log"

#单引号不会对特殊字符进行解释
echo 'Today is $log'

#倒引号会运行其中的命令，并把命令输出作为最终结果
echo "Today is 'date'"
```

以下是该脚本的运行结果。注意脚本的最后一行，双引号也会对"`"做出解释。

```
$ ./quote
Today is Saturday
Today is $log
Today is 2008 年 11 月 08 日 星期六 08:31:33 CST
```

5．运算符

运算符是类似于"+"、"-"这样的符号，用于告诉计算机执行怎样的运算。Shell

定义了一套运算符，其中的大部分读者应该已经非常熟悉了。和数学中一样，这些运算符具有不同的优先级，优先级高的运算更早被执行。表 21.3 按照优先级从高到低列出了 Shell 中可能用到的所有运算符。

表 21.3　Shell中用到的运算符

运　算　符	含　义
–, +	单目负、单目正
!, ~	逻辑非、按位取反
*, /, %	乘、除、取模
+, –	加、减
<<, >>	按位左移、按位右移
<=, >=, <, >	小于等于、大于等于、小于、大于
==, !=	等于、不等于
&	按位与
^	按位异或
|	按位或
&&	逻辑与
||	逻辑或
=, +=, -=, *=, /=, %= &=, ^=, |=, <<=, >>=	赋值、运算并赋值

出于篇幅考虑，这里无法对其中的每一个运算符做详细解释。如果读者曾经学习过 C 或者 C++这类编程语言的话，那么应该对这些运算符非常熟悉。事实上，Shell 完全复制了 C 语言中的运算符及其优先级规则。在日常使用中，只需要使用其中的一部分就可以了，数学运算并不是 Shell 的强项。

运算符的优先级并不需要特别地记忆。如果使用的时候搞不清楚，只要简单地使用括号就可以了，就像小学里学习算术时一样。

```
(7 + 8) / (6 - 3)
```

值得注意的是，在 Shell 中表示"相等"时，"=="和"="在大部分情况下不存在差异，这和 C/C++程序员的经验不同。读者将会在后文中逐渐熟悉如何进行表达式的判断。

21.2.4　表达式求值

之所以单独列出这一节，因为这是让很多初学者感到困惑的地方。Shell 中进行表达式求值有和其他编程语言不同的地方。首先来看一个例子，这个例子可以"帮助"读者产生困惑。

```
$ num=1
$ num=$num+2
$ echo $num
1+2
```

为什么结果不是 3？原因很简单，Shell 脚本语言是一种"弱类型"的语言，它并不知道变量 num 中保存的是一个数值，因此在遇到 num=$num+2 这个命令时，Shell 只是简单地把$num 和 "+2" 连在一起作为新的值赋给变量 num（在这方面，其他脚本语言——例如 PHP 似乎表现得更 "聪明" 一些）。为了让 Shell 得到 "正确" 的结果，可以试试下面这条命令。

```
$ num=$[ $num + 1 ]
```

$[]这种表示形式告诉 Shell 应该对其中的表达式求值。如果上面这条命令不太容易能看清楚的话，那么不妨对比一下下面这两条命令的输出。

```
$ num1=1+2
$ num2=$[ 1 + 2 ]
$ echo $num1 $num2
1+2  3
```

$[]的使用方式非常灵活，可以接受不同基数的数字（默认情况下使用十进制）。可以采用[*base*#]n 来表示从二到三十六进制的任何一个 n 值，例如 2#10 就表示二进制数 10（对应于十进制的 2）。下面的几个例子显示了如何在$[]中使用不同的基数求值。

```
$ echo $[ 2#10 + 1 ]
3
$ echo $[ 16#10 + 1 ]
17
$ echo $[ 8#10 + 1 ]
9
```

expr 命令也可以对表达式执行求值操作，这个命令允许使用的表达式更为复杂，也更为灵活。限于篇幅，这里无法介绍 expr 的高级用法。下面的例子是用 expr 计算 1+2 的值，注意 expr 会同时把结果输出。

```
$ expr 1 + 2
3
```

🔔注意：在 "1"、"+" 和 "2" 之间要有空格，否则 expr 会简单地将其当做字符串输出。

另一种指导 Shell 进行表达式求值的方法是使用 let 命令。更准确地说，let 命令用于计算整数表达式的值。下面这个例子显示了 let 命令的用法。

```
$ num=1
$ let num=$num+1
$ echo $num
2
```

21.2.5　脚本执行命令和控制语句

本节将介绍 Shell 脚本中的执行命令以及控制语句。在正常情况下，Shell 按顺序执行每一条语句，直至碰到文件尾。但在多数情况下，需要根据情况选择相应的语句执行，或者对一段程序循环执行。这些都是通过控制语句实现的。

1．if选择结构

if 命令判断条件是否成立，进而决定是否执行相关的语句。这也许是程序设计中使用频率最高的控制语句了。最简单的 if 结构如下：

```
if test-commands
then
    commands
fi
```

上面这段代码首先检查表达式 test-commands 是否为真。如果是，就执行 commands 所包含的命令——commands 可以是一条，也可以是多条命令。如果 test-commands 为假，那么直接跳过这段 if 结构（以 fi 作为结束标志），继续执行后面的脚本。

下面这段程序提示用户输入口令。如果口令正确，就显示一条欢迎信息。

```
#! /bin/bash

echo "Enter password:"
read password

if [ "$password" = "mypasswd" ]
then
        echo "Welcome!!"
fi
```

注意，这里用于条件测试的语句[$password = "mypasswd"]，在 [、$password、=、"mypasswd"和] 之间必须存在空格。条件测试语句将在随后介绍，读者暂时只要能"看懂"就可以了。该脚本的运行效果如下：

```
$ ./pass
Enter password:
mypasswd                                    ##输入正确的口令
Welcome!!
$

$ ./pass
Enter password:
wrongpasswd                                 ##输入错误的口令
$
```

if 结构的这种形式在很多时候显得太过"单薄"了，为了方便用户做出"如果……如果……否则……"这样的判断，if 结构提供了下面这种形式。

```
if test-command-1
then
    commands-1
elif test-command-2
then
    commands-2
elif test-command-3
then
    commands-3
...
else
    commands
fi
```

上面这段代码依次判断 test-command-1、test-command-2、test-command-3……如果上面这些条件都不满足，就执行 else 语句中的 commands。注意这些条件都是"互斥"的。也就是说，Shell 依次检查每一个条件，其中任何一个条件一旦匹配，就退出整个 if 结构。现在修改上面刚才的脚本，根据不同的口令显示不同的欢迎信息。

```
#! /bin/bash

echo "Enter password:"
read password

if [ "$password" = "john" ]
then
        echo "Hello, John!!"
elif [ "$password" = "mike" ]
then
        echo "Hello, mike!!"
elif [ "$password" = "lewis" ]
then
        echo "Hello, Lewis!!"
else
        echo "Go away!!!"
fi
```

下面显示了这个脚本的运行结果。在输入 john 之后，Shell 发现 if 语句的第一个条件成立，于是 Shell 就执行命令 echo "Hello, John!!"，然后跳出 if 语句块结束脚本，而不会继续去判断"$password" = "mike"这个条件。从这个意义上，if-elif-else 语句和连续使用多个 if 语句是有本质区别的。

```
$ ./pass
Enter password:
john                                    ##输入口令 john
Hello, John!!

$ ./pass
Enter password:
lewis                                   ##输入口令 lewis
Hello, Lewis!!

$ ./pass
Enter password:
peter                                   ##输入口令 peter
Go away!!!
```

2．case多选结构

Shell 中另一种控制结构是 case 语句。case 用于在一系列模式中匹配某个变量的值，这个结构的基本语法如下：

```
case word in
    pattern-1)
        commands-1
        ;;
    pattern-2)
        commands-2
        ;;
    ...
    pattern-N)
        commands-N
        ;;
esac
```

变量 word 逐一同从 pattern-1 到 pattern-2 的模式进行比较，当找到一个匹配的模式后，

就执行紧跟在后面的命令 commands（可以是多条命令）；如果没有找到匹配模式，case
语句就什么也不做。

　　命令“;;”只在 case 结构中出现，Shell 一旦遇到这条命令就跳转到 case 结构的最后。
也就是说，如果有多个模式都匹配变量 word，那么 Shell 只会执行第一条匹配模式所对应
的命令。与此类似的是，C 语言提供了 break 语句在 switch 结构中实现相同的功能，Shell
只是继承了这种书写“习惯”。区别在于，程序员可以在 C 程序的 switch 结构中省略 break
语句（用于实现一种几乎不被使用的流程结构），而在 Shell 的 case 结构中省略“;;”则是
不允许的。

　　相比较 if 语句而言，case 语句在诸如“a = b”这样判断上能够提供更简洁、可读性更
好的代码结构。在 Linux 的服务器启动脚本（将在本书第 22 章介绍）中，case 结构用于判
断用户究竟是要启动、停止还是重新启动服务器进程。下面是从 openSUSE 中截取的一段
控制 SSH 服务器的脚本（/etc/init.d/sshd）。

```
case "$1" in
   start)
   echo -n "Starting SSH daemon"
   ## Start daemon with startproc(8). If this fails
   ## the echo return value is set appropriate.

   startproc -f -p $SSHD_PIDFILE $SSHD_BIN $SSHD_OPTS -o "PidFile=$SSHD_
PIDFILE"

   # Remember status and be verbose
   rc_status -v
   ;;
   stop)
   echo -n "Shutting down SSH daemon"
   ## Stop daemon with killproc(8) and if this fails
   ## set echo the echo return value.

   killproc -p $SSHD_PIDFILE -TERM $SSHD_BIN

   # Remember status and be verbose
   rc_status -v
   ;;
   restart)
      ## Stop the service and regardless of whether it was
      ## running or not, start it again.
      $0 stop
      $0 start

      # Remember status and be quiet
      rc_status
      ;;
   *)
   echo "Usage: $0 {start|stop|restart|}"
   exit 1
   ;;
esac
```

在这个例子中，如果用户运行命令“/etc/init.d/sshd start”，那么 Shell 将执行下面这段
命令：通过 startproc 启动 SSH 守护进程。

```
echo -n "Starting SSH daemon"
```

```
## Start daemon with startproc(8). If this fails
## the echo return value is set appropriate.

startproc -f -p $SSHD_PIDFILE $SSHD_BIN $SSHD_OPTS -o "PidFile=$SSHD_
PIDFILE"

# Remember status and be verbose
rc_status -v
```

值得注意的是最后使用的"*)"，星号（*）用于匹配所有的字符串。在上面的例子中，如果用户输入的参数不是 start、stop 或是 restart 中的任何一个，那么这个参数将匹配"*)"，脚本执行下面这行命令，提示用户正确的使用方法。

```
echo "Usage: $0 {start|stop|restart|}"
```

由于 case 语句是逐条检索匹配模式，因此"*)"所在的位置很重要。如果上面这段脚本将"*)"放在 case 结构的开头，那么无论用户输入什么，脚本只会说"Usage: $0 {start|stop|restart|}"这一句话。

21.2.6　条件测试

几乎所有初学 Shell 编程的人都会对这部分内容感到由衷的困惑。Shell 和其他编程语言在条件测试上的表现非常不同。读者在 C/C++积累的经验甚至可能会帮倒忙。理解本节对顺利进行 Shell 编程至关重要，因此如果读者是第一次接触的话，请耐心地读完这冗长的一节。

1．if判断的依据

和大部分人的经验不同的是，if 语句本身并不执行任何判断。它实际上接受一个程序名作为参数，然后执行这个程序，并依据这个程序的返回值来判断是否执行相应的语句。如果程序的返回值是 0，就表示"真"，if 语句进入对应的语句块；所有非 0 的返回值都表示"假"，if 语句跳过对应的语句块。下面的这段脚本 testif 很好地显示了这一点。

```
#!/bin/bash

if ./testscript -1                          ##如果返回值是-1
then
      echo "testscript exit -1"
fi

if ./testscript 0                           ##如果返回值是 0
then
      echo "testscript exit 0"
fi

if ./testscript 1                           ##如果返回值是 1
then
      echo "testscript exit 1"
fi
```

脚本的运行结果如下：

```
$ ./testif                                  ##运行脚本
```

```
testscript exit 0
```

这段脚本依次测试返回值–1、0 和 1，最后只有返回值为 0 所对应的 echo 语句被执行了。脚本中调用的 testscript 接受用户输入的参数，然后简单地把这个参数返回给其父进程。testscript 脚本只有两行代码，其中的 exit 语句用于退出脚本并返回一个值。

```
#!/bin/bash
exit $@
```

现在读者应该能够大致了解 if 语句（包括后面将要介绍的 while、until 等语句）的运行机制。也就是说，if 语句事实上判断的是程序的返回值，返回值 0 表示真，非 0 值表示假。

2. test命令和空格的使用

既然 if 语句需要接受一个命令作为参数，那么像"$password" = "john"这样的表达式就不能直接放在 if 语句的后面。为此需要额外引入一个命令，用于判断表达式的真假。test 命令的语法如下：

```
test expr
```

其中 expr 是通过 test 命令可以理解的选项来构建的。例如下面这条命令用于判断字符串变量 password 是否等于"john"。

```
test "$password" = "john"
```

如果两者相等，那么 test 命令就返回值 0；反之则返回 1。作为 test 的同义词，用户也可以使用方括号"["进行条件测试。后者的语法如下：

```
[ expr ]
```

必须提醒读者注意的是，在 Shell 编程中，空格的使用绝不仅仅是编程风格上的差异。现在来对比下面 3 条命令：

```
password="john"
test "$password" = "john"
[ "$password" = "john" ]
```

第一条是赋值语句，在 password、= 和"john"之间没有任何空格；第 2 条是条件测试命令，在 test、"$password"、=和"john"之间都有空格；第 3 条也是条件测试命令（是 test 命令的另一种写法），在[、"$password"、=、"john"和]之间都有空格。

一些 C 程序员喜欢在赋值语句中等号"="的左右两边都加上空格，因为这样看上去会比较清晰，但是在 Shell 中这种做法会导致语法错误。

```
password = "john"
bash: password: 找不到命令
```

同样地，试图去掉条件测试命令中的任何一个空格也是不允许的。去掉"["后面的空格是语法错误，去掉等号（=）两边的空格会让测试命令永远都返回 0（表示真）。

之所以会出现这样的情况是因为 Shell 首先是一个命令解释器，而不是一门编程语言。空格在 Shell 这个"命令解释器"中用于分隔命令和传递给它的参数（或者用于分隔命令的两个参数）。使用 whereis 命令查找 test 和 "["可以看到，这是两个存放在/usr/bin 目录下的 "实实在在" 的程序文件。

```
$ whereis test [
test: /usr/bin/test /usr/share/man/man1/test.1.gz
[: /usr/bin/[   /usr/share/man/man1/[.1.gz
```

因此在上面的例子中，"$password"、=和"john"都是 test 命令和[命令的参数，参数和命令、参数和参数之间必须要使用空格分隔。而单独的赋值语句 password="john"不能掺杂空格的原因也就很明显了。password 是变量名，而不是某个可执行程序。

test 和[命令可以对以下 3 类表达式进行测试：
- 字符串比较；
- 文件测试；
- 数字比较。

1）字符串比较

test 和[命令的字符串比较主要用于测试字符串是否为空，或者两个字符串是否相等。和字符串比较相关的选项如表 21.4 所示。

表 21.4　用于字符串比较选项

选　　项	描　　述
-z str	当字符串 str 长度为 0 时返回真
-n str	当字符串 str 长度大于 0 时返回真
str1 = str2	当字符串 str1 和 str2 相等时返回真
str1 != str2	当字符串 str1 和 str2 不相等时返回真

下面这段脚本用于判断用户的输入是否为空。如果用户什么都没有输入，就显示一条要求输入口令的信息。

```
#!/bin/bash

read password

if [ -z "$password" ]
then
     echo "Please enter the password"
fi
```

注意，在$password 两边加上了引号（""），这在 Bash 中并不是必要的。Bash 会自动给没有值的变量加上引号，这样变量看上去就像是一个空字符串一样。但有些 Shell 并不这样做，如果 Shell 简单地把空的 password 变量替换为一个空格，那么上面的判断语句就会变成这样。

```
if [ -z ]
```

毫无疑问，在这种情况下 Shell 就会报错。从清晰度和可移植性的角度考虑，为字符串变量加上引号是一个好的编程习惯。

用于比较两个字符串是否相等的操作在 21.2.5 节中已经作了介绍。不过需要注意的是，Shell 对大小写敏感，只有两个字符串 "完全相等" 才会被认为是 "相等" 的。下面的例子说明了这一点。

```
#!/bin/bash

if [ "ABC" = "abc" ]
then
      echo "ABC"=="abc"
else
      echo "ABC"!="abc"
fi

if [ "ABC" = "ABC" ]
then
      echo "ABC"=="ABC"
else
      echo "ABC"!="ABC"
fi
```

运行结果显示，ABC 和 ABC 是相等的，而 ABC 和 abc 则是不相等的。

```
$ ./char_equal
ABC!=abc
ABC==ABC
```

2）文件测试

文件测试用于判断一个文件是否满足特定的条件。表 21.5 显示了常用的用于文件测试的 test 选项。

表 21.5　用于文件测试的选项

选　项	描　述
-b file	当 file 是块设备文件时返回真
-c file	当 file 是字符文件时返回真
-d pathname	当 pathname 是一个目录时返回真
-e pathname	当 pathname 指定的文件或目录存在时返回真
-f file	当 file 是常规文件（不包括符号链接、管道、目录等）的时候返回真
-g pathname	当 pathname 指定的文件或目录设置了 SGID 位时返回真
-h file	当 file 是符号链接文件时返回真
-p file	当 file 是命名管道时返回真
-r pathname	当 pathname 指定的文件或目录设置了可读权限时返回真
-s file	当 file 存在且大小为 0 时返回真
-u pathname	当 pathname 指定的文件或目录设置了 SUID 位时返回真
-w pathname	当 pathname 指定的文件或目录设置了可写权限时返回真
-x pathname	当 pathname 指定的文件或目录设置了可执行权限时返回真
-o pathname	当 pathname 指定的文件或目录被当前进程的用户拥有时返回真

文件测试选项的使用非常简单。下面的例子取自系统中的 rc 脚本。如果 /sbin/unconfigured.sh 文件存在并且可执行，就执行这个脚本。否则什么也不做。

```
if [ -x /sbin/unconfigured.sh ]
then
    /sbin/unconfigured.sh
fi
```

3）数字比较

test 和[命令在数字比较方面只能用来比较整数（包括负整数和正整数）。其基本的语法如下：

```
test int1 option int2
```

或者

```
[ int1 option int2 ]
```

其中的 option 表示比较选项。和数字比较有关的选项见表 21.6。

表 21.6　用于数字比较的选项

选　　项	对应的英语单词	描　　述
-eq	equal	如果相等，返回真
-ne	not equal	如果不相等，返回真
-lt	lower than	如果 int1 小于 int2，返回真
-le	lower or equal	如果 int1 小于或等于 int2，返回真
-gt	greater than	如果 int1 大于 int2，返回真
-ge	greater or equal	如果 int1 大于或等于 int2，返回真

下面这段代码取自 Samba 服务器（将在第 25 章介绍）的启动脚本。脚本使用-eq 选项测试变量 status 是否等于 0。如果是，就调用 log_success_msg 显示 Samba 已经运行的信息，否则就调用 log_failure_msg 显示 Samba 没有运行。

```
if [ $status -eq 0 ]; then
    log_success_msg "SMBD is running"
else
    log_failure_msg "SMBD is not running"
fi
```

4）复合表达式

到目前为止，所有的条件判断都是只有单个表达式。但在实际生活中，人们总是倾向于组合使用几个条件表达式，这样的表达式就被称为复合表达式。test 和[命令本身内建了操作符来完成条件表达式的组合，如表 21.7 所示。

表 21.7　复合表达式操作符

操　作　符	描　　述
! expr	"非"运算，当 expr 为假时返回真
expr1 -a expr2	"与"运算，当 expr1 和 expr2 同时为真时才返回真
expr1 -o expr2	"或"运算，expr1 或 expr2 为真时返回真

下面这段脚本接受用户的输入，如果用户提供的文件存在，并且 vi 编辑器存在，就先复制（备份）这个文件，然后调用 vi 编辑器打开；如果用户文件不存在，或者没有 vi 编辑器，就什么都不做。

```
#!/bin/bash

if [ -f $@ -a -x /usr/bin/vi ]
then
```

```
        cp $@ $@.bak
        vi $@
fi
```

具体来说，该 if 语句依照下面的步骤执行。

（1）首先执行 "-f $@" 测试命令，如果 "$@" 变量（也就是用户输入的参数）对应的文件存在，那么该测试返回真（0）；否则整条测试语句返回假，直接跳出 if 语句块。

（2）如果第一个条件为真，就执行 "-x /usr/bin/vi" 测试命令。如果/usr/bin/vi 文件可执行，那么该测试返回真（0），同时整条测试语句返回真（0）。否则整条测试语句返回假，直接跳出 if 语句块。

（3）如果整条测试语句返回真，那么就执行 if 语句块中的两条语句。

再来看一个使用-o（或）和！（非）运算的例子。下面这段脚本在变量 password 非空，或者密码文件.private_key 存在的情况下向父进程返回 0。否则提示用户输入口令。

```
if [ ! -z "$password" -o -f ~/.public_key ]
then
        exit 0
else
        echo "Please enter the password:"
        read password
fi
```

该 if 语句依照下面的步骤执行。

（1）首先执行 "! -z "$password"" 测试命令，如果字符串 password 不为空，那么该测试语句返回真（0），同时整条测试语句返回真（0），不再判断 "-f ~/.public_key"。

（2）如果第一个条件为假，就执行 "-f ~/.public_key" 测试命令。如果主目录下的.public_key 文件存在，那么该测试返回真（0），同时整条测试语句返回真（0）；否则整条测试语句返回假，直接跳出 if 语句块。

（3）如果整条测试语句返回真，那么就执行 "exit 0"；否则执行 else 语句块中的语句。

提示：注意-a（与）和-o（或）在什么情况下会判断第 2 条语句。前者在第 1 条语句为真的时候才判断第 2 条语句（因为如果第 1 条语句就不成立，那么整条测试语句一定不会成立）；后者在第 1 条语句为假的情况下才判断第 2 条语句（因为如果第 1 条语句为真，那么整条测试语句一定成立）。记住这一点，在后面的 "复合命令" 中还会碰到。

Shell 的条件操作符 "&&" 和 "||" 可以用来替代 test 和[命令内建的 "-a" 和 "-o"。如果选择使用 Shell 的条件操作符，那么上面的第一个例子可以改写成这样：

```
if [ -f $@ ] && [ -x /usr/bin/vi ]
then
        cp $@ $@.bak
        vi $@
fi
```

注意，"&&" 连接的是两条[（或者 test）命令，而-a 操作符是在同一条[（或者 test）命令中使用的。类似地，上面使用-o 操作符的脚本可以改写成这样：

```
if [ ! -z "$password" ] || [ -f ~/.public_key ]
then
```

```
        exit 0
else
        echo "Please enter the password:"
        read password
fi
```

究竟是使用 Shell 的条件操作符（&&、||）还是 test/[命令内建的操作符（-a、-o），并没有"好"与"不好"的差别，这只是"喜欢"和"不喜欢"的问题。一些程序员偏爱"&&"和"||"是因为这样可以使条件测试看上去更清晰。而另一方面，由于-a 和-o 只需要用到一条 test 语句，因此执行效率会相对高一些。鱼和熊掌不可兼得，谁说不是呢？

21.2.7 循环结构

循环结构用于反复执行一段语句，这也是程序设计中的基本结构之一。Shell 中的循环结构有 3 种：while、until 和 for。下面逐一介绍这 3 种循环语句。

1．while语句

while 语句重复执行命令，直到测试条件为假。该语句的基本结构如下。注意，commands 可以是多条语句组成的语句块。

```
while test-commands
do
    commands
done
```

运行时，Shell 首先检查 test-commands 是否为真（为 0），如果是，就执行命令 commands。commands 执行完成后，Shell 再次检查 test-commands，如果为真，就再次执行 commands……这样的"循环"一直持续到条件 test-commands 为假（非 0）。为了更好地说明这一过程，下面这个脚本让 Shell 做一件著名的体力活：计算 1+2+3+……+100。

```
#!/bin/bash

sum=0
number=1

while test $number -le 100
do
        sum=$[ $sum + $number ]
        let number=$number+1
done

echo "The summary is $sum"
```

简单地分析一下这段小程序。在程序的开头，首先将变量 sum 和 number 初始化为 0 和 1，其中变量 sum 保存最终结果，number 则用于保存每次相加的数。测试条件"$number -le 100"告诉 Shell 仅当 number 中的数值小于或等于 100 的时候才执行包含在 do 和 done 之间的命令。注意，每次循环之后都将 number 的值加上 1，循环在 number 达到 101 的时候结束。

保证程序能在适当的时候跳出循环是程序员的责任和义务。在上面这个程序中，如果没有"let number=$number+1"这句话，那么测试条件将永远为真，程序就陷在这个死循环中了。

　　while 语句的测试条件未必要使用 test（或者[]）命令。在 Linux 中，命令都是有返回值的。例如，read 命令在接收到用户的输入时就返回 0，如果用户用 Ctrl+D 快捷键输入一个文件结束符，那么 read 命令就返回一个非 0 值（通常是 1）。利用这个特性，可以使用任何命令来控制循环。下面这段脚本从用户处接收一个大于 0 的数值 n，并且计算 1+2+3+……+n。

```
#!/bin/bash

echo -n "Enter a number(>0):"
while read n
do
    sum=0
    count=1

    if [ $n -gt 0 ]
    then
        while [ $count -le $n ]
        do
            sum=$[ $sum + $count ]
            let count=$count+1
        done
        echo "The summary is $sum"
    else
        echo "Please enter a number greater than zero"
    fi

    echo -n "Enter a number(>0):"
done
```

　　这段脚本不停地读入用户输入的数值，并判断这个数是否大于 0。如果是，就计算从 1 一直加到这个数的和。如果不是，就显示一条提示信息，然后继续等待用户的输入，直到用户输入快捷键 Ctrl+D（代表文件结束）结束输入。下面显示了这个脚本的执行效果。

```
$ ./one2n
Enter a number(>0):100
The summary is 5050
Enter a number(>0):55
The summary is 1540
Enter a number(>0):-1
Please enter a number greater than zero
Enter a number(>0):  <Ctrl+D>                    ##这里按下 Ctrl+D 快捷键
```

2．until 语句

until 是 while 语句的另一种写法——除了测试条件相反。其基本语法如下：

```
until test-commands
do
    commands
done
```

　　单从字面上理解，while 说的是"当 test-commands 为真（值为 0），就执行 commands"。而 until 说的是"执行 commands，直到 test-commands 为真（值为 0）"，这句话顺过来讲可能更容易理解。"当 test-commands 为假（非 0 值），就执行 commands"。

但愿读者没有被上面这些话搞糊涂。下面这段脚本麻烦 Shell 再做一次那个著名的体力劳动，不同的是这次改用 until 语句。

```
#!/bin/bash

sum=0
number=1

until ! test $number -le 100
do
        sum=$[ $sum + $number ]
        let number=$number+1
done

echo "The summary is $sum"
```

注意，下面这两句话是等价的。

```
while test $number -le 100
```

和

```
until ! test $number -le 100
```

3．for语句

使用 while 语句已经可以完成 Shell 编程中的所有循环任务了。但有些时候用户希望从列表中逐一取一系列的值（例如取出用户提供的参数），此时使用 while 和 until 就显得不太方便。Shell 提供了 for 语句，这个语句在一个值表上迭代执行。for 的基本语法如下：

```
for variable [in list]
do
    commands
done
```

这里的"值表"是一系列以空格分隔的值。Shell 每次从这个列表中取出一个值，然后运行 do/done 之间的命令，直到取完列表中所有的值。下面这段程序简单地打印出 1～9 之间（包括 1 和 6）所有的数。

```
#!/bin/bash

for i in 1 2 3 4 5 6 7 8 9
do
        echo $i
done
```

每次循环开始的时候，Shell 从列表中取出一个值，并把它赋给变量 i，然后执行命令块中的语句（即 echo $i）。下面显示了这个脚本的运行结果，注意 Shell 是按顺序取值的。

```
$ ./1to9
1
2
3
4
5
6
7
```

```
8
9
```

用于存放列表数值的变量并不一定会在语句块中用到。如果某件事情需要重复 N 次的话，只要给 for 语句提供一个包含 N 个值的列表就可以了。不过这种"优势"听上去有些可笑，如果 N 是一个特别大的数，难道需要手工列出所有这些数字吗？

Shell 的简便性在于，所有已有的工具都可以在 Shell 脚本中使用。Shell 本身带了一个叫做 seq 的工具，该命令接受一个数字范围，并把它转换为一个列表。如果要生成 1～9 的数字列表，那么可以这样使用 seq。

```
$ seq 9
```

这样，上面这个程序就可以改写成下面这样：

```
#!/bin/bash

for i in 'seq 9'
do
        echo $i
done
```

这里使用了倒引号，表示要使用 Shell 执行这条语句，并将运行结果作为这个表达式的值。用户也可以指定 seq 输出的起始数字（默认是 1），以及"步长"。seq 命令将在 21.2.11 节详细讨论。

for 语句也可以接受字符和字符串组成的列表，下面这个脚本统计当前目录下文件的个数。

```
#!/bin/bash

count=0

for file in 'ls'
do
      if ! [ -d $file ]
      then
            let count=$count+1
      fi
done
echo "There are $count files"
```

这段脚本每次从 ls 生成的文件列表中取出一个值存放在 file 变量中，并给计数器增加 1。下面是这段脚本的执行效果。

```
$ ls -F                                      ##查看当前目录下的文件
1to9*  a/  file_count*
$ ./file_count                               ##运行脚本
There are 2 files
```

21.2.8　读取用户输入

Shell 程序并不经常和用户进行大量的交互，但有些时候接受用户的输入仍然是必须的。read 命令提供了这样的功能，从标准输入接收一行信息。在前面的几节中，读者已经在一些程序中使用了 read 命令，这里将进一步解释其中的细节。

read 命令接受一个变量名作为参数，把从标准输入接收到的信息存放在这个变量中。如果没有提供变量名，那么读取的信息将存放在变量 REPLY 中。下面的例子说明了这一点。

```
$ read
Hello World!
$ echo $REPLY
Hello World!
```

可以给 read 命令提供多个变量名作为参数。在这种情况下，read 命令会将接收到的行"拆开"分别赋予这些变量。当然，read 需要知道怎样将一句话拆成若干个单词，默认情况下，Bash 只认识空格、制表符和换行符。下面这个脚本将用户输入拆分为两个单词分别放入变量 first 和 second 中。

```
#! /bin/bash

read first second

echo $first
echo $second
```

下面是输入 Hello World!后该脚本的输出。

```
$ ./read_char
Hello World!
Hello
World!
```

read 命令常常用来在输出一段内容后暂停，等待用户发出"继续"的指令。下面这段脚本在列出当前目录的详细信息后打印一行"Press <ENTER> to continue"——读者对这样的提示信息或许会很熟悉。

```
#! /bin/bash

ls -l

echo "Press <ENTER> to continue"
#此处暂停
read

echo "END"
```

执行这个脚本并观察其运行效果。

```
$ ./pause
总用量 40
-rwxr-xr-x 1 lewis lewis  79 2008-11-06 22:20 badpro
-rwxr-xr-x 1 lewis lewis  86 2008-11-08 07:37 display_para
-rwxr-xr-x 1 lewis lewis 148 2008-11-07 17:06 export_varible
-rwxr-xr-x 1 lewis lewis  37 2008-11-07 15:35 hello
-rwxr-xr-x 1 lewis lewis 160 2008-11-08 08:10 listfiles
-rwxr-xr-x 1 lewis lewis  71 2008-11-08 16:02 pause
```

```
-rwxr-xr-x 1 lewis lewis 264 2008-11-08 08:35 quote
-rwxr-xr-x 1 lewis lewis  58 2008-11-08 15:42 read_char
-rwxr-xr-x 1 lewis lewis 110 2008-11-08 15:13 trap_INT
-rwxr-xr-x 1 lewis lewis 148 2008-11-07 16:46 varible
Press <ENTER> to continue
##此处按下 Enter 键
END
```

21.2.9　脚本执行命令

下面介绍另两条用于控制脚本行为的命令 exit 和 trap。前者退出脚本并返回一个特定的值，后者用于捕获信号。合理地使用这两条命令，可以使脚本的表现更为灵活高效。

1．exit命令

exit 命令强行退出一个脚本，并且向调用这个脚本的进程返回一个整数值。例如：

```
#! /bin/bash
exit 1
```

在一个进程成功运行后，总是向其父进程返回数值 0。其他非零返回值都表示发生了某种异常。这条规则至少被广泛地应用，因此不要轻易去改变它。至于说父进程为什么需要接受这样一个返回值，这是父进程的事情——可以定义一些操作来处理子进程的异常退出（通过判断返回值是什么），也可以只是简单地丢弃它。

2．trap命令

trap 命令用来捕获一个信号。回忆第 10 章中曾讲过，信号是进程间通信的一种方式。可以简单地使用 trap 命令捕捉并忽视一个信号。下面这个脚本忽略 INT 信号，并显示一条信息提示用户应该怎样退出这个程序（INT 信号当用户在 Shell 中按 Ctrl+C 快捷键时被发送）。

```
#! /bin/bash

trap 'echo "Type quit to exit"' INT

while [ "$input" != 'quit' ]
do
      read input
done
```

下面是这段脚本的执行效果。

```
$ ./trap_INT                           ##执行 trap_INT 脚本
continue                               ##随便输入一个字符串
<Ctrl+Z>                               ##这里按下 Ctrl+Z 快捷键
Type quit to exit                      ##脚本捕捉到该信号，显示相应的信息
quit                                   ##输入 quit 退出程序
```

有时候忽略用户的中断信号是有益的。某些程序不希望自己在执行任务的时候被打断，而要求用户依照正常手续退出。trap 还可以捕捉其他一些信号，下面这段脚本在用户退出脚本的时候显示"Goodbye!"，就像 ftp 客户端程序做的那样。

```
#!/bin/bash

trap 'echo "Goodbye"; exit' EXIT

echo "Type 'quit' to exit"

while [ "$input" != "quit" ]
do
        read input
done
```

注意，在 trap 命令中使用了复合命令"echo "Goodbye"; exit"，即先执行"echo "Goodbye""显示提示信息，再执行 exit 退出脚本。这条复合命令在脚本捕捉到 EXIT 信号的时候执行。EXIT 信号在脚本退出的时候被触发。下面是该脚本的执行效果。

```
$ ./exit_msg                                          ##执行脚本
Type 'quit' to exit
quit
Goodbye
```

Linux 中还有很多其他信号，用于执行不同的操作。并不是所有的信号都可以被捕捉（比如 kill 信号就不能被操纵或者忽略），更多和信号有关的内容请参考 10.7 节。

21.2.10　创建命令表

在 21.2.6 节（条件测试）中已经提到，test 命令的-a 和-o 参数执行第 2 条测试命令的情况是不同的。这一点同样适用于 Shell 内建的"&&"和"||"。事实上，"&&"和"||"更多地被用来创建命令表，命令表可以利用一个命令的退出值来控制是否执行另一条命令。下面这条命令取自系统的 rc 脚本。

```
[ -d /etc/rc.boot ] && run-parts /etc/rc.boot
```

这条命令首先执行"[-d /etc/rc.boot]"，判断目录/etc/rc.boot 是否存在。如果该测试命令返回真，就继续执行"run-parts /etc/rc.boot"调用 run-parts 命令执行/etc/rc.boot 目录中的脚本。如果测试命令"[-d /etc/rc.boot]"返回假（即/etc/rc.boot 目录不存在），那么 run-parts 命令就不会执行。因此上面这条命令等价于：

```
if [ -d /etc/rc.boot ]
then
    run-parts /etc/rc.boot
fi
```

显然，使用命令表可以让程序变得更简洁。Shell 提供了 3 种形式的命令表，如表 21.8 所示。

表 21.8　命令表的表示形式

表 示 形 式	说　　明
a && b	"与"命令表。当且仅当 a 执行成功，才执行 b
a || b	"或"命令表。当且仅当 a 执行失败，才执行 b
a; b	顺序命令表。先执行 a，再执行 b

21.2.11 其他有用的 Shell 编程工具

本节介绍一些有用的 Shell 工具。这些工具在之前的章节中没有出现，但是可能对从事 Shell 编程的用户会很有用。其中一些和脚本编程密切相关，另一些则是关于文件操作的。表 21.9 列出了这里将要介绍的命令工具及其简要描述。

表 21.9　其他常用的 Shell 命令

命　令	描　　述
cut	以指定的方式分割行，并输出特定的部分
diff	找出两个文件的不同点
sort	对输入的行进行排序
uniq	删除已经排好序的输入中的重复行
tr	转换或删除字符
wc	统计字符、单词和行的数量
substr	提取字符串中的一部分
seq	生成整数数列

1. cut命令

cut 命令用于从输入的行中提取指定的部分（不改变源文件）。以下面这个文件 city.txt 为例，简单地演示 cut 命令的分割效果。该文件包含了 4 个城市的长途电话区号，城市名和区号之间使用空格分隔。

```
Beijing    010
Shanghai   021
Tianjin    022
Hangzhou   0571
```

带有-c 选项的 cut 命令提取一行中指定范围的字符。下面这条命令提取 city.txt 中每一行的第 3~6 个字符。

```
$ cut -c3-6 city.txt
ijin
angh
anji
ngzh
```

更有用的一个选项是-f。-f选项提取输入行中指定的字段，字段和字段间的分隔符由-d参数指定。如果没有提供-d 参数，那么默认使用制表符（TAB）作为分隔符。下面这条命令提取并输出 city.txt 中每一行的第 2 个字段（城市区号）。

```
$ cut -d" " -f2 city.txt
010
021
022
0571
```

2. diff命令

diff 命令通常被程序员用来确定两个版本的源文件中存在哪些修改。下面这条命令比较 badpro 脚本的两个版本。

```
$ diff badpro badpro2
7c7
<    sleep 2s
---
>    sleep 6s
```

diff 命令输出的第一行指出了发生不同的位置，"7c7"表示 badpro 的第 7 行和 badpro2 的第 7 行是不同的。紧跟着 diff 列出了这两行不同的地方，左箭头 "<" 后面紧跟着 badpro 中的内容，右箭头 ">" 后面紧跟着 badpro2 中的内容，两者之间使用一些短划线分隔。

3. sort命令

sort 命令接受输入行，并对其按照字母顺序进行排列（不改变源文件）。仍然以 4 个城市的区号表为例，下面这条命令按照字母升序排列后输出这张表。

```
$ sort city.txt
Beijing    010
Hangzhou   0571
Shanghai   021
Tianjin    022
```

用户也可以使用-r 选项颠倒排列的顺序，即以字母降序排列。

```
$ sort -r city.txt
Tianjin    022
Shanghai   021
Hangzhou   0571
Beijing    010
```

默认情况下，sort 是按照第 1 个字段执行排序的。可以使用-k 选项指定按照另一个字段排序。下面这个例子按照 city.txt 每一行的第 2 个字段（区号）对输出行执行逆向排序。

```
$ sort -k2 -r city.txt
Hangzhou   0571
Tianjin    022
Shanghai   021
Beijing    010
```

4. uniq命令

uniq 命令可以从已经排好序的输入中删除重复的行，把结果显示在标准输出上（不改变源文件）。作为例子，在 city.txt 的最后加入重复的一行，使其看起来如下：

```
Beijing    010
Shanghai   021
Tianjin    022
Hangzhou   0571
Shanghai   021
```

注意，uniq 命令必须在输入已经排好序的情况下才能正确工作（这说的是相同的几行必须连在一起）。可以使用 sort 命令结合管道做到这一点。

```
$ sort city.txt | uniq
Beijing    010
Hangzhou   0571
```

```
Shanghai   021
Tianjin    022
```

5. tr命令

tr 命令按照用户指定的方式对字符执行替换，并将替换后的结果在标准输出上显示（不改变源文件）。以下面这个文件 alph.txt 为例：

```
ABC DEF GHI
jkl mno pqr
StU vwx yz
12A Cft pOd
Hct Yoz cc4
```

下面这条命令将文件中所有的 A 转换为 H，B 转换为 C，H 转换为 A。

```
$ tr "ABH" "HCA" < alph.txt
HCC DEF GAI
jkl mno pqr
StU vwx yz
12H Cft pOd
Act Yoz cc4
```

将几个字符转换为同一个字符非常容易，和使用正则表达式一样。下面的例子将 alph.txt 中所有的 A、B 和 C 都转换为 Z。

```
$ tr "ABC" "[Z*]" < alph.txt
ZZZ DEF GHI
jkl mno pqr
StU vwx yz
12Z Zft pOd
Hct Yoz cc4
```

可以为需要转换的字符指定一个范围，上面命令等价于：

```
$ tr "A-C" "[Z*]" < alph.txt
```

还可以指定 tr 删除某些字符。下面的命令删除 alph.txt 中所有的空格。

```
$ tr --delete " " < alph.txt
ABCDEFGHI
jklmnopqr
StUvwxyz
12ACftpOd
HctYozcc4
```

6. wc命令

小写的 wc 是 word counts 的意思，用来统计文件中字节、单词以及行的数量。例如：

```
$ wc city.txt
 5 10 64 city.txt
```

这表示 city.txt 文件中总共有 5 行（在讲解 uniq 命令的时候添加了重复的一行）、10 个单词（以空格分隔的字符串）和 64 个字节。如果 3 个数字同时显示不太好辨认，可以指定 wc 只显示某几项信息。表 21.10 中列出了 wc 命令的常用选项。

表 21.10　wc命令的常用选项

选　　项	描　　述
-c 或--bytes	显示字节数
-l 或--lines	显示行数
-L 或--max-line-length	显示最长一行的长度
-w 或--words	显示单词数
--help	显示帮助信息

7. substr命令

substr 命令从字符串中提取一部分。在编写处理字符串的脚本时，这个工具非常有用。substr 接受 3 个参数，依次是字符串（或者存放有字符串的变量）、提取开始的位置（从 1 开始计数）和需要提取的字符数。下面这条命令从 Hello World 中提取字符串 Hello。

```
$ expr substr "Hello World" 1 5
Hello
```

注意，substr 必须使用 expr 进行表达式求值，因为这并不是一个程序，而是 Shell 内建的运算符。如果不使用 expr，那么系统会提示找不到 substr 命令。

```
$ substr "Hello World" 1 5
bash: substr: 找不到命令
```

8. seq命令

seq 命令用于产生一个整数数列。seq 最简单的用法莫过于在介绍 for 语句时看到的那样。

```
$ seq 5
1
2
3
4
5
```

默认情况下，seq 从 1 开始计数。也可以指定一个范围。

```
$ seq -1 3
-1
0
1
2
3
```

可以明确指定一个"步长"。下面的命令生成 0～9 的数列，递减排列，每次减 3。

```
$ seq 9 -3 0
9
6
3
0
```

21.2.12　定制工具：安全的 delete 命令

系统的 rm 命令常常导致一些不愉快的事情。默认情况下 rm 不会在删除文件前提示用户是否真的想这么做，删除后也不能再从系统中恢复。这意味着用户不得不为自己的一时糊涂付出惨痛的代价。Shell 编程总是能帮助用户摆脱类似的烦恼。系统没有的，就自己动手创造。本节将设计一个相对"安全"的 delete 命令来替代 rm。好吧，废话少说，首先来看一下究竟有哪些事情需要去做。

❑　在用户的主目录下添加目录.trash 用作"回收站"；
❑　在每次删除文件和目录前向用户确认；
❑　将需要"删除"的文件和目录移动到~/.trash 中。

下面是这个脚本的完整代码。

```
##建立回收站机制
##将需要删除的文件移动到~/.trash 中

#!/bin/bash

if [ ! -d ~/.trash ]
then
       mkdir ~/.trash
fi

if [ $# -eq 0 ]
then
       #提示 delete 的用法
       echo "Usage: delete file1 [file2 file3 ...]"
else
       echo "You are about to delete these files:"
       echo $@

       #要求用户确认是否删除这些文件。回答 N 或 n 放弃删除，其他字符表示确认
       echo -n "Are you sure to do that? [Y/n]:"
       read reply

       if [ "$reply" != "n" ] && [ "$reply" != "N" ]
       then
             for file in $@
             do
                    #判断文件或目录是否存在
                    if [ -f "$file" ] || [ -d "$file" ]
                    then
                          mv -b "$file" ~/.trash/
                    else
                          echo "$file: No such file or directory"
                    fi
             done
       #如果用户回答 N 或 n
       else
             echo "No file removed"
       fi
fi
```

注意，在使用 mv 命令移动文件时使用了-b 选项。这样当~/.trash 中已经存在同名文件

的时候，mv 不会简单地把它覆盖，而是先改名，然后把文件移动过去（参考 6.4.1 节）。最后把 delete 脚本复制到/bin 目录下，这样用户就不需要每次使用时都指定一个绝对路径了。

```
$ cp delete /bin/
```

不过，这个 delete 并不是那么完美。例如它不能够处理文件名中存在空格的情况。

```
$ touch "hello world"                              ##建立名为 "hello world" 的文件
$ delete "hello world"                             ##使用 delete 脚本删除该文件
You are about to delete these files:
hello world
Are you sure to do that? [Y/n]:
hello: No such file or directory
world: No such file or directory
```

读者可以尝试改进这个脚本程序，来满足自己的需求。事实上，如果感到 Linux 中的某些命令不够顺手，完全可以 "改造" 它。然后通过定义别名和环境变量让系统认识这些修改。后者将在 21.3 节介绍。

21.3　Shell 定制

本节介绍如何在 Shell 中设置环境变量，以及如何使用别名。到目前为止，读者已经掌握了足够多的和 Shell 有关的知识，这部分的内容将帮助读者定制自己的 Shell。创建一个足够顺手的工作环境总会让人心情愉快。

21.3.1　修改环境变量

"环境变量" 是一些和当前 Shell 有关的变量，用于定义特定的 Shell 行为。餐厅的服务员必须依照菜单给顾客上菜，Shell 也一样。使用 printenv 命令可以查看当前 Shell 环境中所有的环境变量。

```
$ printenv                                          ##显示环境变量
GPG_AGENT_INFO=/tmp/seahorse-O0kojq/S.gpg-agent:7473:1
SHELL=/bin/bash
TERM=xterm
DESKTOP_STARTUP_ID=
XDG_SESSION_COOKIE=655ca7009509be1906041979490c7421-1231999675.14837-12
39878042
GTK_RC_FILES=/etc/gtk/gtkrc:/home/lewis/.gtkrc-1.2-gnome2
WINDOWID=79691867
USER=lewis
http_proxy=http://220.191.75.201:6666/
…
…
PATH=/usr/local/sbin:/usr/local/bin:/usr/sbin:/usr/bin:/sbin:/bin:/usr/
games
…
DISPLAY=:0.0
GTK_IM_MODULE=scim-bridge
```

```
LESSCLOSE=/usr/bin/lesspipe %s %s
COLORTERM=gnome-terminal
...
```

最常用的环境变量之一是"搜索路径（PATH）"，这个变量告诉 Shell 可以在什么地方找到用户要求执行的程序。举例来说，用户可以使用下面这条命令列出当前目录中的文件信息。

```
$ /bin/ls
```

然而在实际使用中，人们总是简单地输入 ls 来替代上面的绝对路径。这种简化的背后就是 PATH 变量在起作用。PATH 变量用一系列冒号分隔各个目录。

```
PATH=/usr/local/sbin:/usr/local/bin:/usr/sbin:/usr/bin:/sbin:/bin:/usr/
games
```

提交一个命令时，如果用户没有提供命令的完整路径，那么 Shell 会依次在 PATH 变量指定的目录中寻找。一旦找到这个程序，就执行它。如果遍历 PATH 中所有的路径都无法找到这个程序，那么 Shell 会提示无法找到该命令。

```
$ mypr                                              ##提交命令
bash: mypr: command not found
```

用户可以向 PATH 变量中添加和删除路径。举例来说，如果 mypr 存放在 /usr/local/bin/myproc 目录下，那么可以使用下面的命令把这个目录追加到 PATH 变量的末尾。

```
$ PATH=$PATH:/usr/local/bin/myproc
```

现在查看 PATH 变量可以看到/usr/local/bin/myproc 目录已经被添加。于是 Shell 能够在正确的地方找到 mypr 这个程序了。

```
$ printenv | grep PATH                              ##查看 PATH 环境变量
PATH=/usr/local/sbin:/usr/local/bin:/usr/sbin:/usr/bin:/sbin:/bin:/usr/
games:/usr/local/bin/myproc
$ mypr                                              ##运行 mypr 程序
hello!
```

值得注意的是，经过修改的环境变量只在当前的 Shell 环境中有效。也就是说，如果用户再开一个终端模拟器，或者切换到另一个控制台，这个"新的"Shell 仍然会提示找不到 mypr 命令。在 21.3.3 节将介绍使用配置文件来解决这个问题。

提示：将当前目录（.）放入搜索路径是一个诱人的想法。用户常常会问：为什么我要输入./program 而不是直接用 program 来运行当前目录下的 program 程序？答案是：为了安全。黑客们很喜欢把恶意程序伪装成 ls、passwd……安插在系统中。如果搜索路径中包含了非特权目录，那么管理员可能会在不经意间执行了那些恶意程序。而在一些对安全性要求更高的场合，管理员甚至被要求必须使用完整路径执行所有的系统命令。

用户还可以对其他的环境变量进行设置。下面的命令将系统的 HTTP 代理服务器调整为 10.171.34.32，端口为 808。

```
$ http_proxy=http://10.171.34.32:808/
```

21.3.2　设置别名

别名是 BASH 的一个特性，使用别名可以简化命令的输入。如果正在使用 openSUSE，可以试试下面这个命令。

```
$ l                                                    ##字母"l"
drwxr-xr-x 2 lewis lewis     4096 2008-11-08 08:57 account
drwx------ 2 root  root      4096 2008-11-04 21:39 Desktop
lrwxrwxrwx 1 lewis lewis       26  2008-11-01  23:19  Examples  ->
/usr/share/example-content
-rw-r--r-- 1 lewis lewis 27504640 2008-11-07 15:50 linux_book_bak.tar
drwxr-xr-x 2 lewis lewis     4096 2008-11-08 16:02 shell
-rw-r--r-- 1 lewis lewis     1306 2008-11-02 00:01 sources.list_hz
-rw-r--r-- 1 lewis lewis     1305 2008-11-02 00:00 sources.list_ut
drwxr-xr-x 2 lewis lewis     4096 2008-11-04 19:21 torrent
```

"l"不是什么新增的 Shell 命令，它只是"ls -l"的一个别名。用户可以自己定义一个命令的别名，完全取决于个人喜好。有些人喜欢用"ll"而不是"l"来表示"ls -l"。

使用 alias 命令来创建别名，下面这条命令将"ll"设置为"ls -l"的别名。使用引号是因为命令中出现了空格，用户也可以选择使用双引号，不过两者还是有一些差异的。单引号不会对特殊字符（例如$）进行解释，而双引号会这样做。具体请参考 21.2.3 节的"BASH 引号规则"。

```
$ alias ll='ls -l'
```

不过，通过 alias 命令设置的别名只是"临时"有用，一旦系统重新启动，刚才所做的修改就不复存在了。没有人希望每次在系统启动的时候都重新设置一遍别名，为此可以把这条命令写入~/.bashrc 文件中（将在 21.3.3 节介绍），这样每次用户登录后系统都会自动执行这条命令，使别名设置生效。

别名最大的价值在于简化输入，把用户从一长串命令中解放出来。如果每天上传文件都要输入"rsync -e ssh -z -t -r -vv --progress /home/tom/web/muo/rsmuo/docs muo:/www/mandrakeuser/docs"，那么这迟早会把人逼疯。当然，为一些不常用的，或者非常简单的命令定义别名并没有什么必要，过多依赖别名的人总是会在另一台机器上输错命令。

21.3.3　个性化设置：修改.bashrc 文件

刚才已经提到，用户对环境变量和别名的修改会在下一次登录时失效。这一点听起来有点让人沮丧，谁愿意自己辛苦工作的成果是一次性的呢？幸好，Shell 为每个用户维护了一个配置文件。对于 BASH 而言，这个文件叫做.bashrc，位于用户的主目录中。对于 21.3.1 节和 21.3.2 节的例子而言，只要将下面这两行添加到~/.bashrc 文件中，就可以把设置保留下来，并且在该用户登录的任何地方都有效（而不是只能用于当前的终端模拟器或者控制台）。

```
PATH=/usr/local/sbin:/usr/local/bin:/usr/sbin:/usr/bin:/sbin:/bin:/usr/
games
```

```
$ alias ll='ls -l'
```

事实上，~/.bashrc 是一个 Shell 脚本文件，在用户登录到系统后自动执行。打开这个文件可以看到很多熟悉的 Shell 语句。

```
# ~/.bashrc: executed by bash(1) for non-login shells.
# see /usr/share/doc/bash/examples/startup-files (in the package bash-doc)
# for examples

# If not running interactively, don't do anything
[ -z "$PS1" ] && return
...
if [ -n "$force_color_prompt" ]; then
    if [ -x /usr/bin/tput ] && tput setaf 1 >&/dev/null; then
        # We have color support; assume it's compliant with Ecma-48
        # (ISO/IEC-6429). (Lack of such support is extremely rare, and such
        # a case would tend to support setf rather than setaf.)
        color_prompt=yes
    else
        color_prompt=
    fi
fi

...
...
```

用户可以把自己想让系统在启动的时候自动完成的任务写入这个脚本，完成真正意义上的"个性化"。不要吝啬自己的想象力，读者掌握的工具已经足够让 Shell 变得非常的与众不同。要让修改立即生效，可以使用 source 命令执行这个脚本。

```
$ source .bashrc
```

系统还提供了/etc/bash.bashrc 文件，用于从全局上定制 Shell。为了编辑这个文件，必须使用管理员（root）权限。由于系统升级时可能会覆盖原有的配置文件，openSUSE 告诫用户不要修改/etc/bash_bashrc，而应该把环境变量和别名存放在/etc/bash.bashrc.local 中。

21.4　小　　结

- ❑ 正则表达式是对一组正在查找的文本的描述。
- ❑ 正则表达式广泛应用在各种编程语言中。Linux 支持两种风格的正则表达式：POSIX 和 PCRE。
- ❑ egrep 使用 POSIX 正则表达式在文件中查找特定的行。
- ❑ Shell 脚本是一组 Shell 命令的组合，包含基本的循环和分支等逻辑结构。
- ❑ 要执行 Shell 脚本，应该首先使用 chmod 命令为其加上可执行权限。
- ❑ 以"#"开头的行是注释行。写脚本时添加适当的注释是一个好的编程习惯。
- ❑ Shell 脚本中使用美元符号"$"引用一个变量。
- ❑ Shell 脚本使用位置变量确定参数的值。
- ❑ 命令$[ ]、expr、let 对表达式求值。
- ❑ if 命令用于执行基本的分支结构。

❑ case 命令在一系列模式中匹配某个变量的值。

❑ Shell 编程中的条件测试应该使用 test 或[命令。

❑ Shell 编程中的循环结构有 while、until 和 for。

❑ Shell 内建的"&&"和"||"用于创建复合表达式或命令表。

❑ read 命令获取用户输入，并将结果存放在一个变量中。

❑ trap 命令用于捕获一个信号。

❑ exit 命令退出脚本并返回一个值。

❑ 用户可以通过 Shell 编程定制自己的命令行工具。

❑ 环境变量用于定义特定的 Shell 行为，通过 printenv 命令获取当前系统中环境变量的值。

❑ alias 命令用于创建命令的别名。别名有助于提高输入命令的速度。

❑ 用户登录时系统会执行用户主目录下的.bashrc 文件，通过在这个文件中添加相应的命令可以进行个性化设置。

第6篇 服务器配置篇

第 22 章　服务器基础知识

在正式讨论各种服务器的配置之前，首先了解一些和服务器有关的基础知识。本章主要讨论两个基本的守护进程 init 和 inetd/xinetd（严格来说，前者要比后者"基本"得多）。相对而言，本章的理论知识偏多，缺少相关经验的读者理解起来或许会有困难。作为建议，读者也可以选择跳过本章，首先实践几个服务器的配置，再回过来补这些"基础知识"。

22.1　系统引导

计算机的启动和关闭并不是表面上那么简单。从打开电源到操作系统准备就绪，普通用户并不知道计算机已经完成了一项多么巨大的工程。系统引导是一整套复杂的任务流程，系统管理员没有必要知道其中的每一个细节，但大致了解一些是有帮助的。

22.1.1　Linux 启动的基本步骤

要完整讲述 Linux 的启动过程，需要追溯到按下电源开关的那一刻。PC 引导的第一步是执行存储在 ROM（只读存储器）中代码，这种引导代码通常被称为 BIOS（基本输入输出系统，Basic Input/Ouput System）。BIOS 知道和引导有关的硬件设备的信息，包括磁盘、键盘、串行口、并行口等，并根据设置选择从哪一个设备引导。

确定引导设备后（通常是第一块硬盘），计算机就尝试加载该设备开头 512 个字节的信息，包含这 512 个字节的段被称作 MBR（Master Boot Record，主引导记录）。MBR 的主要任务是告诉计算机从什么地方加载下一个引导程序，"下一个"引导程序被称为"引导加载器（Boot Loader）"。引导加载器负责加载操作系统的内核，Grub 和 LILO 就是 Linux 上最著名的两个引导加载器。

接下来发生的事情就与操作系统的不同而不同了。对于 Linux 而言，基本的引导步骤包括以下几个阶段：

（1）加载并初始化 Linux 内核。

（2）配置硬件设备。

（3）内核创建自发进程。

（4）由用户决定是否进入手工引导模式。

（5）（由 init 进程）执行系统启动脚本。

（6）进入多用户模式。

可见，Linux 内核总是第一个被加载的东西。内核执行包括硬件检测在内的一切基础操作，然后创建几个进程。这些内核级别的进程被称做"自发"进程。本章（或许也是整个系统）最重要的 init 进程就是在这个阶段创建的。

　　事情到这里还没有完。内核创建的进程只能执行最基本的硬件操作和调度，而那些执行用户级操作的进程（诸如接受登录）还没有创建。这些任务最后都被内核"下放"给 init 进程来完成，因此 init 进程是系统上除了几个内核自发进程之外所有进程的祖先。

22.1.2　init 和运行级

　　init 定义了一些被称做"运行级"的东西。这里的"级"是级别的意思，用一些整数表示。进入某一个运行级意味着使用某种特定的系统资源组合。"系统资源"是一个很宽泛的概念，由于几乎所有的进程都是由 init 创建的，因此理论上可以完全控制在某个运行级下应该运行哪些进程。从某种意义上，init 的运行级有点快餐店里"套餐"的味道，顾客可以说"来一份 1 号套餐"，于是服务员就端上汉堡、薯条和可乐。

　　Linux 的 init 进程总共支持 10 个运行级，但实际定义的运行级只有 7 个。表 22.1 显示了这些运行级及其对应的系统状态。

表 22.1　运行级及其对应的系统状态

运 行 级	系 统 状 态
0	系统关闭
1 或 S	单用户模式
2	功能受限的多用户模式
3	完整的多用户模式
4	一般不用，留作用户自己定义
5	多用户模式，运行 X 窗口系统
6	重新启动

　　目前绝大部分的 Linux 发行版本默认都启动计算机至运行级 5，也就是带有 X 窗口系统的多用户模式。服务器通常不需要运行 X，因此常常被设置进入运行级 3。运行级 4 被保留，方便管理员根据实际情况定义特殊的系统状态。

　　单用户模式是关于系统救援的。在这个运行级下，所有的多用户进程都被关闭，系统保留最小软件组合。引导系统进入单用户模式后，系统会要求用户以 root 身份登录到系统中。在 2.4 节提到的"救援模式"就是典型的单用户模式。

　　0 和 6 是两个比较特殊的运行级，系统实际上并不能停留在这两个运行级中。进入这两个运行级别意味着关机和重启。使用 telinit 命令可以强制系统进入某个运行级。运行下面这条命令后，系统就进入运行级 6，也就是关闭计算机，然后再启动。

```
sudo telinit 6
```

　　尽管表 22.1 明确地列出了所有 7 个运行级代表的系统状态，但事实上这只代表了大部分系统的习惯做法。在某一台特定的计算机上，管理员可能会根据实际情况调整配置。例如，让运行级 3 也能启动 X 窗口系统。init 的配置文件是/etc/inittab，这个文件中定义了每个运行级上需要做的事情。下面是 opensuse Linux 中 inittab 文件的一部分。

```
# runlevel 0 is System halt  (Do not use this for initdefault!)
# runlevel 1 is Single user mode
```

```
# runlevel 2 is Local multiuser without remote network (e.g. NFS)
# runlevel 3 is Full multiuser with network
# runlevel 4 is Not used
# runlevel 5 is Full multiuser with network and xdm
# runlevel 6 is System reboot (Do not use this for initdefault!)
#
l0:0:wait:/etc/init.d/rc 0
l1:1:wait:/etc/init.d/rc 1
l2:2:wait:/etc/init.d/rc 2
l3:3:wait:/etc/init.d/rc 3
#l4:4:wait:/etc/init.d/rc 4
l5:5:wait:/etc/init.d/rc 5
l6:6:wait:/etc/init.d/rc 6
```

以"#"开头的行是注释行，紧跟在后面的这些行定义了在每个运行级下应该做的事情。inittab 文件通常并不会一一列出所有应该执行的脚本，而是调用 rc 脚本（通常是 /etc/init.d/rc）改变运行级。rc 脚本随后根据传给它的参数查找与运行级有关的目录，并执行其中的脚本。

这些"与运行级有关"的目录总是以.rclevel.d 的形式出现，其中 level 就是运行级编号。例如，所有要在运行级 1 下执行的脚本都保存在 rc1.d 目录下，而为了进入运行级 3，那么就执行位于 rc3.d 目录下的脚本。通常，这些目录不是在/etc 目录下，就是在/etc/init.d 目录下。

```
$ ls -d /etc/rc*                          ##列出/etc 目录下所有以 rc 开头的目录
/etc/rc0.d  /etc/rc1.d  /etc/rc2.d  /etc/rc3.d  /etc/rc4.d  /etc/rc5.d
/etc/rc6.d  /etc/rcS.d
```

很显然，为了改变某个运行级所使用的系统资源组合，可以在这些目录下添加/删除相应的脚本。rclevel.d 目录下的脚本文件有自己一套独特的命名和实现方法，将在 22.1.3 节讨论。

很容易改变 Linux 的默认运行级。在/etc/inittab 文件中找到下面这一行：

```
id:5:initdefault:
```

这一行设置将 Linux 默认启动到运行级 5。如果要让 Linux 默认启动到运行级 3，可以把它改成下面这样：

```
id:3:initdefault:
```

22.1.3　服务器启动脚本

用于启动服务器应用程序（更确切地说是服务器守护进程）的脚本全部位于/etc/init.d 目录下，每个脚本控制一个特定的守护进程（这个概念将在 22.2.1 节具体介绍）。所有的脚本都应该认识 start 和 stop 参数，分别表示启动和停止服务器守护进程。下面这条命令启动了 SSH 服务器的守护进程。

```
$ sudo /etc/init.d/sshd start
Starting SSH daemon                                          done
```

与此相对的，下面这条命令停止 SSH 服务器的守护进程。

```
$ sudo /etc/init.d/sshd stop
```

```
Shutting down SSH daemon                                                    done
```

大部分启动脚本还认识 restart 参数。顾名思义，接收到这个参数的脚本首先关闭服务器守护进程，然后再启动它。

```
$ sudo /etc/init.d/sshd restart
Shutting down SSH daemon                                                    done
Starting SSH daemon                                                         done
```

在改变运行级（包括系统启动和关闭）的时候，系统执行的是 rclevel.d 目录下的脚本文件。仍然以 SSH 为例，使用 ls -l 命令可以清楚地看到 init.d 和 rclevel.d 这两个目录下脚本文件之间的关系。

```
$ ls -l /etc/init.d/rc5.d/ | grep sshd
lrwxrwxrwx 1 root root  7 11-09 17:55 K12sshd -> ../sshd
lrwxrwxrwx 1 root root  7 11-09 17:55 S10sshd -> ../sshd
```

/etc/init.d/rc5.d 目录下的两个脚本文件 K12sshd 和 S10sshd，实际上都是指向 /etc/init.d/sshd 的符号链接。init 在执行脚本的时候，会给以字母 S 开头的脚本文件传递 start 参数，而给以字母 K 开头的脚本文件传递 stop 参数。例如，init 运行 K12sshd 时，实际执行的是下面这条命令。

```
/etc/init.d/rc5.d/K12sshd stop
```

由于 K12sshd 脚本是/etc/init.d/sshd 的符号链接，因此又等价于下面这条命令。

```
/etc/init.d/sshd stop
```

脚本文件名中的数字描述了脚本运行的先后顺序，数字较小的脚本首先被执行。下面的例子反映了这一点。当进入运行级 5 的时候，S05network 在 S10sshd 之前执行（因为 5<10）；类似地，当退出运行级 5 的时候，K12sshd 在 K17network 之前执行（因为 12<17）。

```
$ ls -l /etc/init.d/rc5.d/ | egrep 'ssh|network'
lrwxrwxrwx 1 root root  7 11-09 17:55 K12sshd -> ../sshd
lrwxrwxrwx 1 root root 10 11-09 17:50 K17network -> ../network
lrwxrwxrwx 1 root root 10 11-09 17:50 S05network -> ../network
lrwxrwxrwx 1 root root  7 11-09 17:55 S10sshd -> ../sshd
```

这样安排的用意很明显，供远程登录使用的 SSH 服务器不应该在网络接口启动之前运行。在向 rclevel.d 目录下手动添加脚本的时候应该格外注意这些依赖关系。下面列出了在笔者的 openSUSE 系统上启动服务器脚本的顺序。

```
$ ls -l /etc/init.d/rc5.d/
...
lrwxrwxrwx 1 root root 8   11-09 17:50 S01acpid -> ../acpid
lrwxrwxrwx 1 root root 7   11-09 17:50 S01dbus -> ../dbus
lrwxrwxrwx 1 root root 14  11-09 17:50 S01earlysyslog -> ../earlysyslog
lrwxrwxrwx 1 root root 8   11-09 17:50 S01fbset -> ../fbset
lrwxrwxrwx 1 root root 16  11-09 17:50 S01microcode.ctl -> ../microcode.
ctl
lrwxrwxrwx 1 root root 9   11-09 17:50 S01random -> ../random
lrwxrwxrwx 1 root root 9   11-09 17:50 S01resmgr -> ../resmgr
lrwxrwxrwx 1 root root 21  11-09 18:10 S01SuSEfirewall2_init -> ../SuSEf-
irewall2_init
lrwxrwxrwx 1 root root 13  11-09 17:50 S02consolekit -> ../consolekit
lrwxrwxrwx 1 root root 12  11-09 17:50 S03haldaemon -> ../haldaemon
lrwxrwxrwx 1 root root 11  11-09 17:50 S04earlyxdm -> ../earlyxdm
```

```
lrwxrwxrwx 1 root root 10   11-09 17:50 S05network -> ../network
lrwxrwxrwx 1 root root 9    11-09 17:50 S06syslog -> ../syslog
lrwxrwxrwx 1 root root 9    11-09 17:55 S07auditd -> ../auditd
lrwxrwxrwx 1 root root 10   11-09 17:55 S07portmap -> ../portmap
lrwxrwxrwx 1 root root 8    11-27 13:06 S07smbfs -> ../smbfs
lrwxrwxrwx 1 root root 15   11-09 17:55 S07splash_early -> ../splash_early
lrwxrwxrwx 1 root root 12   11-09 17:55 S10alsasound -> ../alsasound
lrwxrwxrwx 1 root root 15   11-09 17:55 S10avahi-daemon -> ../avahi-daemon
lrwxrwxrwx 1 root root 7    11-09 17:55 S10cups -> ../cups
lrwxrwxrwx 1 root root 19   11-09 17:55 S10java.binfmt_misc -> ../java.
binfmt_misc
lrwxrwxrwx 1 root root 6    11-09 17:55 S10kbd -> ../kbd
lrwxrwxrwx 1 root root 7    11-09 17:55 S10nscd -> ../nscd
lrwxrwxrwx 1 root root 13   11-09 17:56 S10powersaved -> ../powersaved
lrwxrwxrwx 1 root root 9    11-09 17:55 S10splash -> ../splash
lrwxrwxrwx 1 root root 7    11-09 17:55 S10sshd -> ../sshd
lrwxrwxrwx 1 root root 15   11-09 17:56 S10vmware-guest -> ../vmware-guest
lrwxrwxrwx 1 root root 17   11-09 17:55 S11avahi-dnsconfd -> ../avahi-
dnsconfd
lrwxrwxrwx 1 root root 12   12-21 05:25 S11nfsserver -> ../nfsserver
lrwxrwxrwx 1 root root 10   11-09 17:55 S11postfix -> ../postfix
lrwxrwxrwx 1 root root 6    11-09 17:55 S11xdm -> ../xdm
lrwxrwxrwx 1 root root 7    11-09 17:55 S12cron -> ../cron
lrwxrwxrwx 1 root root 9    11-09 17:57 S12smartd -> ../smartd
lrwxrwxrwx 1 root root 9    11-09 14:15 S12xinetd -> ../xinetd
lrwxrwxrwx 1 root root 15   11-09 17:50 S21stopblktrace -> ../stopblktrace
lrwxrwxrwx 1 root root 22   11-09 18:10 S21SuSEfirewall2_setup -> ../S-
uSEfirewall2_setup
```

22.1.4　Ubuntu 和 Debian 的 init 配置

Ubuntu 和 Debian 的启动配置有一点特殊。这两个发行版使用 upstart 而不是 init 来管理启动脚本。在默认情况下，Ubuntu 和 Debian 没有 inittab 文件，而是使用 /etc/event.d/rc-default 来确定启动的默认运行级。但奇怪的是，rc-default 脚本依然会试图寻找/etc/inittab。如果找到了，它就按照 inittab 文件的配置来设置运行级；如果没有找到，它就把系统启动到运行级 2。

这又和人们的常识不太一样。为什么是运行级 2 而不是 5？Debian 的 FAQ（常见问题）回答了这个问题，如表 22.2 所示。

表 22.2　Ubuntu和Debian的运行级默认设置

运 行 级	系 统 状 态
0	关闭系统
1	单用户模式
2～5	完整的多用户模式
6	重新启动

也就是说，Ubuntu 和 Debian 默认情况下并没有区分运行级 2～5。这意味着用户必须手动定制每个运行级应该包含的启动脚本。举例来说，如果想要启动到不包含图形界面的多用户模式，应该依次执行下面这些步骤：

（1）选择一个运行级来完成这个任务，假设是运行级 3。

（2）新建/etc/inittab，内容为"id:3:initdefault:"。

（3）把/etc/rc3.d/S30gdm（KDE 是 S30kdm）移动到其他地方备份起来。

（4）重新启动系统。

当然，如果愿意使用运行级 4 或 5 来表示"不包含图形界面的多用户模式"也没有问题，只是不太符合习惯。

注意：S30gdm（S30kdm）中字母 S 后紧跟的数字随系统实际安装的软件不同而不同。

22.2　管理守护进程

本节开始介绍和服务器管理有关的 2 个重要的进程 inetd 和 xinetd。读者将会接触一些和服务器有关的内容，包括守护进程的概念和服务器的运行方式。最后讨论如何配置 inetd 和 xinetd，在后面几章的服务器配置中还会举例讲解这部分的内容。

22.2.1　什么是守护进程

守护进程（daemon）是一类在后台运行的特殊进程，用于执行特定的系统任务。很多守护进程在系统引导的时候启动，并且一直运行直到系统关闭。另一些只在需要的时候才启动，完成任务后就自动结束。举例来说，/etc/sbin/sshd（注意，不是/etc/init.d/sshd）就是 SSH 服务的守护进程。这个进程启动后会一直运行，在后台监听 22 号端口，等待并响应来自客户机的 SSH 连接请求。

init 是系统中第一个启动、也是最重要的守护进程。init 会持续工作，保证启动和登录的顺利进行，并且适时地"杀死"那些没有响应的进程。只要系统还在运行，就可以看到 init 守护进程。

```
$ ps aux | grep init                          ##在进程列表中搜索 init 进程
root         1  0.0  0.0   4020   888 ?        Ss   13:17   0:00 /sbin/init
```

xinetd 和 inetd 是管理其他守护进程（例如 sshd）的守护进程。引入这两个守护进程的目的将在 22.2.2 节中介绍。

22.2.2　服务器守护进程的运行方式

运行一个服务（例如 SSH）最简单的办法就是让它的守护进程在引导的时候就启动。然后一直运行，监听并处理来自客户机的请求。在刚开始，这样的设置不会有什么问题。但随着服务的增多，这些运行在后台的守护进程会大量消耗系统资源（因为它们一直在运行！），这种消耗常常是没有必要的。举例来说，SSH 服务一天内可能只会被一个管理员用到几次。这样，/etc/sbin/sshd 每天空闲的时间甚至接近 20 个小时。

inetd 和 xinetd 就是为了解决这种矛盾而诞生的。inetd 最初由伯克利的专家们开发，这个特殊的守护进程能够接管其他服务器守护进程使用的网络端口。在监听到客户端请求后启动相应的守护进程，并为这个服务器守护进程建立一条通往指定端口的输入/输出通道。

inetd 的意义在于，系统上不用同时运行多个"没有事做"的守护进程。像 SSH、FTP 这样平时不怎么用到的服务可以配置为使用 inetd，这样它们可以把监听端口的任务交给 inetd。当出现一条 FTP 连接时，inetd 就启动 FTP 服务的守护进程。同样，当管理员有事找 SSH 的时候，inetd 就把 sshd 叫醒。

inetd 最初在 UNIX 系统上被设计，后来被移植到了 Linux 上。现在绝大多数 Linux 已经使用了更好的 xinetd。相比 inetd 而言，xinetd 有以下优点：

- 更多的安全特性；
- 针对拒绝服务攻击的更好的解决方案；
- 更强大的日志管理功能；
- 更灵活清晰的配置语法。

尽管如此，一些 Linux 系统仍然在使用 inetd。因此在详细讨论 xinetd 配置之后，本章还会对 inetd 做简单的介绍。

现在可以把本节的标题补充完整了。服务器守护进程的运行方式有两种：一种是随系统启动而启动，并持续在后台监听连接请求。另一种是借助于 inetd/xinetd，在需要的时候启动，完成任务后把监听任务交还给 inetd/xinetd。通常，前者被称为 standalone 模式，后者被称为 inetd/xinetd 模式。（尽管这种叫法听上去有点别扭，但既然大家都这么说，就随大流吧。）

并不是所有的服务器守护进程都支持 inetd 和 xinetd。应用程序必须在编写的时候就加入对这种模式的支持。一些服务器守护进程（例如 sshd、apache2）既支持 standalone 模式，也能支持 inetd/xinetd 模式。在接下来几章的服务器配置中会涉及这两种运行模式的选择。

inetd/xinetd 模式的确有很多优点，但事情总不能一概而论。对大型 Web 站点而言就不应该使用 inetd/xinetd 模式运行 Apache（当前最流行的 Web 服务器软件），因为这些服务器访问量巨大。每分每秒都会有新的连接请求，让 inetd/xinetd 如此频繁地启动和关闭 Apache 守护进程会非常糟糕。

对于桌面版本的 Linux 而言，inetd 和 xinetd 通常都需要手动安装。Ubuntu Linux 在其安装源中提供了 inetd 和 xinetd，而 openSUSE 只提供了 xinetd。

22.2.3　配置 xinetd

xinetd 守护进程依照/etc/xinetd.conf 的配置行事。如今的 Linux 发行版都不鼓励通过直接编辑/etc/xinetd.conf 来添加服务，相反用户应该为每个服务单独开辟一个文件，存放在/etc/xinetd.d 目录下。查看 xinetd.conf 可以看到这一点。

```
$ cat /etc/xinetd.conf                        ##查看/etc/xinetd.conf
# Simple configuration file for xinetd
#
# Some defaults, and include /etc/xinetd.d/

defaults
{

# Please note that you need a log_type line to be able to use log_on_success
# and log_on_failure. The default is the following :
log_type = SYSLOG daemon info
```

```
}

includedir /etc/xinetd.d
```

最后一行使用 includedir 命令把目录/etc/xinetd.d 下的文件包含进来。这样设置的好处是，如果有很多服务需要依靠 xinetd，那么把它们全部写入 xinetd.conf 中势必会让整个结构看起来一团糟。把服务器配置分类存放有助于管理员理清头绪。

xinetd.conf 中的 defaults 配置段设置了 xinetd 一些参数的默认值。在上面的例子中，log_type 的值被设置为 SYSLOG deamon info，该变量的含义将在后文解释。

安装 xinetd 后会在/etc/xinetd.d 中自动生成一些服务的配置文件。作为例子，下面显示了 time 服务的配置信息（在/etc/xinetd.d/time 文件中配置）。

```
service time
{
    disable        = yes
    type           = INTERNAL
    id             = time-stream
    socket_type    = stream
    protocol       = tcp
    user           = root
    wait           = no
}
```

每个服务总是以关键字 service 开头，后面跟着服务名。对该服务的配置包含在一对花括号中，以"参数=值"的形式，每个参数占一行。表 22.3 列出了 xinetd 配置的常用参数。

表 22.3　xinetd配置的常用参数

参　　数	取　　值	含　　义
id	有意义的字符串	该服务的唯一名称
type	RPC/INTERNAL/UNLISTED	指定特殊服务的类型。RPC 用于 RPC 服务；INTERNAL 用于构建到 xinetd 内部的服务；UNLISTED 用于非标准服务
disable	yes/no	是否禁用该服务
socket_type	stream/dgram	网络套接口类型。TCP 服务用 stream，UDP 服务用 dgram
protocol	tcp/udp	连接使用的通信协议
wait	yes/no	xinetd 是否等待守护进程结束才重新接管该端口
server	路径	服务器二进制文件的路径
server_args	参数	提供给服务器二进制文件的命令行参数
port	端口号	该服务所在的端口
user	用户名	服务器进程应该由哪个用户身份运行
nice	数字	服务器进程的谦让度。参考 10.7 节
instances	数字/UNLIMITED	同时启动的响应数量。UNLIMITED 表示没有限制
max_load	数字	调整系统负载阈值。如果实际负载超过该阈值，就停止服务
only_from	IP 地址列表	只接受来自该地址的连接请求
no_access	IP 地址列表	拒绝向该 IP 地址提供服务
log_on_failure	列表值	连接失败时应该记录到日志中的信息
log_on_success	列表值	连接成功时应该记录到日志中的信息

参数 id 用于唯一标识服务，这意味着可以为同一个服务器守护进程配置不同的协议。上文中的 time 服务就拥有两个版本的 xinetd 配置，另一个用于 UDP 协议。

参数 disable 设置是否要禁用该服务。有些时候，管理员只是想列出将来可能会用到的服务，而不是现在就启用它。对这么多行进行注释会让人感到厌烦，将 disable 设置为 yes 就可以简单地禁用该服务。不过，管理员偶尔也会忘记在启用服务的时候把这个选项改回来。如果正在奇怪为什么某项服务没有被 xinetd 加载，那么应该首先检查 disable 选项是否已经被正确地设置为 no 了。

将 wait 参数设置为 yes 意味着由 xinetd 派生出的守护进程一旦启动就接管端口。xinetd 会一直等待，直到该守护进程自己退出。wait=no 表示 xinetd 会连续监视端口，每次接到一个请求就启动守护进程的一个新副本。管理员应该参考守护进程的手册，或者 xinetd 的配置样例来确定使用何种配置。

参数 port 在绝大多数情况下是不需要的。xinetd 根据服务名从/etc/service 文件中查找信息，确定该服务使用的端口和网络协议。如果没有在/etc/service 文件中登记该服务，那么也应该手动添加，而不是使用 port 参数——把信息集中起来管理总是能省去不少麻烦。下面截取了/etc/service 文件中的一部分。

```
ftp          21/tcp
fsp          21/udp          fspd
ssh          22/tcp                          # SSH Remote Login Protocol
ssh          22/udp
telnet       23/tcp
smtp         25/tcp          mail
```

/etc/service 中的每一行对应一个服务，从左到右依次表示：

❑ 服务名称，例如 ssh；
❑ 该服务使用的端口号，例如 22；
❑ 该服务使用的传输协议，例如 tcp；
❑ 别名（或者叫"绰号"？），例如 fspd；
❑ 注释，例如# SSH Remote Login Protocol。

参数 user 设置应该以哪个用户身份运行该服务器进程，大部分服务都使用 root。有些时候从安全的角度考虑会使用非特权用户（例如 nobody），但这只适用于那些不需要 root 权利的守护进程。

xinetd 会记录连接失败/成功时的信息，用户可以通过定制 log_on_failure 和 log_on_success 这两个参数指导 xinetd 记录哪些信息。表 22.4 列出了和这两个参数有关的取值。

表 22.4　和日志记录有关的取值

值	适　用　于	描　　述
HOST	二者皆可	记录远程主机的地址
USERID	二者皆可	记录远程用户的 ID
PID	log_on_success	记录服务器进程的 PID
EXIT	log_on_success	记录服务器进程的退出信息
DURATION	log_on_success	记录任务持续的时间
ATTEMPT	log_on_failure	记录连接失败的原因
RECORD	log_on_failure	记录连接失败的额外的信息

🔔注意：USERID 标志会向远程主机询问建立连接的用户信息，这样总会造成明显的延时，
　　　因此应该尽可能避免使用 USERID。

完成对服务配置的后，使用下面这条命令重新启动 xinetd 守护进程。

```
$ sudo /etc/init.d/xinetd restart
```

22.2.4　举例：通过 xinetd 启动 SSH 服务

作为例子，本节将带领读者配置 SSH 服务的 xinetd 实现。总的来说，在 xinetd 中添加
服务无非是下面这几步：

（1）修改（增加）配置文件。

（2）停用该服务的守护进程。

（3）重启 xinetd 使配置生效。

（4）如果需要，从相应的 rc 目录中移除该服务的启动脚本。

下面就来逐一实现以上各个步骤。首先在/etc/xinetd.d 目录下建立文件 ssh，包含下面
这些内容。

```
service ssh
{
        socket_type     = stream
        protocol        = tcp
        wait            = no
        user            = root
        server          = /usr/sbin/sshd
        server_args     = -i
        log_on_success  += DURATION
        disable         = no
}
```

注意，log_on_success 参数允许使用"+="这样的赋值方式，表示在原有默认值的基
础上添加，而不是推倒重来。类似地，也可以使用"-="在默认值的基础上减去一些值。
参数的默认值通常在/etc/xinetd.conf 中设置。

下一步停用 SSH 守护进程，为 xinetd 接管 22 端口铺平道路。

```
$ sudo /etc/init.d/ssh stop
 Rather than invoking init scripts through /etc/init.d, use the service(8)
utility, e.g. service ssh stop

Since the script you are attempting to invoke has been converted to an
Upstart job, you may also use the stop(8) utility, e.g. stop ssh
ssh stop/waiting
```

重新启动 xinetd 使配置生效。

```
$ sudo /etc/init.d/xinetd restart
Rather than invoking init scripts through /etc/init.d, use the service(8)
utility, e.g. service xinetd restart

Since the script you are attempting to invoke has been converted to an
Upstart job, you may also use the stop(8) and then start(8) utilities,
e.g. stop xinetd ; start xinetd. The restart(8) utility is also available.
xinetd stop/waiting
xinetd start/running, process 4185
```

运行 netstat -tulnp 命令查看 22 端口的情况，发现 xinetd 已经顺利接管了 SSH 通信端口。

```
$ sudo netstat -tulnp | grep 22                              ##查看 22 端口状态
tcp        0      0 0.0.0.0:22              0.0.0.0:*              LISTEN
8356/xinetd
```

现在尝试连接本地的 SSH 服务。对于客户端而言，看上去和 standalone 方式没有什么不同。

```
$ ssh localhost -l lewis
lewis@localhost's password:
```

如果在安装 SSH 服务器的时候选择了随系统启动（通常这是默认配置），那么接下来还要从相应的 rc 目录中移除 SSH 服务的启动脚本。否则下次启动系统的时候 xinetd 将无法运行。假设系统默认启动到运行级 5（可以参考 22.1 节获取有关运行级的详细信息）。

```
$ cd /etc/rc5.d/                                  ##进入相应的 rc 目录
$ ls | grep ssh                                   ##查找 SSH 启动脚本
S16ssh
$ sudo mv S16ssh ../rc_bak.d/S16ssh_rc5_bak       ##移动到另一个地方备份起来
```

🔔注意：不要随便删除启动脚本，而应该把它移动到另一个地方，并且取一个有意义的名字。这样在以后需要的时候可以方便地找回来。

22.2.5　配置 inetd

与 xinetd 类似，inetd 的配置文件是/etc/inetd.conf。在参数的个数上，inetd 要比 xinetd 少很多，因此每个服务只需要一行就足够了。下面是从/etc/inetd.conf 中截取的一部分配置信息。

```
#discard     stream  tcp nowait  root     internal
#discard     dgram   udp wait    root     internal
#daytime     stream  tcp nowait  root     internal
#time        stream  tcp nowait  root     internal
```

各个字段从左至右依次表示：

❑ 服务名称。和 xinetd 一样，inetd 通过查询/etc/service 获得该服务的相关信息。

❑ 套接口类型。TCP 用 stream，UDP 用 dgram。

❑ 该服务使用的通信协议。

❑ inetd 是否等到守护进程结束才继续接管端口。wait 表示等待（相当于 xinetd 的 wait = yes），nowait 表示不等待，inetd 每次接到一个请求就启动守护进程的新副本（相当于 xinetd 的 wait = no）。

❑ 运行该守护进程的用户身份。

❑ 守护进程二进制文件的完整路径及其命令行参数。和 xinetd 不同，inetd 要求把服务器命令作为第一个参数（例如 in.fingerd），然后才是真正意义上的"命令行参数"（例如-w）。关键字 internal 表示服务的实现由 inetd 自己实现。

完成对/etc/inetd.conf 的编辑后，需要给 inetd 发送一个 HUP 信号，通知其重新读取配置文件。

```
$ ps aux | grep inetd
root      3499  0.0  0.1   2352   604 ?          Ss   14:54    0:00
/usr/sbin/inetd
root      3564  0.0  0.1   5808   832 pts/4      S+   14:57    0:00 grep
--color=auto inetd
$ sudo kill -HUP 3499                        ##发送 HUP 信号
```

22.3　小　　结

- ❑ PC 启动的第一步是执行 ROM 中的引导代码 BIOS。
- ❑ BIOS 中保存有硬件设备信息，并确定从哪一个设备开始引导。
- ❑ 引导设备开头 512 个字节的段称为 MBR，指导计算机加载下一个引导程序"引导加载器"。
- ❑ 引导加载器负责加载操作系统内核。Grub 和 LILO 是 Linux 上最著名的两个引导加载器。
- ❑ init 进程是整个系统最重要的进程之一。
- ❑ 运行级是对特定系统资源组合的抽象概念。
- ❑ 通过设置/etc/inittab 可以改变系统默认的运行级。
- ❑ 服务器的启动脚本位于/etc/init.d 目录下，rclevel.d 目录下保存了为特定运行级准备的启动脚本的符号链接。
- ❑ Ubuntu 和 Debian 默认启动到运行级 3。默认情况下各运行级（2～5 级）完全相同。
- ❑ 守护进程是一类在后台运行的特殊进程。
- ❑ 服务器守护进程有两种运行方式 standalone 方式和 inetd/xinetd 方式。
- ❑ 对于运行时负载较小的服务如 FTP 和 SSH 等，应该考虑使用 inetd/xinetd 方式。
- ❑ xinetd 的配置文件是/etc/xinetd.conf。从便于管理的角度考虑，添加服务应该在/etc/xinetd.c 目录下添加相应的文件。

第 23 章　HTTP 服务器——Apache

WWW（World Wide Web，万维网）的出现让互联网真正走进了普通人的生活，上网冲浪只是轻点鼠标这样简单。HTTP（超文本传输协议）是让 WWW 最终工作起来的协议，虽然有多种不用的 HTTP 服务器，但 Apache 或许是其中"最好"的。Apache 这个开源软件已经占据了 HTTP 服务器市场超过 60%的份额，并以其灵活性和高性能在业界享有盛誉。本章将带领读者实践 Apache 服务器的架设和一些高级应用。按照惯例，"快速上手"环节将帮助读者把这个服务器尽快启动起来。

23.1　快速上手：搭建一个 HTTP 服务器

Apache 已经包含在几乎所有的 Linux 发行版的光盘中了。如果在安装 Linux 时就选择了这个软件包，那么现在 Apache 已经安装在系统中了。使用 whereis 命令可以查看 Apache 是否存在。下面是笔者的系统显示信息：

```
$ whereis apache2
apache2:       /usr/sbin/apache2       /etc/apache2       /usr/lib/apache2
/usr/lib64/apache2 /usr/share/apache2 /usr/share/man/man8/apache2.8.gz
```

如果 Apache 还没有被安装，那么可以使用发行版自带的软件包管理工具（例如 Ubuntu 的新立得软件包管理器）从安装源安装。也可以从 Apache 的官方网站 www.apache.org 上下载相应的二进制软件包。Apache 同时提供了 rpm 和 deb 两种二进制格式。安装过程中不需要做任何配置。

完成安装后，Apache 服务器会自动运行。打开浏览器访问 http://localhost/，应该能看到 Apache 回答说"It works！"，如图 23.1 所示。如果读者收到"无法连接"的反馈如图 23.2 所示，那么很可能是 Apache 服务器还没有启动。运行下面这个命令可以启动 Apache 服务器。

```
$ sudo /etc/init.d/apache2 start
 * Starting web server apache2[ OK ]
```

图 23.1　Apache 默认主页

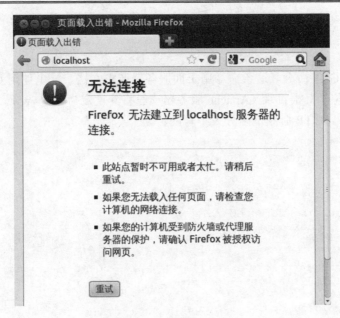

图 23.2　无法连接服务器

可以使用一个新的主页文件替代那个难看的 It works。新建一个名为 index.html 的文件，并复制到/var/www 目录下就可以将默认主页替换掉了。

23.2　Apache 基础

通过"快速上手"环节，读者已经大致了解了 Apache 服务器架设的基本过程。本节将详细讨论 Apache 服务器基本应用的各个细节。从 HTTP 的基本原理开始，帮助读者掌握架设 HTTP 服务器的基础知识。

23.2.1　HTTP 工作原理

HTTP 协议是一种简单的客户机/服务器协议。在服务器端，有一个守护进程在 80 端口监听，处理客户机（通常是类似于 Firefox 和 IE 这样的浏览器）的请求。客户机向服务器请求位于某个特定 URL 的内容（就像在 23.1 节中请求获取 index.html 一样），服务器则用对应的数据内容回复。如果发生了错误（例如请求的内容不存在）那么服务器会返回特定的错误信息（例如熟悉的 404 Not Found）。

浏览器向用户隐藏了其和服务器程序通信的内容。为了搞清楚浏览器和 Apache 服务器究竟谈了些什么，下面利用 telnet 工具和本机的 Apache 服务器进行通信。这里假定读者已经通过"快速上手"环节启动了 Apache 服务器，如果因为某些原因还没有启动，那么可以任选一个网站进行测试。

首先使用 telnet 工具连接到服务器的 80 端口（也就是 HTTP 的默认端口）。如果连接成功，可以看到一些提示信息，同时光标闪烁等待用户的下一条指令。

```
$ telnet localhost 80
```

```
Trying 127.0.0.1...
Connected to localhost.
Escape character is '^]'.
```

接下来发送 GET 命令。这条命令用于向服务器请求文档。这里使用 GET/命令，表示请求服务器发送位于其根目录（Apache 服务器一般将其设定为/var/www）的文档内容，也就是主页。注意，HTTP 命令是区分大小写的。

```
GET/
<!DOCTYPE HTML PUBLIC "-//IETF//DTD HTML 2.0//EN">
<html><head>
<title>501 Method Not Implemented</title>
</head><body>
<h1>Method Not Implemented</h1>
<p>GET/ to /index.html not supported.<br />
</p>
<hr>
<address>Apache/2.2.8 (Ubuntu) PHP/5.2.4-2ubuntu5.3 with Suhosin-Patch
Server at 127.0.1.1 Port 80</address>
</body></html>
Connection closed by foreign host.
$
```

在这里可以看到 HTTP 服务器返回的完整内容。事实上，当在浏览器地址中输入 http://localhost/并按下回车后，浏览器接受到的就是这些内容。通过对这些文字的解释，浏览器将最终的结果输出在窗口中。

23.2.2　获得并安装 Apache 服务器

尽管可以从二进制软件包安装 Apache 服务器，但有些时候为了获得更高的可定制性，或者为了获取最新的 Apache 服务器版本，从源代码安装往往是有必要的。如果读者决定自己下载源代码并编译它，那么本节将提供这方面的帮助。可以从 www.apache.org 上获得 Apache 的源代码，下载到的文件应该类似于 httpd-2.4.3.tar.gz。第一步当然是解开这个档案文件。

```
$ tar zxvf httpd-2.4.3.tar.gz
...
httpd-2.4.3/docs/manual/mod/quickreference.html.de
httpd-2.4.3/docs/manual/mod/quickreference.html.en
httpd-2.4.3/docs/manual/mod/quickreference.html.es
httpd-2.4.3/docs/manual/mod/quickreference.html.ja.utf8
httpd-2.4.3/docs/manual/mod/quickreference.html.ko.euc-kr
...
$ cd httpd-2.4.3/
```

运行目录中的 configure 以检测和设置编译选项，构造合适的 makefile 文件（在做编译之前应该先安装 apr-1.4.6.tar.gz 和 apr-util-1.4.1.tar.gz 两个软件）。使用--prefix 选项来指定 Apache 服务器应该被安装到的目录。如果不指定这个选项，那么 Apache 会安装在 /usr/local/apache2 目录下。

```
$ ./configure     --prefix=/usr/local/apache2     --with-apr=/usr/local/apr
--with-apr-util=/usr/local/apr-util/ --enable-module=shared
checking for chosen layout... Apache
```

```
checking for working mkdir -p... yes
checking for grep that handles long lines and -e... /bin/grep
checking for egrep... /bin/grep -E
checking build system type... i686-pc-linux-gnu
checking host system type... i686-pc-linux-gnu
checking target system type... i686-pc-linux-gnu
configure:
configure: Configuring Apache Portable Runtime library...
...
```

强烈建议用户使用--enable-module=shared 这个选项。通过把模块编译成动态共享对象，让 Apache 启动时动态加载。这样以后需要加载新模块的时候，只需要在配置文件中设置即可。虽然这种动态加载的方式在一定程度上降低了服务器的性能，但和能够随时增加和删除模块的便捷性比起来，这一点性能上的损失还是非常值得的。

完整的 configure 选项可以使用 configure --help 查看。configure 脚本执行完成后，依次使用 make 和 make install 命令完成编译和安装工作。注意，运行 make install 命令需要 root 权限。取决于机器性能，这需要耗费一定的时间。

```
$ make
...
-2.4.3/modules/proxy   -I/home/bob/ 下 载 /httpd-2.4.3/modules/session
-I/home/bob/ 下 载 /httpd-2.4.3/modules/ssl  -I/home/bob/ 下 载
/httpd-2.4.3/modules/test   -I/home/bob/ 下 载 /httpd-2.4.3/server
-I/home/bob/ 下 载 /httpd-2.4.3/modules/arch/unix  -I/home/bob/ 下 载
/httpd-2.4.3/modules/dav/main        -I/home/bob/        下        载
/httpd-2.4.3/modules/generators       -I/home/bob/       下       载
/httpd-2.4.3/modules/mappers  -prefer-pic  -c  mod_rewrite.c  &&  touch
mod_rewrite.slo
/usr/local/apr/build-1/libtool --silent --mode=link gcc -std=gnu99 -g -O2
-pthread          -o mod_rewrite.la -rpath /usr/local/apache2/modules
-module -avoid-version  mod_rewrite.lo
make[4]:正在离开目录 '/home/bob/下载/httpd-2.4.3/modules/mappers'
make[3]:正在离开目录 '/home/bob/下载/httpd-2.4.3/modules/mappers'
make[2]:正在离开目录 '/home/bob/下载/httpd-2.4.3/modules'
make[2]: 正在进入目录 '/home/bob/下载/httpd-2.4.3/support'
make[2]:正在离开目录 '/home/bob/下载/httpd-2.4.3/support'

make[1]:正在离开目录 '/home/bob/下载/httpd-2.4.3'
$ sudo make install
...
Installing header files
mkdir /usr/local/apache2/include
Installing build system files
mkdir /usr/local/apache2/build
Installing man pages and online manual
mkdir /usr/local/apache2/man
mkdir /usr/local/apache2/man/man1
mkdir /usr/local/apache2/man/man8
mkdir /usr/local/apache2/manual
make[1]:正在离开目录 `/home/bob/下载/httpd-2.4.3'
```

23.2.3　服务器的启动和关闭

可以用手工的方式启动和关闭Apache服务器。Apache服务器的控制脚本是apache2ctl，通过给这个脚本传递参数控制 Apache 服务器的启动和关闭（需要有 root 权限）。常用的 3 个参数是 start、stop 和 restart，分别代表启动、停止和重启。下面这条命令启动 Apache 服务器。

```
$ sudo apache2ctl start
```

如果系统提示找不到 apache2ctl 命令，那么很可能是 apache2ctl 脚本所在的目录没有被加入搜索路径中。使用绝对路径来运行这条命令。例如，把 Apache 安装在 /usr/local/apache2 目录下，使用下面这条命令启动 Apache 服务器。

```
$ sudo /usr/local/apache2/bin/apache2ctl start
```

如果不确定当初把 Apache 安装在哪里，那么可以使用 whereis 命令找到它。

```
$ whereis apache2ctl
apache2ctl: /usr/sbin/apache2ctl    /usr/share/man/man8/apache2ctl.8.gz
```

比手工启动更好的方法是设置 Apache 在系统引导时自动运行。在 rc 目录下建立一个链接并指向/etc/init.d/httpd 文件。运行下面的命令。

```
$ sudo ln -s /etc/init.d/httpd /etc/rc.5/S91apache2
```

💬注意：上面这条命令可能在读者的系统上执行失败。不同的 Linux 发行版有时候会把 rc 目录放在不同的地方，例如 openSUSE 就把它放在/etc/init.d/目录下。另外，对于 S91apache 这个文件名，读者应该要理解它代表什么意思。具体请参考第 22 章。

这样在每次进入运行级 5 的时候都会启动 Apache 服务器。如果是在一台服务器上，那么通常是在 rc.3 目录下建立这个链接。关于 rc 脚本和运行级的详细信息，请参见第 22 章。

至此，Apache 服务器已经能够在当前系统上运行起来了。打开浏览器定位到 http://localhost/，应该可以看到 Apache 反馈的 It works!信息。

23.3　设置 Apache 服务器

完成 Apache 服务器的安装后，下一步就是配置了。尽管 Apache 默认的配置做得非常好，但对于某些高级应用而言，用户仍然需要手动定制。和 Linux 上的其他服务器程序一样，Apache 使用文本文件来配置所有的功能选项。

23.3.1　配置文件

Apache 服务器的配置文件可以在子目录 conf 下找到。如果是从源代码编译安装的话，可以从 Apache 所在的目录（默认为/usr/local/apache2）下找到这个子目录。但这个规则对于从发行版包管理器安装的 Apache 往往并不适用。在后一种情况下，Linux 各发行版倾向于把所有的配置文件集中在/etc 目录下。对于统筹管理而言，这样的处理方法具有一定优势。例如 Ubuntu 就把配置文件安放在/etc/apache2 目录下。

配置文件 httpd.conf 由 3 部分组成。第 1 部分用于配置全局设置。例如，Listen 80 指导 Apache 服务器在 80 端口监听；一串 LoadModule 命令指定了 Apache 服务器启动时需要动态加载的模块等。用户可以根据需要自由更改这些选项。在每一条命令前面都有注释提示该命令的作用和语法。

```
# Listen: Allows you to bind Apache to specific IP addresses and/or
# ports, instead of the default. See also the <VirtualHost>
# directive.
#
# Change this to Listen on specific IP addresses as shown below to
# prevent Apache from glomming onto all bound IP addresses.
#
#Listen 12.34.56.78:80
Listen 80
```

第 2 部分用于配置主服务器。这里的主服务器是相对于"虚拟主机"而言的，所有虚拟主机无法处理的请求都由这个服务器受理。在没有配置虚拟主机的 Apache 上，这就是唯一和客户端打交道的服务器进程。

来看几条比较有用的信息。下面这两条命令配置 Apache 服务器由哪个用户和用户组运行。

```
# If you wish httpd to run as a different user or group, you must run
# httpd as root initially and it will switch.
#
# User/Group: The name (or #number) of the user/group to run httpd as.
# It is usually good practice to create a dedicated user and group for
# running httpd, as with most system services.
#
User daemon
Group daemon
```

出于安全方面的考虑，应该建立特别的用户和用户组，然后将 Apache 交给它们（事实上，Apache 在安装过程中自动完成了这一工作）。对于大部分系统服务而言，这都是一个好习惯。

```
# DocumentRoot: The directory out of which you will serve your
# documents. By default, all requests are taken from this directory, but
# symbolic links and aliases may be used to point to other locations.
#
DocumentRoot "/usr/local/apache2/htdocs"
```

这条命令指定了网站根目录的路径。在上面这个例子中，如果浏览器访问该网站，那么实际上访问的将是这台服务器上/usr/local/apache2/htdocs 目录下的内容。

第 2 部分还定义了一些安全选项，在通常情况下并不需要用户更改。Apache 已经把自己配置得足够安全，可以胜任绝大多数安全情况。使用默认值就可以。

最后一部分用于设置虚拟主机，在初始情况下所有的命令都被打上了注释符号。如何设置虚拟主机超出了本章的范围，读者可以参考 Apache 手册。

完成配置文件的修改后，应该使用 http -t 命令检查有无语法错误。正常情况下应该产生如下信息：

```
$ /usr/local/apache2/bin/httpd -t
Syntax OK
```

23.3.2　使用日志文件

对于一个 Web 站点而言，收集关于其使用情况的统计数据非常重要。网站的访问量、数据传输量、访问来源以及发生的错误等信息必须得到实时监控。Apache 会自动记录这些信息，并把它们保存在日志文件中。这些日志文件都是文本文件，可以使用任意的编辑器查看。

和配置文件一样，从哪里找到这些日志文件是一门学问。对于从源代码安装的 Apache 而言，日志文件被存放在 Apache 目录（默认是/usr/local/apache2）的 logs 子目录下。但如果是从发行版的包管理器安装的话，情况会变得有点复杂。比较常见的情况是，在/var/log 目录（这个目录被用来存放各种日志文件）下可以找到名为 apache2 的子目录。例如，Ubuntu Linux 的 Apache 日志文件就被保存在/var/log/apache2 目录下。

```
$ ls /var/log/apache2/
access.log  access.log.1  access.log.2.gz  error.log  error.log.1  error.
log.2.gz
```

直接查看这些日志文件是毫无帮助的。其中包含的信息太多了，看起来简直一团糟。Analog 是一款值得考虑的免费日志分析软件，可以用来提取足够多的基础信息。当然，如果对日志分析的要求非常严格的话，可以考虑购买一款商业软件。

23.3.3　使用 cgi

cgi（公共网关接口）定义了 Web 服务器和外部程序交互的接口，是在网站上实现动态页面的最简单和常用的方法。用户只要在网站的一个特定目录中放入可执行文件，就可以从浏览器中调用。Apache 中配置使用 cgi 非常方便。如果读者是跟随 23.2.2 节从源代码编译安装 Apache 的话，那么此时 cgi 应该已经配置为启用了。查看 httpd.conf 文件，可以找到下面这条命令：

```
ScriptAlias /cgi-bin/ /usr/local/apache2/cgi-bin/
```

Apache 默认将/usr/local/apache2/htdocs 作为网站的根目录，而这个 cgi-bin 目录显然处在根目录之外。为此，ScriptAlias 命令指导 Apache 将所有以/cgi-bin/开头的资源全部映射到/usr/local/apache2/cgi-bin/下，并作为 cgi 程序运行。这意味着类似于 http://localhost/cgi-bin/hello.pl 这样的 URL 实际上请求的是/usr/local/apache2/cgi-bin/hello.pl。

为了现实体验 cgi 程序的效果，打开熟悉的编辑器，在 cgi-bin 子目录下创建一个名为 hello.pl 的 Shell 脚本文件。包含下面这些内容：

```
#!/bin/bash
echo "Content-type:text/html"
echo
echo "Hello, World"
```

运行 chmod 命令增加可执行权限。

```
$ sudo chmod +x hello.pl
```

如果 Apache 服务器还没有启动，那么就启动它。打开浏览器访问 http://localhost/cgi-bin/hello.pl，效果如图 23.3 所示。

图 23.3　运行 cgi 脚本

23.4　使用 PHP+MySQL

在业界 LAMP 是一个非常流行的词语，这 4 个大写字母分别代表 Linux、Apache、MySQL 和 PHP。LAMP 以其高效、灵活的特性已经成为中小型企业网站架设的首选。读者应该尽量使用发行版的软件包管理工具安装这 3 套软件，这样可以省去很多配置的麻烦。如果希望能获得一定挑战的话，那么不妨跟随本节从源代码编译 PHP 和 MySQL。这样可以获得更大程度上的定制，对于了解其工作原理也有一定帮助。首先来看一下 PHP 和 MySQL 究竟是什么。

23.4.1　PHP 和 MySQL 简介

PHP 是一种服务器端脚本语言，它专门为实现动态 Web 页面而产生。使用 PHP 语言编写动态网页非常容易。它可以自由嵌入在 HTML 代码中，并且内置了访问数据库的函数。从版本 5 开始，PHP 全面支持了面向对象的概念，使其适应大型网站开发的能力进一步得到增强。

PHP 是一款开放源代码的产品。这意味着用户可以免费访问其源代码，做出修改，并自由发布。相比较其他同类脚本语言，如 ASP.NET、JSP 等，PHP 表现出更高的执行效率，更丰富的函数库和更高的可移植性。这些优点使得 PHP 正得到越来越广泛的应用。

MySQL 或许是目前世界上最受欢迎的开放源代码数据库。正如名字所预示的那样，MySQL 使用了全球通用的标准数据库查询语言 SQL。通过服务器端的控制，MySQL 可以允许多个用户并发地使用数据库，并建立了一套严格的用户权限制度。在实际应用中，MySQL 表现得十分快速和健壮，很多大型企业（例如 Google）都采用了这套数据库系统。

MySQL 最开始为瑞典 MySQL 公司的开发，2008 年 1 月 16 日该公司被 Sun 公司收购。应该要感谢 Sun 公司在完成对 MySQL 的收购后依旧保持了其作为自由软件的特性。2009 年，Sun 公司又被 Oracle 公司收购，就如同一个轮回，MySQL 成为了 Oracle 公司的一个数据库项目。对 PHP 和 MySQL 有所了解后，下面正式进入 MySQL 的安装。

23.4.2　安装 MySQL

遵循 MySQL 官方的建议，这里将直接使用 MySQL 的二进制代码进行安装。可以直接从发行版的软件包管理器中搜索 MySQL 来安装，也可以从其官方网站 http://www.mysql.com 上下载。下载的二进制文件至少应该包括 server 和 client。如果磁盘空间允许的话，尽可能下载一个版本的所有二进制文件，并逐一安装。安装完成后，MySQL 服务器应该已经运行起来了。先不要急着欢呼，在正式使用之前，还需要做一些设置。

首先是应该设置 MySQL 的 root 用户密码。和 Linux 一样，MySQL 的 root 用户具有至高无上的权限，可以对数据库进行任何操作。下面这条命令将 MySQL 数据库的 root 用户密码设为 "new-password"，实际操作中，应该选择一个更安全的密码替代它。

```
$ mysqladmin -u root password 'new-password'
```

使用 mysql -u root -p 命令登录到数据库，输入密码并通过验证后，MySQL 会显示一条欢迎信息并反馈当前的连接号和版本信息。

```
$ mysql -u root -p
Enter password:
Welcome to the MySQL monitor.  Commands end with ; or \g.
Your MySQL connection id is 5
Server version: 5.0.51a SUSE MySQL RPM

Type 'help;' or '\h' for help. Type '\c' to clear the buffer.
```

MySQL 在默认情况下允许任何人在不提供用户名和密码的情况下访问数据库（这个设置多少显得有些奇怪），这显然是任何一个管理员不能接受的。下面这条命令通过删除匿名用户关闭这个 "功能"。

```
mysql> use mysql;                          ##选定 mysql 数据库
Database changed
mysql> delete from user where User='';     ##删除表中的匿名用户
Query OK, 2 rows affected (0.00 sec)
```

使用 quit 命令退出 MySQL。最后执行 mysqladmin -u root -p reload 命令使这些修改生效。

```
mysql> quit
Bye
$ mysqladmin -u root -p reload
```

23.4.3　安装 PHP

首先到 PHP 的官方网站 http://www.php.net/ 上下载源代码包。这里假定读者已经使用 23.2.2 节的方案安装了 Apache，即打开了 --enable-module=shared 选项。下载到的源代码包看起来应该像 php-5.4.6.tar.gz 这样。解开并进入 php 源代码目录。

```
$ tar zxvf php-5.4.6.tar.gz
$ cd php-5.4.6/
```

运行 configure 脚本，并添加对 MySQL 和 Apache 的支持。注意，应该将 /usr/local/apache2

替换为安装 Apache 时选择的路径。

```
$ ./configure --with-mysql --with-apxs2=/usr/local/apache2/bin/apxs
```

运行成功后可以看到如下欢迎信息：

```
+--------------------------------------------------------------------+
| License:                                                           |
| This software is subject to the PHP License, available in this     |
| distribution in the file LICENSE.  By continuing this installation |
| process, you are bound by the terms of this license agreement.     |
| If you do not agree with the terms of this license, you must abort |
| the installation process at this point.                            |
+--------------------------------------------------------------------+

Thank you for using PHP.
```

分别使用 make 和 make install（需要 root 权限）命令完成编译和安装工作。这项工作的时间取决于机器性能，将花费一定的时间。

```
$ make
$ sudo make install
```

最后，把一个配置文件复制到 lib 目录下。注意在本例中，php.ini-dist 是为开发用户准备的。通过设置一系列调试选项，使 PHP 开发变得相对容易。但对于一台产品服务器而言，不应该在程序运行出错时向用户透露太多的配置细节。对于后一种情况，建议使用 php.ini-recommended 文件。

```
$ sudo cp php.ini-dist /usr/local/lib/php.ini
```

23.4.4　配置 Apache

作为整个安装过程的最后一步，需要修改 Apache 的配置文件使其"认识" PHP。用熟悉的编辑器打开 Apache 的配置文件 httpd.conf，添加下面这条语句用于加载 PHP 模块。

```
LoadModule php5_module modules/libphp5.so
```

添加下面两行指导 Apache 识别 PHP 文件的后缀。

```
AddType application/x-httpd-php .php .phtml
AddType application/x-httpd-php-source .phps
```

至此，已经完成了 Apache+PHP+MySQL 的安装。为了测试服务器是否工作正常，编辑一个包含如下内容的 PHP 文件（扩展名为.php）放在网站根目录下。

```
<?php
    phpinfo();
?>
```

重启 Apache 服务器，在浏览器中访问这个 PHP 文件。如果一切顺利，页面显示如图 23.4 所示。

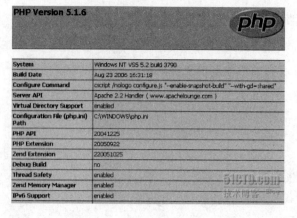

图 23.4　PHP 当前的配置信息

23.5　小　　结

- ❑ Apache 是当前最流行的 HTTP 服务器软件。
- ❑ 各 Linux 发行版本通常都在安装源中包含了 Apache 服务器。
- ❑ 网站的根目录通常是/var/www。
- ❑ HTTP 服务器在 80 端口监听客户机请求，并返回浏览器可以理解的信息。
- ❑ 编译 Apache 时使用--enable-module=shared 选项可以把模块编译为动态共享对象。
- ❑ Apache 应该使用 standalone 方式，不推荐使用 inetd/xinetd 方式。
- ❑ Apache 配置文件位于/usr/local/apache2（手动编译）或/etc/apache2（从发行版安装源安装）目录下。
- ❑ Apache 会把服务器的运行情况记录到日志文件中。可以使用日志分析软件进行分析。
- ❑ cgi 是在网站上实现动态页面最简单的方法。
- ❑ PHP 是一种开放源代码的服务器脚本语言，被中小型企业广泛使用。
- ❑ MySQL 是一款开放源代码的数据库，以其快速和健壮的特性得到众多企业的青睐。
- ❑ LAMP 是 Linux、Apache、PHP 和 MySQL 的首字母缩写，是目前最流行的网站架设组合。

第 24 章   FTP 服务器——vsftpd

FTP 是互联网上最古老的应用之一，被用来提供文件的上传和下载服务。在 HTTP 协议大行其道的今天，FTP 正越来越边缘化。但在很多情况下，FTP 仍然是提供文件服务最快速有效的手段。

什么事情都要考虑安全性，对 FTP 尤其如此。本章选用 vsftpd 搭建 FTP 服务器，这款服务器软件的名字就能给人安全感：Very Secure FTP Daemon（非常安全的 FTP 守护进程）。vsftpd 的功能较少（这个"缺点"说起来有点勉强），但的确更安全一些。

24.1   快速上手：搭建一个 FTP 服务器

本节帮助读者快速搭建一个匿名 FTP 服务器。这种"不需要"登录的 FTP 应用是目前互联网上最普遍的使用 FTP 的方式（它甚至可能成为 FTP 最后一块"阵地"）。后面的几节还会讨论一些更复杂的服务器配置方式。

24.1.1   安装并登录 FTP 服务器

vsftpd 已经包含在几乎所有的主流 Linux 发行版的光盘中了。如果在安装 Linux 时就选择了这个软件包，那么现在 VsFTPd 已经安装在系统中了，可以使用 whereis 命令查看 vsftpd 是否存在。下面是笔者的系统显示信息：

```
$ whereis vsftpd
vsftpd: /usr/sbin/vsftpd /etc/vsftpd.conf    /usr/share/man/man8/vsftpd.
8.gz
```

如果 vsftpd 还没有被安装，那么可以使用发行版自带的软件包管理工具（例如 Ubuntu 的新立得软件包管理器）从安装源安装。vsftpd 的官方网站 vsftpd.beasts.org 只提供了源代码包，如果读者愿意手动编译安装，那么本章 24.2.2 节的内容提供了这样的信息。

安装完 vsftpd 后，FTP 服务器应该已经运行起来了。使用 FTP 工具（在 14.3 节有更为详细的介绍）连接自己的服务器，应该能看到以下信息：

```
$ ftp localhost
Connected to localhost.
220 (vsFTPd 2.0.6)
Name (localhost:lewis):
```

vsftpd 显示自己的版本号，并且要求用户登录。如果连接被拒绝（Connection refused）那么通常是因为 FTP 服务器还没有启动，可以使用下面这条命令启动 vsftpd。

```
$ sudo /etc/init.d/vsftpd start
* Starting FTP server: vsftpd                                    [ OK ]
```

vsftpd 默认配置仅允许匿名用户访问。在提示登录的地方输入 anonymous 代表匿名用户，密码为空。登录成功后，应该可以看到下面的提示信息，同时光标闪烁提示输入 FTP 命令。

```
Name (localhost:lewis): anonymous
331 Please specify the password.
Password:
230 Login successful.
Remote system type is UNIX.
Using binary mode to transfer files.
ftp>
```

24.1.2　匿名用户的目录

匿名用户登录到的目录是/home/ftp，目前这个目录中空空如也。下面这条命令增加一个空文件 welcome 到/home/ftp 中。注意，只有 root 用户才对该目录具有写权限。

```
$ cd /home/ftp/
$ sudo touch welcome
```

现在应该可以使用 FTP 客户端看到这个文件了。

```
ftp> ls
200 PORT command successful. Consider using PASV.
150 Here comes the directory listing.
-rw-r--r--    1 0        0               0 Nov 23 00:47 welcome
226 Directory send OK.
```

24.2　vsftpd 基础

通过"快速上手"环节，读者已经大致了解了 vsftpd 服务器架设的大致过程。本节将详细讨论 vsftpd 服务器基本应用的各个细节。从 FTP 的基本原理开始，帮助读者逐步掌握架设 FTP 服务器的基础知识。

24.2.1　FTP 的工作原理

和 HTTP 一样，FTP 也是基于简单的服务器/客户机架构。但在具体实现上，FTP 有一些特殊，它默认情况下使用一种叫做"主动连接"的方式向客户机传递信息。具体来说，FTP 服务器在实际使用时开启两个端口。默认是 21 和 20。其中 21 端口被客户机用来向服务器下达命令，而实际的文件传输则是发生在 20 端口的。

以"快速上手"环节中的情况为例，当 vsftpd 在 21 端口接收到用户发出的 ls 命令后，会主动向客户机发送连接请求。连接成功后，服务器通过 20 端口将文件列表发送给客户机。因为用于传输数据的通道是 FTP 服务器主动发起建立的，因此这种连接方式被称为"主动连接"。

与之相反的另一种连接方式是"被动连接"。在这种情况下，服务器仍然在 21 端口接收命令。但在涉及数据传输时，服务器会开启一个端口号大于 1024 的非特权端口（而不是 20 端口），并且把这个端口号告诉客户机，由客户机发起连接。为了使用被动连接方式，需要在客户端明确指定。

这两种连接方式都有可能存在问题。主动连接要求服务器连接到客户机的高位端口，但万一客户机使用了防火墙并且阻隔了这个连接怎么办？如果在提交命令一段时间后收到 Connection refused（连接被拒绝）的信息，那么说的多半就是这种情况。被动连接则会反过来考验服务器的防火墙，另外由于服务器用于传输数据的端口是随机选择的，那么这个端口的安全性难免让人捏一把汗。幸运的是，Linux 的防火墙工具提供了相应的 FTP 模块来解决这一问题，通常不需要用户特别干预。

24.2.2　从源代码编译安装 vsftpd 服务器

如果有二进制安装包可供使用，那么不推荐用户从源代码安装 vsftpd。vsftpd 的通用源代码包在有些 Linux 发行版上可能无法正确编译。如果一定要这么做的话，本节将会简单介绍编译 vsftpd 的基本过程。

可以从 ftp://61.135.158.199/pub/vsftpd-3.0.0.tar.gz 或者直接下载 ftp://vsftpd.beasts.org/users/cevans/untar/vsftpd-3.0.0/下载到 vsftpd 的最新版本。下载到的源代码包应该类似于 vsftpd-3.0.0.tar.gz，将其解压到合适的目录中。

```
$ tar zxvf vsftpd-3.0.0.tar.gz
vsftpd-3.0.0/dummyinc/utmpx.h
vsftpd-3.0.0/dummyinc/openssl/
vsftpd-3.0.0/dummyinc/openssl/ssl.h
vsftpd-3.0.0/dummyinc/shadow.h
vsftpd-3.0.0/COPYRIGHT
vsftpd-3.0.0/vsftpver.h
vsftpd-3.0.0/utility.c
vsftpd-3.0.0/utility.h
...
```

进入目录并且运行 make 命令执行编译。

```
$ cd vsftpd-3.0.0/                                      ##进入目录
$ make                                                  ##编译源代码
gcc -c main.c -O2 -fPIE -fstack-protector --param=ssp-buffer-size=4 -Wall
-W -Wshadow -Werror -Wformat-security -D_FORTIFY_SOURCE=2  -idirafter
dummyinc
gcc -c utility.c -O2 -fPIE -fstack-protector --param=ssp-buffer-size=4 -Wall
-W -Wshadow -Werror -Wformat-security -D_FORTIFY_SOURCE=2  -idirafter
dummyinc
gcc -c prelogin.c -O2 -fPIE -fstack-protector --param=ssp-buffer-size=4
-Wall -W -Wshadow -Werror -Wformat-security -D_FORTIFY_SOURCE=2  -idirafter
dummyinc
gcc -c ftpcmdio.c -O2 -fPIE -fstack-protector --param=ssp-buffer-size=4
-Wall -W -Wshadow -Werror -Wformat-security -D_FORTIFY_SOURCE=2  -idirafter
dummyinc
...
```

vsftpd 需要系统中有一个 nobody 用户来完成配置，大部分 Linux 发行版在系统安装完成后都会自动添加这个用户。如果系统中没有，那么运行下面这条命令添加这个用户。

```
$ sudo useradd nobody
```

为了执行默认设置，vsftpd 还需要/usr/share/empty 目录。如果系统中没有这个目录，执行下面这条命令添加。

```
$ sudo mkdir /usr/share/empty
```

还需要添加 ftp 用户。这个用户是为匿名 FTP 访客准备的。当用户以匿名（anonymous）身份登录到 FTP 服务器后，就被映射成为 ftp 用户。同时 ftp 用户的主目录就是该匿名用户所在的目录。

```
$ sudo mkdir /home/ftp/              ##新建/home/ftp 作为 ftp 用户的主目录
$ sudo useradd -d /home/ftp ftp      ##添加 ftp 用户，并设置其主目录
```

必须给这个用户足够小的权限，以保证陌生人不会在服务器上为所欲为。下面这两条命令将/home/ftp 目录的属主和属组均设置为 root，并且关闭其他人和属组用户的写权限。

```
$ sudo chown root:root /home/ftp
$ sudo chmod og-w /home/ftp
```

这样设置之后，只有 root 用户可以向/home/ftp 目录下写入数据。这一点对于 FTP 服务器而言非常重要——匿名用户在任何时候都不应该拥有上传权限。

最后执行 make install 命令完成安装。这一步主要是复制一些文件。

```
$ sudo make install
if [ -x /usr/local/sbin ]; then \
        install -m 755 vsftpd /usr/local/sbin/vsftpd;
    else \
        install -m 755 vsftpd /usr/sbin/vsftpd; fi
...
```

不过需要注意的是，配置文件 vsftpd.conf 并不会被自动复制到/etc 目录下。用户可以在配置的时候手动建立这个文件，或者现在就把示例文件复制过去。

```
$ sudo cp vsftpd.conf /etc/
```

至此就完成了从源代码编译 vsftpd 的全过程。下面介绍如何启动和关闭 vsftpd 服务器，包括如何配置 xinetd 接管 FTP 服务。

24.2.3　服务器的启动和关闭

读者已经知道如何使用 vsftpd 脚本来启动这个 FTP 服务器。在默认情况下，vsftpd 一旦启动，就会一直监听端口，响应客户机的连接请求。

```
$ sudo /etc/init.d/vsftpd start
 Rather than invoking init scripts through /etc/init.d, use the service(8)
utility, e.g. service vsftpd start

Since the script you are attempting to invoke has been converted to an
Upstart job, you may also use the start(8) utility, e.g. start vsftpd
```

如果用户选择从发行版自带的安装源中安装 vsftpd，那么通常就已经设置为随系统启动了。查看 rc5.d 目录下和 vsftpd 有关的文件，得到的信息大概如下：

```
$ ls -l /etc/rc5.d/ | grep vsftpd
lrwxrwxrwx 1 root root  16 2008-11-22 21:09 S20vsftpd -> ../init.d/vsftpd
```

数字 20 定义了 vsftpd 脚本的启动顺序，随系统不同而有所差异。通常来说，和 vsftpd 处于同一个"启动优先级"的还有 NFS 服务器、Samba 服务器等，在手动向 rclevel.d 目录下添加脚本的时候应该格外注意启动顺序。rc 目录中启动脚本的具体介绍请参见 22 章。

手动关闭 vsftpd 只需要以 stop 参数调用 vsftpd 脚本。

```
lewis@lewis-laptop:~$ sudo /etc/init.d/vsftpd stop
Rather than invoking init scripts through /etc/init.d, use the service(8)
utility, e.g. service vsftpd stop

Since the script you are attempting to invoke has been converted to an
Upstart job, you may also use the stop(8) utility, e.g. stop vsftpd
vsftpd stop/waiting
```

除了以 standalone 方式运行 FTP 服务器，还可以配置以 xinetd 来管理 vsftpd。事实上，像 FTP 这种访问压力较小的服务，使用 xinetd 方式是比较合适的。为此，首先应该告诉 vsftpd，从现在开始可以不用监听端口了。打开配置文件/etc/vsftpd.conf，找到下面这部分内容。

```
# Run standalone?  vsftpd can run either from an inetd or as a standalone
# daemon started from an initscript.
listen=YES
```

将"listen=YES"改为"listen=NO"，表示不必监听端口。

```
listen=YES
```

接下来需要告诉 xinetd 和 FTP 服务器有关的信息。为此，在/etc/xinetd.d 目录下建立文件 vsftpd，包含下面这些内容。

```
service ftp
{
        socket_type     = stream
        wait            = no
        user            = root
        server          = /usr/sbin/vsftpd
        log_on_success  += DURATION
        disable         = no
}
```

需要注意的是，server 字段填写的是 vsftpd 服务器的启动脚本所在的路径。如果用户将 vsftpd 安装在其他目录下，那么这个字段也应该做相应的改动。xinetd 配置文件的详细解释请参考 22.2.3 节。

💬提示：再次提醒，在/etc/xinetd.d 目录下为每个服务设立一个单独的配置文件是一个好习惯，这样可以避免很多服务出现在一个文件中，让日后的管理变成一场噩梦。

现在重新启动 xinetd，使配置生效。

```
$ sudo /etc/init.d/xinetd restart
Rather than invoking init scripts through /etc/init.d, use the service(8)
utility, e.g. service xinetd restart
```

```
Since the script you are attempting to invoke has been converted to an
Upstart job, you may also use the stop(8) and then start(8) utilities,
e.g. stop xinetd ; start xinetd. The restart(8) utility is also available.
xinetd stop/waiting
xinetd start/running, process 25357
```

查看 22 端口的情况，可以看到 xinetd 已经接管了这个端口。

```
$ sudo netstat -tulnp | grep 21
tcp        0      0 0.0.0.0:21          0.0.0.0:*       LISTEN      13493/xinetd
```

24.3　vsftpd 用户设置

vsftpd 主要使用一个被称作 vsftpd.conf 的文件进行相关配置，偶尔也会用到其他的文件。FTP 的配置相对简单，因为确实没有太多的功能需要实现。本节将主要介绍匿名用户和本地用户的配置，虚拟用户设置将在 23.4 节讨论。

24.3.1　设置匿名用户登录

FTP 在互联网上最常见的用途就是"匿名 FTP"，这种设置能够让任何人访问并下载服务器提供的文件。如果读者当初是从 Internet 上下载 Linux 拷贝的话，那么应该会对这种形式的 FTP 服务器非常熟悉。

vsftpd 服务器默认配置为允许匿名用户登录。匿名用户叫做 anonymous，这个用户在本地被映射为 ftp。打开/etc/vsftpd.conf，应该可以看到下面这几行。

```
# Allow anonymous FTP? (Beware - allowed by default if you comment this out).
anonymous_enable=YES
```

按照惯例，以"#"开头的行是注释行，用于解释相关选项的作用。anonymous_enable =YES 告诉 vsftpd 应该允许匿名用户登录。有些时候注释也用于暂时关闭某些选项，在需要开启的时候只要简单地取消注释标记"#"就可以了。

在默认情况下，使用匿名用户登录时，FTP 服务器仍然会提示输入密码。这个举动看上去有点奇怪，尽管的确可以为匿名用户设置密码，但有什么必要这样做呢？通过在 vsftpd.conf 中添加下面这一行，可以让匿名用户跳过密码检测这一步。

```
no_anon_password=YES
```

另一个比较有用的选项是 anon_max_rate，用于限制匿名用户的传输速率。在带宽资源并不非常充裕的情况下，可以考虑"委屈"一下 anonymous。这个选项后面的数值单位是 bytes/s。如果被设为 0，则表示不受限制。例如，将匿名用户传输的速率限制为 20KB/s，那么可以这样设置：

```
anon_max_rate=20000
```

记得在每次完成对配置文件的修改后重启 FTP 服务器，使修改生效。

```
$ sudo /etc/init.d/vsftpd restart
Rather than invoking init scripts through /etc/init.d, use the service(8)
```

```
utility, e.g. service vsftpd restart

Since the script you are attempting to invoke has been converted to an
Upstart job, you may also use the stop(8) and then start(8) utilities,
e.g. stop vsftpd ; start vsftpd. The restart(8) utility is also available.
vsftpd start/running, process 25384
```

尽管可以通过配置允许匿名 FTP 用户上传文件，但本节并不打算介绍这个"功能"。允许任何人上传文件的 FTP 会很快成为黑客和孩子们的乐园，他们会耗尽带宽资源，然后让这个 FTP 站点彻底变成仓库。如果不想让事情变得太糟的话，请永远保证匿名 FTP 用户只能从中下载文件。

24.3.2　设置本地用户登录

在一个网点内部，FTP 更多的情况下被配置为向授权用户开放。为此，用户应该在服务器上拥有自己的账号。vsftpd 把这样的用户称为"本地用户（local users）"，这和其他 FTP 服务器所说的"真实用户（real users）"是一回事。

要开启 vsftpd 的这个功能，只要简单地取消配置文件中 local_enable=YES 前的注释符号"#"。如果在 vsftpd.conf 中找不到这一行，那么就手动添上。当本地用户登录到 FTP 服务器时，所处的目录就是其在服务器上的主目录。没有理由限制用户在自己的目录中创建、删除或是修改数据。在配置文件中取消 write_enable=YES 前的注释符号"#"可以打开本地用户的上载权限（如果找不到这一行，就手动添上）。完成修改后的两行如下：

```
# Uncomment this to allow local users to log in.
local_enable=YES
#
# Uncomment this to enable any form of FTP write command.
write_enable=YES
```

最后运行下面这条命令重启 FTP 服务器使修改生效。

```
$ sudo /etc/init.d/vsftpd restart
```

出于安全性的考虑，有一些用户是不能被允许通过 FTP 登录的，例如 root 用户。vsftpd 将一些系统用户整理在/etc/ftpusers 中，通过 cat 命令查看这个文件，得到如下信息：

```
$ cat /etc/ftpusers
# /etc/ftpusers: list of users disallowed FTP access. See ftpusers(5).

root
daemon
bin
sys
sync
games
man
lp
mail
news
uucp
nobody
```

这是一张"黑名单",所有被列入其中的用户都不能通过 FTP 登录进来。当然,尽管 FTP 的本意是阻止外部 FTP 用户接触本地的系统信息,但管理员也可以简单地把那些"看不顺眼"的账户放进去。这样就可以实现限制某些用户登录 FTP 的功能了。

24.3.3　限制用户在本地目录中

登录到 FTP 的用户可以在服务器上到处浏览,查看普通的,或是敏感的文件。这显然是任何一个管理员都不愿意见到的事情。幸运的是,vsftpd 提供了 chroot(change root,改变根目录)系统调用。使其他目录对使用者不可见,也不可访问。

要开启这个选项,应该在/etc/vsftpd.conf 中找到 chroot_local_user 关键字,并修改成下面这样:

```
chroot_local_user=YES
```

这样,当用户试图进入一个系统目录时,vsftpd 会提示失败,并委婉地拒绝这一请求。

```
ftp> cd /etc/
550 Failed to change directory.
```

类似地,管理员还可以指定下面这个选项,通过一个配置文件指定有哪些用户应该受到限制。

```
chroot_list_enable=YES
```

配置文件通过 chroot_list_file 选项指定,下面这条设置将配置文件指定为/etc/vsftpd. chroot_list。

```
chroot_list_file=/etc/vsftpd.chroot_list
```

/etc/vsftpd.chroot_list 的格式和/etc/ftpusers 一样,每行一个用户。但通常来说,将这种限制应用于每一个用户是必须的,想不出任何理由应该给某些用户设立特权。因此,chroot_local_user=YES 往往比 chroot_list_enable=YES 更常用到。

24.4　更好的选择:使用虚拟用户

虚拟用户基于这样一种实现方式,所有非匿名用户的均被视为访客(guest),并被映射为一个特定的用户。由 guest_username 选项指定。读者将会看到,从 FTP 登录进来的用户甚至不必拥有系统意义上的"账户",vsftpd 使用数据库来管理用户信息。管理员可以为每一个用户设置主目录,并赋予相应的权限。虚拟用户非常适合那些需要为不同用户提供 FTP 空间的站点。Web 主机托管常常采用这样的方法。用户在本地编辑好网页,然后通过 FTP 上传到服务器上——当然首先要通过虚拟用户身份验证。

24.4.1　为用户 jcsmith 和 culva 开放 FTP:一步步地指导

本节将带领读者实践配置 vsftpd 虚拟用户的全过程。为了让这次"实践"至少不那么索然无味，设想现在接到了一项任务。这项任务包含下面这些需求：

- ❑ 禁用匿名用户；
- ❑ 为用户 jcsmith 和 culva 添加 FTP 虚拟账户；
- ❑ 将其口令分别设置为 jc123 和 cu123；
- ❑ 将 jcsmith 的 FTP 主目录设置为/home/ftp/jcsmith，赋予其只读权限；
- ❑ 将 culva 的 FTP 主目录设置为/home/ftp/culva，赋予其上传文件和建立目录的权限。

下面一步步地指导读者完成这项任务。最后将总结使用虚拟用户的原理，并简要介绍 PAM 验证——尽管从严格意义上讲这应该是属于第 9 章的内容。

24.4.2 创建虚拟用户的数据库文件

创建数据库文件需要使用 db 这个工具，通常情况下这个工具并没有预装在系统中。在 Ubuntu 中，运行下面的命令从安装源中下载并安装 db4.6-util。

```
$ sudo apt-get install db4.6-util                    ##安装 db4.6-util
```

db 工具通过读取一个特定格式的文本文件来创建数据库文件。这个文件应该为每个用户预留 2 行，第 1 行是用户名，第 2 行是用户口令。本例中，在主目录下建立文件 login_user（文件名可以任取），包含下面这些内容：

```
jcsmith
jc123
culva
cu123
```

运行 db4.6_load 命令，通过~/login_user（由-f 选项指定）创建数据库文件/etc/vsftpd_login.db。记住这个文件名，后面还会用到。

```
$ sudo db4.6_load -T -t hash -f /home/lewis/login_user /etc/vsftpd_login.db
```

-T 选项指导 db4.6_load 命令通过文本文件创建数据库。"-t hash"则指定了创建数据库的方式。这里使用了一种被称做"哈希表（Hash Table）"的数据结构。

最后，需要修改这个数据库文件的权限，使其只对 root 用户可见。

```
$ sudo chmod 600 /etc/vsftpd_login.db
```

24.4.3 配置 PAM 验证

/etc/pam.d/vsftpd 是 vsftpd 默认使用的 PAM 验证文件。编辑这个文件，加入下面这两行：

```
auth      required      /lib/security/pam_userdb.so db=/etc/vsftpd_login
account   required      /lib/security/pam_userdb.so db=/etc/vsftpd_login
```

不幸的是，/etc/pam.d/vsftpd 中原本就有的一些东西会干扰这里的设置。最简单的办法就是将其他所有的行都注释掉（不要删除，这些设置今后可能还有用），现在这个文件看起来如下：

```
# Standard behaviour for ftpd(8).
#auth    required      pam_listfile.so item=user sense=deny file=/etc/ftpu-
sers onerr=succeed

# Note: vsftpd handles anonymous logins on its own.  Do not enable
# pam_ftp.so.

# Standard blurb.
#@include common-account
#@include common-session

#@include common-auth
#auth    required      pam_shells.so

auth     required      /lib/security/pam_userdb.so db=/etc/vsftpd_login
account  required      /lib/security/pam_userdb.so db=/etc/vsftpd_login
```

事实上，vsftpd 使用的 PAM 文件是由配置文件（/etc/vsftpd.conf）中的 pam_service_name=指定的。如果感到/etc/pam.d/vsftpd 设置起来太麻烦的话，读者也可以使用自己喜欢的名字在/etc/pam.d 下新建一个文件，然后把 pam_service_name 指向它。下面这条配置将 vsftpd 的 PAM 验证文件设置为/etc/pam.d/my_vsftpd。

```
pam_service_name=my_vsftpd
```

24.4.4　创建本地用户映射

下面应该做一些设置，将登录进来的 jcsmith 和 culva 映射为一个指定的非特权用户。为简便起见，这里就使用已有的 ftp 用户。编辑 vsftpd 的配置文件/etc/vsftpd.conf，修改（或者添加）下面这一行：

```
guest_username=ftp
```

这样 jcsmith 和 culva 在登录到 FTP 服务器后，就只有 ftp 用户的权限了。下面是到这一步为止，/etc/vsftpd.conf 中所有可能影响到的行。

```
anonymous_enable=NO                 ##不允许匿名用户登录
local_enable=YES                    ##允许本地用户登录
chroot_local_user=YES               ##将用户限制在其主目录中
pam_service_name=vsftpd             ##指定 PAM 验证文件（在/etc/pam.d/中）
guest_enable=YES                    ##激活访客（guest）身份
guest_username=ftp                  ##设置登录用户应该被映射成的本地用户
```

其中，local_enable=YES 和 guest_enable=YES 用于开启虚拟用户登录。前者告诉 vsftpd 允许本地用户（在本例中是 jcsmith 和 culva）登录服务器；后者用于将所有的登录用户视为"访客（guest）"。"访客"最终被映射为 guest_username 所指定的本地用户（在本例中是 ftp）。

既然设置了虚拟用户，那么出于安全性的考虑，就应该禁用匿名登录。同样的原因，这里将 chroot_local_user 设为 YES，限制用户在自己的主目录中活动。这样 jcsmith 就不会随便窜到 culva 的目录中去下载些什么了。

24.4.5　设置用户目录和权限

到目前为止已经可以用 jcsmith 和 culva 这两个账户登录 FTP 服务器了，但其还只能拥有相同的目录（/home/ftp）和权限。下面来完成最后的两个任务。

（1）将 jcsmith 的 FTP 主目录设置为/home/ftp/jcsmith，赋予其只读权限。

（2）将 culva 的 FTP 主目录设置为/home/ftp/culva，赋予其上传文件和建立目录的权限。

首先为这两个用户建立各自的主目录。在本例中，虚拟用户登录后自动被映射为本地的 ftp 用户，所以应该把这些目录的属主设置为 ftp 用户。

```
$ sudo mkdir /home/ftp/culva              ##为 culva 用户建立 FTP 主目录
$ sudo chown ftp /home/ftp/culva/         ##设置目录的属主
$ sudo mkdir /home/ftp/jcsmith            ##为 jcsmith 用户建立 FTP 主目录
$ sudo chown ftp /home/ftp/jcsmith/       ##设置目录的属主
```

接下来为两个用户设置不同的目录和权限。vsftpd 使用"user_config_dir="这一选项来指定存放用户配置的目录。这里首先建立/etc/vsftpd_user_conf。

```
$ sudo mkdir /etc/vsftpd_user_conf
```

然后在/etc/vsftpd.conf 中将 user_config_dir 选项指向它。现在配置文件中相关的行看起来如下：

```
anonymous_enable=NO
local_enable=YES
chroot_local_user=YES
pam_service_name=vsftpd
guest_enable=YES
guest_username=ftp
##存放用户配置文件的目录
user_config_dir=/etc/vsftpd_user_conf
```

最后，在/etc/vsftpd_user_conf 目录下建立 jcsmith 和 culva 这两个文本文件，分别存放和 jcsmith 和 culva 有关的配置。其中文件 jcsmith 的内容非常简单，只包含下面这一行：

```
local_root=/home/ftp/jcsmith
```

这一行指定了 jcsmith 在 FTP 服务器上的主目录。culva 的配置文件则略微复杂一些。

```
##打开 VsFTPd 的全局写权限
write_enable=YES
##打开文件上载权限
anon_upload_enable=YES
##打开建立目录的权限
anon_mkdir_write_enable=YES
local_root=/home/ftp/culva
```

24.4.6　重新启动 vsftpd 服务器

至此就完成了 FTP 虚拟用户的设置。作为工作的最后一步，重新启动服务器总是必须的。

```
$ sudo /etc/init.d/vsftpd restart
 Rather than invoking init scripts through /etc/init.d, use the service(8)
utility, e.g. service vsftpd restart

Since the script you are attempting to invoke has been converted to an
Upstart job, you may also use the stop(8) and then start(8) utilities,
e.g. stop vsftpd ; start vsftpd. The restart(8) utility is also available.
vsftpd stop/waiting
vsftpd start/running, process 25455
```

24.4.7　总结虚拟用户原理：PAM 验证

现在简要梳理一下建立 FTP 虚拟用户的全过程。总体来说，这几节依次做了下面这些事情：

（1）配置虚拟用户登录后映射到系统上的用户。

（2）建立包含用户身份和口令的数据库文件 vsftpd_login.db。

（3）配置 vsftpd 使用 PAM 验证。并告诉 PAM 在验证用户身份时使用 vsftpd_login.db。

（4）建立虚拟用户的主目录。

（5）为虚拟用户安排不同的配置文件。

PAM 验证是读者接触到的新概念，也是整个身份验证功能的关键。PAM 是 Pluggable Authentication Modules（可插入式身份验证模块）的缩写。顾名思义，PAM 使用一系列的验证模块来帮助应用程序完成验证功能——程序只要知道有这么一个模块就可以了。这种模块化的设计保证了 PAM 的可扩展性——模块随时可以添加、删除和重新配置。

正如读者已经知道的那样，应用程序的 PAM 配置文件统一存放在/etc/pam.d 目录下。在本例中，vsftpd 的 PAM 配置文件包含下面两行：

```
auth    required       /lib/security/pam_userdb.so db=/etc/vsftpd_login
account required        /lib/security/pam_userdb.so db=/etc/vsftpd_login
```

这两行告诉 PAM 应该调用 pam_userdb 模块执行身份验证，db 参数指定了为此需要加载的数据库文件——本例中就是一开始创建的 vsftpd_login.db。在调用模块时，如果 PAM 配置文件没有使用绝对路径，那么 PAM 会自动到/lib/security 中去寻找。因此，上面的配置完全也可以这样写：

```
auth    required       pam_userdb.so db=/etc/vsftpd_login
account required        pam_userdb.so db=/etc/vsftpd_login
```

auth、account 和 required 都是 PAM 配置的关键字，auth 用于确定用户身份，account 表示执行不基于身份验证的决策。required 告诉 PAM 为了让程序继续执行，该模块必须执行成功。PAM 配置还有其他的关键字，这里就不一一介绍了。有兴趣的读者不妨自己查阅资料。

PAM 验证在系统管理领域有非常广泛的应用。由于其灵活、适合在更大的范围内执行身份验证，所以正受到越来越多的关注。目前所有完善的了 Linux 发行版本都内置了 PAM 验证工具，这是一种比传统 Linux 用户身份验证（关联/etc/passwd 和/etc/shadow）更强大的身份验证机制。

24.5　杂　项

在实际配置 FTP 的过程中，常常需要设置一些全局项。这些参数定义了一些必不可少的细节，对于希望自己的服务器表现出色的管理员来说，设置这些参数是必要的。表 24.1 给出了这些参数及其含义。

表 24.1　vsftpd的全局配置选项

配　置　段	说　　明
listen_port=port_num	设置 FTP 守护进程的监听端口（由 port_num 指定），默认为 21
pasv_enable=YES (NO)	设置是否启动被动连接模式
use_localtime=YES (NO)	设置是否启用本地时间（默认情况下使用格林尼治时间）
connect_timeout=time	设置服务器在主动连接客户端时，多少时间（由 time 指定）后没有收到回应即自动断开
accept_timeout=time	设置服务器在被动连接模式下，多少时间（由 time 指定）后没有收到客户机的连接请求即自动断开
data_connection_timeout=time	建立连接后，设置服务器在多少时间（由 time 指定）内无法完成数据传输（通常由于网络故障）即自动断开
idle_session_timeout=time	限制用户的"发呆"时间。用户在多少时间（由 time 指定）内没有行动即断开连接
max_clients=num	设置同一时刻可以有多少主机（由 num 指定）连接到服务器
max_per_ip=num	设置同一个 IP 地址在同一时刻可以发起多少个连接（由 num 指定）
ftpd_banner=welcome_text	设置登录到 FTP 后显示的欢迎信息
banner_file=filename	将文本文件 filename 中的内容设置为欢迎信息

提示：以上时间（time）设置的单位均为秒。

使用 ftpd_banner 或者 banner_file 提供的信息作为 FTP 服务器的欢迎词是一个好习惯。这样一方面有助于增加 FTP 站点的亲和力，同时因为屏蔽了服务器的版本信息，可以从某种程度上提高一些服务器的安全性。例如，在/etc/vsftpd.conf 中加入下面这一行：

```
ftpd_banner=Welcome to blah FTP service.
```

从客户端登录 FTP 服务器可以看到下面这些信息。

```
$ ftp localhost                              ##登录位于本地的 vsftpd 服务器
Connected to localhost.
220 Welcome to blah FTP service.
Name (localhost:lewis):
...
```

24.6　关于 FTP 的安全

和 HTTP 服务相比，FTP 服务器的安全性不太让人放心。有些时候，系统管理员的确需要为此费一些心思。事实上，很多资深管理员甚至认为，永远不要在非匿名登录时使用 FTP 服务。原因很简单，FTP 使用明文传输口令。

这的确是一个大问题，telnet 因为同样的原因已经被淘汰了。FTP 是否会成为下一个 telnet？至少在现在还没有看到这一趋势。FTP 服务仍然广泛地应用于诸如发布补丁、软件和文档等传统的文件共享环境中，但确实更多的是被作为匿名站点运行，而不再允许用户拥有 FTP 账户。

在非匿名应用方面，已经有了基于 SSH 的 sftp（参考 14.4 节）。如果读者需要在 Linux 服务器上配置非匿名用户的 FTP 应用，那么不妨首先考虑使用 sftp——这样可以有效保护服务器和用户的信息安全。

24.7　小　　结

- ❑ vsftpd 是一款安全性较高的 FTP 服务器程序。
- ❑ vsftpd 可以在绝大多数主流 Linux 发行版的安装源中找到。
- ❑ 匿名 FTP 用户登录到的目录是/home/ftp。
- ❑ 匿名 FTP 用户在任何时候都不应该使其拥有写权限。
- ❑ FTP 分为"主动连接"和"被动连接"两种模式。
- ❑ Linux 防火墙提供了特定的模块来解决 FTP 特殊的连接方式。
- ❑ FTP 服务器应该尽量使用 inetd/xinetd 方式运行。
- ❑ 可以配置 vsftpd 接受本地用户登录。
- ❑ 应该将 FTP 用户限制在自己的主目录中。
- ❑ 虚拟用户将非匿名用户映射到本地的一个特殊用户账户，这是比"本地用户登录"更好的一种登录方式。
- ❑ PAM 使用一系列验证模块来帮助应用程序完成验证功能。在系统管理领域有非常广泛的应用。
- ❑ FTP 使用明文口令，因此不适合有账号的非匿名应用。

第 25 章　Samba 服务器

　　本章将带领读者架设自己的 Samba 服务器。通过 Samba，Windows 客户端可以很方便地访问 Linux 系统上的资源。关于什么是 Samba 和 Linux，如何访问 Windows 的"共享文件夹"，已经在 14.2 节作了详细介绍，这里就不再赘述了。

25.1　快速上手：搭建一个 Samba 服务器

　　为了运行 Samba 服务器，读者首先需要安装相关的软件包。目前 Samba 服务器已经包含在所有的主流 Linux 发行版中了，可以直接从安装源中下载并安装这个服务器软件。以 Ubuntu Linux 为例，只要简单地执行下面这条命令。

```
$ sudo apt-get install samba-common samba
```

　　和其他大部分服务器一样，Samba 使用一个文本文件完成服务器的所有配置。这个文件叫做 smb.conf，位于/etc 或者/etc/samba 目录下，用熟悉的文本编辑器打开这个文件，在末尾加入下面这几行。

```
[share]
comment = Linux Share
path = /opt/share
public = yes
writeable = no
browseable = yes
guest ok = yes
```

　　下面简单解释一下这几句话的含义。方括号"[]"中的文字表示共享目录名，这个名字可以随意设置，但应该有意义，因为 Windows 用户需要据此判断这个文件夹的用途。comment 字段用于设置这个共享目录的描述，这个字段是给"自己"看的，但设置一个含义明确的描述可以让今后翻看这个文件时不至于摸不着头脑。

　　接下来的 3 个字段是对共享目录的具体设置。path 指定了共享目录的路径，这里设置为/opt/share。writeable 设置目录是否可写，这里设置为"no（可写）"。browseable=yes 和 public=yes 表示该共享在 Windows 的"网上邻居"中可见。最后的 guest ok=yes 告诉 Samba 服务器这个共享目录允许匿名者访问。

　　在启动 Samba 服务器之前，不要忘记建立这个用于共享的目录。使用下面这条命令：

```
$ sudo mkdir /opt/share
```

　　最后，使用下面这条命令启动 Samba 服务器。

```
$ sudo /etc/init.d/samba start
```

```
* Starting Samba daemons                                          [ OK ]
```

现在在相邻的一台 Windows 机器上打开"网上邻居"，就可以看到这台 Samba 服务器，如图 25.1 所示。双击进入这个文件夹可以看到其中的文件。

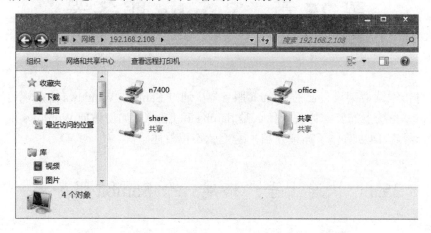

图 25.1　Windows "网上邻居"中看到的 Samba 服务器

25.2　Samba 基础

下面具体介绍和 Samba 服务器安装有关的详细信息，包括如何从源代码编译安装 Samba 服务器。如果读者的 Samba 服务器已经很好地运行起来了，也可以选择跳过本节。

25.2.1　从源代码安装 Samba 服务器

几乎所有的 Linux 发行版本都在自己的安装源中附带了 Samba 服务器软件。但一些用户仍然会设法从源代码编译安装——为了追求更高的可定制性，以及更统一、更"标准"的配置。无论哪一种方法，使用现成的二进制包或者编译源码都是可行的。甚至很多时候，两者在使用上并不会体现出多大的差异，选择完全取决于需求，还有个人爱好。

Samba 服务器的完整源代码可以从 www.samba.org 上下载，下载到的文件应该像 "samba-latest.tar.gz" 这样。找一个合适的目录，将压缩包中的文件解压到这个目录中。

```
$ tar zxvf samba-latest.tar.gz
samba-3.6.7/buildtools/wafsamba/stale_files.py
samba-3.6.7/buildtools/wafsamba/samba3.py
samba-3.6.7/buildtools/wafsamba/samba_autoconf.py
samba-3.6.7/buildtools/wafsamba/hpuxcc.py
...
samba-3.6.7/buildtools/wafsamba/samba_cross.py
samba-3.6.7/buildtools/wafsamba/irixcc.py
samba-3.6.7/buildtools/wafsamba/samba_utils.py
samba-3.6.7/buildtools/wafsamba/gccdeps.py
samba-3.6.7/buildtools/wafsamba/samba_headers.py
...
```

编译 Samba 略微有一点特殊。在本例中，Samba 将自己的源代码放在 samba-3.。6.7/source3 中，在运行 configure 脚本之前，首先要运行 autogen.sh 做一些预处理。

```
$ ./autogen.sh
./autogen.sh: running script/mkversion.sh
./script/mkversion.sh: 'include/version.h' created for Samba("3.6.7")
./autogen.sh: running autoheader in ../examples/VFS/
./autogen.sh: running autoconf in ../examples/VFS/
Now run ./configure (or ./configure.developer) and then make
```

接下来的步骤就和编译安装其他软件一样了，运行 configure 脚本生成合适的 makefile 文件。

```
$ ./configure                                    ##生成makefile
checking whether to enable build farm hacks... no
checking if sigaction works with realtime signals... yes
checking if libpthread is linked... no
checking zlib.h usability... yes
checking zlib.h presence... yes
checking for zlib.h... yes
checking for zlibVersion in -lz... yes
checking for zlib >= 1.2.3... yes
Using libraries:
    LIBS = -lresolv -lresolv -lnsl -ldl -lrt
    DNSSD_LIBS =
    AUTH_LIBS = -lcrypt
checking configure summary... yes
...
```

使用 make 命令编译源代码。Samba 服务器非常复杂，编译源代码需要花费一定的时间，至少在本书列举的几个服务器中，Samba 的编译时间是最长的。

```
$ make                                           ##编译源代码
...
...
    PICFLAG    = -fPIC
    LIBS       = -lcrypt -lresolv -lresolv -lnsl -ldl
    LDFLAGS    = -pie -Wl,-z,relro -L./bin
    DYNEXP     = -Wl,--export-dynamic
    LDSHFLAGS  = -shared -Wl,-Bsymbolic -Wl,-z,relro -L./bin
    SHLIBEXT   = so
    SONAMEFLAG = -Wl,-soname=
mkdir bin
...
```

运行 make install 命令安装二进制文件。注意，这一步需要 root 权限。

```
$ sudo make install                              ##执行安装
...
...
Installing bin/smbd as ///usr/local/samba/sbin/smbd
Installing bin/nmbd as ///usr/local/samba/sbin/nmbd
...
================================================================
All MO files for Samba are installed. You can use "make uninstall"
or "make uninstallmo" to remove them.
================================================================
```

如果看到了最后的这条提示信息，那么 Samba 服务器已经顺利地安装到用户的机器上了。

25.2.2　服务器的启动和关闭

Samba 服务器的启动和关闭没有什么特殊的地方。默认情况下 Samba 的启动脚本是 /etc/init.d/samba，通过下面这条命令启动 Samba 服务器。

```
$ sudo /etc/init.d/samba start
 * Starting Samba daemons                                        [ OK ]
```

类似地，传递 stop 参数停止 Samba 服务器，restart 参数是 stop 和 start 的组合。准确地说，Samba 服务器的大部分功能是由两个守护进程实现的。smbd 负责提供文件和打印服务，以及身份验证功能，nmbd 负责进行主机名字解析。

25.3　Samba 配置

读者已经在"快速上手"环节体验了 Samba 的配置。Samba 的配置文件看起来比较复杂，并且拥有一些功能重叠的关键字，在这方面 Samba 有点让人迷糊。但总体，上 Samba 的配置并不困难。通过本节的学习，读者将学会如何配置一台实用和可靠的 Samba 服务器。

25.3.1　关于配置文件

在正式介绍如何配置 Samba 之前，首先来看一眼这个配置文件里究竟写了些什么。为了不让这个文件占用太长的篇幅，下面截取了其中比较重要的部分。

```
#======================= Global Settings =======================

[global]

## Browsing/Identification ###

# Change this to the workgroup/NT-domain name your Samba server will part
of
   workgroup = WORKGROUP

...

# Allow users who've been granted usershare privileges to create
# public shares, not just authenticated ones
   usershare allow guests = yes

#======================= Share Definitions =======================

# Un-comment the following (and tweak the other settings below to suit)
# to enable the default home directory shares.  This will share each
# user's home directory as \\server\username
```

```
;[homes]
;   comment = Home Directories
;   browseable = no

...
```

所有以"#"和";"开头的行都是注释行。可以看到，smb.conf 文件给出了非常完整的注释信息，这些信息对于用户配置服务器很有帮助。从这个文件中可以看到，smb.conf 总共分为两个部分，分别为"全局设置（Global Settings）"和"共享定义（Share Definitions）"。

顾名思义，全局设置用于定义 Samba 服务器的整体行为。例如，工作组、主机名和验证方式等。共享定义则用于设置具体的共享目录（或者是设备）。25.3.2 节和 25.3.3 节将分别介绍这两个方面，但不会面面俱到，更完整的选项设置可以参考 Samba 官方网站 www.samba.org 中的相关文档（或者直接根据 smb.conf 里的注释）。

在每次修改完配置文件后，可以不必重启 Samba 服务器。勤奋的 Samba 每隔几秒就会检查一下配置文件，并且载入这期间发生的所有修改。

25.3.2　设置全局域

以"[global]"开头的那一长串是 Samba 的全局配置部分，下面介绍其中比较常用的设置。

workgroup 用于设置在 Windows 中显示的工作组。从前为了兼顾早期版本的 Windows，工作组取名需要遵循全部大写、不超过 9 个字符、无空格这 3 条规则，但现在已经看不出有什么必要这么做了。server string 是 Samba 服务器的说明。这两个字段后的内容可以随便写，但通常应该写得有"意义"一些。例如：

```
# Change this to the workgroup/NT-domain name your Samba server will part
of
    workgroup = WORKGROUP

# server string is the equivalent of the NT Description field
    server string = %h server (Samba, Ubuntu)
```

Windows 默认使用 NetBIOS（Network Basic Input/Output System，网络基础输入/输出系统）来识别同一子网上的计算机。这样，用户就可以通过一些有意义的名字（而不是一长串 IP 地址）来指定一台计算机。从某种意义上，这和 DNS 非常相似（但实在不够可靠）。Samba 提供了 netbios name 属性，用于设置在 Windows 客户机上显示的名字。

```
netbios name = linux_server
```

应该确保 Samba 打开了口令加密功能，否则口令将会以明码形式在网络上传输。smb.conf 中的默认配置已经打开了这个功能，想不出任何理由需要把它关闭。

```
encrypt passwords = true
```

文件名的编码问题也是需要考虑的（并且常常让人恼火！）。通常来说，将 Samba 服务器的编码模式设置为 UTF-8 是比较保险的，这样可以很好地解决中文显示的问题。

```
unix charset = UTF8
```

但是这样的设置仍然存在一个问题。Windows 2000 以前的 Windows 系统（例如 Windows 98 和 Windows Me）不认识 Unicode 编码，UTF-8 编码的中文文件名在这些系统下会显示为乱码。Samba 提供了 dos charset 这个字段。下面这条配置命令为那些不认识 Unicode 的 Windows 系统使用 GBK 编码。

```
dos charset = cp936
```

security 字段设置了用户登录的验证方式，share 和 user 是最常用到的两种。share 方式允许任何用户登录到系统，而不用提供用户名和口令——就像"快速上手"环节中所做的那样。这种方法并不值得推荐，但不幸的是，这是 Samba 默认使用的验证方式。另一种是 user 方式，这种方式要求用户提供账户信息供服务器验证。要使用 user 验证，Samba 的配置文件中应该包含下面这一行。

```
security = user
```

Samba 会将每一个试图连接服务器的行为记录下来，并存放在一个特定的地方。具体的存放位置是由配置文件中的 log file 字段指定的。

```
log file = /var/log/samba/log.%m
```

"%m"指代了客户端主机的主机名（或者 IP 地址）。这条配置告诉 Samba 服务器，日志文件以"log.+主机名（或者 IP 地址）"的形式命名。查看/var/log/samba 下的文件列表可以看到这一点。

```
$ ls /var/log/samba/                              ##查看日志文件列表
cores                    log.10.250.20.168        log.10.250.20.253
log.169.254.156.208      log.874bd0071cb14fd      log.linux-dqw4
log.smbd.3.gz            log.liu-785bd31d7be       log.smbd.4.gz
log.liuyu-pc
log.10.171.33.54         log.10.250.20.182        log.10.250.20.42
log.169.254.46.195       log.b7675c729461487      log.luobo-fecebfad6
log.winbindd
log.10.171.37.130        log.10.250.20.185        log.10.250.20.44
log.169.254.61.142       log.b7abbc2625174d5      log.mac001f5b84c0c1
log.winbindd.1.gz
log.10.171.39.113        log.10.250.20.188        log.10.250.20.47
log.169.254.66.226       log.benq-b9155397ff
...
```

定期查看日志文件是非常重要的，这有助于管理员在第一时间掌握系统的安全状况，并及时做出反应。下面列出了日志记录到的某些不受欢迎的访问记录。

```
$ cat log.fengjiao-pc                          ##查看来自 fengjiao-pc 的访问记录
[2008/12/20 08:53:10, 0] auth/auth_util.c:create_builtin_administrators
(792)
  create_builtin_administrators: Failed to create Administrators
[2008/12/20 08:53:10, 0] auth/auth_util.c:create_builtin_users(758)
  create_builtin_users: Failed to create Users
[2008/12/20 08:53:32, 0] auth/auth_util.c:create_builtin_administrators
(792)
  create_builtin_administrators: Failed to create Administrators
[2008/12/20 08:53:32, 0] auth/auth_util.c:create_builtin_users(758)
  create_builtin_users: Failed to create Users
```

...

25.3.3　设置匿名共享资源

在"快速上手"环节，读者已经创建了一个匿名 Samba 资源。这里简单地回顾一下设置匿名共享的全过程，以及需要注意的相关事项。

首先，应该保证 security 字段被设置为 share，允许匿名用户登录。如果配置文件中用于设置 security 的行被加了注释，那么允许匿名登录是 Samba 的默认行为。这也是为什么在"快速上手"环节没有设置这一验证方式的原因。

仍然以"快速上手"环节的设置为例。每一个共享资源都应该以方括号"[]"开始。标识共享资源的名字，客户机通过地址"//主机名/共享名"来访问共享资源（Windows 使用反斜杠\\）。其中必不可少的一个配置选项是 guest ok=yes，表示这个目录可以被匿名用户访问（public=yes 的含义相同）。

```
[share]
comment = Linux Share
path = /opt/share
writeable = no
browseable = yes
guest ok = yes
```

和匿名 FTP 一样（参考第 24 章），既然所有人都能够访问这个共享目录，那么就不应该开放写权限。writeable=no 阻止任何写入数据的企图。一个与此功能相同的选项是 read only，但意思刚好相反，read only=yes 和 writeable=no 的含义相同。

browseable 选项用于控制共享资源是否可以在 Windows 客户机的"网上邻居"中看到。如果设置 browseable=no 的话，那么用户必须在地址栏中手动输入 Samba 服务器的 IP 地址（或者主机名）来访问共享。

25.3.4　开启 Samba 用户

和全世界共享 Samba 资源显得太慷慨了，而且也不够安全。在更多的情况下，需要赋予特定的用户使用共享资源的权力，并且设置不同的权限。为了让未授权的用户远离 Samba 服务器，应该保证开启了用户信息验证。在 Samba 的配置文件中加入（或者取消注释）下面这一行。

```
security = user
```

仍以/opt/share 目录作为共享目录，在配置文件中把这段配置修改成下面这样：

```
[share]
comment = Linux Share
path = /opt/share
public = yes
writeable = yes
browseable = yes
guest ok = no
```

注意，这里做了两处修改。第 1 处是将 guest ok=yes 改为 guest ok=no，从而屏蔽了匿名用户对这个目录的访问。第 2 处是 browseable=yes，允许客户端看到该共享资源。是否开启这一选项完全取决于具体环境，并不是必须的。

接下来为 Samba 添加用户。为此，首先需要在系统中添加一个实际存在的用户 smbuser（当然读者也可以取一个更动听些的名字）。

```
$ sudo useradd smbuser
```

由于 Windows 口令的工作方式和 Linux 方式本质上的区别，因此需要使用 smbpasswd 工具设置用户的口令。

```
$ sudo smbpasswd -a smbuser                              ##设置 Samba 用户口令
New SMB password:
Retype new SMB password:
Added user smbuser.
```

今后可以使用带-U 参数的 smbpasswd 命令修改已有用户的口令。如果用户希望在本地修改服务器上自己的口令，可以使用-r 参数。下面这条命令用于修改在服务器 smbserver 上 smbuser 用户的口令。

```
$ smbpasswd -r smbserver -U smbuser
```

看起来一切都已经设置完成了。但别着急，还记得刚才承诺过要赋予 smbuser 对共享目录的写权限。

```
writeable = yes
```

在配置文件中写上这一条还远远不够。如果服务器上的这个目录本身对 smbuser 不可写的话，那么这句承诺只能沦为一张空头支票。下面这条命令将共享目录（对应于服务器上的/opt/share）的属主和属组都设置为 smbuser（文件的权限属性请参考 6.5 节）。

```
$ sudo chown smbuser:smbuser /opt/share/
```

25.3.5　配合用户权限

添加用户后，Samba 并不是将这个目录完全地交给 smbuser 了。可以对用户在目录中的权限进行一定的限制，在刚才的配置段中加入两行权限信息，使它看起来如下：

```
[share]
comment = Linux Share
path = /opt/share
public = yes
writeable = yes
browseable = yes
guest ok = no
create mask = 0664
directory mask = 0775
```

create mask 设置了用户在共享目录中创建文件所使用的权限。0664 是文件权限的八进制表示法，真正起作用的是后面的 3 个数字 664。代表对属主和属组用户可读写，对其他用户只读（关于文件权限的八进制表示法，请参考 6.5.6 节）。

directory mask 的功能与 create mask 的功能类似，只不过它针对的是目录。上面这一行配置将用户创建的目录权限设置为对属主和属组用户完全开放,其他用户拥有读和执行(进入目录)权限。

完成这些设置后,尝试以 smbuser 用户的身份登录到 Samba 服务器——从 Windows 或者直接使用 smbclient 命令(参考 14.2 节)。在共享目录中创建文件 new_file.txt 和目录 new_folder。在服务器上查看文件和目录的属性,可以看到权限确实如配置文件中所设置的那样。

```
$ ls -l /opt/share/new_file.txt                ##查看 new_file.txt 文件的属性
-rw-rw-r-- 1 smbuser smbuser 0 2008-12-20 13:08 /opt/share/new_file.txt

$ ls -dl /opt/share/new_folder/                ##查看目录 new_folder 的属性
drwxrwxr-x 2 smbuser smbuser 4096 2008-12-20 13:09 /opt/share/new_folder/
```

25.3.6　孤立用户的共享目录

"孤立"是为了保护隐私。由于拥有 Samba 账户的所有用户都可以任意访问 Samba 服务器上列出的资源,因此每个用户自己的文件似乎并没有得到保护。举例来说,如果系统中有另一个 Samba 用户 tosh,那么 tosh 同样可以访问属于 smbuser 的"共享"目录/opt/share。

如果要让 share 成为 smbuser 真正意义上的"私人目录",一种解决方法是从系统级别上将/opt/share 的权限设置为 700,从而屏蔽其他用户(甚至属组用户)对该目录的一切权限。这样当 tosh 试图访问这个共享目录时就会收到 "NT_STATUS_ACCESS_DENIED" 的出错提示。另一种解决方法是在共享目录的配置段中加入下面这一行,明确告诉 Samba 只有 smbuser 具有访问这个目录的权限。

```
valid users = smbuser
```

可以指定多个合法用户,使用逗号分隔。下面这一行设置 tosh 和 jcsmith 用户均可访问相应的共享资源。

```
valid users = tosh, jcsmith
```

有些时候,用户甚至不想让其他人在上一级目录中看到他们的"共享目录",将 browseable 设置为 no 可以达到这一目的。现在这个配置段看起来如下:

```
[share]
comment = Linux Share
path = /opt/share
public = yes
writeable = no
browseable = yes
create mask = 0664
directory mask = 0775
guest ok = no
valid users = smbuser
```

25.3.7　设置用户访问自己的主目录

对于 25.3.6 节的问题还有一个更好的解决方法:直接使用 Samba 提供的[home]段配置。[home]段的配置看上去如下:

```
[homes]
comment = Home Directories
browseable = no
read only = no
create mask = 0700
directory mask = 0700
valid users = %S
```

设置了主目录共享后，用户可以通过地址//servername/username 来访问自己在服务器上的主目录。以 smbuser 用户为例，首先将/opt/share 设置成为它的主目录。

```
$ sudo usermod -d /opt/share/ smbuser
```

使用 smbclient 像下面这样连接 smbuser 用户在 Samba 服务器上的主目录。

```
$ smbclient //lewis-laptop/smbuser -U smbuser
                    ##连接用户 smbuser 位于 lewis-laptop 上的主目录
Password:
Domain=[LEWIS-LAPTOP] OS=[Unix] Server=[Samba 3.0.28a]
smb: \>
```

注意，配置文件中使用了"valid user=%S"。其中"%S"指代任何登录进来的 Samba 用户，这一行保证用户只能登录到自己的主目录中。

25.4　SWAT 管理工具

除了手动修改配置文件，Samba 服务器还提供了 SWAT 图形管理工具。管理员可以使用 Web 浏览器远程登录 Samba 主机，更直观地对共享资源进行配置。看起来 SWAT 似乎更适合于初学者，但是要配置启动 SWAT 似乎并不那么"初级"。

Samba 的安装已经包含了这个管理工具，但默认并没有启动 SWAT 服务器。SWAT 必须配置为由 inetd/xinetd 启动。简便起见，下面的讨论以 xinetd 为例，inetd 的配置可以遵循相似的步骤（关于 xinetd 和 inetd 守护进程，请参考第 22 章）。

首先确保 SWAT 已经安装在系统上了。通常来说，这个工具的守护进程可以在/usr/sbin下找到。如果不能确定，可以使用 whereis 命令查找它的位置。

```
$ whereis swat                                 ##查找 SWAT 安装路径
swat: /usr/sbin/swat /usr/share/man/man8/swat.8.gz
```

随后建立/etc/xinetd.d/swat 文件（如果还没有的话），对 SWAT 服务进行配置。这个文件应该包含下面这些内容。

```
service swat
{
      socket_type    = stream
      protocol       = tcp
      wait           = no
      user           = root
      server         = /usr/sbin/swat
      only_from      = 127.0.0.1
      log_on_failure += USERID
      disable        = no
}
```

⚠注意：如果系统已经建立了这个文件，那么在默认情况下，最后一行的 disable 会被设
　　　置为 yes，表示禁用 SWAT。为了激活 SWAT，必须把它改成上面那样。

最后简单地重新启动 xinetd 守护进程，使改动生效。

```
$ sudo /etc/init.d/xinetd restart          ##重新启动 xinetd 守护进程
Rather than invoking init scripts through /etc/init.d, use the service(8)
utility, e.g. service xinetd restart

Since the script you are attempting to invoke has been converted to an
Upstart job, you may also use the stop(8) and then start(8) utilities,
e.g. stop xinetd ; start xinetd. The restart(8) utility is also available.
xinetd stop/waiting
xinetd start/running, process 21789
```

　　SWAT 启动后会在 901 端口监听。打开浏览器定位到服务器的 901 端口（使用
http://servername:901，把 servername 换成实际的服务器地址，例如本机就是 localhost），
即可打开 SWAT 的管理界面，此时 SWAT 会要求用户输入用户名和密码，如图 25.2 所示。
如图 25.3 所示是登录后的界面。

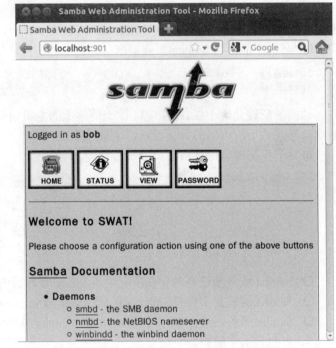

图 25.2　登录 SWAT　　　　　　　　　　图 25.3　SWAT 的用户主界面

25.5　安全性方面的几点建议

　　在安全性方面，Samba 服务器的默认配置已经做得非常好了。不过，系统管理员永远
不能简单地把某些事情看作是理所当然的，这里有几条和安全有关的建议。

Samba 服务器通常是用于团队内部共享的，不应该让共享资源对所有主机可见——向公众开放的文件服务应该使用 FTP 或者 Web 服务器。在 smb.conf 中可以使用 hosts allow 字句明确指定那些主机可以访问 Samba 服务。下面是配置文件中的相关设置。

```
[global]
        hosts allow = 127., 192.168.1.11, 192.168.1.21
```

hosts allow 子句允许匹配一组主机。例如，上面这个例子中的 "127." 就用于匹配所有以 127 开始的 IP 地址。各个 IP 地址之间用逗号分隔。在上面这个例子中，当 IP 地址为 172.16.25.129 的主机试图访问 Samba 资源时，会收到下面的信息。

```
$ smbclient //10.171.30.177/share -U smbuser
Enter smbuser's password:
Server not using user level security and no password supplied.
Server requested plaintext password but 'client plaintext auth' is disabled
tree connect failed: SUCCESS - 0
```

可以使用 EXCEPT 子句排除某些特定的主机，使其不能访问共享资源。下面的设置允许所有 IP 地址以 150.203 开始的主机，但排除 IP 地址为 150.203.6.66 的主机。

```
hosts allow = 150.203. EXCEPT 150.203.6.66
```

除了使用 Samba 的配置文件，也可以从网络防火墙的层次上阻止未授权的主机访问 Samba 服务器。Samba 使用 UDP 协议的端口范围是 137~139，使用 TCP 协议的端口是 137、139 和 445。下面是为 Samba 服务器准备的典型的防火墙配置。

```
iptables -A INPUT -p tcp -i eth0 -s 192.168.1.0/24 --dport 139     -j ACCEPT
iptables -A INPUT -p udp -i eth0 -s 192.168.1.0/24 --dport 137:138 -j ACCEPT
```

这两条配置允许 192.168.1.0/24 这个网络上的主机访问 Samba 资源，同时指定了相应的端口号。关于防火墙的具体讨论，请参考第 28 章。

最后一步是请确保开启了口令加密功能。

```
encrypt passwords = true
```

25.6　小　　结

- [ ] Samba 服务器已经包含在所有主流 Linux 发行版中了。
- [ ] Samba 的配置文件是 smb.conf，位于/etc 或/etc/samba 目录下。
- [ ] Samba 服务器的大部分功能由 smbd 和 nmbd 实现。前者负责文件和打印服务，后者负责名字解析。
- [ ] 配置文件分为 "全局设置" 和 "共享定义" 两部分。
- [ ] Samba 服务器会自动载入配置文件中发生的修改。
- [ ] 使用 smbpasswd 命令设置 Samba 用户的口令。
- [ ] 可以在配置文件中设置用户对特定共享资源的权限。
- [ ] 配置文件中的[home]段将本地用户的主目录设置为共享资源。
- [ ] SWAT 管理工具可以使管理员通过 Web 页面配置 Samba 服务器。
- [ ] SWAT 需要以 inetd/xinetd 方式运行。
- [ ] 应该让 Samba 共享资源只对特定的主机可见。

第 26 章 网络硬盘——NFS

NFS 是网络文件系统（Network File System）的简称，用于在计算机间共享文件系统。通过 NFS 可以让远程主机的文件系统看起来就像是在本地一样。这个由 Sun 公司（2009年已被 Oracle 公司收购）于 1985 年推出的协议产品如今已被广泛采用，几乎（这个词甚至可以舍去）所有的 Linux 发行版都支持 NFS。

NFS 同样基于服务器-客户机架构，本章将着重讨论 NFS 服务器的安装和配置。NFS只能用于 UNIX 类主机间的文件共享，Windows 客户机应该使用 Samba 获得文件服务，读者可参考第 25 章的内容获得相关资料。

26.1 快速上手：搭建一个 NFS 服务器

按照惯例，本节将帮助读者快速搭建一个 NFS 服务器。这个 NFS 服务器实现最基本的功能：向外界不加限制地导出一个目录。这里暂时不考虑安全方面的因素，稍后会详细介绍和 NFS 配置相关的完整信息。

26.1.1 安装 NFS 服务器

所有的主流 Linux 发行版都在软件包管理系统中附带了 NFS 服务器套件，用户所要做的只是安装而已。以 Ubuntu Linux 为例，只要简单地在 Shell 终端执行下面这条命令，就可以完成安装 NFS 服务器需要的一切步骤。

```
$ sudo apt-get install nfs-common nfs-kernel-server
正在读取软件包列表... 完成
正在分析软件包的依赖关系树
读取状态信息... 完成
将会安装下列额外的软件包：
  libevent1 libgssglue1 libnfsidmap2 librpcsecgss3 portmap
...
```

26.1.2 简易配置

完成 NFS 服务器的安装后，还需要对其进行相关设置，以确定哪些文件应该被共享。可以通过修改/etc/exports 文件来实现服务器的配置。用熟悉的文本编辑器打开/etc/exports文件（需要有root权限），在末尾添加下面这一行：

```
/srv/nfs_share *(rw)
```

这一行的意思是设置/srv/nfs_share 可被导出（共享），网络中所有的主机对其拥有读写权限。读者当然也可以使用其他的目录替代这个 nfs_share，但如果要将其配置为通过 NFS 可写的话，那么必须在本地把这个目录设置为对用户可写。保存并关闭这个文件，使用 root 权限运行 exportfs -a 令改动生效。

```
$ sudo exportfs -a
exportfs: /etc/exports [1]: Neither 'subtree_check' or 'no_subtree_check'
specified for export "*:/srv/nfs_share".
 Assuming default behaviour ('no_subtree_check').
 NOTE: this default has changed since nfs-utils version 1.0.x
```

暂时不必理会 exportfs 给出的警告。至此，已经完成了 NFS 服务器的配置。

26.1.3　测试 NFS 服务器

作为测试，下面通过 mount 命令在另一台主机上挂载这个文件系统。如果读者一时找不到其他 Linux 主机可供测试，那么可以直接在本地完成实验。在服务器的主机名（或者 IP 地址）和导出目录之间用冒号连接，-o 选项指定了使用可读写方式挂载。

```
$ sudo mount -o rw localhost:/srv/nfs_share /mnt/nfs/
```

这样，/srv/nfs 目录就通过 NFS 被挂载到了/mnt/nfs 目录下。进入/mnt/nfs 目录，建立一个文件，然后回到/srv/nfs_share，看看这个文件是否同样出现在里面。

```
$ cd /mnt/nfs/                          ##进入/mnt/nfs 目录
$ touch test                            ##建立一个空文件
$ cd /srv/nfs_share/                    ##切换到/srv/nfs_share 目录
$ ls
test                                    ##可以看到刚才新建的文件
```

最后，使用 umount 命令可以卸载这个文件系统。

```
$ sudo umount /mnt/nfs/
```

26.2　NFS 基础

通过简单的实践，读者已经大概了解了让 NFS 服务器工作起来的基本步骤。NFS 协议非常简单，但遗憾的是，简单往往意味着对管理员更大的挑战。NFS 服务器的配置文件从来不会像 Apache 那样长篇大论，很多事情必须自己考虑清楚。特别是在安全性方面，不要指望 NFS 像 Apache 那样自动给出一个"完美"的方案。通过本节及以后各节的学习，读者会发现，"快速上手"环节中使用的 NFS 配置是存在很多问题的，尽管它看上去似乎工作得不错。

26.2.1　关于 NFS 协议的版本

目前被大量部署和使用的是第 3 版的 NFS 协议，这个协议在 20 世纪 90 年代初期被开发。在第 2 版的基础上，NFSv3 加入了异步写操作功能，从而有效提高了读写磁盘的速度。第 3 版的 NFS 完全兼容第 2 版。

NFS 协议非常稳定，以至于 10 多年之后才有了第 4 版的开发。这个版本的 NFS 提供了一些非常诱人的新特性，例如：

- ❑ 提供上锁（lock）和安装（mount）协议；
- ❑ 有状态操作；
- ❑ 很强的安全措施；
- ❑ 同时支持 UNIX 和 Windows 客户机；
- ❑ 支持 Unicode 编码的文件名；
- ❑ 更高的性能；
- ❑ ……

由于第 4 版的 NFS 仍然处于开发之中，因此本章仍然以 NFSv3 作为介绍对象。尽管如此，系统管理员应该时刻关注 NFSv4 的开发进展。这个协议因为其"先天"的优势，很有可能给整个存储行业带来深远影响。NFSv4 需要 2.6.1 以后的 Linux 内核支持，很多发行版已经附带了这个版本的 NFS。

26.2.2　RPC：NFS 的传输协议

NFS 使用 RPC 作为自己的传输协议。Sun 的 RPC（Remote Procedure Call，远程过程调用）协议提供了一种与系统无关的方法，用于实现网络进程间的通信。这个协议既可以使用 UDP，也可以使用 TCP 作为下层的传输协议。

最初的 NFS 使用 UDP 协议。这个协议非常简单，并且在 20 世纪 80 年代那样的网络环境下被证明是最高效的。然而随着时间的推移，UDP 缺乏拥塞控制算法的特点（或者说缺点）在大型网络上逐渐暴露出性能上的劣势。于是人们转而把目光投向了 TCP。幸运的是，随着快速 CPU 和智能化网络控制器的普及，已经没有什么理由再去选择 UDP 作为 RPC 的下层协议了。TCP 因此成为了目前 NFS 通信的最好选择。

现在，所有的 Linux 发行版都能够同时支持 TCP 和 UDP 作为 NFS 的传输协议，具体选择哪一种完全取决于客户机（通过在安装时指定安装选项）。

26.2.3　无状态的 NFS

NFSv3 的服务器是"无状态"的，这意味着服务器并不知道——也不想知道哪些机器正在使用某个特定的文件，或者某个文件系统已经被哪些机器挂载了。在客户机成功地同 NFS 服务器建立连接后，会获得一个秘密的 cookie。客户机通过这个 cookie 取得访问服务器上资源的权力。从这种意义上，NFS 服务器好像一个慷慨的主人。把客人领进餐厅然后对他说："想吃什么就随便拿吧"，随后就走开了。

这样的设计很有好处。如果 NFS 服务器崩溃了，那么客户机只要简单地等待服务器恢复正常，然后就像什么都没发生过一样继续工作，这其中不会丢失任何信息。当然，无状态的 NFS 不能支持类似于文件上锁这样的功能，因为这需要系统提供客户机的相关信息。这也正是 NFSv4 决定实现"有状态操作"的一个原因。

26.3　NFS 配置

本节主要介绍 NFS 服务器的配置和管理。和其他 Linux 服务一样，NFS 使用一个配置文件来完成配置工作。对于管理员来说，这个配置文件几乎就是 NFS 的全部，对此将首先进行讨论。随后在第 26.3.2 节第将介绍 NFS 的启动脚本，本节的内容兼顾了各种不同的主流发行版。

26.3.1　理解配置文件

NFS 服务器的配置文件是/etc/exports，这在所有的发行版上都是一样的。之所以选择这个名字，是因为客户机的挂载对于 NFS 服务器而言，是"导出（export）"了一个文件系统。当 NFS 服务器安装完成后，这个文件应该是"空白"，或者包含了一些指导用户设置的注释。在 Ubuntu 中，这个文件看起来像这样：

```
# /etc/exports: the access control list for filesystems which may be exported
#       to NFS clients.  See exports(5).
#
# Example for NFSv2 and NFSv3:
# /srv/homes        hostname1(rw,sync) hostname2(ro,sync)
#
# Example for NFSv4:
# /srv/nfs4         gss/krb5i(rw,sync,fsid=0,crossmnt)
# /srv/nfs4/homes   gss/krb5i(rw,sync)
```

用户通过加入新的行来列举需要导出的文件系统。每一行应该由若干个字段组成，第一个字段总是表示需要导出的文件系统，之后列举可以访问该文件系统的客户机。每个客户机之后紧跟用括号括起来、以逗号分隔的一系列选项。例如下面这一行：

```
/srv/nfs_share    datastore(rw)    10.171.38.108(ro)
```

这一行导出了/srv/nfs_share 目录，同时设置为对主机名为 datastore 的主机可写，对 IP 地址为 10.171.38.108 只读。而其他主机则不能访问该资源。

可以使用通配符来指定一组主机。和 Shell 中一样，"*"用于匹配多个字符，但不能匹配点号（.）。问号"?"则很少被使用。例如下面这一行表示/srv/nfs_share 目录能够对所有以"zju.edu.cn"为域名的主机可读。

```
/srv/nfs_share    *.zju.edu.cn(ro)
```

需要提醒的是，永远都不要简单地使用一个星号"*"让整个世界都能够访问某个文件系统。应该让 NFS 只对特定的人群服务。如果希望自己的系统不是那么不堪一击的话，就千万不要偷懒（请尽快忘掉"快速上手"环节的那个"*"吧）——列出各个主机有时候的确有点烦人，当一行特别长的时候可以使用反斜线"\"续行。

表 26.1 列出了常用的导出选项。可以为一个导出条目设置多个选项，各个选项之间通过逗号分隔。和安全性有关的选项将在 26.5 节详细介绍。

表 26.1　常用的NFS导出选项

选　　　项	含　　　义
ro	以只读方式导出
rw[=list]	以可读写方式导出（默认选项）。如果指定了 list，那么 rw 只对在 list 中出现的主机有效，其他主机必须以只读方式安装
noaccess	阻止访问这个目录及其子目录
wdelay	为合并多次更新而延迟写入磁盘
no_wdelay	尽可能快地把数据写入磁盘
sync	在数据写入磁盘后响应客户机请求（同步模式）
async	在数据写入磁盘前响应客户机请求（非同步模式）
subtree_check	验证每个被请求的文件都在导出的目录树中
no_subtree_check	只验证涉及被导出的文件系统的文件请求

选项 sync 和 async 指定了 NFS 服务器的同步模式。从效率上看 async 更高，因为使用 NFS 的程序可以在服务器实际写入数据之前就开始下一步工作，而不必等到服务器完成磁盘写操作。但是当服务器或客户机发生故障的时候，非同步模式有可能造成磁盘数据错误，从而带来很多不稳定的因素。因此如果没有特殊需要，不推荐使用 async 选项。

另一个常用选项是 noaccess，这个选项允许用户指定某个目录不能被导出。因为 NFS 会导出一个目录下的所有子目录（NFS 认为它导出的是一个"文件系统"），因此这个选项非常有用。例如：

```
/home          *.qsc.zju.edu.cn(rw)
/home/lewis    (noaccess)
```

配置文件的这两行能够让 qsc.zju.edu.cn 域的主机访问/home 下除了/home/lewis 目录的所有内容。注意，第 2 行没有照例给出主机名，表示这个选项适用于所有主机。

在完成配置文件的修改后，应该使用 exportfs -a 命令使改动生效。NFS 服务器在某些选项没有设置的时候会发出警告，就像在"快速上手"环节中看到的那样。尽管在大部分情况下，Linux 会选择一个"合适"的默认选项。但为了让 exportfs 闭嘴，尽量满足它的要求吧。

26.3.2　启动和停止服务

NFS 需要两个不同的守护进程来处理客户机请求。mountd 响应安装请求，而 nfsd 则响应实际的文件服务。正如第 25.2.2 节已经提到的，NFS 运行在 Sun 的 RPC 协议上。因此另一个守护进程也是必须的，portmap 服务用于把 RPC 服务映射到 TCP 或者 UDP 端口。事实上，所有将 RPC 协议作为下层传输协议的应用程序都需要 portmap 守护进程。

不要太过担心这些守护进程是否需要手工启动。安装完 NFS 服务器后，系统会自动把它们设置为随系统启动。如果 NFS 的确没有启动起来，表 26.2 给出了不同发行版上 NFS 服务器的启动脚本。

表 26.2　不同Linux发行版上的NFS启动脚本

Linux发行版	启动脚本的路径
Debian和Ubuntu	/etc/init.d/nfs-kernel-server
RedHat和Fedora	/etc/rc.d/init.d/nfs
SUSE	/etc/init.d/nfsboot

在服务器端用户可以随时使用 showmount 命令查看有哪些机器正在使用 NFS 服务。下面这条命令显示 IP 地址为 10.171.32.15 机器安装了本机的 NFS 目录。

```
$ showmount
Hosts on lewis-latop:
10.171.32.15
```

不要期望知道 10.171.32.15 正在使用哪个文件系统，在干什么，要始终记住 NFS 服务是一种"无状态"的服务。

26.4　安全性方面的几点建议

NFS 在设计初期并没有着重考虑安全性的问题——当发现 NFS 的配置如此简单的时候就应该意识到这一点。的确，在实际使用过程中，NFS 协议带来很多安全隐患。这些安全问题有时候会让人们怀疑随之带来的简便性是否值得。但不管怎么样，有了问题就必须尝试去解决。系统管理员总不可能把自己的脑袋埋在沙堆里吧。

26.4.1　充满风险的 NFS

NFS 通过 exports 文件导出文件系统，同时指定哪些主机可以访问这些资源。看起来这样的做法没有什么问题。如果管理员能够把 exports 文件设置得足够"精细"的话，就可以保证只有可信赖的主机拥有访问权限。然而遗憾的是，这种想法只是一厢情愿。NFS 服务器是根据客户机的报告，而不是它自己的判断来确定连接来自哪里。在 26.3.1 节的例子中，如果客户机撒谎说自己是 datastore，那么 NFS 服务器就相信它是 datastore，并授予它对/srv/nfs_share 的写权限。

同样的问题存在于对文件访问权限的控制上。和本地文件系统一样，NFS 通过用户的 UID 和 GID 来确定它对某个文件（或目录）拥有哪些权限。这一次，NFS 依然会相信客户机的话。举例来说，如果 NFS 服务器上的文件 plan 只对 UID 为 1048 的用户 Mike 可读，那么不管进来的是 Mike 还是 John 还是其他什么人。只要他戴着一块写着"1048"的胸牌，NFS 服务器就会乐滋滋地把文件交给他。总而言之，NFS 永远不会想到要去核实用户告诉它的一切是真是假，NFS 太单纯了。

26.4.2　使用防火墙

对于上面提到的第一种情况，最好的解决方法就是"交给 Linux 去解决"。所有的 Linux

发行版本都包含了一个包过滤防火墙，通过设置防火墙只允许特定的主机连接 NFS 端口，可以有效地过滤来自其他主机的连接请求。防火墙从源头上断绝了 NFS 相信陌生人的机会。关于防火墙的设置，请参考第 28 章。

使用防火墙并不是说可以不必关心 exports 文件了。相反，仍然应该认真设置 exports 中的可信赖主机列表，确保文件系统只导出给内部有限的几台主机。在 exports 中设置太多"信任"的主机会让入侵出现之后的调查变得异常艰难，并且这种设置本身包含了巨大的安全隐患。

26.4.3　压制 root 和匿名映射

允许 root 用户在 NFS 文件系统上随便运行是很危险的。NFS 通过 UID 来判断用户的身份。如果 root 用户登录进来，那么这个 UID 为 0 的超级用户就拥有对其中所有文件和目录的完整权限，管理员精心设置的权限控制就失效了。

在默认情况下，Linux 的 NFS 服务器截获所有来自 root 用户（UID=0）的请求，将其转换为好像是来自另一个普通用户。这种行为被称做"压制 root（squashing root）"。Linux 定义了一个特殊的用户 nobody（与其对应的组是 nogroup）来完成这种转换。这个用户没有任何特殊权限，在大部分情况下，nobody 用户必须遵循文件权限中针对"其他人"的设置（参考第 6.5 节）。

无论"压制 root"是否是 NFS 服务器的默认行为，建议在配置 exports 导出段时都设置 root_squash 选项。这有助于在将同一份 exports 文件应用在不同服务器上时保证安全性。下面这条配置开启了"压制 root"。

```
/srv/nfs_share *.zju.edu.cn(rw, root_squash)
```

下面试图以 root 用户在 NFS 文件系统上建立文件。查看该文件属性可以看到，文件的属主和属组自动变成了 nobody 和 nogroup。

```
lewis@lewis-laptop:~$ sudo mount localhost:/srv/nfs_share/ share/
                                              ##挂载 NFS 文件系统
lewis@lewis-laptop:~$ cd share/               ##进入目录
lewis@lewis-laptop:~/share$ sudo -s           ##切换为 root 用户
root@lewis-laptop:~/share# touch p            ##建立空文件 p
root@lewis-laptop:~/share# ls -l p            ##查看文件 p 的属性
-rw-r--r-- 1 nobody nogroup 0 2008-12-18 01:10 p
```

通过设置 anonuid 和 anongid 选项，可以手动指定 root 用户映射到的 UID 和 GID。下面这条配置开启"压制 root"，并将 root 的 UID 和 GID 映射为 99 和 98。

```
/srv/nfs_share *.zju.edu.cn(rw,root_squash,anonuid=99,anongid=98)
```

然而事实上，使用 root_squash 选项并不能有效保护其他用户的文件，它只能保护服务器上 root 用户的东西。这是因为客户机的 root 可以在本地用 su 命令切换成任意一个用户身份（UID），然后向 NFS 服务器发送请求。在这种情况下，NFS 服务器仍然会给予访客他想要的权限。

为此可以使用 all_squash 选项将所有客户的 UID 和 GID 都映射为 anonuid 和 anongid

设置的值。这样一来，NFS 服务器上的文件实际上也就没有什么"权限"可言了。所有的用户都被"压制"，以相同的受限身份使用这些资源。事实上，在实际使用中，NFS 的权限设置并不经常用到。使用 all_squash 在绝大多数情况下都是可行的。表 26.3 总结了和匿名映射有关的 NFS 配置选项。

表 26.3　和匿名映射有关的NFS配置选项

选　项	含　义
root_squash	将root用户（UID=0）的UID和GID映射为anonuid和anongid设置的值
no_root_squash	允许以root身份访问NFS文件系统
all_squash	将所有用户的UID和GID都映射为anonuid和anongid设置的值
anonuid=x	将用户的UID值设置为x
anongid=x	将用户的GID值设置为x

26.4.4　使用特权端口

NFS 客户机可以选择使用任意一个端口来连接 NFS 服务器，除非服务器在导出文件系统时指定了 secure 选项。这个选项要求客户机必须使用特权端口（端口号小于 1024）连接 NFS 服务器。尽管在 PC 上，使用特权端口并不能显著提高安全性。

与之相反的一个选项是 insecure，告诉服务器可以接受来自非特权端口（端口号大于/等于 1024）的连接。在默认情况下，Linux 客户机都会使用一个特权端口来连接 NFS 服务器，因此一般不用考虑客户机的设置。

26.5　监视 NFS 的状态：nfsstat

nfsstat 命令可以显示当前 NFS 的各项统计信息。带-s 选项的 nfsstat 命令显示 NFS 服务器的相关信息。

```
$ nfsstat -s
Server rpc stats:
calls       badcalls    badauth     badclnt     xdrcall
62          0           0           0           0

Server nfs v3:
Null        getattr     setattr     lookup      access      readlink
2           3% 31       59% 3       5% 3        5% 7        13% 0       0%
read        write       create      mkdir       symlink     mknod
0           0% 0        0% 1        1% 0        0% 0        0% 0        0%
remove      rmdir       rename      link        readdir     readdirplus
0           0% 0        0% 0        0% 0        0% 0        0% 1        1%
fsstat      fsinfo      pathconf    commit
0           0% 3        5% 1        1% 0        0%
```

与此相对的是-c 选项，用于显示 NFS 客户机的相关信息。

```
$ nfsstat -c
Client rpc stats:
Calls       retrans         authrefrsh
50          0               0
```

```
Client nfs v3:
Null        getattr      setattr      lookup       access       readlink
0           0% 31        63% 3        6% 3         6% 7         14% 0         0%
read        write        create       mkdir        symlink      mknod
0           0% 0         0% 1         2% 0         0% 0         0% 0          0%
remove      rmdir        rename       link         readdir      readdirplus
0           0% 0         0% 0         0% 0         0% 0         0% 1          2%
fsstat      fsinfo       pathconf     commit
0           0% 2         4% 1         2% 0         0%
```

26.6　小　　结

- ❏ 所有的主流 Linux 发行版都在安装源中包含了 NFS 服务器。
- ❏ NFS 使用 RPC 作为传输协议。RPC 由 Sun 公司开发，提供了一种与系统无关的通信方法。
- ❏ NFSv3 是一种无状态的服务。
- ❏ NFS 服务器通过/etc/exports 文件确定导出的文件系统。
- ❏ 可以（也应该）指定 NFS 服务器向哪些主机导出目录。
- ❏ 不同的 Linux 发行版常常使用不同的 NFS 启动脚本。
- ❏ NFS 服务器根据客户机报告确定客户机的身份。
- ❏ 应该使用防火墙、压制 root 和匿名映射等方法增强 NFS 服务器的安全性。
- ❏ nfsstat 命令显示 NFS 的各项统计信息。

第 7 篇　系统安全篇

第 27 章　任务计划：cron

本章开始介绍 Linux 上的任务计划。之所以到现在才开始介绍这项功能，是考虑到读者至此已经掌握了足够多的系统管理知识。任务计划可以有效地把这些知识融合在一起，使系统更高效地运转。事实上，有效管理系统的关键就在于让尽可能多的任务自动完成。这样可以把管理员从无休止的体力劳动中解放出来，同时也更少出错。

27.1　快速上手：定期备份重要文件

由于工作的关系，Mike 每天都会在他的硬盘上产生一堆 doc 文件。这些文档对他而言非常重要，因此希望能够定期备份这些工作成果。Mike 感到每次手动输入备份命令不是一个好方法。这样费时费力，还容易忘记。于是他求助于 cron 帮助他自动完成这一操作。以 root 身份打开/etc/crontab 文件，在其中添加下面这一行：

```
0  17  *  *  *  root  ( tar czf /media/disk/book.tar.gz /media/station/
document/book/*.doc )
```

下面从左至右简单解释一下各字段的含义。
- 分钟，0 表示整点；
- 小时，17 表示下午 5 点；
- 日期，星号 "*" 表示一个月中的每一天；
- 月份，星号 "*" 表示一年中的每个月；
- 星期，星号 "*" 一星期中的每一天；
- 以哪个用户身份执行命令，这里是 root；
- 需要执行的命令，在本例中两端的圆括号可以省略。

因此上面这句话连起来说就是，每天下午 5 点（差不多刚好是下班的时间）以 root 身份将/media/station/document/book 目录下所有的 doc 文件打包成 book.tar.gz，并且存放在闪存/media/disk 中。最后保存文件并退出编辑器，该配置会自动生效。

📖提示：为了得到更好的备份效果，可以选择将备份文件存放在另一台主机上。

27.2　cron 的运行原理

Linux 上的周期性任务通常都是由 cron 这个守护进程来完成的。cron 随系统启动而启动，一般不需要用户干预。当 cron 启动时，它会读取配置文件，并把信息保存在内存中。每过 1 分钟，cron 重新检查配置文件，并执行这一分钟内安排的任务。因此 cron 执行命令的最短周期是 1 分钟，不过似乎还没有什么系统管理任务需要以小于 60 秒的频率执行。

如果一定要手动运行 cron 守护进程的话，可以在/etc/init.d 中找到它的启动脚本 cron。如果 cron 出了什么毛病，执行下面这条命令重新启动 cron 守护进程。

```
$ sudo /etc/init.d/cron restart
Rather than invoking init scripts through /etc/init.d, use the service(8)
utility, e.g. service cron restart

Since the script you are attempting to invoke has been converted to an
Upstart job, you may also use the stop(8) and then start(8) utilities,
e.g. stop cron ; start cron. The restart(8) utility is also available.
cron stop/waiting
cron start/running, process 2917
```

27.3　crontab 管理

cron 的配置文件叫做 crontab。和其他服务器不太一样，总共可以在 3 个地方找到 cron 的配置文件，这些文件对 cron 而言都是有用的。此外，管理员可以控制普通用户提交 crontab 的行为，并赋予某些用户特定的权限。

27.3.1　系统的全局 cron 配置文件

和系统维护有关的全局任务计划一般都存放在/etc/crontab 中，这个配置文件由系统管理员手动制定。通常来说，不应该把同管理无关的任务放在这个文件中，这样会使任务计划变得缺乏条理、杂乱而难以维护。普通用户可以有自己的 cron 配置文件，这将在 27.3.2 节介绍。

另一个存放系统 crontab 的地方是/etc/cron.d 目录。在实际工作中，这个目录中的文件和/etc/crontab 的地位是相等的。通常/etc/cron.d 目录中的文件并不需要管理员手动配置。某些应用软件需要设置自己的任务计划，/etc/cron.d 提供了这样一个地方让这些软件包安装 crontab 项。下面显示了/etc/cron.d 目录中的两个 cron 配置文件。

```
$ cd /etc/cron.d
$ ls
anacron php5
```

很容易可以知道这两个 crontab 分别是属于 anacron 和 php5 的。特别提供这样一个目录的意义在于，将系统管理员的想法和应用软件的想法分开，保证它们不至于混杂在一个文件（/etc/crontab）中。这样的处理方式是高效而便于管理的。

除了/etc/cron.d 目录，cron 还提供了/etc/cron.hourly、/etc/cron.daily、/etc/cron.weekly 和/etc/cron.monthly 这些目录。分别用于存放每小时、每天、每星期和每月需要执行的脚本文件。这种机制使得应用程序的配置更为简便，也更清晰一些。

27.3.2　普通用户的配置文件

普通用户在获得管理员的批准后（稍后将会介绍）也可以定制自己的任务计划。每个用户的 cron 配置文件保存在/var/spool/cron 目录下（SUSE 在/var/spool/cron/tabs 目录下），这个配置文件以用户的登录名作为文件名。例如 lewis 用户的 crontab 文件就叫做 lewis。cron 依据这些文件名来判断到时候以哪个用户身份执行命令。

和系统的 crontab 不同，编辑用户自己的 cron 配置文件应该使用 crontab 命令。crontab 命令的基本用法如表 27.1 所示。

表 27.1　crontab命令的基本用法

命　　令	说　　明
crontab *filename*	将文件 filename 安装为用户的 crontab 文件（并替换原来的版本）
crontab -e	调用编辑器打开用户的 crontab 文件，在用户完成编辑后保存并提交
crontab -l	列出用户 crontab 文件（如果存在的话）中的内容
crontab -r	删除用户自己的 crontab 文件

root 用户也可以有自己的 crontab 文件，但通常很少用到。需要 root 权限的系统管理命令一般集中存放在/etc/crontab 文件中。

27.3.3　管理用户的 cron 任务计划

用户提交自己的 crontab 文件需要得到系统管理员的许可。为此，管理员需要建立/etc/cron.allow 和/etc/cron.deny 文件（通常只要建立其中一个就可以了）。/etc/cron.allow 列出了那些可以提交 crontab 的用户，与此相反，/etc/cron.deny 则指定了哪些用户不能提交 crontab。这两个文件的"语法"非常简单：包含若干行，每行一个用户。下面是 openSUSE 默认的/etc/cron.deny 中包含的内容。

```
$ cat /etc/cron.deny
guest
gast
```

这个文件指定了 guest 和 gast 这两个用户不能提交 crontab 文件。在实际工作中，cron 会首先查找/etc/cron.allow。这个文件中列出的用户可以提交 crontab，而其他用户则没有这个权利。如果没有/etc/cron.allow 这个文件，cron 就继续寻找/etc/cron.deny。这个文件的作用刚好相反，除了被列出的用户之外，其他人都能够提交 crontab 文件。如果这两个文件都不存在，那么在大部分情况下，只有 root 用户有权提交 crontab。Debian 和 Ubuntu 有些不同，这两个发行版本默认允许所有用户提交他们的 crontab 文件。

root 用户的 crontab 命令多了一个-u 选项，用于指定这条命令对哪个用户生效。下面这两条命令首先将 mike_cron 文件安装为用户 Mike 的 crontab 文件，然后将 John 用户的 crontab 文件删除。

```
$ sudo crontab -u mike mike_cron
$ sudo crontab -u john -r
```

27.4　理解配置文件

在"快速上手"环节，读者已经实践了定制一项任务计划的全过程，但可能并不清楚输入的那一串神秘字符各自代表什么含义。本节将帮助读者理解 crontab 的语法，读者的时间将主要花在理解 cron 的"时间"上。

每个系统在安装完成后都会在/etc/crontab 中写入一些东西，执行必要的任务计划。因此在开始之前，首先打开一个现成的 crontab 文件看一下。下面是 Ubuntu 中默认安装的 crontab 文件。

```
# /etc/crontab: system-wide crontab
# Unlike any other crontab you don't have to run the `crontab'
# command to install the new version when you edit this file
# and files in /etc/cron.d. These files also have username fields,
# that none of the other crontabs do.

SHELL=/bin/sh
PATH=/usr/local/sbin:/usr/local/bin:/sbin:/bin:/usr/sbin:/usr/bin

# m h dom mon dow user  command
17 *    * * *   root    cd / && run-parts --report /etc/cron.hourly
25 6    * * *   root    test -x /usr/sbin/anacron || ( cd / && run-parts --report
/etc/cron.daily )
47 6    * * 7   root    test -x /usr/sbin/anacron || ( cd / && run-parts --report
/etc/cron.weekly )
52 6    1 * *   root    test -x /usr/sbin/anacron || ( cd / && run-parts --report
/etc/cron.monthly )
#
```

所有以"#"开头的行都是注释行。可以看到，crontab 文件在开头首先自我介绍了一番。在对某个配置文件进行修改之前，查看一下开头的注释行是有帮助的。这些注释不会花费管理员太多的时间，但总能切中要害。例如，注释的 2、3 行提到：

```
# Unlike any other crontab you don't have to run the `crontab'
# command to install the new version when you edit this file
```

这意味着为了使改动生效，只需要修改并保存这个文件就可以了，而不必运行 crontab 命令通知 cron 重新载入配置文件。不同系统上的 cron 可能有不同的行为，尽管它们同名同姓。因此保持阅读注释的习惯很有用。

接下来的两行设置了用于运行命令的 Shell 和命令搜索路径。在 Linux 中，/bin/sh 实际上是一个符号链接。指向系统默认使用的 Shell，通常是 BASH。

提示：不过 Ubuntu 和 Debian 已经把默认的 Shell 改成 dash（Debian ash）了，这是一种对 BASH 的改进版本。Ubuntu 的解释是"这样可以提供更快的脚本执行速度"。

最后一部分是管理员定制任务计划的地方。每一行代表一条任务计划，其基本语法格式如下：

```
minute   hour   day   month   weekday   username   command
```

前 5 个字段告诉 cron 应该在什么时候运行 command 字段指定的命令。这些字段所代表的具体含义如表 27.2 所示。

表 27.2　cron 的时间设置

字 段 名	含 义	范 围
minite	分钟	0～59
hour	小时	0～23
day	日期	1～31
month	月份	1～12
weekday	星期几	0～6（0 代表星期日）

表示时间的字段应该是下面这 4 种形式之一。
- 星号 "*"：用于匹配所有合法的时间；
- 整数：精确匹配一个时间单位；
- 用短划线 "-" 隔开的两个整数，匹配两个整数之间代表的时间范围；
- 用逗号 "," 分隔的一系列整数，匹配这些整数所代表的时间单位。

举例来说，如果希望在每月 20 日的下午 3:40 执行某项任务的话，那么时间格式应该这样写：

```
40   15   20   *   *
```

同时设置 day 字段和 weekday 字段意味着 "匹配其中任意一项"。下面的时间设置表示 "每周的周一至周三，以及每月的 25 号，每隔半个小时（执行某项命令）"。

```
0,30   *   25   *   1-3
```

如果记不住时间字段依次表示什么，那么 crontab 文件中通常会有注释给出一定的提示。

```
# m h dom mon dow user  command
```

username 字段指定以哪个用户的身份执行 command 字段的命令。这是 root 用户特有的权利，并且只应该在/etc/crontab 和/etc/cron.d 下的相关文件中出现。普通用户的 crontab 文件不应该也没有权利包含这个字段。

command 字段可以是任何有效的 Shell 命令，并且不应该加引号。command 一直延续到行尾，中间可以夹杂空格和制表符。

可以使用圆括号 "( )" 括起多条命令，命令之间用分号 ";" 隔开。下面的这条 crontab 配置在每周五的凌晨 2:00 进入/opt/project 目录，并以用户 Mike 的身份执行编译任务。

```
0   2   *   *   5   mike   (cd /opt/project; make)
```

需要注意的是，使用 cron 执行的任何命令都不会在终端产生输出。通常来说，应用程序的输出会以系统邮件的方式寄给 crontab 文件的属主用户。

27.5　简单的定时：at 命令

cron 程序包非常适用于计划安排那些周期性运行的系统管理任务。相对而言，at 命令则更适合于那些一次性的任务。

下面的例子要求系统在 16:00 时响铃。为此使用 Mplayer 播放铃声文件 /usr/share/sounds/phone.wav，当然用户也可以选择使用其他播放器。

```
$ at 16:00
warning: commands will be executed using /bin/sh
at> mplayer /usr/share/sounds/phone.wav            ##输入需要执行的命令
at> <EOT>                                          ##使用快捷键 Ctrl+D 结束输入
job 7 at Sun Jan 18 16:00:00 2009
```

at 会逐条执行用户输入的命令，使用快捷键 Ctrl+D 输入文件结束符 EOT 结束输入。at 命令的-f 选项接受文件路径作为参数，在指定的时间执行这个脚本。

```
$ at 17:00 -f ~/alarm                              ##17:00 时执行脚本~/alarm
warning: commands will be executed using /bin/sh
job 9 at Sun Jan 18 17:00:00 2009
```

可以使用 at 命令提前几分钟、几小时、几天、几星期甚至几年来安排某个任务，在 at 中日期的写法是 MM/DD/YY（月/日/年）。下面的例子设定在明年（2013 年）2 月 1 日凌晨 3 点响铃（可能是为了起床去排队买火车票）。

```
$ at 3:00 02/01/2013
warning: commands will be executed using /bin/sh
at> mplayer /usr/share/sounds/phone.wav
at> <EOT>
job 10 at Mon Feb  1 03:00:00 2010
```

使用 atq 命令可以看到当前已经设置的任务。

```
$ atq
9    Sun Jan 18 17:00:00 2012 a lewis
8    Mon Feb  1 03:00:00 2013 a lewis
7    Sun Jan 18 16:00:00 2012 a lewis
```

可以看到，2012 年 1 月 18 日有两个任务，分别安排在 16:00 和 17:00；2013 年有一个任务，安排在 3:00。每个任务占据一行，以该任务的编号开头。使用 atrm 命令可以删除任务，该命令接受任务的编号作为参数。下面删除编号为 8 的任务。

```
$ atrm 8
```

和 cron 一样，at 命令将程序的输出通过 sendmail 邮寄给用户，而不是显示在标准输出上。本书并没有涉及 sendmail 服务器的配置，有兴趣的读者请参考其他 Linux 服务器配置类的书籍。

27.6　小　　结

- ❑　cron 守护进程用于完成周期性任务。
- ❑　可以在/etc、/etc/cron.d 和/var/spool/cron 目录下找到 cron 的配置文件。前两者用于系统的 cron 配置，后者用于普通用户的 cron 配置。
- ❑　普通用户提交 cron 任务需要得到管理员（root）用户的许可。
- ❑　cron 任务的最小执行周期是 1 分钟。
- ❑　at 命令用于简单的定时任务。
- ❑　cron 和 at 会将程序的输出通过系统邮件的方式邮寄给用户。

第 28 章　防火墙和网络安全

防火墙是网络安全的基本工具。通过在服务器和外部访客之间建立过滤机制，防火墙在网络层面上实现了安全防范。Linux 的防火墙工具是 IP Tables，这套防火墙系统甚至被作为很多其他专业网络设备的核心。本章还将介绍 Linux 下的网络安全工具，这些工具对于找出系统的安全问题非常有帮助。

28.1　Linux 的防火墙——IP Tables

IP Tables 已经集成在 Linux 2.4 及以上版本的内核中了。同 Windows 下的众多"傻瓜"防火墙不同的是，IP Tables 需要用户自己定制相关规则。因此在正式开始之前，首先对其中一些概念作简单介绍。

28.1.1　名字的来历

Linux 防火墙是一种典型的包过滤防火墙。通过检测到达的数据包头中的信息，确定哪些数据包可以通过，哪一些应该被丢弃。防火墙行为的依据主要是数据包的目的地址、端口号和协议类型，所有这些都应该由管理员指定。

Linux 中的包过滤引擎在 2.4 版内核中做了升级。防火墙工具最初叫做 ipchains，取这个名字的原因在于防火墙将一系列规则组成一些"链（chains）"应用到网络数据包上。iptables 则更进一步把一些功能相似的"链"组合成一个个"表（tables）"。

上面的说法有些抽象，现在考虑一个具体的例子。iptables 默认使用的表是"filter（过滤器）"，其中默认包含了 3 个链，分别是 FORWARD、INPUT 和 OUTPUT。FORWARD 链中定义的规则作用于那些需要转发到另一个网络接口的数据包。INPUT 链中定义的规则作用于发送到本机的数据包。相对应的，OUTPUT 链中定义的规则作用于从本机发送出去的数据包。

通常定义 filter 表就可以迎合大部分的安全需求，因为这个表包含了包过滤的所有内容。除了 filter，iptables 还包含有 nat 和 mangle 两个表。nat 用于网络地址转换（NAT），mangle 则用于修改除了 NAT 和包过滤之外的网络包。

简便起见，本节只对 filter 表进行讨论。修改 nat 表和 mangle 表需要更多的网络知识，有兴趣的读者请参考相关的网络安全资料。

28.1.2　初始化防火墙设置

iptables 命令最常用的 5 个选项分别是-F、-P、-A、-D 和-L。在大部分情况下，管理员只需要这 5 个选项就可以完成防火墙的规则设置。表 28.1 给出了这 5 个选项各自代表的含义。

表 28.1　iptables的常用选项

选　项	含　义
-F	清除链中所有的规则
-P	为链设置一条默认策略（或者说目标）
-A	为链增加一条规则说明
-D	从链中删除一条规则
-L	查看当前表中的链和规则

iptables -F 命令在管理员决定从头开始的时候非常有用。由于防火墙的设置通常不会写得太长，因此每次将服务器应用到一个新环境的时候重写防火墙设置是有好处的。这避免了因为疏忽而造成的前后设置上的冲突。要清空默认表（也就是 filter 表）中的数据，只要简单地使用下面这条命令即可。

```
$ sudo iptables -F
```

也可以指定清空某一条特定的链。下面这条命令清空默认表（也就是 filter 表）中 INPUT 链的规则。

```
$ sudo iptables -F INPUT
```

命令执行成功后，使用 iptables -L 命令查看当前防火墙设置，看上去应该如下：

```
$ sudo iptables -L
Chain INPUT (policy ACCEPT)
target     prot opt source               destination

Chain FORWARD (policy ACCEPT)
target     prot opt source               destination

Chain OUTPUT (policy ACCEPT)
target     prot opt source               destination
```

现在这张 filter 表空空如也，并且所有链的默认行为都是 ACCEPT，这意味着所有的包都可以不受阻碍地通过防火墙。iptables -P 用于给链设置默认策略，这条命令的基本语法如下：

```
iptables -P chain-name target
```

其中，chain-name 是链的名字，也就是 FORWARD、INPUT 和 OUTPUT 中的一个。target（目标）字段用于定义策略，filter 表中共有 9 个不同的策略可供使用，但最常用的只有 4 个。ACCEPT 表示允许包通过；DROP 丢弃一个包；REJECT 会在丢弃的同时返回一条 ICMP 错误消息；LOG 则扮演了记事员的角色记录包的信息，并把它们写入日志。

下面这条命令将 INPUT 链的默认策略更改为 DROP（丢弃），通常对服务器而言，将所有的链的默认策略设置为 DROP 是一个好的建议。

```
$ sudo iptables -P INPUT DROP
```

执行完这条命令后，所有试图同本机建立连接的努力都会失败，因为所有从"外部"到达防火墙的包都被丢弃了，甚至连使用环回接口 ping 自己都不行。

```
$ ping localhost
```

```
PING localhost (127.0.0.1) 56(84) bytes of data.

--- localhost ping statistics ---
6 packets transmitted, 0 received, 100% packet loss, time 5009ms
```

如法炮制，将 FORWARD 链的默认策略设置为 DROP（丢弃）。

```
$ sudo iptables -P FORWARD DROP
```

现在查看改动后的防火墙配置，可以看到 INPUT 和 FORWARD 链的规则都已经变为 DROP 了。

```
$ sudo iptables -L
Chain INPUT (policy DROP)
target     prot opt source               destination

Chain FORWARD (policy DROP)
target     prot opt source               destination

Chain OUTPUT (policy ACCEPT)
target     prot opt source               destination
```

28.1.3　添加链规则

完成防火墙规则的初始化后，就可以着手添加链规则了。假设当前防火墙所在的主机是一台 Web 服务器，为此应该允许外部主机能够连接到 80 端口（对应 HTTP 服务器）和 22 端口（对应 SSH 服务）。使用 iptables -A 命令添加链规则，该命令的基本语法如下：

```
iptables -A chain-name -i interface -j target
```

其中，chain-name 代表链的名字，interface 指定该规则用于哪个网络接口，target 用于定义策略。由于在本节的例子中，防火墙主要用于保护本地主机，因此只要对 INPUT 链进行设置就可以了。为简便起见，假设只有一个网络接口 eth0 通向外部，lo 是本地环回接口。为了实现防火墙规则的精确匹配，还可能用到表 28.2 中的这些选项。

表 28.2　用于防火墙规则设置的相关选项

选　项	含　义
-p proto	匹配网络协议：tcp、udp、icmp
--icmp-type type	匹配 ICMP 类型，和-p icmp 配合使用。注意有两根短划线
-s source-ip	匹配来源主机（或网络）的 IP 地址
--sport port#	匹配来源主机的端口，和-s source-ip 配合使用。注意有两根短划线
-d dest-ip	匹配目标主机的 IP 地址
--dport port#	匹配目标主机（或网络）的端口，和-d dest-ip 配合使用。注意有两根短划线

下面这条命令添加了一条 INPUT 链的规则，允许所有通过 lo 接口的连接请求，这样防火墙就不会阻止"自己连接自己"的行为了。

```
$ sudo iptables -A INPUT -i lo -p ALL -j ACCEPT
```

这条命令中还使用了-p 选项。这个选项指定该规则应该匹配哪一种协议。支持的协议包括 tcp、udp 和 icmp。ALL 简单地把这 3 种协议都包含在内。

通常来说，还应该让外部主机能够 ping 到这台 Web 服务器。这样当网站出现问题的时候，管理员可以简单地使用 ping 命令确定这台服务器是否还在运行。如果服务器拥有两个网络接口 eth0 和 ppp0，分别对应内部网络和 Internet，那么一些网络管理员会倾向于将 ppp0 设置为丢弃外部的 ping 请求。不过现在并不需要考虑这些。

```
$ sudo iptables -A INPUT -i eth0 -p icmp --icmp-type 8 -j ACCEPT
```

命令的-p 选项指定该规则匹配协议 ICMP，紧跟的--icmp-type 指定了 ICMP 的类型代码。ping 命令对应的类型代码是 8。

接下来的两条命令增加了对 22 端口和 80 端口的访问许可。注意这次-p 选项指定的协议类型是 tcp，这是因为 SSH 服务和 HTTP 服务都是基于 TCP 协议的。

```
$ sudo iptables -A INPUT -i eth0 -p tcp --dport 22 -j ACCEPT
$ sudo iptables -A INPUT -i eth0 -p tcp --dport 80 -j ACCEPT
```

如果网络接口 eth0 通向 Internet，那么将 SSH 服务向全世界开放有时不那么让人放心。有些管理员可能希望更进一步，将 SSH 服务设置为只对本地网络的用户开放。下面的设置指定只有 10.62.74.0/24 这个网络中的主机可以访问 22 端口。

```
$ sudo iptables -A INPUT -i eth0 -s 10.62.74.0/24 -p tcp --dport 22 -j ACCEPT
```

提示：关于网络地址 10.62.74.0/24 的记法，参见第 11 章的相关内容。

很多时候，管理员想要做的并不仅仅是把别人挡在门外，还希望知道有哪些人正在试图访问服务器。下面这条命令给 INPUT 链添加了一条 LOG（日志记录）策略。

```
$ sudo iptables -A INPUT -i eth0 -j LOG
```

默认情况下，防火墙记录到的访问信息被保存在/var/log/messages 中。这是一个文本文件，可以使用任何文本查看命令查看。事实上，/var/log/messages 记录了系统中的大部分行为，这是 Linux 主要的系统日志文件。一条典型的防火墙日志记录如下：

```
Jan  2 16:26:12 lewis-laptop kernel: [ 8515.869942] IN=eth0 OUT=
MAC=00:21:70:6e:94:2c:00:18:82:45:a3:a7:08:00 SRC=10.10.2.51 DST=10.171.
34.140 LEN=52 TOS=0x00 PREC=0x00 TTL=59 ID=12452 DF PROTO=TCP SPT=6666 DPT=
32981 WINDOW=33304 RES=0x00 ACK FIN URGP=0
```

其中比较常用的记录字段有 IN（接收数据包的网络接口）、SRC（数据包来源的 IP 地址）、DST（数据包的目的 IP 地址）及开头的日期和时间等。不过，系统自动生成的日志总体上并不那么"友好"，必要的时候可以借助一些日志分析工具。swatch 和 logcheck 是两款常用的日志处理程序，并且都可以从 sourceforge.net 获得。

28.1.4　删除链规则

在大部分情况下，管理员在改变防火墙设置之前总是清空整条链规则，因为这样可以避免一些不必要的冲突。但是人难免会犯错，管理员有时候需要删除自己刚才的失误。

iptables 提供了-D 选项来删除链规则，有 2 种不同的语法用于删除一条规则。

```
iptables -D chain rule-specification
iptables -D chain rulenum
```

第 1 种语法使用规则描述来匹配某条链规则。为此，用户必须一字不差地照搬当初使用-A 选项添加时使用的描述。下面这条命令删除了对 lo 环回接口的规则设置。

```
$ sudo iptables -D INPUT -i lo -p ALL -j ACCEPT
```

很少有人愿意使用这样冗长的命令。iptables -D 命令的第 2 种形式（接受规则对应的编号）能够有效地减少管理员敲击键盘的次数。为此需要首先使用带--line-numbers 选项的 iptables -L 命令查看链规则的编号。

```
$ sudo iptables -L --line-numbers
    Chain INPUT (policy DROP)
    Target  prot opt source            destination
 1  ACCEPT  icmp --  anywhere          anywhere      icmp echo-request
 2  ACCEPT  tcp  --  anywhere          anywhere      tcp dpt:www
 3  ACCEPT  icmp --  anywhere          anywhere      icmp echo-reply
 4  ACCEPT  icmp --  anywhere          anywhere      icmp destination-
                                                     unreachable
 5  ACCEPT  icmp --  anywhere          anywhere      icmp redirect
 6  ACCEPT  icmp --  anywhere          anywhere      icmp time-exceeded
 7  LOG     all  --  anywhere          anywhere      LOG level warning
 8  ACCEPT  tcp  --  anywhere          anywhere      tcp dpt:32981
 9  ACCEPT  all  --  dns1.zju.edu.cn   anywhere
10  ACCEPT  all  --  zjupry2.zju.edu.cn anywhere
11  LOG     all  --  anywhere          anywhere      LOG level warning
12  ACCEPT  icmp --  anywhere          anywhere      icmp echo-request
13  ACCEPT  icmp --  anywhere          anywhere      icmp echo-request
```

下面这条命令删除了编号为 11 的链规则。

```
$ sudo iptables -D 11
```

28.1.5　防火墙保险吗

没有什么东西是绝对可靠的。防火墙制造商的宣传容易让人产生错觉，以为购买了防火墙产品就可以高枕无忧。如果一个大型站点的管理员抱有这样的想法，那将是极端危险的。系统管理员应该首先确保每项服务都做了足够安全的配置，保持对安全漏洞和补丁的关注，并且注重对内部员工的安全教育。不管怎么说，防火墙只是保证网络安全的辅助工具。

第 28.2 节将介绍一些网络安全工具。作为对系统安全措施的补充，管理员应该要了解这些工具，并且恰当地使用它们。无论如何，时刻保持对安全问题的警惕，才是保证网络安全最有效的手段。

28.2　网络安全工具

形形色色的网络安全工具可以帮助管理员知道自己的系统存在哪些漏洞，当然也可以帮助黑客们。诸如端口扫描、口令猜解等这样的工具究竟发挥怎样的作用，完全取决于是谁在使用。在这个意义上，人们总是陷入"以子之矛，攻子之盾"的循环。无论是否喜欢，始终要记住的一点是，管理员通过安全工具能够得到的，其他人也可以。

28.2.1　扫描网络端口：nmap

nmap 用于扫描一组主机的网络端口。端口扫描的意义是很明显的——所有的服务器程序都要通过网络端口对外提供服务。一些端口的功能是人所共知的，例如，80 端口用于提供 HTTP 服务、22 端口接受 SSH 连接、21 端口提供 FTP 服务等。通过对服务器开放端口进行扫描可以得到很多信息，获取这些信息总是攻击行为的第一步。

nmap 可以帮助管理员了解自己的系统在"别人"看来是什么样的。使用-sT 参数尝试同目标主机的每个 TCP 端口建立连接，观察哪些端口处于开放状态，以及正在运行什么服务。

```
$ nmap -sT db1.example.org                    ##扫描 db1.example.org

Starting Nmap 4.53 ( http://insecure.org ) at 2009-01-14 20:30 CST
Interesting ports on db1.example.org (192.168.1.101):
Not shown: 1703 closed ports
PORT      STATE  SERVICE
21/tcp    open   ftp
22/tcp    open   ssh
80/tcp    open   http
111/tcp   open   rpcbind
139/tcp   open   netbios-ssn
445/tcp   open   microsoft-ds
631/tcp   open   ipp
902/tcp   open   iss-realsecure-sensor
2049/tcp  open   nfs
3306/tcp  open   mysql
8009/tcp  open   ajp13

Nmap done: 1 IP address (1 host up) scanned in 0.165 seconds
```

nmap 显示所有开放服务的端口。如果由于防火墙干扰而无法探测到该端口，那么 nmap 会在 STATE 一栏中显示 filtered。为了进一步得到关于该主机的信息，nmap 提供了-O 选项（探测主机操作系统）和-sV 选项（探测端口上运行的软件），为此需要以 root 身份执行该命令。

```
$ sudo nmap -O -sV db1.example.org

Starting Nmap 4.53 ( http://insecure.org ) at 2009-01-14 20:31 CST
Interesting ports on localhost (192.168.1.101):
Not shown: 1703 closed ports
PORT         STATE SERVICE          VERSION
21/tcp    open  ftp              vsftpd or WU-FTPD
22/tcp    open  ssh              OpenSSH 4.7p1 Debian 8ubuntu1.2 (protocol 2.0)
80/tcp    open  http             Apache httpd 2.2.8 ((Ubuntu) PHP/5.2.4-2ubun-
tu5.4 with Suhosin-Patch)
```

```
111/tcp  open  rpc
139/tcp  open  netbios-ssn       Samba smbd 3.X (workgroup: WORKGROUP)
445/tcp  open  netbios-ssn       Samba smbd 3.X (workgroup: WORKGROUP)
631/tcp  open  ipp               CUPS 1.2
902/tcp  open  ssl/vmware-auth VMware GSX Authentication Daemon 1.10 (Uses
VNC, SOAP)
2049/tcp open  rpc
3306/tcp open  mysql             MySQL 5.0.51a-3ubuntu5.4
8009/tcp open  ajp13?
Device type: general purpose
Running: Linux 2.6.X
OS details: Linux 2.6.17 - 2.6.18
Uptime: 0.324 days (since Wed Jan 14 12:45:32 2009)
Network Distance: 0 hops
Service Info: Host: blah; OS: Linux

Host script results:
|  Discover OS Version over NetBIOS and SMB: OS version cannot be determined.
|_ Never received a response to SMB Setup AndX Request

OS and Service detection performed. Please report any incorrect results at
http://insecure.org/nmap/submit/ .
Nmap done: 1 IP address (1 host up) scanned in 43.074 seconds
```

nmap 检测到 db1.example.org 上运行的操作系统是 2.6 版本内核的 Linux，并且相当准确地推断出了每个开放端口上运行的服务器程序。这些信息对于黑客而言非常重要，因为他们可以根据已知的漏洞对这些服务器软件进行攻击。

并不是每次推断都是那么精确的，下面的例子说明了这一点。

```
$ sudo nmap -O -sV 220.191.75.201

...
Running (JUST GUESSING) : Microsoft Windows XP|2000|2003 (91%), Apple Mac
OS X 10.4.X (85%)
Aggressive OS guesses: Microsoft Windows XP SP2 (91%), Microsoft Windows
XP SP2 (firewall disabled) (87%), Microsoft Windows 2000 SP4 or Windows XP
SP2 (86%), Microsoft Windows 2003 Small Business Server (86%), Microsoft
Windows XP Professional SP2 (86%), Microsoft Windows Server 2003 SP0 or
Windows XP SP2 (86%), Apple Mac OS X 10.4.9 (Tiger) (PowerPC) (85%), Microsoft
Windows Server 2003 SP1 (85%)
No exact OS matches for host (test conditions non-ideal).
Service Info: OS: Windows
...
```

nmap 从高到低给出了每种可能性的百分比。鉴于该主机真正运行的操作系统（Microsoft Windows XP SP2），nmap 的推断还是基本正确的。

nmap 在扫描之前会首先 ping 一下目标主机，在收到回应后才执行扫描程序。很多服务器出于安全考虑，设置防火墙丢弃这样的探测包。nmap 在遇到这种情况时会礼貌地住手。

```
$ nmap -sT 220.191.75.201

Starting Nmap 4.53 ( http://insecure.org ) at 2009-01-14 20:38 CST
Note: Host seems down. If it is really up, but blocking our ping probes,
try -PN
Nmap done: 1 IP address (0 hosts up) scanned in 2.045 seconds
```

可以使用-PN 参数强制 nmap 对这类主机进行扫描。

```
$ nmap -sT -PN 220.191.75.201

Starting Nmap 4.53 ( http://insecure.org ) at 2009-01-14 20:39 CST
Interesting ports on 201.75.191.220.broad.hz.zj.dynamic.163data.com.cn
(220.191.75.201):
Not shown: 1707 filtered ports
PORT    STATE SERVICE
23/tcp  open  telnet
25/tcp  open  smtp
...
```

最后，使用-p 参数可以指定 nmap 对哪些端口进行扫描。下面的例子扫描主机
172.16.25.129 的 1～5000 号端口。

```
$ nmap -sT -PN -p1-5000 172.16.25.129

Starting Nmap 4.53 ( http://insecure.org ) at 2009-01-14 21:44 CST
Interesting ports on 172.16.25.129:
Not shown: 4999 filtered ports
PORT   STATE SERVICE
22/tcp open  ssh

Nmap done: 1 IP address (1 host up) scanned in 24.057 seconds
```

28.2.2　找出不安全的口令：John the Ripper

管理员不能总是相信自己的用户会把口令设置得足够安全，因此定期地尝试破解一下
口令是有必要的。John the Ripper 就是这样一款久负盛名的口令破解工具。任何人都可以
从 www.openwall.com/john 上下载到这款工具软件。读者应该明白"任何人"意味着什么。

最常见的用法是尝试破解系统口令文件/etc/shadow。john 的使用方法就像下面这样
简单。

```
$ sudo john /etc/shadow
Loaded 3 passwords with 3 different salts (FreeBSD MD5 [32/64])
12345       (baduser1)
654321      (baduser2)
...
```

破解口令的时间通常很长，但是像"12345"这样的口令几乎是"瞬间"就被猜解到
了。John the Ripper 会把最终的结果输出到 john.pot 中，这个文件只对 root 可读。

```
$ sudo cat john.pot
$1$YRPXDdkd$msvgGAru4HMwEjllLYiVK1:12345
$1$hEbRA638$1n24KD1oJPaB9/3kTkREw0:654321
```

接下来管理员应该做两件事情。通知这两个用户立刻修改密码，删除 john.pot 文件。

28.3　主机访问控制：hosts_access

对于那些包含主机访问控制（hosts_access）功能的服务（典型的有 xinetd 和 sshd 等），

Linux 提供了除防火墙之外的另一种来源控制方案。在/etc 目录下有两个文件 hosts.allow 和 hosts.deny。前者指定哪些主机可以访问某个特定的服务，后者则对此做出限制。在默认情况下，这两个文件都为空。为了限制网络 192.168.1.0/24 访问 SSH 服务，可以在/etc/hosts.deny 中加入下面这一行：

```
sshd: 192.168.1.0/24
```

/etc/hosts.allow 的"优先级"高于/etc/hosts.deny。如果一台主机（或者网络）同时在这两个文件中出现，就以"允许"处理。对于安全性要求比较高的环境，可以首先在 /etc/hosts.deny 中禁用所有主机的访问，然后在/etc/hosts.allow 中逐条开放。

在/etc/hosts.deny 中拒绝所有访问。

```
ALL: ALL
```

在/etc/hosts.allow 中开放网络 10.171.1.0/24 对 SSH 服务的访问许可。

```
sshd: 10.171.1.0/24
```

28.4　小　　结

- ❑ Linux 内核集成了 IP Tables，这是一款包过滤防火墙。
- ❑ iptables 最常用的表是 filter（过滤器）。
- ❑ FORWARD 链规定了数据包的转发规则。
- ❑ INPUT 链定义了发送到本机的数据包的行为。
- ❑ OUTPUT 链作用于从本机发送出去的数据包。
- ❑ 在每次重新设置防火墙规则前应该清空规则表。
- ❑ 防火墙只是保证系统安全的辅助工具。
- ❑ 网络安全工具可以帮助管理员了解自己系统的漏洞，这对黑客同样有用。
- ❑ Nmap 扫描一组主机的网络端口，它可以推测出远程主机使用的服务器程序和操作系统。
- ❑ Nessus 是使用最广泛的漏洞扫描工具。它基于服务器/客户机架构。
- ❑ John the Ripper 是一款口令破解工具。管理员可以通过它发现系统中不安全的口令。
- ❑ 主机访问控制 hosts_access 从系统的角度控制客户机来源。

第 29 章　病毒和木马

本章讲述个人用户更为关心的两个安全问题：计算机病毒和木马程序（尽管人们常常把这两个概念混为一谈）。几乎每个计算机用户都有被病毒和木马侵袭的经历，看看安全厂商病毒库的更新速度就知道了。本章首先介绍病毒和木马的基础知识，随后向读者推荐一款 Linux 上的防病毒软件。最后以对安全问题的反思来结束本章，这也是对整个系统安全篇的总结。

29.1　随时面临的威胁

无论是系统管理员还是普通用户，每天都被形形色色的安全问题包围着。一些人为了显示自己的存在编写了计算机病毒，另一些人则热衷于侵入别人的主机。一些最初用于科研目的的病毒和木马也有可能被人利用而让计算机用户蒙受损失。所谓知己知彼，在寻找合适的安全手段之前，首先来看一下简单的安全知识。

29.1.1　计算机病毒

科学普及到一定的程度，已经没有人会拿着酒精棉花去杀灭计算机病毒了。应该承认，这个比喻确实充满艺术性。一段程序指令，旨在破坏计算机的功能和数据，同时能够自我复制——计算机病毒和生物学上的病毒的确非常相似。

病毒总是想尽可能广泛地传播自己。10 几年前网络还不怎么发达的时候，病毒的传播总是备受限制，那时候的安全建议往往是在不需要写入数据的软盘上开启写保护。然而随着互联网的普及，病毒的数量和破坏性也呈现了爆炸性的增长。通过网络从一台主机传播到另一台主机是非常容易的事情，恐慌一时的"冲击波病毒"在短短一周时间内就感染了世界上大部分 Windows XP 系统。

病毒制造者喜欢让自己的程序在计算机中潜伏一段时间，然后让它在某一时刻爆发。这段潜伏期是病毒复制传播自己的好机会，用户此时不会察觉任何异常。病毒可能在不同的地方出现，但通常来说病毒总是把自己存放在能够得到执行的地方。例如可执行文件、启动扇区（Boot）和硬盘的系统引导扇区（MBR）等。文本文件中的"病毒"是没有意义的，因为它们根本没有运行的机会。

病毒的破坏性有大有小，这通常取决于编写者的"道德"。有些病毒完全不会造成破坏，而只是热衷于四处传播。另一些则会在特定的时候搞些恶作剧，例如闪动屏幕、发出声响等。但还有很多是具有实际破坏性的，例如删除数据、破坏引导分区、窃取信息等。遗憾的是，互联网上从来都不缺少这类破坏性的病毒。

29.1.2 特洛伊木马

又是一个比喻，这个比喻出自一个耳熟能详的历史故事。从广义角度理解，特洛伊木马是一种"欺骗"程序。它给自己披上了合法的外衣，堂而皇之地进入用户的计算机，然后做一些并不被授权的事情。有些时候，特洛伊木马并不做什么"坏事"，它们只是有点烦人。但在更多的情况下，编写者会在其中植入恶意代码，就像藏在那座巨型木马里的希腊士兵——让攻击者得以自由出入受害者的系统。

对于某些企业和政府机关而言，特洛伊木马的害处比破坏性病毒更大。不怀好意的人可能会试图窃取其中的机密信息，然后高价转让或者为己所用。数据的意外删除可以通过备份有效防范。但被窃取的机密就像是泼出去的水，它永远都在外面了。

特洛伊木马可以很简单，例如被黑客替换掉的 su 程序可以很方便地获取主机的 root 口令。有些时候人们很容易上当，笔者知道的一个 Linux 社团中，曾经有人就这样拿到了所有主机的 root 口令。

29.1.3 掩盖入侵痕迹：rootkits

rootkits 是关于黑客入侵的。未经许可进入别人的系统难免留下痕迹，"高明"的黑客会试图掩盖这些，为下一次入侵做好准备。黑客们通常不希望自己辛苦得来的"战利品"是一次性的，他们需要能够重复利用这台系统，即便这台主机可能确实没有什么价值。但也许它会是攻击另一个系统的一个好的跳板。

rootkits 是用来隐藏系统信息的恶意程序，入侵者利用它们来防止自己被受害者发现。rootkits 可以非常简单——只是替换正常的应用程序，也可以很复杂。一些特洛伊木马将自己作为内核模块运行，这类内核级的木马编写得相当精致，几乎不可能被发现。

29.2 Linux 下的防毒软件：ClamAV

ClamAV 是 Linux 上最流行的防病毒软件。包含完整的防病毒工具库，并且更新迅速。ClamAV 由 Tomasz Kojm 开发，遵循 GPL 协议免费发放。本书列举的两个 Linux 发行版（Ubuntu 和 openSUSE）都在其安装源中包含了这款软件。如果读者使用的发行版本没有包含它，那么可以在 www.clamav.net 上下载到。

29.2.1 更新病毒库

对于防毒软件而言，保持更新病毒库和定期查毒几乎同等重要。ClamAV 提供了自动更新功能，用户也可以使用命令行工具手动更新病毒库。如果需要通过代理服务器上网，那么可以打开更新程序的配置文件/etc/clamav/freshclam.conf，添加下面这几行：

```
HTTPProxyServer 220.191.74.181
HTTPProxyPort 6666
```

HTTPProxyServer 表示这是 HTTP 代理。将 220.191.74.181 和 6666 替换成实际的 IP 地址（或主机名）和端口号。接下来使用命令 freshclam 更新 ClamAV。

```
$ sudo freshclam                                        ##执行更新
ClamAV update process started at Wed Dec 31 00:00:35 2008
WARNING: Your ClamAV installation is OUTDATED!
WARNING: Local version: 0.92.1 Recommended version: 0.94.2
DON'T PANIC! Read http://www.clamav.net/support/faq
Connecting via 220.191.74.181
Downloading main-46.cdiff [100%]
Downloading main-47.cdiff [100%]
Downloading main-48.cdiff [100%]
Downloading main-49.cdiff [100%]
main.inc updated (version: 49, sigs: 437972, f-level: 35, builder: sven)
```

29.2.2　基本命令和选项

ClamAV 是一套基于命令行的反病毒工具。使用命令 clamscan 可以对当前目录进行扫描（不会深入到子目录中）。

```
$ clamscan                                              ##扫描当前目录
/home/lewis/ubuntu_3d: OK
/home/lewis/nfs_compile: OK
/home/lewis/.sudo_as_admin_successful: Empty file
/home/lewis/.chromium: OK
...
/home/lewis/.xscreensaver-getimage.cache: OK

----------- SCAN SUMMARY -----------
Known viruses: 527359
Engine version: 0.92.1
Scanned directories: 1
Scanned files: 69
Infected files: 0
Data scanned: 104.59 MB
Time: 25.336 sec (0 m 25 s)
```

扫描完成后 clamscan 会显示一张汇总表，显示本次扫描的结果。使用 clamscan 的-r 选项能够递归地扫描一个目录（深入到子目录中）。

```
$ sudo clamscan -r /media/station/document/
```

请确保用户对于扫描的文件和目录拥有读权限，这也是为什么使用 sudo 提升用户权限的原因。如果要扫描一个文件，那么只需将文件名作为 clamscan 的参数。

```
$ clamscan sum.exe
```

不过，clamscan 在默认情况下并不会深入到打包文件内部扫描，用户必须明确指定 clamscan 这么做。下面这条命令要求 clamscan 进入 ask.tar.gz 中扫描。

```
$ clamscan --tgz ask.tar.gz                    ##参数--tgz 用于 .tar.gz 文件
ask/
ask/ask.php
ask/index.php
ask/search.php
ask/response.php
```

```
...
----------- SCAN SUMMARY -----------
Known viruses: 527359
Engine version: 0.92.1
Scanned directories: 3
Scanned files: 11
Infected files: 0
Data scanned: 0.18 MB
Time: 3.592 sec (0 m 3 s)
```

表 29.1 列出了用于处理打包文件的 clamscan 选项。

表 29.1　处理打包文件的clamscan选项

选　项	适用的文件类型
--unrar	.rar 文件
--arj	.arj 文件
--unzoo	.zoo 文件
--lha	.lzh 文件
--jar	.jar 文件
--deb	.deb 安装包
--tar	.tar 文件
--tgz	.tar.gz 文件

clamscan 实际上是调用了系统中已有的工具（例如 tar）来处理这些文件。因此首先要保证已经安装了这些工具，并且该工具所在的路径已经包含在 PATH 变量中（可参考第 21.3 节了解环境变量的详细信息）。

提示：clamscan 可以使用内置的解压缩工具处理.zip 文件，但仍旧提供了--unzip 选项作为备用。在使用--unzip 选项的情况下，clamscan 调用系统中的 unzip 工具解压文件。

ClamAV 并没有提供清除病毒的功能，这有点让人沮丧。表 29.2 列出了 clamscan 处理被感染文件的选项。

表 29.2　处理受感染文件的clamscan选项

选　项	描　述
--remove	删除受感染的文件
--move=DIRECTORY	把受感染的文件移动到目录 DIRECTORY 下
--copy=DIRECTORY	把受感染的文件复制到目录 DIRECTORY 下

读者可以使用 man clamscan 得到 clamscan 工具的完整选项列表。

29.2.3　图形化工具

ClamAV 也提供了图形化的工具，如果读者正在使用 Ubuntu 的话，可以使用下面这条命令下载并安装这个小工具。

```
$ sudo apt-get install clamtk
```

安装完成后，Ubuntu 用户（在 GNOME 桌面环境）可以依次选择"应用程序"|"附件"|ClamTK 命令打开它。打开后的界面如图 29.1 所示。图形化工具的操作总是很容易弄明白，这里就不一一赘述了。

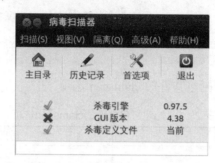

图 29.1　ClamAV 的图形化工具：ClamTK

如果 ClamAV 的病毒库过期了，那么 ClamTK 会在启动的时候提示这一点。ClamTK 没有提供升级病毒库的功能，用户还是要通过运行 freshclam 命令来完成升级。

29.3　反思：Linux 安全吗

Linux 不安全。也没有哪一套系统是绝对安全的。只要一台主机连接上了网络，就要准备好接受来自各种威胁的挑战。房子的主人可以安上 4、5 道防盗门，但是小偷仍然有办法进来，只是难度更大一些。同时，这意味着房子的主人也更难出去了。

Linux 是开放源代码的，所有人都可以细细推敲其中的每一行代码。就像一枚银币的两面，一方面增加了人们发现漏洞并改进代码的机会，使 Linux 能够更迅速地弥补过错；另一方面也增加了人们发现漏洞并实施破坏的机会。

Linux 的确很少受到病毒攻击。这是因为病毒通常只能以受限用户的身份行动，很难取得 root 权限。但是这种"集权"模式事实上会带来另一个问题。如果黑客取得了 root 权限，那么管理员几乎没有任何回旋的余地。

安全性总是同操作的简便性成反比。Linux 不是铁板一块，设计者必须考虑到用户的使用体验，否则没有人愿意使用它。为了简便的操作而放弃一些安全，这不是什么值得大惊小怪的事情，但管理员必须了解这一点。系统越安全意味着它越不适合被人操作，必须根据实际情况在这两者之间寻求一个平衡点。小偷不愿去碰一辆锁了 12 把锁的破烂自行车，它的主人也不愿意。

系统管理员需要明白，只有警惕才是保证系统安全的唯一有效方法。在更多的时候，和安全性成正比的不是预算和资金，而是管理员的责任心。

29.4　小　　结

❑　计算机病毒是一段旨在破坏计算机功能和数据，并且能够自我复制的程序指令。

❑ 特洛伊木马程序是一种隐藏在计算机中的"欺骗"程序，黑客常常通过它们控制计算机或窃取机密信息。

❑ Rootkits 是用于掩盖入侵痕迹的程序和补丁。

❑ ClamAV 是 Linux 上最流行的防病毒软件，遵循 GPL 协议免费发布。

❑ ClamAV 使用命令行工具。用户也可以选择它的图形化客户端 ClamTK。

❑ 没有哪一套系统是绝对安全的，管理员的责任心是保证系统安全最有效的武器。

附录 Linux 常用指令

1．文件操作相关指令

名　称	说　明	名　称	说　明
arj	arj压缩包管理器	expand	将制表符转换为空白字符
basename	从文件名中去掉路径和后缀	find	查找文件并执行指定的操作
bzip2	创建和管理.bz2压缩包	file	探测文件类型
bunzip2	解压缩.bz2压缩包	fold	指定文件显示的宽度
bzcat	显示.bz2压缩包中的文件内容	fmt	优化文本格式
bzcmp	比较.bz2压缩包中的文件	grep	在文件中搜索匹配的行
bzdiff	比较两个.bz2压缩包中文件的不同	gzip	GNU的压缩与解压缩工具
bzgrep	搜索.bz2压缩包中文件的内容	gunzip	解压缩.gz压缩包
bzip2recover	恢复被破坏的.bz2压缩包中的文件	gzexe	压缩可执行文件
bzmore	分屏查看.bz2压缩包中的文本文件	head	显示文件的头部内容
bzless	增强的.bz2压缩包分屏查看器	ispell	拼写检查程序
chgrp	改变文件所属工作组	jed	程序员的文本编辑器
chmod	改变文件访问权限	joe	全屏文本编辑器
chown	改变文件的所有者和所属工作组	join	将两个文件的相同字段合并
cat	连接文件并显示内容	jobs	显示任务列表
cut	删除文件中的指定字段	ln	为文件创建连接
cmp	比较两个文件	locate/slocate	快速定位文件的路径
col	具有反向换行的文本过滤器	less	分屏显示文件内容
colrm	删除文件中的指定列	look	显示文件中以指定字符串开头的行
comm	以行为单位比较两个已排序文件	mv	移动文件或改名
csplit	将文件分割为若干小文件	more	文件内容分屏查看器
cpio	存取归档包中的文件	od	将文件导出为八进制或其他格式
compress	压缩文件	pathchk	检查文件路径名的有效性和可移植性
dd	复制文件并进行内容转换	pico	文本编辑器
diff	比较两个文件的不同	paste	合并文件
diff3	比较三个文件的不同	printf	格式化并打印数据
diffstat	显示diff输出的柱状图	pr	将文本转换为适合打印格式
dump	ext2/3文件备份工具	rename	批量为文件改名
emacs	全屏文本编辑器	rev	将文件的每行内容以字符为单位反序输出
ed	行文本编辑器	restore	还原dump备份
ex	以Ex模式运行vi指令	sed	用于文本过滤和转换的流式编辑器

名　称	说　明	名　称	说　明
sort	对文件进行排序	uncompress	解压缩.Z压缩包
split	将文件分割成碎片	unzip	解压缩.zip压缩包
spell	拼写检查	unarj	解压缩.arj压缩包
touch	修改文件的时间属性	vi	全屏幕纯文本编辑器
tail	输出文件尾部内容	whereis	显示指令及相关文件的路径
tr	转换和删除字符	which	显示指令的绝对路径
tee	将输入内容复制到标准输出或文件	wc	统计文件的字节数、单词数和行数
tac	以行为单位反序连接和打印文件	zip	压缩和文件打包工具
tar	打包备份	zipinfo	显示zip压缩包的细节信息
updatedb	创建或更新slocate数据库	zipsplit	分割zip压缩包
unlink	调用unlink系统调用删除指定文件	zforce	强制gzip格式文件的后缀为.gz
uniq	报告或忽略文件中的重复行	znew	将.Z文件从新压缩为.gz文件
unexpand	将空白（space）转换为制表符	zcat	显示.gz压缩包中文件的内容

2．目录操作相关指令

名　称	说　明	名　称	说　明
cd	将当前工作目录切换到指定目录	pwd	打印当前工作目录
cp	复制文件或目录	pushd	向目录堆栈中压入目录
dirname	去除文件名中的非目录部分	popd	从目录堆栈中弹出目录
dirs	显示目录堆栈	rm	删除文件或目录
ls	显示目录内容	rmdir	删除空目录
mkdir	创建目录		

3．Shell操作相关指令

名　称	说　明	名　称	说　明
alias	设置命令别名	history	显示历史命令
bg	后台执行作业	help	显示内部命令的帮助信息
bind	显示内部命令的帮助信息	kill	杀死进程
builtin	执行shell内部命令	logout	退出登录
command	调用指定的指令并执行	read	从键盘读取变量值
declare	声明shell变量	readonly	定义只读shell变量或函数
dirs	显示目录堆栈	set	显示或设置shell特性及shell变量
echo	打印变量或字符串	shopt	显示和设置shell行为选项
env	在定义的环境中执行指令	type	判断内部指令和外部指令
exit	退出shell	unalias	取消命令别名
export	将变量输出为环境变量	unset	删除指定的shell变量与函数
enable	激活或关闭内部命令	ulimit	限制用户对shell资源的使用
exec	调用并执行指令	umask	设置权限掩码
fg	将后台作业放到前台执行	wait	等待进程执行完后返回终端
fc	修改历史命令并执行		

4．系统管理相关操作指令

名　　称	说　　明	名　　称	说　　明
batch	在指定时间执行任务	nice	以指定优先级运行程序
bmodinfo	显示模块详细信息	nohup	以忽略挂起信号方式运行程序
ctrlaltdel	设置Ctrl+Alt+Del快捷键的功能	poweroff	关闭计算机并切断电源
chpasswd	以批处理模式更新密码	passwd	设置用户密码
crontab	周期性的执行任务	pwck	验证密码文件完整性
cpuspeed	用户空间CPU频率控制程序	pwconv	创建用户影子文件
chroot	切换根目录环境	pwunconv	还原用户密码到passwd文件
depmod	产生模块依赖于映射文件	pkill	按名称杀死进程
finger	查询用户信息	pstree	以树形显示进程派生关系
free	显示内存的使用情况	ps	报告系统当前进程快照
fuser	报告进程使用的文件或套接字	pgrep	基于名称查找进程
groupadd	创建新工作组	pidof	查找进程ID号
groupdel	删除工作组	pmap	报告进程的内存映射
gpasswd	工作组文件管理工具	reboot	重新启动计算机
groupmod	修改工作组信息	renice	调整进程优先级
groups	打印用户所属工作组	runlevel	打印当前运行等级
grpck	验证组文件的完整性	rmmod	从内核中移除模块
grpconv	创建组影子文件	su	切换用户身份
grpunconv	还原组密码到group文件	sudo	以另一个用户身份执行指令
get_module	获取模块信息	telinit	切换运行等级
halt	关闭计算机	top	实时报告系统整体性能情况
hostid	打印当前主机数字标识	time	统计指令运行时间
init	初始化Linux进程	tload	图形化显示系统平均负载
ipcs	报告进程间通信设施状态	useradd	创建新用户
iostat	报告CPU状态和设备及分区的IO状态	userdel	删除用户及相关文件
insmod	加载模块到内核	usermod	修改用户
killall	按照名称杀死进程	uptime	报告系统运行时长及平均负载
kexec	直接启动另一Linux内核	uname	打印系统信息
kernelversion	打印内核主版本号	vmstat	报告系统整体运行状态
lsmod	显示所有已打开文件列表	watch	全屏方式显示周期性执行的指令
lastb	显示错误登录列表	w	显示已登录用户正在执行的指令
last	显示用户最近登录列表	xauth	修改X服务器访问授权信息
lastlog	显示用户最近一次登录信息	xhost	X服务器访问控制工具
logsave	将指令输出信息保存到日志	xinit	X-Window系统初始化程序
logwatch	分析报告系统日志	xlsatoms	显示X服务器定义的原子成分
logrotate	日志轮转工具	xlsclients	列出在X服务器上显示的客户端程序
mpstat	报告CPU相关状态	xlsfonts	显示X服务器字体列表
newusers	批处理创建用户	xset	X-Window系统的用户爱好设置
nologin	礼貌的拒绝用户登录		

5．打印相关指令

名　　称	说　　明	名　　称	说　　明
accept	接受打印任务	lprm	删除打印任务
cancel	取消打印任务	lpc	打印机控制程序
cupsdisable	停止打印机	lpq	显示打印队列状态
cupsenable	启动打印机	lpstat	显示CUPS的状态信息
dmesg	打印和控制内核环形缓冲区	lpadmin	管理CUPS打印机
lp	打印文件	reject	拒绝打印任务
lpr	打印文件		

6．实用工具相关指令

名　　称	说　　明	名　　称	说　　明
bc	任意精度的计算器语言	sum	打印文件的校验和
cksum	计算文件的校验和与统计文件字节数	sleep	暂停指定的时间
cal	显示日历	stty	修改终端命令行设置
clear	清屏指令	sln	静态ln
consoletype	打印已连接的终端类型	talk	用户聊天客户端工具
date	显示与设置系统日期时间	tee	双向重定向指令
dircolors	ls指令显示颜色设置	users	打印登录系统的用户
info	GNU格式在线帮助	whatis	从数据库中查询指定的关键字
login	登录指令	who	打印当前登录用户
logname	打印当前用户的登录名	whoami	打印当前用户名
man	帮助手册	wall	向所有终端发送信息
md5sum	计算和检查文件的md5报文摘要	write	向指定用户终端发送信息
mesg	控制终端是否可写	yes	重复打印字符串直到被杀死
mtools	DOS兼容工具集		

7．硬件相关指令

名　　称	说　　明	名　　称	说　　明
badblocks	查找磁盘坏块	lvscan	扫描逻辑卷
blockdev	命令行中调用磁盘的ioctl	lvdisplay	显示逻辑卷属性
cdrecord	光盘刻录工具	lvextend	扩展逻辑卷空间
convertquota	转换老的磁盘配额数据文件	lvreduce	收缩逻辑卷空间
df	报告磁盘空间使用情况	lvremove	删除逻辑卷
eject	弹出可移动媒体	lvresize	调整逻辑卷空间大小
fdisk	Linux下的硬盘分区工具	mkfs	创建文件系统
gpm	虚拟控制台下的鼠标工具	mkbootdisk	创建引导软盘
grub	多重引导程序grub的shell工具	mkinitrd	为预加载模块创建初始化RAM磁盘映像
hwclock	查询与设置硬件时钟	mkisofs	创建光盘映像文件
hdparm	读取并设置硬盘参数	mknod	创建字符或者块设备文件
lsusb	显示USB设备列表	mkswap	创建交换分区或者交换文件
lspci	显示PCI设备列表	parted	强大的硬盘分区工具
lilo	Linux引导加载器	partprobe	确认分区表的改变
lvcreate	创建逻辑卷	pvcreate	创建物理卷

名　称	说　明	名　称	说　明
pvscan	扫描所有磁盘上的物理卷	vgcreate	创建卷组
pvdisplay	显示物理卷属性	vgscan	扫描并显示系统中的卷组
pvremove	删除指定物理卷	vgdisplay	显示卷组属性
pvck	检查物理卷元数据	vgextend	向卷组中添加物理卷
pvchange	修改物理卷属性	vgreduce	从卷组中删除物理卷
pvs	输出物理卷信息报表	vgchange	修改卷组属性
setpci	配置PCI设备	vgremove	删除卷组
systool	查看系统设备信息	vgconvert	转换卷组元数据格式
volname	显示卷名		

8. 文件系统管理相关操作指令

名　称	说　明	名　称	说　明
at	在指定时间执行任务	quotaon	激活磁盘配额功能
atq	显示用户待执行任务列表	quota	显示用户磁盘配额
atrm	删除待执行任务	quotastats	查询磁盘配额运行状态
chattr	改变文件的第二扩展文件系统属性	repquota	打印磁盘配额报表
dumpe2fs	导出ext2/ext3文件系统信息	resize2fs	调整ext2文件系统大小
e2fsck	检查ext2/ext3文件系统	swapoff	关闭交换空间
e2image	将ext2/ext3文件系统元数据保存到文件	swqpon	激活交换空间
e2label	设置文件系统卷标	sync	刷新文件系统缓冲区
edquota	编辑磁盘配额	stat	显示文件系统状态
fsck	检查文件系统	skill	向进程发送信号
findfs	通过卷标或UUID查找文件系统	service	控制系统服务
lsattr	查看文件的第二扩展文件系统属性	sar	搜集、报告和保存系统活动状态
mount	加载文件系统	sysctl	运行时配置内核参数
mkfs	创建文件系统	slabtop	实时显示内核slab缓冲区信息
mke2fs	创建ext2/ext3文件系统	startx	初始化X-Window会话
mountpoint	判断目录是否是加载点	tune2fs	调整ext2/ext3文件系统参数
quotacheck	磁盘配额检查	umount	卸载文件系统
quotaoff	关闭磁盘配功能		

9. 软件包管理相关操作指令

名　称	说　明	名　称	说　明
apt-get	APT包管理工具	dpkg-reconfigure	重新配置已安装的软件包
aptitude	基于文本界面的软件包管理工具	dpkg-split	分割软件包
apt-key	管理APT软件包的密钥	dpkg-statoverride	改写所有权和模式
apt-sortpkgs	排序软件包索引文件	dpkg-trigger	软件包触发器
chkconfig	管理不同运行等级下的服务	ntsysv	配置不运行等级下的服务
dpkg	Debian包管理器	patch	为代码打补丁
dpkg-deb	Debian包管理器	rpm	RPM软件包管理器
dpkg-divert	将文件安装到转移目录	rcconf	Debian运行等级服务配置工具
dpkg-preconfigure	软件包安装前询问问题	rpm2cpio	将RPM包转换为cipo文件
dpkg-query	在dpkg数据库中查询软件包	rpmbuild	创建RPM软件包

名　称	说　明	名　称	说　明
rpmdb	RPM数据库管理工具	rpmverify	验证RPM包
rpmquery	RPM软件包查询工具	yum	基于RPM的软件包管理器
rpmsign	管理RPM软件包签名		

10. 编程开发相关操作指令

名　称	说　明	名　称	说　明
as	GNU汇编器	mktemp	创建临时文件
expr	表达式求值	nm	显示目标文件符号表
gcc	GNU C/C++编译器	perl	perl语言解释器
gdb	GNU调试器	php	PHP的命令行接口
gcov	测试代码覆盖率	protoize	添加函数原型
ld	GNU调试器	test	测试条件表达式
ldd	打印程序依赖的共享库	unprotoize	删除函数原型
make	GNU工程化编译工具		

11. 网络管理相关指令

名　称	说　明	名　称	说　明
arp	操纵arp缓冲区	ifdown	禁用网络接口
arping	发送ARP请求报文给邻居主机	ifup	激活网络接口
arpwatch	监控arp缓冲区的变化	ipcale	简单的IP地址计算器
arpd	ARP协议守护进程	iptables	内核包过滤与NAT管理工具
arptables	arp包过滤管理工具	iptables-save	保存iptables表
ab	Apache的Web服务器基准测试程序	iptables-restore	还原iptables表
apachectl	Apache Web服务器控制接口	ip6tables	ipv6版内核包过滤管理工具
dhclient	动态主机配置协议客户端工具	ip6tables-save	保存ip6tables表
dnsdomainname	打印DNS的域名	ip6tables-restore	还原ip6tables表
domainname	显示和设置系统的NIS域名	ip	显示或操纵路由、网络设备和隧道
dig	DNS查询工具	iptraf	监视网卡流量
elinks	纯文本界面的WWW浏览器	ipstate	以top风格显示内核的iptables状态
elm	Email客户端程序	lftp	文件传输程序
exportfs	输出NFS文件系统	lftpget	使用lftp下载文件
ftp	文件传输协议客户端	lynx	纯文本网页浏览器
ftpcount	显示proftpd服务器当前连接用户数	lnstat	显示Linux的网络状态
ftpshut	在指定时间停止Proftpd服务	mailq	打印邮件传输队列
ftptop	显示proftpd服务器连接状态	mailstat	显示到达的邮件状态
ftpwho	显示当前每个ftp会话信息	mail	接收和发送电子邮件
hostname	显示和设置系统的主机名称	mailq	打印邮件发送队列
host	域名查询工具	mysqldump	mysql数据库备份工具
htdigest	管理用户摘要认证文件	mysqladmin	mysql服务器的客户端管理工具
htpasswd	管理用户基本认证文件	mysqlimport	mysql服务器的数据导入工具
httpd	Apache的Web服务器守护进程	mysqlshow	显示数据库、数据表和列信息
ifconfig	配置网络接口	mysql	mysql服务器的客户端工具
ifcfg	配置网络接口	nisdomainname	显示NIS域名

续表

名　称	说　明	名　称	说　明
netstat	显示网络状态	squidclient	squid客户端管理工具
nslookup	域名查询工具	squid	代理服务器守护进程
nc/netcat	随意的操纵TCP或UDP连接和监听端口	scp	安全远程文件拷贝
ncftp	增强FTP客户端工具	sftp	加密文件传输
nstat	网络状态统计工具	ssh	安全连接客户端
nfsstat	列出NFS状态	sshd	openssh服务器守护进程
nmap	网络探测工具和安全/端口扫描器	ssh-keygen	生成、管理和转换认证密钥
ping	测试主机之间网络连通性	ssh-keyscan	收集主机的ssh公钥
route	显示并设置路由	sftp-server	安全ftp服务器
rcp	远程文件拷贝	traceroute	追踪报文到达目的主机的路由
rlogin	远程登录	tracepath	追踪报文经过的路由信息
rsh	远程shell	telnet	远程登录工具
rexec	远程执行指令客户端	tftp	简单文件传输协议客户端
ss	显示活动套接字连接	tcpdump	监听网络流量
sendmail	电子邮件传送代理	usernetctl	授权用户操纵网络接口
showmount	显示NFS服务器的加载信息	wget	从指定URL地址下载文件
smbclient	samba套件的客户端工具	ypdomainname	显示NIS域名
smbpasswd	修改用户SMB密码		